国家出版基金项目
NATIONAL PUBLICATION FOUNDATION

中国西北地区奥陶系达瑞威尔阶至凯迪阶的笔石研究

Darriwilian to Katian (Ordovician) Graptolites from Northwest China

陈 旭　张元动　丹尼尔·古特曼 (Daniel Goldman)
斯迪格·伯格斯冲 (Stig M. Bergström)　樊隽轩　王志浩
斯坦尼·芬尼 (Stanley C. Finney)　陈 清　马 譞◎著

ZHEJIANG UNIVERSITY PRESS
浙江大学出版社

ELSEVIER

图书在版编目 (CIP) 数据

中国西北地区奥陶系达瑞威尔阶至凯迪阶的笔石研究 /
陈旭等著. — 杭州：浙江大学出版社，2017.12
ISBN 978-7-308-17796-2

Ⅰ. ①中… Ⅱ. ①陈… Ⅲ. ①奥陶纪－笔石纲－研究－
西北地区 Ⅳ. ①Q915.813

中国版本图书馆CIP数据核字 (2017) 第329972号

中国西北地区奥陶系达瑞威尔阶至凯迪阶的笔石研究

陈 旭　张元动　丹尼尔·古特曼 (Daniel Goldman)　斯迪格·伯格斯冲 (Stig M. Bergström)
樊隽轩　王志浩　斯坦尼·芬尼 (Stanley C. Finney)　陈 清　马 譞　著

策划编辑	徐有智　许佳颖
责任编辑	伍秀芳（wxfwt@zju.edu.cn）
特约编辑	薛之俭
责任校对	陈静毅　郝 娇
封面设计	俞亚彤
责任出版	范洪法
出版发行	浙江大学出版社
	（杭州天目山路148号　邮政编码310007）
	（网址：http://www.zjupress.com）
排 版	杭州林智广告有限公司
印 刷	浙江海虹彩色印务有限公司
开 本	889mm×1194mm　1/16
印 张	21.25
字 数	480千
版 印 次	2017年12月第1版　2017年12月第1次印刷
书 号	ISBN 978-7-308-17796-2
定 价	188.00元

著者名单

陈　旭　中国科学院资源地层学与古地理学重点实验室 (南京地质古生物研究所)。南京市北京东路39号 xuchen@nigpas.ac.cn

张元动　中国科学院资源地层学与古地理学重点实验室 (南京地质古生物研究所)。南京市北京东路39号 ydzhang@nigpas.ac.cn

丹尼尔·古特曼 (Daniel Goldman)　Department of Geology, University of Dayton, 300 College Park, Dayton, OH 45469, USA, dan.goldman@notes.udayton.edu

斯迪格·伯格斯冲 (Stig M. Bergström)　School of Earth Sciences, The Ohio State University, 125 S. Oval Mall, Columbus, OH 43210, USA, stig@geology.ohio-state.edu

樊隽轩　现代古生物学和地层学国家重点实验室 (中国科学院南京地质古生物研究所)。南京市北京东路39号 fanjunxuan@gmail.com

王志浩　中国科学院南京地质古生物研究所。南京市北京东路39号 zhwang@nigpas.ac.cn

斯坦尼·芬尼 (Stanley C. Finney)　Department of Geological Sciences, California State University, Long Beach, CA 90840, USA, scfinney@csulb.edu

陈　清　中国科学院资源地层学与古地理学重点实验室 (南京地质古生物研究所)。南京市北京东路39号 qchen@nigpas.ac.cn

马　譞　中国科学院大学 (中国科学院南京地质古生物研究所)。南京市北京东路39号 mxnjues1990@126.com

前　言

　　近30年来，本书著者及其同事在中国西北的广大地区开展了大量的奥陶纪地层学野外调查和室内研究工作，采集了大量的笔石标本和牙形刺样品。对这些丰富的笔石和牙形刺资料的研究，不仅改进了区域的奥陶纪地层对比，而且对全球中奥陶统达瑞威尔阶至上奥陶统凯迪阶的地层对比作出了贡献。这一研究也提高了人们对中国西北地区奥陶纪的地质演变历史的认识。这些丰富的笔石标本足以支持一项对中、晚奥陶世笔石的系统分类、地理分布及定量地层专著性的研究。此外，对中国西北奥陶系达瑞威尔阶至凯迪阶 (萨尔干组、平凉组和龙门洞组) 的笔石研究和剖面对比，也加深了人们对这些地层作为烃源岩的认识。

　　1999年，在捷克布拉格召开的第8届国际奥陶系大会上，中国新疆柯坪大湾沟和甘肃平凉官庄剖面均被提名为桑比阶候选层型剖面 (Bergström *et al.*，1999；Finney *et al.*，1999)。次年，新疆柯坪大湾沟剖面便被认定为上奥陶统底界的全球辅助层型剖面 (Bergström *et al.*，2000)。此后，本书的著者们继续加强对中国西北地区奥陶纪笔石和牙形刺研究，中国科学院南京地质古生物研究所也提供了充足的研究经费。上奥陶统底界的另一个全球辅助层型剖面，即美国亚拉巴马州的Calera剖面，虽然也含有丰富的笔石和牙形刺，但由于其位于私人水泥厂的范围之内，难以对其进行持续性的研究，因此，中国新疆柯坪大湾沟剖面就成了唯一的上奥陶统底界(即桑比阶底界)的全球辅助层型剖面。

　　中国的西北地区是一个广阔的地域，包括新疆、青海、甘肃、宁夏、内蒙古以及陕西的部分地区。奥陶系的露头从内蒙古鄂尔多斯到黄河东岸宁夏的一侧，向西沿甘肃河西走廊到天山脚下，并延伸至塔里木盆地北缘。这一广阔地域涉及奥陶纪时期的塔里木和华北两大板块，以及像柴达木和阿拉善这样的中小型板块。华北、塔里木和华南板块当时均位于冈瓦那大陆的周缘，这就从全球宏观的范畴内解释了在塔里木西缘 (柯坪、阿克苏地区)、华北西缘 (平凉、陇县和乌海地区) 的奥陶纪笔石和牙形刺动物群，为何与华南的扬子流域(Zhou and Dean，1996)以及波罗的海地区的动物群相似性如此高。由于这些板块处在相似的古纬度带内，因而部分地解释了这些笔石和牙形刺动物群的相似性，以及笔石和牙形刺生物带在这些地区间的可对比性。

本书所研究的笔石是在过去30多年内的多次野外工作中采集到的，其中对柯坪大湾沟和苏巴什沟剖面的大部分笔石标本是在1987年采集的，并得到国家科技重大专项"塔里木显生宙地层对比"的支持 (周志毅和陈丕基，1990)。2008年，本书著者及其同事们又对苏巴什沟剖面和阿克苏四石场剖面做了采集，这项工作得到了中石化"中国早古生代地层对比"项目的支持。鄂尔多斯地区上奥陶统底界的野外工作分别在1997年和2005年由本书著者及其同事们完成，旨在对该地区桑比阶至凯迪阶进行地层研究，这项工作得到了中国科学院南京地质古生物研究所的支持。参加上述多次野外工作的人员名单都已在本书的英文版 (Chen *et al.*，2016) 中公布，并一一表示感谢，在此不再赘述。上述多次野外工作所获得的大量笔石标本，支持了本书的系统古生物研究。本书共描述了达瑞威尔期中期至凯迪期早期的笔石124种，它们分属45属。

本书的英文版 (Chen *et al.*，2016) 建立了两个笔石新属*Unicornograptus* Chen and Goldman (gen. nov.) 和*Pronormalograptus* Chen (gen. nov.)，还建立了8个笔石生物带或生物层，自下而上为*Cryptograptus gracilicornis*层、*Pterograptus elegans*带、*Didymograptus murchisoni*带、*Jiangxigraptus vagus*带、*Nemagraptus gracilis*带、*Climacograptus bicornis*带、*Diplacanthograptus caudatus*带和*Diplacanthograptus spiniferus*带。在笔石动物群的多样性变化上，从*Pterograptus elegans*带至*Didymograptus murchisoni*带形成第一次高峰，包括了38个种或亚种；多样性从*D. murchisoni*带至*J. vagus*带一度下降到中等水平，但到*N. gracilis*带的下部则形成第二次高峰，并达到了最大值，共计47个种或亚种。因此，中国西北地区的笔石多样性变化在中、晚奥陶世时两度达到峰值，期间略有下降。如果考虑到笔石在华南中奥陶世*Undulograptus austrodentatus*带的初始峰值 (Chen and Bergström，1995)，从达瑞威尔期至桑比期早期，笔石动物群在中国出现了一个阶段性的辐射过程。

本书的研究得到国家自然科学基金 (No. 41172034) 对华南和塔里木达瑞威尔阶—桑比阶黑色页岩对比研究的支持，中国科学院对张元动、樊隽轩 (XDB10010100项目) 的支持，以及中国科学院南京地质古生物研究所国家重点实验室对陈旭就广西运动进程的笔石证据项目的支持。本书的研究还得到美国戴通大学地质系、美国俄亥俄州立大学地球科学学院以及美国国家基金会对丹尼尔·古特曼 (Daniel Goldman) 和斯迪格·伯格斯冲 (Stig M. Berström) 的支持，使他们能多次来华研究南京地质古生物研究所保存的笔石标本并参与中国同行的合作研究。

本书著者对南京地质古生物研究所周志毅、王宗哲、李军、耿良玉和方宗杰诸位研究员，以及新疆地质局乔新东工程师同著者于1987年采集新疆柯坪大湾沟剖面表示衷心的感谢；对B. D. Webby，A. J. Boucot和D. L. Bruton教授于1996年与著者之一 (陈旭) 共同在新疆柯坪大湾沟剖面现场考察和进行有益的讨论表示感谢；对南京地质古生物研究所王怿、朱祥根和徐洪河研究员、唐玉刚工程师和郑巩女士于2002年对新疆柯坪大湾沟剖面进行补充采集，并树立上奥陶统全球辅助层型剖面标识牌表示感谢；对西安地质矿产研究所傅力浦研究员、宁夏地质局郑昭昌总工程师从1997年开始多次与著者在陕西、甘肃、宁夏和内蒙古共同进行的野外工作表示感谢；对戎嘉余、王怿、詹仁斌研究员及丘金玉副研究员于2005年同著者对宁夏、甘肃和内蒙古进行野外工作表示感谢；对李越研究员于2009年采集新疆阿克苏四石场剖面的笔石标本表示感谢；对张举、宋妍妍和方翔诸位研究生为本书部分笔石标本照相并制作图版和编辑参考文献，对欧阳巧明女士清绘笔石插图以及姚毅女士为中文稿打字，均表示衷心的感谢。

鉴于中国广大地质工作者对中国西北地区奥陶纪笔石和含笔石地层的关注，以及含笔石黑色页岩对于烃源岩的重要意义，我们觉得出版本专著的中译本是必要的。但中译本并不对英文版做逐字对应的翻译，而是在不失原意的情况下，使之更符合中文的行文习惯，以便读者阅读和使用。

参考文献

BERGSTRÖM, S.M., FINNEY, S.C., CHEN, X., WANG, Z.H. 1999. The Dawangou section, Tarim Basin (Xinjiang), China. Potential as global stratotype for the base of the *Nemagraptus gracilis* Biozone and the base of the global Upper Ordovician Series. *Acta Universitatis Carolinae-Geologica 43(1/2), 69–72.*

BERGSTRÖM, S.M., FINNEY, S.C., CHEN, X., PÅLSSON, C., WANG, Z.H., GRAHN, Y. 2000. A proposed global boundary stratotype for the base of the Upper Series of the Ordovician System: The Fågelsång section, Scania, southern Sweden. *Episodes 23(2), 102–109.*

CHEN, X., BERGSTRÖM, S.M. (eds.) 1995. The base of the *austrodentatus* Zone as a level for global subdivision of the Ordovician System. *Paleoworld 5, 1–117.*

CHEN, X., ZHANG, Y.D., GOLDMAN, D., *et al.* 2016. *Darriwilian to Katian (Ordovician) Graptolites from Northwest China.* 杭州: 浙江大学出版社.

FINNEY, S.C., BERGSTRÖM, S.M., CHEN, X., WANG, Z.H. 1999. The Pingliang section, Gansu Province, China. Potential as global stratotype for the base of the *Nemagraptus gracilis* Biozone and the base of the global Upper Ordovician Series. *Acta Universitatis Carolinae–Geologica 43(1/2), 73–76.*

ZHOU, Z.Y., DEAN, W.T. (eds.) 1996. *Phanerozoic Geology of Northwest China.* 北京: 科学出版社.

周志毅, 陈丕基. 1990. 塔里木生物地层和地质演化. 北京: 科学出版社.

目　录

第1章　总　论

摘　要：本章对中国西北地区奥陶纪笔石研究的历史做了回顾和评述。对西北地区达瑞威尔阶至桑比阶的笔石进行研究十分重要，特别是柯坪大湾沟剖面已成为上奥陶统底界的全球辅助层型剖面，相关研究就显得更为重要。本章还综述了中国西北地区奥陶纪笔石动物群的分布。

八十年前，孙云铸教授 (Sun，1933) 首次描述了甘肃平凉组的纤细丝笔石 (*Nemagraptus gracilis* (Hall))和双刺栅笔石 (*Climacograptus bicornis* (Hall))。数年之后，瑞典诺林教授 (Norin，1937) 在库鲁克塔格山发表了属于*Nemagraptus gracilis*带或*Hustedograptus teretiusculus*带的笔石名单，其中的笔石由Bulman (1937) 描述出版。此后，穆恩之等 (1960，1962，1982)、Mu (1963) 以及乔新东 (1977，1981) 均发表了关于中国西北地区，特别是新疆奥陶纪笔石和含笔石地层的论著。从1987年开始，本书著者 (陈、王) 及其同事们在新疆大湾沟采集了大量的笔石和牙形刺样品，并对萨尔干组等地层做了详细研究，使得该剖面最终成为上奥陶统底界的全球辅助层型剖面。这一剖面中萨尔干组的笔石最初是由陈旭和倪寓南鉴定并报道的 (周志毅等，1990)。在1996年第30届国际地质大会期间，在国际奥陶系分会的组织下，本书的三位著者 (陈旭、Bergström和Finney) 共同考察了柯坪大湾沟剖面。新疆柯坪大湾沟上奥陶统底界全球辅助层型剖面的建立 (Bergström *et al.*，2000; 陈旭和王志浩，2003)，掀起了学者们对这一广大地区奥陶纪笔石进一步研究的高潮。2002年，著者之一 (陈旭) 与南京地质古生物研究所的同事们又对大湾沟剖面的笔石和牙形刺做了补充采集，并且将上奥陶统底界全球辅助层型剖面的标牌固定在该剖面萨尔干组顶部靠近*Nemagraptus gracilis* (Hall) 首现的层位旁边。此后，又有多个国家的同行们参观了大湾沟剖面。2009年，李越测制了阿克苏四石场萨尔干组剖面，并将笔石标本提供给著者 (图1-1)。

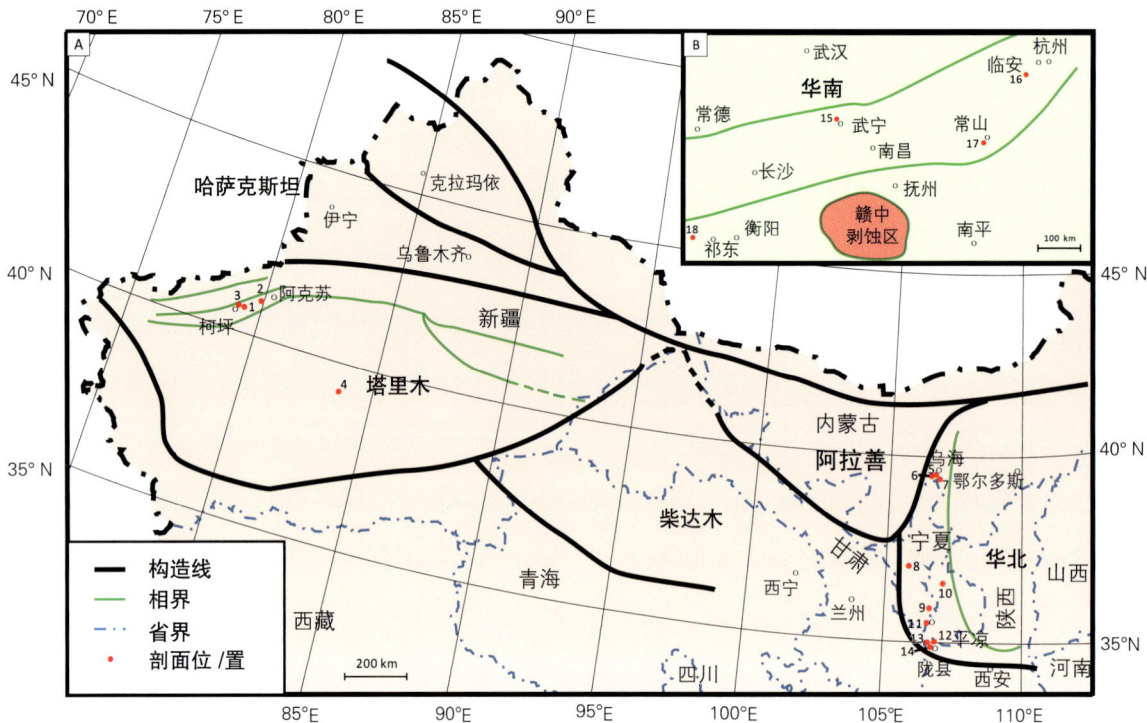

GS (2016) 4069

图1-1 　(A) 本书研究的塔里木及华北西缘奥陶系剖面；(B) 本书论及的华南奥陶系剖面

1. 新疆柯坪大湾沟剖面；2. 新疆阿克苏四石场剖面；3. 新疆柯坪苏巴什沟剖面；4. 新疆塔里木中部塔中钻井；5. 内蒙古乌海大石门剖面；6. 内蒙古乌海拉什仲剖面；7. 内蒙古乌海公乌素剖面；8. 宁夏同心；9. 宁夏彭阳；10. 甘肃环县；11. 甘肃平凉官庄剖面；12. 陕西陇县龙门洞剖面；13. 陕西陇县石拐子沟剖面；14. 陕西陇县段家峡水库剖面；15. 江西武宁柘林水库剖面；16. 浙江临安昌化石林上剖面；17. 浙江常山黄泥塘达瑞威尔阶全球界线层型剖面；18. 湖南祁东双家口剖面

除大湾沟剖面之外，另外两个重要的剖面，即平凉官庄和陇县龙门洞剖面，由本书著者 (陈旭、张元动和王志浩) 于1997年测制并进行化石样本采集。次年，陈、王二人陪同Bergström和Finney对这两个剖面进行了考察。1999年，在捷克布拉格召开的第8届国际奥陶系大会上，大湾沟和官庄剖面的地层和古生物记录得以发表 (Bergström *et al.*，1999；Finney *et al.*，1999)。遗憾的是，由于主办国当局的原因，本书著者之一 (陈旭) 作为国际奥陶系分会副主席，却未能出席大会。尽管如此，中国的两个上奥陶统底界的提案报告，仍在该次大会的会议论文集中发表。2005年年末，本书著者和南京地质古生物研究所的同事们，不但补充采集了官庄和龙门洞两个剖面的笔石，而且对公乌素、拉什仲、大石门和段家峡水库等剖面的笔石都进行了采集。2008年，本书著者 (Goldman、樊隽轩和王志浩) 对大石门剖面进行补充采集。至此，自从孙云铸 (Sun，1933) 和布尔曼 (Bulman，1937) 发表关于中国西北地区的笔石论著之后，该地区从*Pterograptus elegans*带至*Climacograptus bicornis*带之间的大量笔石都已得到了较充分的采集，同时大石门*Cryptograptus* *gracilicornis*层、*Diplacanthograptus caudatus*带和*D. spiniferus*带的笔石得以补充。本专著系统描述了分属45个属的124种笔石，其中65种来自对新疆柯坪大湾沟上奥陶统底界全球辅助层型剖面的无间断采集。

新疆境内有塔里木、准噶尔地块以及它们之间的天山造山带。本书研究的笔石标本大部分采自塔里木地台的西缘斜坡带，个别来自塔里木盆地中部钻井岩芯。陈旭等 (2012) 曾将塔里木中部井下的含笔石地层与塔里木周缘的做了对比，遗憾的是，在天山造山带和准噶尔地块至今未发现奥陶纪笔石。Chen and Rong (1992) 认为，准噶尔盆地是哈萨克斯坦古板块的东延部分，而天山是海西期造山带。天山—阴山缝合带 (Heumann *et al.*，2012) 应为塔里木与准噶尔地块的分界线以及华北与蒙古地块的分界线。新疆西部伊宁盆地的古生界下部地层及动物群表明，伊宁可能是天山带中部的一个小地体 (陈旭等，1998)。根据钟端和郝永祥 (1990) 的研究以及南京地质古生物研究所编制的库鲁克塔格古生代化石图册，库鲁克塔格山脉可能是属于天山带东侧的一个单独块体。库鲁克塔格的奥陶系可延至塔里木古板块东部的满加尔凹陷 (Zhou and Dean，1996；陈旭等，2012)，因此，在奥陶纪，库鲁克塔格较伊宁更接近塔里木板块。

柴达木盆地和祁连山的奥陶纪笔石已由穆恩之等 (1962) 和Mu (1963) 所描述，Chen *et al.* (2001) 以及未刊资料均说明，那里的奥陶纪笔石带与本专著研究区的相应笔石带可以对比。本书描述了华北西缘达瑞威尔阶至凯迪阶6个含笔石地层剖面或产地。本书对葛梅钰等 (1990) 报道的华北西缘奥陶纪笔石也进行了对比和讨论，并对其中一些笔石的分类做了修订。阿拉善地块是华北古板块内的一个小地块 (Zhou and Dean, 1996)，产出少量志留纪早期的笔石 (戎嘉余等，2003)。阿拉善以南的柴达木地块包括了柴达木地台及其北缘活动带——祁连山带。本书对柴达木中部石灰沟剖面和欧龙布鲁克剖面 (穆恩之等，1962) 以及祁连山东段 (Mu，1963) 的奥陶纪笔石进行了对比，发现区域内*Pterograptus elegans*带的笔石动物群颇为相似 (Chen *et al.*，2001)，而柴达木早、中奥陶世的壳相动物群和华北地台同期动物群相似，中奥陶世的笔石动物群则与江南斜坡带的相似。

参考文献

BERGSTRÖM, S.M., FINNEY, S.C., CHEN, X., WANG, Z.H. 1999. The Dawangou Section, Tarim Basin (Xinjiang), China. Potential as global stratotype for the base of the *Nemagraptus gracilis* Biozone and the base of the global Upper Ordovician Series. *Acta Universitatis Carolinae–Geologica 43(1/2)*, 69–72.

BERGSTRÖM, S.M., FINNEY, S.C., CHEN, X., PÅLSSON, C., WANG, Z.H., GRAHN, Y. 2000. A proposed global boundary stratotype for the base of the Upper Series of the Ordovician System: The Fågelsång section, Scania, southern Sweden. *Episodes 23(2)*, 102–109.

BULMAN, O.M.B. 1937. On a collection of graptolites from the Charchak Series of Chinese Turkistan. In: TROEDSSON, G.T. (ed.). *On the Cambro-Ordovician Faunas of Western Quruq Tagh, Eastern T'ien-shan. Pal Si New Ser B (106)*, 1–6.

CHEN, X., RONG, J.Y. 1992. Ordovician plate tectonics of China and its neighbouring regions. In: WEBBY, B.D., LAURIE, J.R. (eds.), *Global Perspectives on Ordovician Geology*. Rotterdam: A.A. Balkema, 277–292.

CHEN, X., ZHANG, Y.D., MITCHELL, C.E. 2001. Early Darriwilian graptolite faunas in central and western China. *Alcheringa* 25, 191–210.

FINNEY, S.C., BERGSTRÖM, S.M., CHEN, X., WANG, Z.H. 1999. The Pingliang section, Gansu Province, China. Potential as global stratotype for the base of the *Nemagraptus gracilis* Biozone and the base of the global Upper Ordovician Series. *Acta Universitatis Carolinae-Geologica 43(1/2)*, 73–76.

HEUMANN, M.J., JOHNSON, C.L., WEBB, L.E., TAYLOR, J.P., JALBAA, U., MINJIN, C. 2012. Paleogeographic reconstruction of a Late Paleozoic Arc Collision Zone, southern Mongolia. *Geological Society of America Bulletin 124(9–10)*, 1514–1534.

MU, E.Z. 1963. Research in graptolite faunas of Chilianshan. *Scientia Sinica 12*, 347–371.

NORIN, E. 1937. *Geology of Western Quruq Tagh, Eastern T'ien-shan*. Reports from the Scientific Expedition to the North-western Provinces of China under Leadership of Dr. Sven Hedin (III), Geology I. Stockholm: Bokförlags aktiebolaget Thule, 1–194.

SUN, Y.C. 1933. Ordovician and Silurian graptolites from China. *Palaeontologia Sinica B(14)*, 1–52.

ZHOU, Z.Y., DEAN, W.T. (eds.) 1996. *Phanerozoic Geology of Northwest China*. 北京: 科学出版社, 1–316.

陈旭, 王志浩. 2003. 上奥陶统底界全球辅助层型剖面在我国的确立. 地层学杂志, 第27卷第3期, 264–265, 268.

陈旭, 林焕令, 许汉奎, 周宇星. 1998. 新疆西北部早古生代地层. 地层学杂志, 第22卷第4期, 241–251.

陈旭, 张元动, 李越, 樊隽轩, 唐鹏, 陈清, 张园园. 2012. 塔里木盆地及周缘奥陶系黑色岩系的生物地层学对比. 中国科学: 地球科学, 第42卷第8期, 1173–1181.

葛梅钰, 郑昭昌, 李玉珍. 1990. 宁夏及其邻近地区奥陶纪、志留纪笔石地层及笔石群. 南京: 南京大学出版社, 1–190.

穆恩之, 李积金, 葛梅钰. 1960. 新疆奥陶世笔石. 古生物学报, 第8卷第1期, 28–39.

穆恩之, 李积金, 葛梅钰. 1962. 祁连山的笔石. 北京: 科学出版社.

穆恩之, 宋礼生, 李晋僧, 徐宝政, 张有魁. 1982. 笔石纲. 见: 地质矿产部西安地质矿产研究所 (编). 西北地区古生物图册, 陕甘宁分册 (一) 前寒武纪—早古生代部分. 北京: 地质出版社, 294–347, 460–475.

乔新东. 1977. 柯坪笔石——新疆柯坪萨尔干组中的一个新笔石属. 古生物学报, 第16卷第2期, 287–292.

乔新东. 1981. 笔石. 见: 新疆地质局区域地质调查大队等 (编). 西北地区古生物图册, 新疆维吾尔自治区分册 (一) (晚元古代—早古生代部分). 北京: 地质出版社, 215–262.

戎嘉余, 陈旭, 詹仁斌, 周志强, 郑昭昌, 王怿. 2003. 内蒙古西部额济纳旗晚奥陶世生物地理和奥陶—志留系分界. 古生物学报, 第42卷第2期, 149–167.

钟端, 郝永祥. 1990. 奥陶系. 见: 钟端, 郝永祥 (编), 塔里木盆地震旦纪至二叠纪地层古生物, I, 库鲁克塔格地区分册. 南京: 南京大学出版社, 41–104.

周志毅, 陈旭, 王志浩, 王宗哲, 李军, 耿良玉, 方宗杰, 乔新东, 张太荣. 1990. 奥陶系. 见: 周志毅, 陈丕基 (编). 塔里木生物地层和地质演化. 北京: 科学出版社.

第2章　生物地层

摘　要： 本章记述了中国西北地区达瑞威尔阶上部至凯迪阶下部的8个笔石生物地层序列，自下而上包括*Cryptograptus gracilicornis*层、*Pterograptus elegans*带、*Didymograptus murchisoni*带、*Jiangxigraptus vagus*带、*Nemagraptus gracilis*带、*Climacograptus bicornis*带、*Diplacanthograptus caudatus*带和*Diplacanthograptus spiniferus*带。

　　塔里木地台西缘和华北地台西缘出露有中国北方最丰富的达瑞威尔阶至桑比阶含笔石地层，涵盖*Pterograptus elegans*带至*Climacograptus bicornis*带；更低层位的*Cryptograptus gracilicornis*层仅见于内蒙古乌海大石门，更高的*Diplacanthograptus caudatus*带和*Diplacanthograptus spiniferus*带仅见于陕西陇县龙门洞，而再高层位的含笔石地层，即*Dicellograptus complanatus*带，则见于塔里木地台边缘的少数地点。在塔里木与华北地台之间的祁连山东段，也有层位更高的含笔石地层。目前，陈旭等正在重新研究穆恩之和张有魁 (1964) 采自祁连山东段的标本，因此这些笔石动物群和含笔石地层的研究均不包括在本书之内。和全球奥陶纪地层对比一样，中国西北区域性的奥陶系对比也以笔石生物带对比为基础，并使之与全球奥陶纪年代地层标准结合起来。基于本书所研究的含笔石地层，中国西北地区达瑞威尔阶至凯迪阶下部笔石生物带的对比如表2-1所示。此表中显示的地层缺失，是受地区性沉积环境变化所控制的。奥陶系的时代确定，大都取决于生物地层资料，因为它和全球年代地层标准密切相关。中国西北地区和世界其他地区一样，其奥陶系均由笔石生物地层作为地层对比的基础。本书基于笔石动物群，将中国西北各地的生物带自西而东分述如下。

表2-1 塔里木与华北西缘达瑞威尔阶与凯迪阶下部笔石带对比

阶	组	新疆柯坪大湾沟和苏巴什沟；新疆阿克苏四石场	内蒙古乌海大石门			A	B	组	甘肃平凉官庄（A）；陕西陇县龙门洞（B）
凯迪阶	印干组	*Diplacanthograptus spiniferus*					龙门洞组	*Diplacanthograptus spiniferus*
		Diplacanthograptus caudatus	拉什仲组					*Diplacanthograptus caudatus*
桑比阶	其浪组 坎岭组	*Climacograptus bicornis* (?)		*Climacograptus bicornis*			平凉组	*Climacograptus bicornis*
		Nemagraptus gracilis	乌拉力克组	*Nemagraptus gracilis*				*Nemagraptus gracilis*
达瑞威尔阶	萨尔干组	*Jiangxigraptus vagus*	克里摩里组 上段	?		三道沟组		无笔石
		Didymograptus murchisoni		*Didymograptus murchisoni*				
		Pterograptus elegans		*Pterograptus elegans*				
		?	下段	*Cryptograptus gracilicornis*				

2.1 塔里木及其周缘地区

在这一地区主要研究了新疆柯坪大湾沟剖面的中、上奥陶统含笔石地层 (大湾沟剖面也是上奥陶统底界全球辅助层型剖面)，以及与其密切相关的柯坪苏巴什沟剖面和阿克苏四石场剖面。两个不同的岩相带，即台地型碳酸盐岩–礁相带和斜坡笔石相带分布在柯坪山断裂的两侧，东侧为塔里木地台西缘的巴楚中、上奥陶统白云岩和生物礁沉积 (周志毅等，1990；李越等，2009)，西侧为中、上奥陶统斜坡相萨尔干组和印干组笔石相页岩 (图2-1)。

2.1.1 柯坪大湾沟剖面

大湾沟剖面的GPS点位为40°43′16″N，79°31′51″E，沿大湾沟一侧展开。大湾沟位于印干村西北10km处。印干村现已迁至阿克苏—喀什高速公路边，位于1081公里里程碑附近。萨尔干组为黑色笔石页岩夹薄层含牙形刺灰岩 (图2-2)。该组由张日东等 (1959) 建立，此后由肖兵 (1979)、张太荣(1990)、乔新东 (新疆区域地层表编写组，1981) 修订。乔新东 (1986) 首次建立了萨尔干组的笔石带。周志毅等 (1990) 又重新测制了大湾沟剖面并对所含笔石做了无间断采集。本书共描述了大湾沟剖面萨尔干组*Pterograptus elegans*带、*Didymograptus murchisoni*带、*Jiangxigraptus vagus*带和*Nemagraptus gracilis*带中的65种笔石。在大湾沟剖面上，上奥陶统的底界与*Nemagraptus gracilis* (Hall) 的首现层位 (NJ365) 一致 (图2-3)。

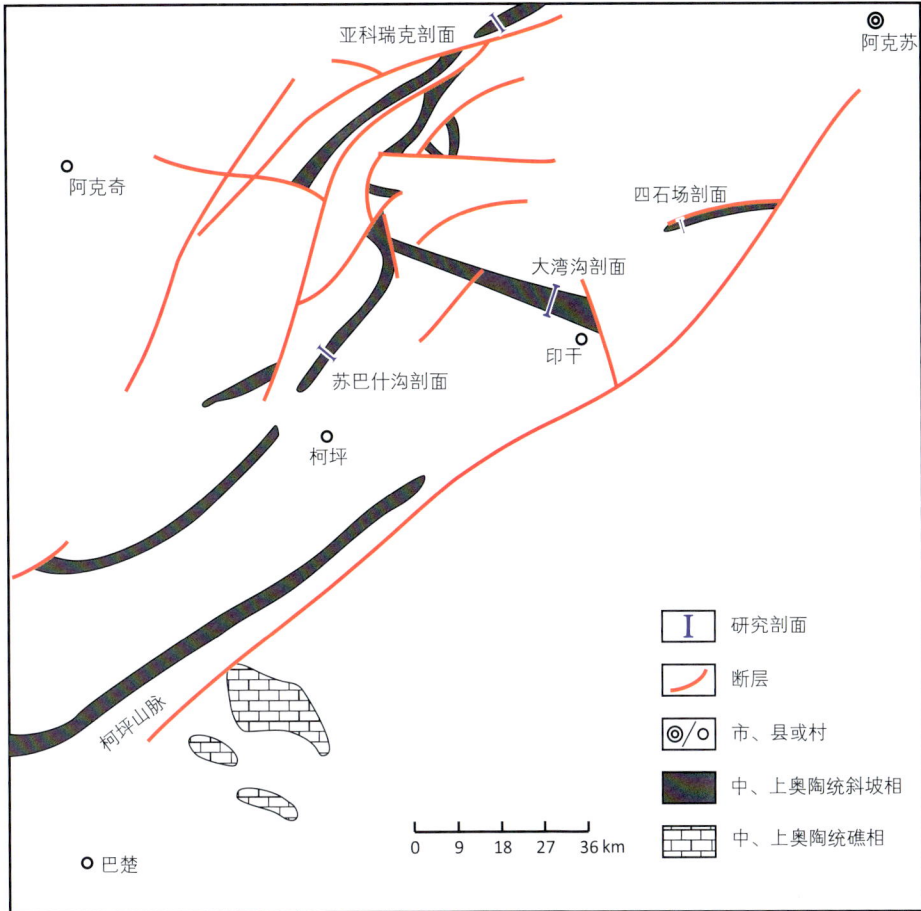

图2-1　塔里木地台西缘奥陶系剖面位置

A

B

图2-2　新疆柯坪大湾沟剖面露头

A. 大湾沟剖面的萨尔干组、坎岭组和其浪组；B. 萨尔干组近顶部达瑞威尔阶与桑比阶的分界(位于照片中陈旭脚踏处)

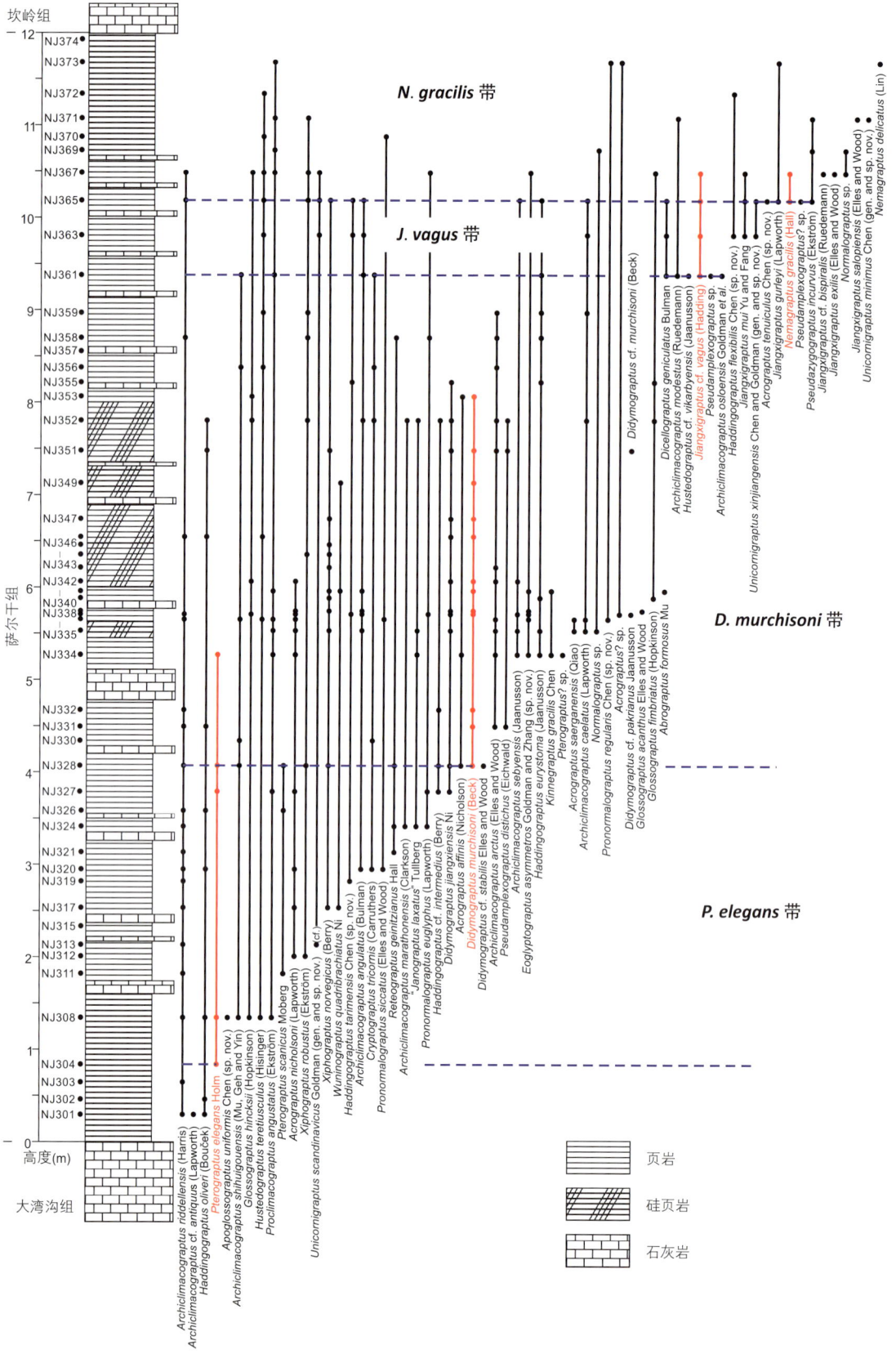

图2-3　新疆柯坪大湾沟萨尔干组笔石延限图

(1) *Pterograptus elegans*带 (精美翼笔石带)

本带的带化石是一个形态特征明显、全球广布的物种，在大湾沟剖面上的首现层位 (FAD) 为NJ304，位于萨尔干组底界之上0.7m处。在此层位之下只有一些延限较长的种，如*A. riddellensis* (Harris) 和*Haddingograptus oliveri* (Bouček) 等，与少数地区性三叶虫*Schumardia tarimensis* Zhang (周志毅等，1990) 等共生。在国外剖面上，上述三种笔石的首现层位要高于*Pterograptus elegans*带，其中*A. caelatus* (Lapworth) 在英国首现见于Llandeilo的*D. murchisoni*带中，*H. oliveri* (Bouček) 在挪威见于*Nicholsonograptus fasciculatus*带中，而*A. riddellensis* (Harris) 在澳大利亚则见于Da4层位中 (VandenBerg and Cooper，1992)。因此，大湾沟剖面在*P. elegans*带之下的0.7m地层中并无特征的笔石属种。而作为特征的牙形刺*Yangtzeplacognathus crassus*的层位又偏低，见于萨尔干组之下的大湾沟组中部。如著者之一 (Bergström) 在本书中所述，在达瑞威尔阶全球层型剖面，即浙江常山黄泥塘剖面中，*Y. crassus*见于*Acrograptus ellesae*带中、上部，因此这一层位可能相当于大湾沟剖面*P. elegans*带之下的层位。

翼笔石 (*Pterograptus*) 的另一个种*Pterograptus scanicus* Moberg，产自*P. elegans* Holm首现层位之上0.84m处 (NJ311)，并只限于*P. elegans*带中，而*P. elegans*本身在大湾沟剖面却可上延至*Didymograptus murchisoni*带下部。*P. scanicus*与*P. elegans*产自同一个笔石带，这不仅在新疆柯坪—阿克苏地区，而且在浙江安吉、安徽宁国、江西武宁和湖南经县都有记载 (穆恩之等，2002)。*P. elegans*和*P. scanicus*这两种笔石的首现层位之间 (NJ306) 产出了四个地质延限长的种：*Glossograptus hincksii* (Hopkinson)、*Hustedograptus teretiusculus* (Hisinger)、*Proclimacograptus angustatus* (Ekström) 和*Archiclimacograptus shihuigouensis* (Mu, Geh and Yin)，其中前三种均可上延到*Nemagraptus gracilis*带，而最后一种也可上延到*D. murchisoni*带顶部。*Glossograptus hincksii* (Hopkinson) 是一个全球广布种，该种的模式标本在英国全都产自*Nemagraptus gracilis*带及其上覆地层中 (Zalasiewicz *et al.*，2009)。在华南，该种的产出也十分重要，学者们曾以此建立过*Glossograptus hincksii*带，位于*Nemagraptus gracilis*带之下 (穆恩之和陈旭，1962；穆恩之等，2002)。*Hustedograptus teretiusculus* (Hisinger) 长期以来被作为笔石带名，介于*D. murchisoni*带和*N. gracilis*带之间 (Elles and Wood, 1918)，但是Maletz (1997) 基于挪威奥斯陆地区的材料认为该种的首现接近*P. elegans*带的底部，这一发现与当前大湾沟剖面的材料完全一致。

产自NJ312层位的另一个常见种*Acrograptus nicholsoni* (Lapworth)，在英国见于 "*Didymograptus extensus*" 带至*Didymograptus artus*带 (Elles and Wood，1914；Zalasiewicz *et al.*，2009)，但在扬子区其最低层位为*Acrograptus filiformis*带，并与其他笔石枝纤细的尖顶笔石类共生，在大湾沟却可上延至*D. murchisoni*带的中部，因此该种的延限在中国可能要略长一些。

Xiphograptus norvegicus (Berry) 和*Wuninograptus quadribrachiatus* Ni的出现，是*P. elegans*带中部层位的标志。前一种由Berry (1964) 最初命名为*Didymograptus robustus norvegicus*，产自奥斯陆Slemmestad剖面的*Didymograptus murchisoni*带 (4aα2)，在我国西北出现于*P. elegans*带中部，这可能意味着中国西北的*P. elegans*带中部相当于Maletz (1997) 划分的奥斯陆的*D. murchisoni*带下部。后一种在江西武宁产自*Didymograptus jiangxiensis*带，而*D. jiangxiensis* Ni是*D. murchisoni*带的成员，因此该种在大湾沟比在江西武宁的首现更早。

Cryptograptus tricornis (Carruthers)、*Archiclimacograptus angulatus* (Bulman) 和*Pronomalograptus siccatus* (Elles and Wood) 最早都出现于*P. elegans*带的中部 (NJ320)。*C. tricornis* (Carruthers) 在美国见于*D. murchisoni*带至*Diplograptus foliaceus*带 (Zalasiewicz *et al.*, 2009)，而后者相当于*Climacograptus bicornis*带 (Loydell, 2012)。在中国西北地区，尽管*C. tricornis*在大湾沟只产于*P. elegans*带至*D. murchisoni*带，但在陕西陇县段家峡则可上延到*Diplacanthograptus caudatus*带。*Archiclimacograptus angulatus* (Bulman) 最早曾被Bulman (1953) 鉴定为*Pseudoclimacograptus scharenlergi angulatus*，产自奥斯陆*D. murchisoni*带中部 (4aα2)；*Pronormalograptus siccatus* (Elles and Wood) 最早被Elles and Wood (1907) 作为 "*Glyptograptus teretiusculus*" 的一个变种，产自苏格兰南部Glenkiln页岩的*N. gracilis*带。这两种笔石在大湾沟首现于更低的层位，为学者们了解它们的延限提供了更完整的地质记录。

*P. elegans*带的上部出现了4个种，它们是*Reteograptus geinitzianus* Hall、*Archiclimacograptus marathonensis* (Clarkson)、"*Janograptus laxatus*" Tullberg和*Pronormalograptus euglyphus* (Lapworth)。*R. geinitzianus* Hall首次在我国西北地区的*P. elegnas*带中被发现，该分子在华南见于*D. murchisoni*带至*N. gracilis*带中 (倪寓南，1991)，在北美东部 (Ruedemann，1947) 和苏格兰南部 (Elles and Wood，1908) 均与*N. gracilis* Hall 相伴。*A. marathonensis* (Clarkson) 首现于美国德克萨斯州的Marathon地区，产出层位不详，但Maletz (1997) 报道它出现于挪威的*Nicholsonograptus fasciculatus*带中，而当前研究又证实其层位上延到*D. murchisoni*带中。"*Janograptus laxatus*" Tullberg在瑞典南部产自*P. elegans*带下部，较其在大湾沟的层位略低一些。当前材料中*Pronormalograptus euglyphus* (Lapworth) 见于*P. elegans*带上部，这可能是该种在全球范围内最低的产出层位，因为它在美国见于*N. gracilis*带 (Elles and Wood，1907；Zalasiewicz *et al.*，2009)，在挪威奥斯陆见于*D. murchisoni*带 (Berry，1964)。

最后，*Haddingograptus* cf. *intermedius* (Berry) 和*Didymograptus jiangxiensis* Ni出现于*P. elegans*带的顶部。前者在奥斯陆地区见于*D. murchisoni*带 (4aα2) (Berry，1964)，相当于大湾沟的*P. elegans*带顶部至*D. murchisoni*带底部；*D. jiangxiensis* Ni 的地层分布将在下节中讨论。

(2) *Didymograptus murchisoni*带 (莫氏对笔石带)

大湾沟剖面*Didymograptus murchisoni*带的底界以*D. murchisoni* (Beck) 的首现为准，并与*Acrograptus affinis* (Nicholson)以及*Didymograptus* cf. *stabilis* Elles and Wood的首现同步。*A. affinis* (Nicholson) 在英国首现于*D. extensus*带 (Elles and Wood，1918) 或*Aulograptus cucullus*带 (Zalasiewicz *et al.*，2009)，显然要比大湾沟的*D. murchisoni*带之底更低一些。但是，*A. affinis* (Nicholson) 在英国的末现 (LAD) 层位却与大湾沟剖面一致，都在*D. murchisoni*带内。*D.* cf. *stabilis* Elles and Wood由该种创名人描述并报道，产于所谓的*D. bifidus*带内，该带后来由Zalesiewicz *et al.* (2009) 修改为*Didymograptus artus*带。*Xiphograptus robustus* (Ekström) 最早由Ekström (1937) 描述并报道，产于瑞典南部的*Didymograptus clavulus*带中，该带应相当于*D. murchisoni*带。在英国，*X. robustus* (Ekström) 见于*D. artus*带和*D. murchisoni*带中 (Zalasiewicz *et al.*，2009)，而在中国西北的末现层位应为*N. gracilis*带。根据当前的材料，*A. affinis* (Nicholson)、*D.* cf. *stalilis* Elles and Wood和*X. robustus* (Ekström) 这三种笔石在中国西北的出现均晚于欧洲。

周志毅等 (1990) 将中国的*D. murchisoni*带划分为三个亚带：*P. elegans*亚带、*D. jiangxiensis*亚带和*H. teretiusculus* 亚带。*Didymograptus jiangxiensis* Ni这种笔石原产于江西武宁 (倪寓南，1991)，但在对大湾沟无间断采集剖面详细研究之后，我们发现*D. jiangxiensis* Ni的首现要略晚于*D. murchisoni* (Beck) 的首现，因此采用*D. murchisoni* (Beck) 而不采用*D. jiangxiensis* Ni 作为生物带名。

Archiclimacograptus arctus (Elles and Wood) 和*Pseudamplexograptus distichus* (Eichwald) 这两种首现于*D. murchisoni*带的下部。Maletz (1997) 建议在瑞典以*Pseudamplexograptus distichus*带来代替*Didymograptus murchisoni*带；遗憾的是，在大湾沟剖面，*P. distichus* (Eichwald) 只有很少数的标本，而且该种在中国西北的完整延限也不清楚，因此未用此带。*A. arctus* (Elles and Wood) 在英国产于 "*Hustedograptus teretiusculus*带" 至*Climacograptus wilsoni*带 (Elles and Wood, 1918)，并被Zalasiewicz *et al.* (2009) 归为*N. gracilis*带至*D. foliaceus*带，而该种在大湾沟剖面上产自*D. murchisoni*带，显然要低于该种在英国的产出层位。

在大湾沟剖面*D. murchisoni*带的中部，大量属种几乎同时出现，它们是*Acrograptus saerganensis* (Qiao)、*Pterograptus*? sp.、*Didymograptus* cf. *pakrianus* Jaanusson、*Glossograptus acanthus* Elles and Wood、*Abrograptus formosus* Mu、*Kinnegraptus gracilis* Chen、*Eoglyptograptus asymmetros* Goldman and Zhang (sp. nov.)、*Archiclimacograptus sebyensis* (Jaanusson)、*A. caelatus* (Lapworth)、*Haddingograptus eurystoma* (Jaanusson)、*Pronormalograptus regularis* Chen (sp. nov.)、*Acrograptus*? sp.、*Glossograptus fimbriatus* (Hopkinson)和*Normalograptus* sp.。上述笔石名单中的前6种在大湾沟剖面上都只有短暂的出现记录，其中*A. saerganensis* (Qiao) 只是一个地区性种，*D.* cf. *pakrianus*

Jaanusson在其最早发现地爱沙尼亚并无准确的产出层位 (Jaanusson，1960)，因此难以与大湾沟剖面的进行对比。*Abrograptus formosus* Mu最早发现于浙江江山*N. gracilis*带 (穆恩之，1958)，因此，它在大湾沟剖面显然产于较低的层位中。*Kinnegraptus gracilis* Chen始见于贵州湄潭五里坡 "*Glyptograptus sinodentatus*带" (穆恩之等，1979)，它在新疆大湾沟的产出意味着该种向上延伸到了西北的*D. murchisoni*带。*Glossograptus fimbriatus* (Hopkinson) 是一个全球广布种，它在美国产于*D. artus*带至*N. gracilis*带 (Zalasiewicz *et al.*，2009)，在北美西部产于*N. gracilis*带至*C. bicornis*带 (Ross and Berry，1963)，在澳大利亚产自与北美相同的层位之中 (Gisbornian阶) (VandenBerg and Cooper，1992)。*Archiclimacograptus caelatus* (Lapworth) 和*Haddingograptus eurystoma* (Jaanusson) 是地质历程相对较长的两个种，前者 (*A. caelatus*) 在英国威尔士见于*D. murchisoni*带 (Elles and Wood，1907)，Maletz (1997) 后来又将其产出层位向下归入奥斯陆的*P. elegans*带；后者 (*H. eurystoma*) 则产于奥斯陆地区的*Nicholsonograptus fasciculatus*带至*Pseudamplexograptus distichus*带 (Maletz，1997)，因此大湾沟的这两种笔石的产出层位可与欧洲进行对比。

Dicellograptus geniculatus Bulman具有较为重要的生物地层学意义，该种的模式标本产自瑞典的Öland，但缺乏明确的产出层位。在北美洲，该种的典型标本产自亚拉巴马州的Athens页岩，其层位为*H. teretiusculus*带至*N. gracilis*带的底部 (Finney，1977)，这一层位与该种在英国威尔士边境地区的相同 (Hughes，1989)，因此中国西北地区*D. murchisoni*带的顶部及*J. vagus*带底部，可能部分相当于Finney (1977) 和Hughes (1989) 的*H. teretinsculus*带。在大湾沟的笔石序列中，*Dicellograptus geniculatus* Bulman是最老的叉笔石。

(3) *Jiangxigraptus vagus*带 (蜿蜒江西笔石带)

*Jiangxigraptus vagus*带在中国西北是一个时间间隔很短的生物带。该带的笔石中，除5种笔石是在本带新出现的之外，其他分子均由下面的带上延而来。带化石*J. vagus* (Hadding) 的首现标定了本带的底界，在相同层位首次出现的还有其他4种笔石，分别是*Hustedograptus* cf. *vikarbyensis* (Jaanusson)、*Archiclimacograptus modestus* (Ruedemann)、*A. osloensis* Goldman *et al.*和*Pseudoclimacograptus* sp.。*Jiangxigraptus vagus* (Hadding) 的模式标本产自上奥陶统底界的全球层型剖面，即瑞典的 Fågelsång剖面。根据Hadding (1913) 的研究，*J. vagus* (Hadding) 产自 "*Glossograptus hincksi*带" 至 "*Climacograptus putillus*带"，大致相当于波罗的海和北美劳伦大陆的*Hustedograptus teretiusculus*带 (Loydell，2012)，或者澳大利亚达瑞威尔阶的顶部 (Da4b) (VandenBerg and Cooper，1992)。该种的近似种*Jiangxigraptus* cf. *vagus* (Hadding) 在新西兰见于达瑞威尔阶顶部 (Da4b) 至Gisbornian阶下部 (Ga1) (Cooper，1979；VandenBerg and Cooper，1992)。从它们的化石图片可见，*J.* cf. *vagus* (Hadding) 与模式标本在形态上有明显的差异。*J. vagus*

(Hadding) 和*N. gracilis* (Hall) 的重要性在于它们都见于上奥陶统桑比阶Fågelsång全球层型剖面中。因此，我们在大湾沟采用*J. vagus*带，以提高大湾沟作为上奥陶统全球辅助层型剖面与Fågelsång 全球层型剖面进行对比的精确度。

Hustedograptus cf. *vikarbyensis* (Jaanusson) 的模式标本产自瑞典Siljan地区Furudal灰岩的*P. elegans*带。在大湾沟剖面，*J. vagus*带的中部还出现了3种笔石的首现，它们是*Jiangxigraptus mui* Yu and Fang、*Haddingograptus flexibilis* Chen (sp. nov.) 和*Unicornigraptus xinjiangensis* Chen and Goldman (gen. and sp. nov.)。其中，*Jiangxigraptus mui* Yu and Fang也是江西笔石 (*Jiangxigraptus*) 的模式种，其模式标本产自江西武宁新开岭*N. gracilis*带的底部 (俞剑华和方一亭，1966；俞剑华等，1976)。该种还见于贵州施秉十字铺组 (穆恩之等，2002) 和江西崇义 (陈旭等，2010) 的*N. gracilis*带。因此，该种在大湾沟的产出层位 (*J. vagus*带) 可能是其最低产出层位。

(4) *Nemagraptus gracilis*带 (纤细丝笔石带)

大湾沟剖面出露了*N. gracilis*带下部的黑色页岩，该带上部为其浪组含壳相动物群的石灰岩所代替。*N. gracilis* (Hall) 的首现指示了桑比阶底界，即上奥陶统的底界，并含有和Fågelsång全球层型剖面相同的笔石序列。在大湾沟剖面上，*Jiangxigraptus gurleyi* (Lapworth)、*Pseudoclimacograptus incurvus* (Bergström)、*Acrograptus tenuiculus* Chen (sp. nov.) 和*Pseudamplexograptus*? sp.这4种笔石与*N. gracilis* (Hall) 在同层首现。*J. gurleyi* (Lapworth) 系Lapworth根据美国纽约州Mount Merino组 (原Normanskill组) 的标本命名，后由Ruedemann (1908) 描述。当模式标本 (Ruedemann，1908, figs. 223, 226) 和其他标本经图像展示后，该种的定义得到延伸，包括了两枝向上包卷的特征。尽管Ruedemann (1908) 并未提供该种的延限，但与之共生的其他种，如*Diplograptus foliaceus* (Murchison)、*Climacograptus parvus* Hall (=*Archiclimacograptus modestus* (Ruedemann)) 和*Dicranograptus nicholsoni diapason* Gurley，表明它们在Mount Merino组内的层位已高于*N. gracilis*带。在华南，*J. gurleyi* (Lapworth) 还见于江西崇义陇溪组*N. gracilis*带中 (黄枝高等，1988)。

除带化石之外，大湾沟*N. gracilis*带下部还有7种其他笔石，其中有4种均为江西笔石类，包括*J. exilis* (Elles and Wood)、*J. salopiensis* (Elles and Wood) 和*J.* cf. *bispiralis* (Ruedemann)，另外3种为*Nemagraptus delicatus* (Lin)、*Normalograptus* sp.和*Unicornigraptus minimus* Chen (gen. and sp. nov.)。*N. delicatus* (Lin) (=*N. linmassiae* Finney, 1985) 在鄂尔多斯见于所谓的*Amplexograptus gansuensis*带 (林尧坤，1980)，但是*A. gansuensis* Mu and Zhang是*A. maxwelli* Decker的后同义名，见于大湾沟剖面印干组*Diplacanthograptus lanceolatus*带 (Chen et al.，2000)。*N. delicatus* (Lin) (=*N. linmassiae* Finney, 1985) 产于美国亚拉巴马州Athens页岩的*N. gracilis*带，其胞管口部已变形。

2.1.2 阿克苏四石场剖面

四石场原为一水泥场，位于阿克苏—喀什公路1055km路碑附近。四石场剖面出露了与大湾沟剖面相同的地层，只是其中的萨尔干组较薄 (图2-4)，所含笔石动物群的多样性有所降低 (图2-5)，并且夹含多层牙形刺灰岩层。

A   B

图2-4　新疆阿克苏四石场剖面

A. 出露地层自左而右为大湾沟组、萨尔干组和坎岭组；B. 萨尔干组底部 (左侧) 覆于大湾沟组 (右侧) 之上

(1) *Pterograptus elegans*带 (精美翼笔石带)

P. elegans Holm在四石场剖面首现于萨尔干组底部，同层位共出现11种笔石，而且萨尔干组之下未见笔石和三叶虫。这11种笔石中，有7种是大湾沟剖面*P. elegans*带中的常见种，包括*Pterograptus elegans* Holm、*Archiclimacograptus angulatus* (Bulman)、*A. caelatus* (Lapworth)、*A. riddellensis* (Harris)、*Cryptograptus tricornis* (Carruthers)、*Pronomalograptus euglyphus* (Lapworth)和*Reteograptus geinitzianus* Hall。其他4种笔石未在大湾沟剖面中出现，其中的*Cryptograptus marcidus* (Hall) 曾见于甘肃环县*N. gracilis*带 (葛梅钰等，1990)；*Normalograptus uniformis* (Hsü) (=*Climacograptus uniformis* Hsü) 见于安徽宁国胡乐司宁国组的*Nicholsonograptus fasciculatus*带 (Hsü，1934) (而"*Climacograptus* cf. *uniformis* Hsü"还见于新疆库鲁克塔格的*N. gracilis*带 (Bulman，1937))，其在四石场剖面与宁国胡乐司出现的层位相近；*Pterograptus scanicus* Moberg出现的层位高于*P. elegans*，这种情况和大湾沟剖面是一样的。

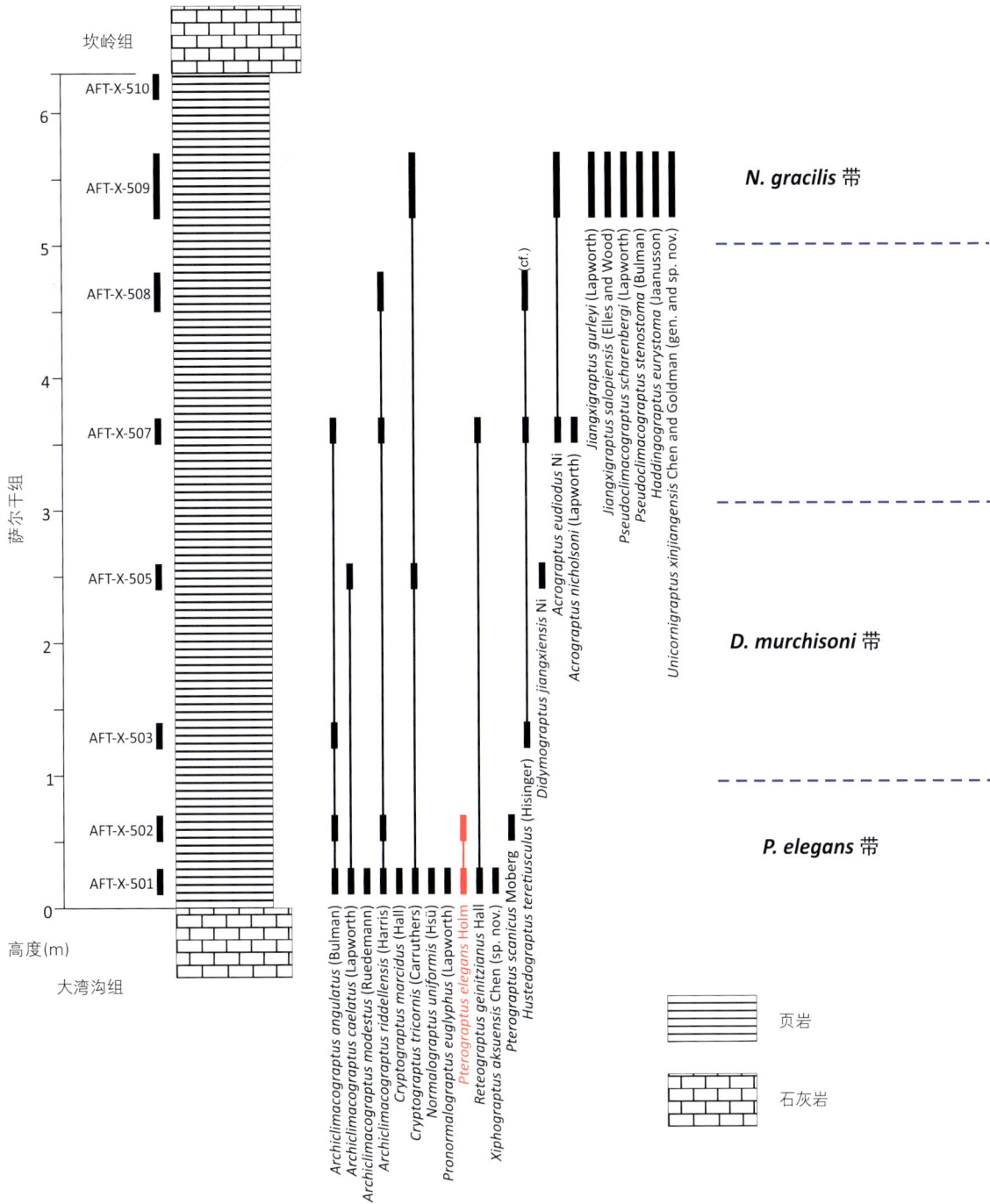

图2-5 新疆阿克苏四石场剖面笔石延限图

(2) *Didymograptus murchisoni*带 (莫氏对笔石带)

由于采集不详，在四石场剖面未采获带化石，但*Didymograptus jiangxiensis* Ni的出现 (AFT-X-505) 证实了*D. murchisoni*带地层的存在。

(3) *Nemagraptus gracilis*带 (纤细丝笔石带)

同样由于采集的原因，带化石也未采获，但是一些本带的常见分子，如*Jiangxigraptus gurleyi* (Lapworth)、*J. salopiensis* (Elles and Wood)、*Pseudoclimacograptus scharenbergi* (Lapworth) 和*P. stenostoma* (Bulman) 的出现，证实了*N. gracilis*带在四石场剖面的存在。在大湾沟剖面，*J. gurleyi* (Lapworth) 出现于*N. gracilis*带的底部，可作为借鉴。

2.1.3　柯坪苏巴什沟剖面

苏巴什沟剖面位于柯坪县城以西5km处，其GPS 为40°35′27″N，78°57′20″E。在此剖面上仅对*Nemagraptus gracilis*带进行了化石采集，因为其上、下地层均已遭受了后期不同程度的构造破坏 (图2-6)。尽管如此，仍采集到相当数量的笔石属种，计12个属30种 (图2-7，表2-2)。

A   B

图2-6　新疆柯坪苏巴什沟剖面

A. 自左而右依次出露坎岭组、萨尔干组和大湾沟组；B. 萨尔干组黑色页岩 (左) 与大湾沟组 (右) 的接触界线

如表2-2所示，苏巴什沟*N. gracilis*带的大多数笔石在大湾沟剖面中均已见及；还有常见分子，比如 *Jiangxigraptus sextans* (Hall)、*Pseudoclimacograptus scharenbergi* (Lapworth)和*P. stenostoma*

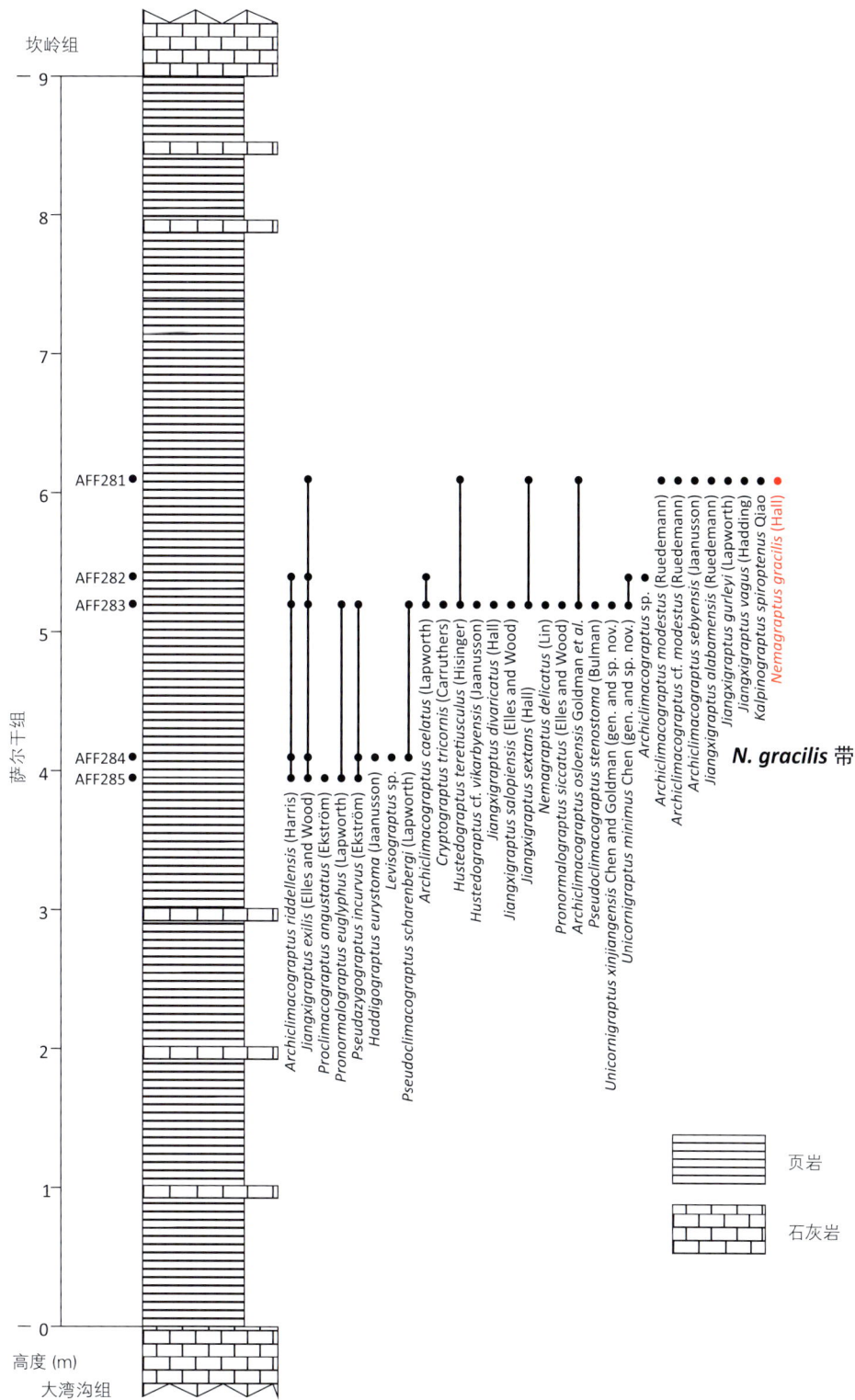

图2-7 新疆柯坪苏巴什沟萨尔干组笔石延限图

(Bulman) 等，未在大湾沟剖面中出现，这可能是因为它们产于*N. gracilis*带的较高层位，而这些层位在大湾沟剖面已为坎岭组所代替。在大湾沟剖面*N. gracilis*带下部未出现的另一些分子，如*Hustedograptus* cf. *vikarbyensis* (Jaanusson) 和*Kalpinograptus spiroptenus* Qiao 以及两个新种，可能都是小居群种，其分布比较局限。

表2-2 苏巴什沟和大湾沟*N. gracilis*带的笔石对比

分 类	苏巴什沟	大湾沟
Jiangxigraptus alabamensis (Ruedemann)	+	无
Jiangxigraptus gurleyi (Lapworth)	+	+
Jiangxigraptus salopiensis (Elles and Wood)	+	+
Jiangxigraptus sextans (Hall)	+	无
Jiangxigraptus vagus (Hadding)	+	+
Jiangxigraptus exilis (Elles and Wood)	+	+
Jiangxigraptus divaricatus (Hall)	+	无
Nemagraptus delicatus (Lin)	+	+
Nemagraptus gracilis (Hall)	+	+
Pseudazygograptus incurvus (Ekström)	+	+
Kalpinograptus spiroptenus Qiao	+	无
Cryptograptus tricornis (Carruthers)	+	无
Hustedograptus teretiusculus (Hisinger)	+	+
Hustedograptus cf. *vikarbyensis* (Jaanusson)	+	无
Archiclimacograptus modestus (Ruedemann)	+	无
Archiclimacograptus caelatus (Lapworth)	+	+
Archiclimacograptus riddellensis (Harris)	+	+
Archiclimacograptus sebyensis (Jaanusson)	+	无
Archiclimacograptus osloensis Goldman *et al.*	+	无
Unicornigraptus minimus Chen (gen. and sp. nov.)	+	无
Unicornigraptus xinjiangensis Chen and Goldman (gen. and sp. nov.)	+	+
Haddingograptus eurystoma (Jaanusson)	+	+
Pseudoclimacograptus scharenbergi (Lapworth)	+	无
Pseudoclimacograptus stenostoma (Bulman)	+	无
Proclimacograptus angustatus (Ekström)	+	+
Pronormalograptus euglyphus (Lapworth)	+	无
Pronormalograptus siccatus (Elles and Wood)	+	+

2.2 华北地台西缘

华北地台西缘从鄂尔多斯周边向南经贺兰山至平凉地区，此后向东延伸并平行于秦岭至西安以北。本节系统研究了华北地台西缘的三个代表性剖面，即大石门剖面、官庄剖面和龙门洞剖面。

2.2.1 乌海大石门剖面

大石门剖面 (39°28′33.5″N, 106°49′31.3″E)位于内蒙古乌海市海南区。大石门剖面的克里摩利组和乌拉力克组含笔石(图2-8)。这两个组最早由关世聪和车树政 (1955) 建立，陈均远等 (1984)较为详细地研究过鄂尔多斯地区的地层。本书著者们分别于2005和2008年测制了大石门剖面并进行化石采集，在克里摩利组 (达瑞威尔阶) 和乌拉力克组 (桑比阶) 内采集到41种笔石，在本书中有系统描述 (图2-9)。

图2-8　内蒙古乌海大石门剖面

A. 克里摩利组和乌拉力克组露头；B. 乌拉力克组的底部，以一层砾状石灰岩为界；C. 克里摩利组下段的薄层灰岩 (近景) 和上段的灰岩夹笔石页岩 (远景)

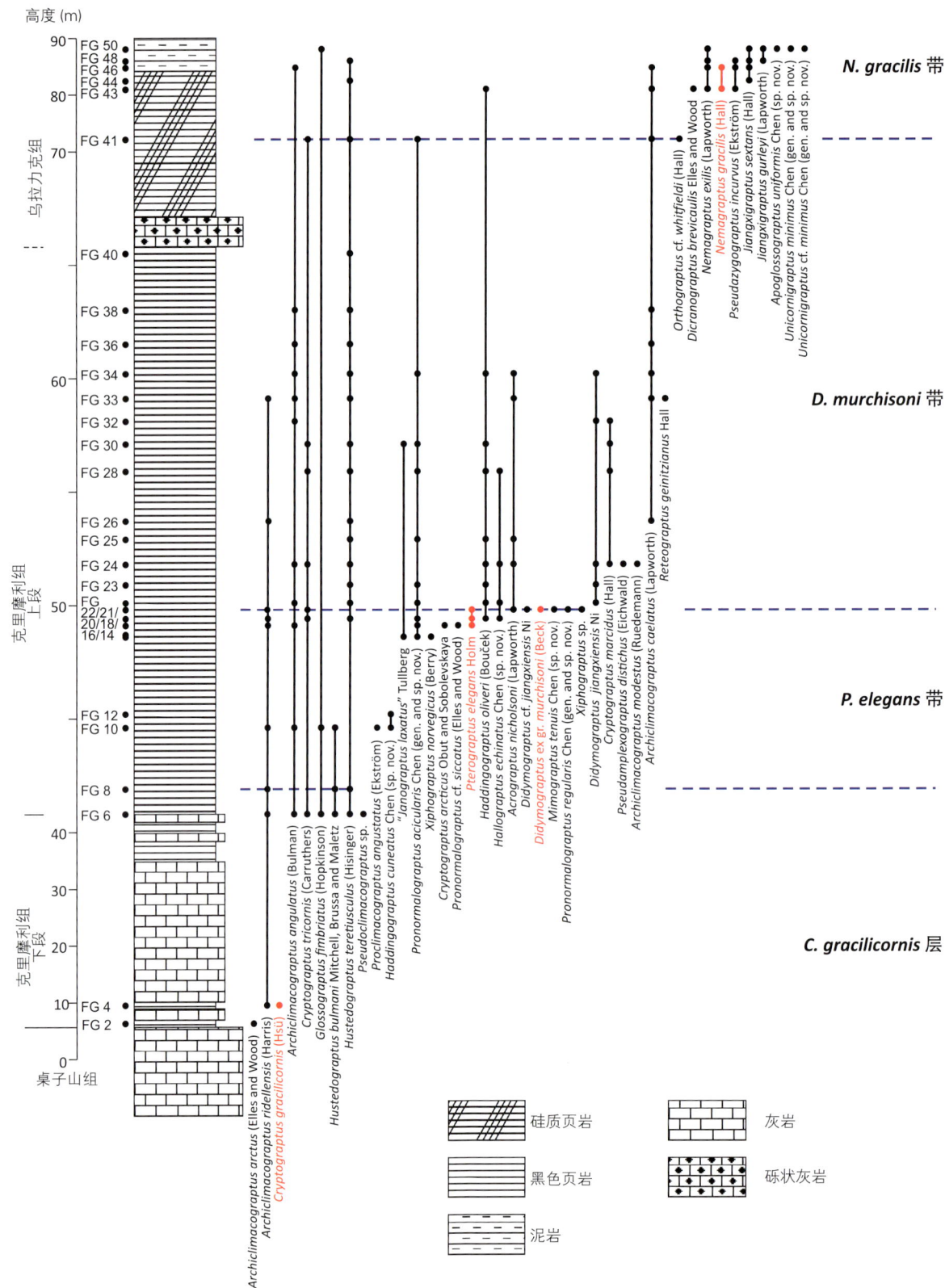

图2-9 内蒙古乌海大石门剖面笔石延限图

大石门剖面中的笔石带 (层) 自上而下描述如下。

(1) *Cryptograptus gracilicornis*层 (细刺隐笔石层)

本层位于克里摩利组下段的底部，共采集到9种笔石，其中以*Cryptograptus gracilicornis* (Hsü) 为代表。该种最早见于安徽南部宁国组*Amplexograptus confertus*带中，被命名为*Climacograptus? gracilicornis* (Hsü，1934)。穆恩之和陈旭 (1962) 以该种建立一个亚带，但该种的准确首现层位一直未得以确定，因此，本书中我们暂将之作为一个笔石层而没有作为笔石带。仅限于本层 (FG6) 的笔石只有*Pseudoclimacograptus* sp.，其他诸种均可上延到更高的层位。这些笔石中的*Hustedograptus bulmani* Mitchell, Brussa and Maletz 首次见于中国，它在北欧斯堪的纳维亚见于*Holmograptus lentus*带和*Nicholsonograptus fasciculatus*带 (Maletz，1997)，因此该种在中国被发现的层位应是它的首现层位。

(2) *Pterograptus elegans*带 (精美翼笔石带)

大石门剖面上此笔石带只包括两层笔石，可能相当于大湾沟和世界其他地区同名带的上部，代表了一个短暂的时间间隔 (表2-3)。*Cryptograptus gracilicornis* (Hsü) 出现层位和*P. elegans* Holm 出现层位之间的地层，可能相当于*P. elegans*带的下部。

表2-3 大石门剖面与大湾沟剖面*P. elegans*带的笔石的对比

分 类	大石门	大湾沟
Pterograptus elegans Holm	+	+
"*Janograptus laxatus*" Tullberg	+	+
Xiphograptus norvegicus (Berry)	+	+
Glossograptus fimbriatus (Hopkinson)	+	无
Cryptograptus arcticus Obut and Sobolevskaya	+	无
Cryptograptus tricornis (Carruthers)	+	+
Hustedograptus teretiusculus (Hisinger)	+	+
Hustedograptus bulmani Mitchell, Brussa and Maletz	+	无
Haddingograptus oliveri (Bouček)	+	+
Haddingograptus cuneatus Chen (sp. nov.)	+	无
Archiclimacograptus angulatus (Bulman)	+	+
Archiclimacograptus riddellensis (Harris)	+	+
Hallograptus echinatus Chen (sp. nov.)	+	无
Proclimacograptus angustatus (Ekström)	+	+
Pronormalograptus acicularis Chen (gen. and sp. nov.)	+	无
Pronormalograptus cf. *siccatus* (Elles and Wood)	+	+

(3) *Didymograptus murchisoni*带 (莫氏对笔石带)

在大石门剖面，*D. murchisoni*带共有20种笔石，其中15种都已在大湾沟剖面的同名带中出现 (表2-4)。

表2-4　大石门剖面与大湾沟剖面*D. murchisoni*带的笔石对比

分　类	大石门	大湾沟
Mimograptus tenuis Chen (sp. nov.)	+	无
Didymograptus cf. *jiangxiensis* Ni	+	+
Didymograptus ex gr. *murchisoni* (Beck)	+	+
"*Janograptus laxatus*" Tullberg	+	+
Acrograptus nicholsoni (Lapworth)	+	+
Cryptograptus marcidus (Hall)	+	无
Cryptograptus tricornis (Carruthers)	+	+
Glossograptus fimbriatus (Hopkinson)	+	+
Hustedograptus teretiusculus (Hisinger)	+	+
Archiclimacograptus angulatus (Bulman)	+	+
Archiclimacograptus caelatus (Lapworth)	+	+
Archiclimacograptus modestus (Ruedemann)	+	无
Archiclimacograptus riddellensis (Harris)	无	+
Pseudamplexograptus distichus (Eichwald)	+	+
Pterograptus elegans Holm	+	+
Haddingograptus oliveri (Bouček)	+	+
Pronormalograptus acicularis Chen (gen. and sp. nov.)	+	无
Pronormalograptus regularis Chen (gen. and sp. nov.)	+	+
Hallograptus echinatus Chen (sp. nov.)	+	无
Reteograptus geinitzianus Hall	+	+

在大湾沟剖面没有出现的5种笔石中，*Mimograptus tenuis* Chen (sp. nov.)、*Pronormalograptus acicularis* Chen (gen. and sp. nov.) 和*Hallograptus echinatus* Chen (sp. nov.) 均为新种；*Cryptograptus marcidus* (Hall) 曾被 Ruedemann (1908) 作为 *C. tricornis* (Carruthers) 的一个亚种，葛梅钰等 (1990) 描述过该种，并报道在甘肃环县石板沟的 "*H. teretiusculus*带" 发现了该种。在大石门剖面的本带底部 (FG21)，还发现仅有的一个*Didymograptus* ex gr. *murchisoni* (Beck) 标本，它与*Didymograptus jiangxiensis* Ni 的同时出现可证实本带的存在，有助于与其他地点相当笔石带进行对比。

(4) *Nemagraptus gracilis*带 (纤细丝笔石带)

和大湾沟剖面一样，大石门剖面上的*N. gracilis*带也只有其下部才是笔石相地层，产有17种笔石。其中*N. gracilis* (Hall)、*Jiangxigraptus gurleyi* (Lapworth) 和*Pseudazygograptus incurvus* (Ekström) 同大湾沟剖面一样也是常见分子。与官庄剖面相同的是，*Jiangxigraptus sextans* (Hall) 和*Dicranograptus brevicaulis* Elles and Wood 都见于同一笔石带中；不同的是，*O.* cf. *whitfieldi* (Hall) 在官庄剖面出现于 *Climacograptus bicornis*带，而在大石门剖面却出现在*N. gracilis*带底部，这是不正常的，可能提示标准的*N. gracilis*带底部在大石门剖面缺失，或被砾状灰岩所代替。

2.2.2　平凉官庄剖面

官庄剖面是平凉组的命名剖面(图2-10)，位于甘肃省平凉市以西8km处 (35°29′32.04″N，106°36′31.2″E)。该剖面的*Nemagraptus gracilis*带最早由孙云铸 (Sun，1933) 所建立。在当前研究中，这里的*N. gracilis*带和*Climacograptus bicornis*带共产出笔石44种 (图2-11)。官庄剖面曾于1999年被提名为上奥陶统底界全球层型剖面的候选剖面 (Finney *et al.*，1999)。遗憾的是，下伏的达瑞威尔阶顶部全是三道沟组石灰岩，致使*N. gracilis*带的界线难以准确界定。但是，官庄剖面上*Nemagraptus gracilis*带和*Climacograptus bicornis*带连续的笔石序列仍不失其重要意义。官庄剖面因拥有近乎完整的桑比期笔石动物群而成为劳伦大陆和澳洲同期地层的重要对比标准。

A

B

图2-10　甘肃平凉官庄剖面的平凉组

A. 平凉组在官庄废弃采石场的露头；B. 平凉组下部地层

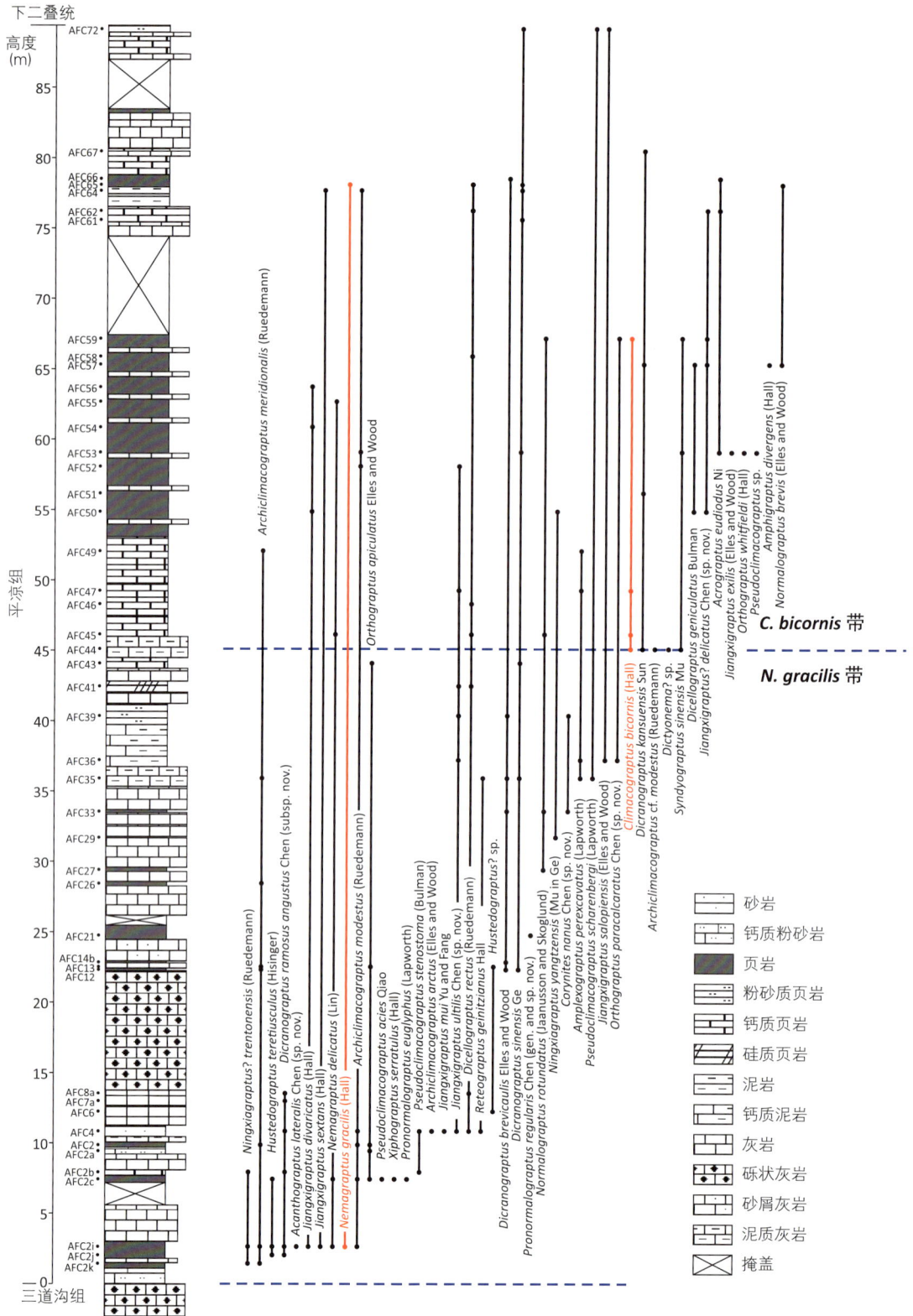

图2-11 甘肃平凉官庄剖面平凉组笔石延限图

(1) *Nemagraptus gracilis* (纤细丝笔石带)

　　N. gracilis (Hall) 在官庄剖面的首现层位 (AFC2j) 位于平凉组底界之上2.5m处。在此界面之下只有4个种：*Archiclimacograptus meridionalis* (Ruedemann)、*Ningxiagraptus? trentonensis* (Ruedemann)、*Hustedograptus teretiusculus* (Hisinger) 和*Dicranograptus ramosus angustus* Chen (subsp. nov.)。其中，*N.? trentonensis* (Ruedemann) 由Ruedemann (1908，1947) 和Finney (1977) 描述为*Leptograptus flaccidus trentonensis* Ruedemann，发现于美国东部和南部的Utica页岩和Viola Spring灰岩中，该种在中国甘肃环县 (葛梅钰等，1990) 和江西武宁 (倪寓南，1991) 的*N. gracilis*带中也有发现；*D. ramosus angustus* Chen (subsp. nov.) 是一个新亚种；*Archiclimacograptus meridionalis* (Ruedemann) 在陕西省陇县龙门洞的龙门洞组见于*N. gracilis*带至*D. caudatus*带，该种少数标本在陇县段家峡的*D. caudatus*带中也有发现。因此，这4个种的组合不能说明官庄剖面*N. gracilis*带之下确切的层位。由于在此界线之下不能确定是否有达瑞威尔期笔石，因此官庄剖面上的*N. gracilis* (Hall) 的最低层位也不能确认为*N. gracilis*带的底界。

　　官庄剖面的*Nemagraptus gracilis*带被一层8.5m厚的砾状灰岩分为上、下两部分。在此砾状灰岩之下，共有3层含笔石页岩，之间又为灰岩薄层所分隔。最底部的一层页岩中产有*Nemagraptus gracilis* (Hall)，*N. delicatus* (Lin)、*Dicellograptus divaricatus* (Hall)、*Jiangxigraptus sextans* (Hall)、*Dicranograptus ramosus angustus* Chen (subsp. nov.)、*Ningxiagraptus? trentonensis* (Ruedemann)、*Hustedograptus teretiusculus* (Hisinger)、*Archiclimacograptus meridionalis* (Ruedemann)、*A. modestus* (Ruedemann) 和*Acanthograptus lateralis* Chen (sp. nov.)。除新种*A. lateralis* Chen 之外，其余都是*N. gracilis*带中的常见分子。在第二层页岩中 (AFC2b, 2c)，首次出现了5种延限短的笔石，它们是*Orthograptus apiculatus* Elles and Wood、*Pseudoclimacograptus acies* Qiao、*P. stenostoma* (Bulman)、*Pronormalograptus euglyptus* (Lapworth)和*Xiphograptus serratulus* (Hall)。在第三层页岩中则产出*Dicellograptus rectus* (Ruedemann)、*Jiangxigraptus ultilis* Chen (sp. nov.)、*J. mui* Yu and Fang、*Archiclimacograptus arctus* (Elles and Wood) 和*Reteograptus geinitzianus* Hall。在砾状灰岩之上，两种双头笔石*Dicranograptus sinensis* Ge和*D. brevicaulis* Elles and Wood的出现颇为独特。前者与*Dicranogratpus clingani* Carruthers相似，被夏广胜 (1982) 命名为带化石，并为穆恩之等 (2002) 所接受。他们认为，*Dicranograptus sinensis*带高于*Nemagraptus gracilis*带，但是官庄剖面的笔石序列却显示*D. sinensis* Ge的首现是在*N. gracilis*带之内。

(2) *Climacograptus bicornis*带 (双刺栅笔石带)

本带以*C. bicornis* (Hall) 的首现为底界，*Syndyograptus sinensis* Mu和*Dicranograptus kansuensis* Sun的首现与之重合。*Syndyograptus*属的模式种，*S. pectum* Ruedemann 1908, 产自纽约州Glenmont 的Mount Merino 组 (Normanskii 页岩)，与*Xiphograptus sagitticaulis* (Gurley)、*Dicranograptus furcatus* (Hall)、*Diplograptus foliaceus* (Murchison)、*Climacograptus parvus* (=*Pseudoclimacograptus scharenbergi* (Riva, 1974) 和*Cryptograptus tricornis* (Ruedemann, 1908) 共生。*Dicranograptus kansuensis* Sun 在形态上与*D. clingani* Carruthers、*D. brevicaulis* Elles and Wood和*D. sinensis* Ge相似。*Orthograptus whitfieldi* (Hall) 的出现也很重要，它是*C. bicornis*带的重要分子。*Amphigraptus divergens* (Hall) 在北美和英国出现的层位明显不同: 在美国产自纽约州 Normanskill 页岩中的 *C. bicornis*带，而在英国则产自苏格兰 Hartfell 页岩的*Pleurograptus linearis*带；当前剖面的标本在形态上也更接近北美的标本。

2.2.3 陇县龙门洞剖面

龙门洞剖面 (35°2′30.6″N，106°40′3.12″E) 位于陕西陇县县城与甘肃平凉市之间。龙门洞组的下伏地层为三道沟组厚层砾状灰岩，其上覆地层为背锅山组礁相沉积(图2-12)。龙门洞组下部为灰岩夹笔石页岩 (*N. gracilis*带上部至 *C. bicornis*带下部)，上部为黄绿色页岩及灰岩夹层 (*C. bicornis*带上部至 *D. spiniferus*带)。从 *N. gracilis*带上部至 *D. caudatus*带，笔石的多样性中等 (图2-13)。

(1) *Nemagraptus gracilis*带 (纤细丝笔石带)

龙门洞剖面*N. gracilis*带上部共计12种笔石，但带化石并未出现。其中的6种笔石均见于官庄剖面的*N. gracilis*带中，它们是*Jiangxigraptus divaricatus* (Hall)、*Dicranograptus ramosus angustus* Chen (subsp. nov.)、*Archiclimacograptus meridionalis* (Ruedemann)、*A. modestus* (Ruedemann)、*Reteograptus geinitzianus* Hall和*Normalograptus rotundatus* (Jaanusson and Skogland)。此外，*Jiangxigraptus gurleyi* (Lapworth) 和*Jiangxigraptus exilis* (Elles and Wood) 见于大湾沟剖面的同名带中；*Acrograptus eudiodus* Ni则见于江西武宁*D. murchisoni*带 (=*Didymograptus jiangxiensis*带) 至*N. gracilis*带中。

(2) *Climacograptus bicornis*带 (双刺栅笔石带)

由于出露条件的限制，在龙门洞剖面没能够对本带进行无间断采集。本带的底界以带化石的首现为准，顶界以其上笔石带的带化石*Diplacanthograptus caudatus* (Lapworth) 的首现为界。本带中共计21种笔石 (表2-5)，其中10种与官庄剖面的相同。*T. capillaris* (Emmons) 是一个稀有的种，当前在中国仅见于龙门洞剖面。两个常见的种*Hustedograptus teretiusculus* (Hisinger) 和*Orthograptus apiculatus* Elles and Wood却未见于官庄剖面。*Archiclimacograptus foliaceus* (Murchison) 是英格兰和威尔士的带化石，相当于*Climacograptus bicornis*带和*C. wilsoni*带 (Zalasiewicz *et al.*，2009)。新种 *Oepikograptus originalis* Chen (sp. nov.) 见于 *C. bicornis*带的顶部，*Archiclimacograptus modestus* (Ruedemann)和*Jiangxigraptus divaricatus* (Hall) 都是从更老的地层上延而来的。另一个新亚种 *Proclimacograptus angustatus ultimus* Chen (subsp. nov.) 在龙门洞剖面见于 *N. gracilis*带至 *C. bicornis*带。

图2-12　陕西陇县龙门洞剖面的三道沟组、龙门洞组和背锅山组

A. 龙门洞组上部的笔石页岩；B. 龙门洞组顶部与上覆背锅山组的接触关系；C. 背锅山组石灰岩；D. 三道沟组石灰岩

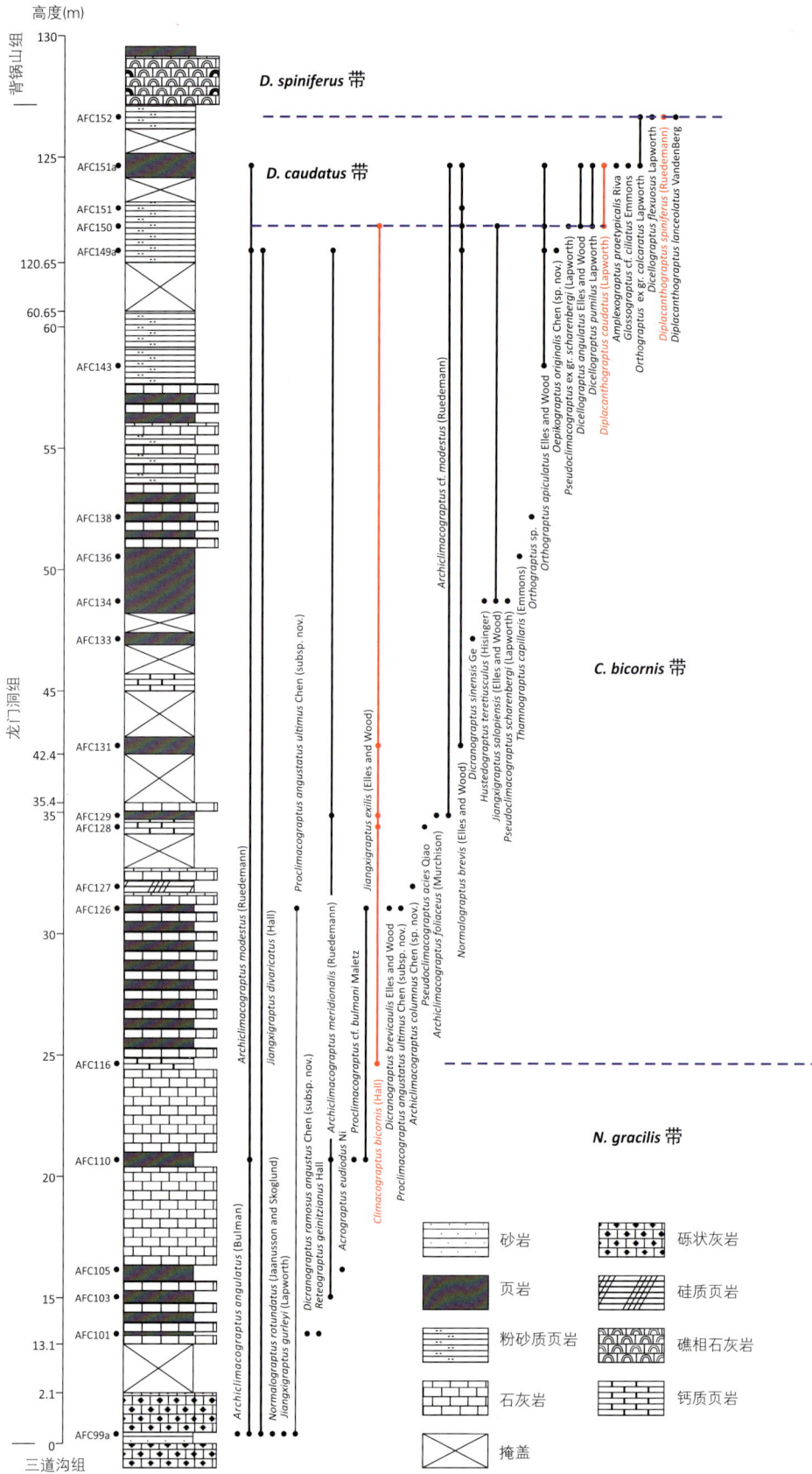

图2-13　陕西陇县龙门洞剖面笔石延限图

表2-5 陕西陇县龙门洞剖面与官庄剖面*C. bicornis*带的笔石对比

分 类	龙门洞	官庄
Thamnograptus capillaris (Emmons)	+	无
Dicranograptus brevicaulis Elles and Wood	+	+
Dicranograptus sinensis Ge	+	+
Jiangxigraptus divaricatus (Hall)	+	+
Jiangxigraptus salopiensis (Elles and Wood)	+	+
Jiangxigraptus exilis (Elles and Wood)	+	+
Hustedograptus teretiusculus (Hisinger)	+	无
Archiclimacograptus foliaceus (Murchison)	+	无
Archiclimacograptus modestus (Ruedemann)	+	+
Archiclimacograptus columnus Chen (sp. nov.)	+	无
Archiclimacograptus meridionalis (Ruedemann)	+	+
Orthograptus apiculatus Elles and Wood	+	无
Climacograptus bicornis (Hall)	+	+
Pseudoclimacograptus scharenbergi (Lapworth)	+	+
Pseudoclimacograptus acies Qiao	+	无
Proclimacograptus angustatus ultimus Chen (subsp. nov.)	+	无
Oepikograptus originalis Chen (sp. nov.)	+	无
Normalograptus brevis (Elles and Wood)	+	+

(3) *Diplacanthograptus caudatus*带 (具尾双刺笔石带)

在中国西北，本带只在龙门洞剖面发育，并只在少数层位产有笔石。与带化石共同产出的有*Amplexograptus praetypicalis* Riva、*Dicellograptus angulatus* Elles and Wood和*D. pumilus* Lapworth。

(4) *Diplacanthograptus spiniferus* (具刺双刺笔石带)

在龙门洞剖面，*Diplacanthograptus spiniferus* (Ruedemann) 的首现标志了本带的底界。与之同层产出的还有*Dicellograptus flexuosus* Lapworth和*Diplacanthograptus lanceolatus* VandenBerg。*D. lanceolatus* VandenBerg 在大湾沟剖面的首现层位，界定了大湾沟剖面*D. spiniferus*带之下的一个笔石带，即*D. lanceolatus*带。因此，该种在龙门洞剖面的产出层位应该是其上延层位。龙门洞剖面*D. spiniferus*带上覆地层为背锅山组礁相地层，背锅山组之上为二叠系所覆，之间为一明显的不整合面。

2.2.4 乌海公乌素剖面

公乌素剖面位于乌海市海南区公乌素村 (图1-1)。公乌素组由陈均远等 (1984) 所建立，为一套65m厚的碎屑岩，其上部为薄层灰岩和页岩，下部为绿灰色页岩含少量笔石。2005年9月，部分著者 (陈旭、张元动、樊隽轩) 在公乌素组底部的页岩中采获笔石，笔石层自上而下为：

● 上层。AFC252 (距公乌素组底部12m)，含笔石 *Dicellograptus rectus* (Ruedemann)、*Orthograptus apiculatus* Elles and Wood、*O. paracalcaratus* Chen (sp. nov.) 和*Climacograptus bicornis* (Hall)。

● 中层。AFC251 (距公乌素组底部4m)，含笔石 *Climacograptus bicornis* (Hall)和*Pseudoclimacograptus scharenbergi* (Lapworth)；AFC250 (距公乌素组底部1m)，产笔石 *Dendrograptus* sp.、*Corynoides gracilis* Hopkinson、*Jiangxigraptus salopiensis* (Elles and Wood)、*Amplexograptus maxwelli* Decker和*Archiclimacograptus modestus* (Ruedemann)。

● 下层。AFC249 (公务素组底部)，产笔石 *Dicranograptus sinensis* Ge。

基于上述笔石动物群，公乌素组应属凯迪阶 *Climacograptus bicornis*带。

2.2.5 陇县段家峡

段家峡水库位于陕西陇县城西北。2005年9月，著者等在段家峡水库大坝路边龙门洞组的灰色粉砂质页岩中采获笔石 (AFC200)，笔石层的GPS点位为34°55′32.9″N，106°42′18″E。笔石动物群包括*Cryptograptus tricornis* (Carruthers)、*Dicellograptus angulatus* Elles and Wood、*Amplexograptus praetypicalis* Riva、*Orthograptus paracalcaratus* Chen (sp. nov.)和*Reteograptus uniformis* Mu and Zhang。在此化石点旁又采获 *Reteograptus uniformis* Mu and Zhang和*Archiclimacograptus* cf. *meridionalis* (Ruedemann) (AFC200a)。虽然上述笔石群的准确层位难以确定，但归属桑比阶至凯迪阶下部似无问题。

2.2.6 陇县石拐子沟

石拐子沟位于段家峡水库与龙门洞之间，在石拐子沟村边 (30°29′34.56″N，106°40′58.38″E)。笔者等在深灰色页岩中采获笔石 *Callograptus* sp.，但难以确定时代归属。

参考文献

BERRY, W.B.N. 1964. The Middle Ordovician of the Oslo region, Norway. No. 16. Graptolites of the *Ogygiocaris* Series. *Norsk Geologisk Tidsskrift 44*, 61–170.

BULMAN, O.M.B. 1937. Report on a collection of graptolites from the *Charchaq* Series of Chinese Turkistan. *Palaeontologia Sinica B(2)*, 1–6.

BULMAN, O.M.B. 1953. Some graptolites from the *Ogygiocaris* Series (4a) of the Oslo district. *Arkiv för Mineralogi och Geologi 1(17)*, 509–518.

CHEN, X., NI, Y.N., MITCHELL, C.E., QIAO, X.D., ZHAN, S.G. 2000. Graptolites from the Qilang and Yingan formations (Caradoc, Ordovician) of Kalpin, western Tarim, Xinjiang, China. *Journal of Paleontology 74*, 282–300.

COOPER, R.A. 1979. Ordovician geology and graptolite faunas of the Aorangi Mine area, North-west Nelson, New Zealand. *New Zealand Geological Survey Paleontological Bulletin 47*, 1–127.

EKSTRÖM, G. 1937. Upper *Didymograptus* Shale in Scania. *Sveriges Geologiska Undersökning Serie C, Afhandlingar och Uppsatser 403*, 1–53.

ELLES, G.L., WOOD, E.M.R. 1907. *A Monograph of British Graptolites. Part 6.* London: The Palaeontographical Society, 217–272.

ELLES, G.L., WOOD, E.M.R. 1908. *A Monograph of British Graptolites. Part 7.* London: The Palaeontographical Society, 273–358.

ELLES, G.L., WOOD, E.M.R. 1914. *A Monograph of British Graptolites. Part 10.* London: The Palaeontographical Society, 487–526.

ELLES, G.L., WOOD, E.M.R. 1918. *A Monograph of British Graptolites, Index.* London: The Palaeontographical Society, 527–539.

FINNEY, S.C. 1977. *Graptolites of the Middle Ordovician Athens Shale, Alabama.* Ph.D Thesis. Columbus: The Ohio State University, 1–585.

FINNEY, S.C. 1985. Nemagraptid graptolites from the Middle Ordovician Athens Shale, Alabama. *Journal of Paleontology 59*, 1100–1137.

FINNEY, S.C., BERGSTRÖM, S.M., CHEN, X., WANG, Z.H. 1999. The Pingliang section, Gansu Province, China. Potential as global stratotype for the base of the *Nemagraptus gracilis* Biozone and the base of the global Upper Ordovician Series. *Acta Universitatis Carolinae–Geologica 43(1/2)*, 73–76.

HADDING, A. 1913. Undre Dicellograptusskiffern i Skåne jämte några därmed ekvivalenta bildningar. *Lunds Universitets Årsskrift, N.F., Afd.2, Bd.9*, 1–91.

HSÜ, S.C. 1934. The graptolites of the Lower Yangtze Valley. *Bulletin of the National Research Institute of Geology, Academia Sinica, ser. A 4*, 1–106.

HUGHES, R.A. 1989. Llandeilo and Caradoc graptolites of the Builth and Shelve inliers. *Monograph of the Palaeontographical Society 141(577)*, 1–89.

JAANUSSON, V. 1960. Graptolites from the Ontikan and Viruan (Ordovician) limestones of Estonia and Sweden. *Bulletin of the Geological Institutions of the University of Uppsala 38*, 289–366.

Loydell, D.K. 2012. Graptolite biozone correlation charts. *Geological Magazine 149(1)*, 124–132.

Maletz, J. 1997. Graptolites from the *Nicholsonograptus fasciculatus* and *Pterograptus elegans* zones (Abereiddian, Ordovician) of the Oslo region, Norway. *Greifswalder Geowissenschaftliche Beiträge 4*, 5–98.

Riva, J. 1974. Late Ordovician spinose climacograptids from the Pacific and Atlantic faunal provinces. In: Rickards, R.B., Jackson, D.E., Hughes, C.P. (eds.), *Graptolite Studies in Honour of Bulman, O.M.B. Special Papers in Palaeontology 13*, 107–126.

Ross, R.B., Berry, W.B.N. 1963. Ordovician graptolites of the Basin Ranges in California, Nevada, Utah and Idaho. *U.S. Geological Survey Bulletin 1134*, 1–177.

Ruedemann, R. 1908. Graptolites of New York, part 2. *New York State Museum Memoir 11*, 1–481.

Ruedemann, R. 1947. Graptolites of North America. *Geological Society of America Memoir 19*, 1–652.

Sun, Y.C. 1933. Ordovician and Silurian graptolites from China. *Palaeontologia Sinica B (14)*, 1–52.

VandenBerg, A.H.M., Cooper, R.A. 1992. The Ordovician graptolite sequence of Australasia. *Alcheringa 16*, 33–85.

Zalasiewicz, J.A., Taylor, L.S., Rushton, A.W.A., Loydell, D.K., Rickards, R.B., Williams, M. 2009. Graptolites in British Stratigraphy. *Geological Magazine 146(6)*, 785–850.

陈均远, 周志毅, 林尧坤, 杨学长, 邹西平, 王志浩, 罗坤泉, 姚宝琦, 沈后. 1984. 鄂尔多斯地台西缘奥陶纪生物地层研究的进展. 中国科学院南京地质古生物研究所集刊, 第20号, 1–31.

陈旭, 张元动, 樊隽轩, 成俊峰, 李启剑. 2010. 赣南奥陶纪笔石地层序列与广西运动. 中国科学: 地球科学, 第40卷第12期, 1621–1631.

葛梅钰, 郑昭昌, 李玉珍. 1990. 宁夏及其邻近地区奥陶纪、志留纪笔石地层及笔石群. 南京: 南京大学出版社.

关士聪, 车树政. 1955. 内蒙古伊克昭盟桌子山地区地层系统. 地质学报, 第35卷第2期, 95–108.

黄枝高, 肖承协, 夏天亮. 1988. 江西崇义—永新地区中上奥陶统重要笔石动物群. 北京: 地质出版社.

李越, 黄智斌, 王建坡, 王志浩, 薛耀松, 张俊明, 张元动, 樊隽轩, 张园园. 2009. 新疆巴楚中–晚奥陶世牙形刺生物地层和沉积环境研究. 地层学杂志, 第33卷第2期, 113–122.

林尧坤. 1980. 新属鄂尔多斯笔石*Ordosograptus*及其亲缘关系. 古生物学报, 第19卷第6期, 475–481.

穆恩之. 1958. "娇笔石"——浙西江山胡乐页岩中的一个新笔石属. 古生物学报, 第6卷第3期, 259–267.

穆恩之, 陈旭. 1962. 中国的笔石. 北京: 科学出版社.

穆恩之, 张有魁. 1964. 祁连山东部奥陶纪及志留纪笔石地层. 中国科学院地质古生物研究所集刊, 地层文集第1号, 1–20.

穆恩之, 葛梅钰, 陈旭, 倪寓南, 林尧坤. 1979. 西南地区下奥陶统的笔石. 中国古生物志, 总号第156册, 新乙种第13号.

穆恩之, 李积金, 葛梅钰, 倪寓南. 2002. 中国的笔石. 北京: 科学出版社.

倪寓南. 1991. 江西武宁下奥陶统顶部和中奥陶统的笔石. 中国古生物志, 总号第181册, 新乙种第28号.

乔新东. 1986. 新疆柯坪地区奥陶纪和早志留世的化石带. 新疆地质, 第4卷第4期, 53–59.

夏广胜. 1982. 安徽笔石化石. 合肥: 安徽科学技术出版社.

肖兵. 1979. 新疆奥陶系. 新疆区域地质调查, 第1期, 38–88.

新疆区域地层表编写组. 1981. 中国西北地区区域地层表——新疆卷. 北京: 地质出版社.

俞剑华, 方一亭. 1966. 江西修水流域胡乐组内褶曲胞管笔石的发现. 古生物学报, 第14卷第1期, 92–97.

俞剑华, 夏树芳, 方一亭. 1976. 江西修水流域的奥陶系. 南京大学学报 (自然科学版), 第2期, 57–77.

张日东, 俞昌民, 陆麟黄, 张遴信. 1959. 新疆天山南麓古生代地层. 中国科学院南京地质古生物研究所集刊, 第2号, 1–36.

张太荣. 1990. 奥陶系. 见: 周志毅, 陈丕基. 塔里木生物地层和地质演化. 北京: 科学出版社.

周志毅, 陈旭, 王志浩, 王宗哲, 李军, 耿良玉, 方宗杰, 乔新东, 张太荣. 1990. 奥陶系. 见: 周志毅, 陈丕基. 塔里木生物地层和地质演化. 北京: 科学出版社.

第3章　达瑞威尔阶至桑比阶
牙形刺带与笔石带的对比

摘　要： 根据中国西北地区的资料，本章研究和讨论了下列牙形刺带，自下而上为：*Histiodella kristinae*带、*Pygodus serra*带、*Pygodus anserinus*带和*Baltoniodus alobatus*带。本章还讨论了中国西北地区上述牙形刺带与波罗的海地区、北美地区的对比。中国西北地区的牙形刺带与北美及阿根廷同期的牙形刺带相同。

3.1　导　言

多年来世界各地的研究表明，笔石和牙形刺是准确对比奥陶系最有效的工具，许多地区性的奥陶系划分也都基于这两个门类的生物带 (Webby *et al.*，2004；Cooper and Sadler，2012)。尽管这两个门类的对比在奥陶纪也受生物地理区系因素的影响，但是仍然可以在全球建立起实用的对比序列。例如，桑比阶下部的*Nemagraptus gracilis*笔石带，在全球的页岩相地层中部能被识别出来，因而在国际对比中就非常有用 (Finney and Bergström，1986)。在北欧、澳洲和北美洲，从弗洛阶到达瑞威尔阶有一些不同的笔石带和牙形刺带被采用 (Webby *et al.*，2004，图27.1；Cooper and Sadler，2012，图20.1)。牙形刺带被用来有效地解决波罗的海地区、北美中大陆和中国生物地理区系之间的对比问题 (Webby *et al.*，2004，图2.2；Cooper *et al.*，2004，图27.1)。本书论及的牙形刺与笔石带的综合对比如图3-1所示。可以看出，该对比主要聚焦在达瑞威尔阶上部 (Dw2；Bergström *et al.*，2009) (即*Eoplacognathus suecicus*牙形刺带或*Nicholsonograptus fasciculatus*笔石带)至凯迪阶下部 (Ka1) (即*Amorphognathus superbus*牙形刺带)之间的间隔内。

阶	阶段	牙形刺					笔石		
		中国	波罗的海		北美洲		中国	波罗的海	北美洲
		生物带	生物带	生物亚带	生物带	生物亚带	生物带	生物带	生物带
凯迪阶	Ka1	*Amorphognathus superbus*	*Amorphognathus superbus*		*Pl. tenuis*	*A. sup.* / ?	*D. spiniferus* *D. caudatus*	*Dicranograptus clingani*	*D. spiniferus* *D. caudatus*
桑比阶	Sa2	? / *Baltoniodus alobatus* / ?	*Amorphognathus tvaerensis*	*B. alobatus* / *B. gerdae* / *B. variabilis*	*P. undatus* / *Belodina compressa* / *Er. quadr.*	*B. alobatus* / *B. gerdae* / *B. variabilis*	*Climacograptus bicornis*	*Diplograptus foliaceus*	*Climacograptus bicornis*
桑比阶	Sa1	*Pygodus anserinus*	*Pygodus anserinus*	*A. inaequalis* / *S. kielcensis*	*Cah. sweeti*	? / ?	*Nemagraptus gracilis*	*Nemagraptus gracilis*	*Nemagraptus gracilis*
达瑞威尔阶	Dw3	*Pygodus serra* / *Y. prot.* / *E. foliaceus*	*Pygodus serra*	*E. lindstroemi* / *E. robustus* / *E. reclinatus* / *E. foliaceus*	*Cah. friends-villensis* / *Ph. polonicus*	? / *E. robustus* / *E. reclinatus* / *E. foliaceus*	*Didymograptus murchisoni*	*Jiangxigraptus vagus* / ? / *Pseudamplexograptus distichus*	*Hustedograptus teretiusculus* / ?
达瑞威尔阶	Dw2	*E. suecicus* / *H. kristinae*	*E. suecicus*	*P. anitae* / *P. magnum*	*H. kristinae*	?	*Pterograptus elegans* / *N. fasciculatus*	*Pterograptus elegans* / *N. fasciculatus*	*Pterograptus elegans* / *N. fasciculatus*

图3-1 中国、波罗的海地区和北美洲达瑞威尔阶至凯迪阶下部笔石与牙形刺带的对比

A. inaeq., Amorphognathus inaequalis; A. sup., Amorphognathus superbus; B., Baltoniodus; Cah., Cahabagnathus; D., Diplacanthograptus; E., Eoplacognathus; Er. quadr., Erismodus quadridactylus; H. krist., Histiodella kristinae; N., Nicholsonograptus; P., Pygodus; Ph. pol., Phragmodus polonicus; S. kielc., Sagittodontina kielcensis; Y. prot., Yangtzeplacognathus protoramosus.

在解决笔石和牙形刺带对比关系中首先面临的一个问题是，笔石保存在细碎屑岩中而牙形刺主要保存在碳酸盐岩中，这种生物相的分异造成了在同一地层序列中很难使这两大类化石共存。但是，在全球奥陶系分布的范围内，仍然可以找到这两大类的接合或连接点 (ties) (Bergström，1971b，1986)，这种连接点主要见于混合相地层中。我们确实在达瑞威尔阶上部至桑比阶发现了几个新的连接点，并且在以前论及塔里木奥陶系时也曾提及 (Wang *et al.*，2013)。在本书中我们还将对这些连接点细加评述。

3.2 样品来源

本书研究的牙形刺材料大都来自中国西北地区，特别是柯坪大湾沟、平凉官庄和乌海大石门剖面。大湾沟剖面的材料，不仅包括Zhen *et al.* (2011) 和Wang *et al.* (2013) 提供的63个样品记录，

还包括Bergström 于1996年参加国际奥陶系分会期间对大湾沟剖面考察时采集的样品及研究结果。本书研究的牙形刺还包括在笔石页岩层面上保存的牙形刺标本。对官庄剖面和大石门剖面的研究主要基于王志浩等 (2013) 发表的材料，还包括著者 (Bergström) 在我国收集到的有关材料。与本书有关的重要牙形刺标本图像见本章的图3-11至图3-15，其他材料可参考Zhen *et al.* (2011) 和 Wang *et al.* (2013)。

3.3   牙形刺带与笔石带的对比

Bergström (1971b，1986) 识别了一系列牙形刺和笔石共存的连接点，进行了编号并各赋予简要说明。在他1986年的论文中，论及全球范围内在奥陶系中这样的连接点共有78个。为了避免混乱，我们将对此连续编号，不分化石和层位。迄今全球范围内又新增了27个连接点，但都只编在各自的剖面中，尚未在全球范围内编入。本书将有关新、老连接点一并汇编在图3-2中，并对美国新编的连接点加以简短描述。在本章内，我们对牙形刺生物带、区域对比、地层单位及一些重要分类单元也都做了适当的说明。

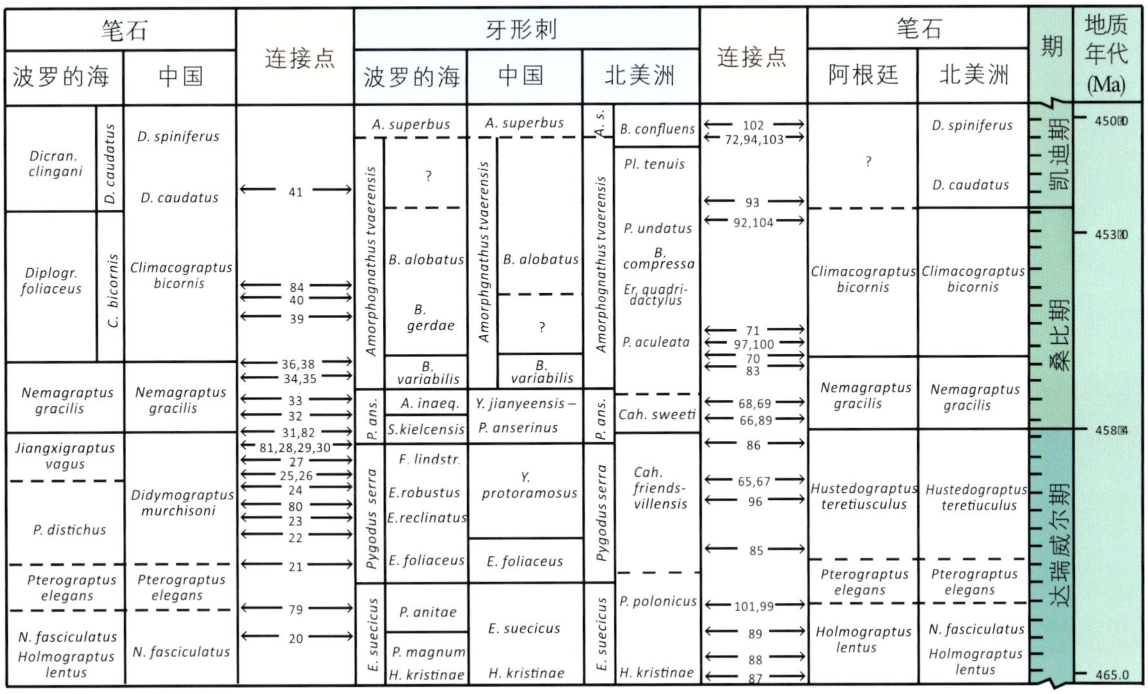

图3-2   奥陶系牙形刺带和笔石带对比

生物带及生物亚带种名缩写参见图3-1。连接点78及其以前编号的连接点参见Bergström (1986)。

3.3.1 柯坪大湾沟剖面

在大湾沟剖面中，牙形刺在总厚度超过50m的大湾沟组、萨尔干组和其浪组中发育最好 (Zhen et al.，2011)。其中萨尔干组及相关的大湾沟组和坎岭组中共4个笔石带和3个牙形刺带，是本章要加以讨论的重点 (图3-3)。

在大约22m厚的大湾沟组内，共采了7个牙形刺样，它们代表了斜坡相较深水的硅质泥屑灰岩和砂屑灰岩沉积。其中的牙形刺分带尚不能完全肯定 (Zhen et al.，2011，图2)，其下部11m地层中没有特征的牙形刺分子，在中部出现了台地相的牙形刺*Yangtzeplacognathus crassus* (图3-12，F–H)，可以和波罗的海地区的*Y. crassus*带对比。再向上4m出现北美型的*Histiodella holodentata*，与北美*H. holodentata*带可对比。后者在湖南则出现在*Y. crassus*带上部，在浙江黄泥塘达瑞威尔阶层型剖面上，*Y. crassus*则见于笔石*A. ellesae*带的中上部，位于胡乐组底部 (Wang and Bergström，1995；Chen et al.，2006)，因此大湾沟组的上部可以和黄泥塘的胡乐组下部对比。

大湾沟组上部具有重要生物地层意义的牙形刺是*H. holodentata*和可疑的*Polonodus newfoundlandensis*分子，代表了*H. holodentata*带，并可与湖南的*Y. crassus*带对比 (Zhang，1998)。

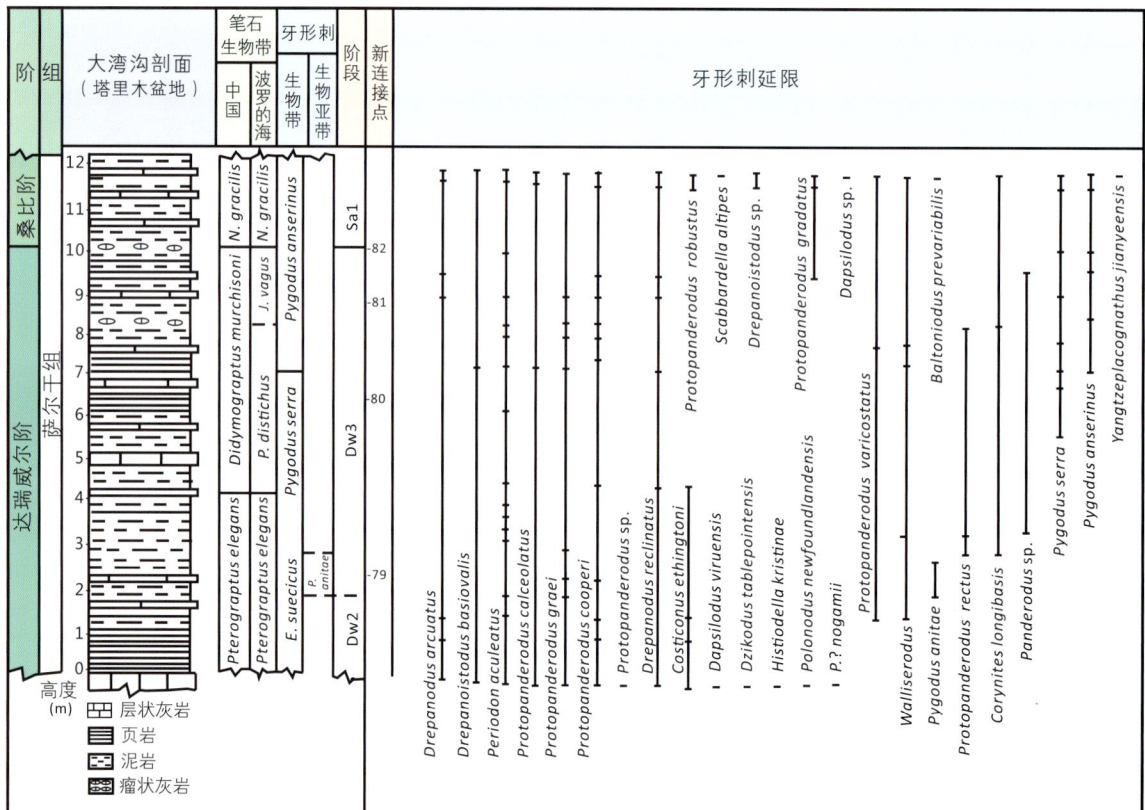

图3-3　大湾沟剖面萨尔干组的牙形刺序列与笔石带的对比

在大湾沟剖面的萨尔干组底部首次出现了*Histiodolla kristinae* (图3-3)，但除了台型牙形刺*Dzikodus newfoundlandensis* (图3-11，J–L) 之外，在萨尔干组底部没有其他特征的牙形刺，因此很难据此确定所属的牙形刺生物带。向上2~3m的层位，便出现了具重要地层意义、延限短、分布广的牙形刺*Pygodus anitae* (图3-15，I)。这个种曾被作为波罗的海地区*Eoplacognathus suecicus*带上部的标准分子 (Zhang，1997)，在中国 (安太痒和郑昭昌，1990；赵治信等，2000)、波罗的海地区 (Bergström，1983)、阿根廷 (Albanesi *et al.*，1998) 和澳大利亚 (Zhen *et al.*，2006) 都有发现。由于在萨尔干组底部可以划分出笔石*Pterograptus elegans*带，因此又与牙形刺带连接点79的层位相符合。

牙形刺带化石*Pygodus serra* (图3-12，L–O) 见于萨尔干组底界之上6m处，可以确定*P. serra*带的底界；其上牙形刺带化石*Pygodus anserinus*的首现则位于萨尔干组底界之上7.5m处，与此带全球分布的层位一致。大湾沟剖面的这一层位，可对比到波罗的海地区*Pseudamplexograptus distichus*带的上部，大约在*N. gracilis*带之下2.5m处，是笔石–牙形刺连接点80的位置。在瑞典南部Fågelsång的桑比阶全球层型剖面上，*P. anserinus*带位于*N. gracilis*带底界之下1.4m处。这段地层以前曾作为*Hustedograptus teretiusculus*带，现在已改为*Jiangxigraptus vagus*带 (参见Bergström (1986) 所提之连接点28)。Bergström *el al.* (1999) 首次介绍了大湾沟剖面的连接点82，和瑞典的Fågelsång、美国亚拉巴马州的Calera剖面 (Finney，1984；Finney and Bergström，1986) 等的层位很一致。

在大湾沟剖面，*N. gracilis*带的底界位于牙形刺*P. anserinus*带的中部 (连接点82)。由于*P. anserinus*带的两个特征分子*Amorphognathus inaequabilis*和*Baltoniodus variabilis*的缺失，因此*P. anserinus*带的顶界在大湾沟剖面上不能确定。我们按Zhen *et al.* (2011) 的意见，把*P. anserinus*的消失作为*P. anserinus*带的顶界，这一层位则位于坎岭组底界之上8m处。坎岭组上部见有*Baltoniodus alobatus* (图3-12，D，E)，因而可与波罗的海地区*Amorphognathus tvaerensis*带对比 (Bergström，1971a)。*B. alobatus*在中国和波罗的海地区均已见于笔石*Diplograptus foliaceus*带 (即*Diplograptus multidens*带)，大致相当于北美的*Climacograptus bicornis*带。尽管坎岭组中不含笔石，但是*A. tvaerensis*带仍可指示*Climacograptus bicornis*带地层的存在。在大湾沟剖面，*A. tvaerensis*"首现"与其下*P. anserinus*"末现"之间，仍有4m的地层中缺失牙形刺，这是否相当于*A. tvaerensis*带的中、下部值得注意。

据Chen *et al.* (2000)，假整合于坎岭组之上的是170m厚的其浪组，其上部产笔石，在层位上相当于北美的*Corynoides americanus*带或大西洋区 (欧洲) 的*Dicranograptus clingani*带。尽管其浪组中未见牙形刺，但是从层位对比上来看，其浪组底界和扬子区的宝塔组底界大致相当，或大致相当于北美的Chatfieldian阶或波罗的海地区Keila阶的底界。

综上所述，大湾沟剖面萨尔干组底界之上1m处的*P. elegans*笔石带和牙形刺*Eoplacognathus*

suecicus带相当于北美的*Histiodella kristinae*带；牙形刺*Pygodus anitae*带位于*P. elegans*笔石带中部之下；牙形刺*P. serra*带的底界相当于波罗的海地区*P. distichus*笔石带；牙形刺*P. anserinus*带之底，在大湾沟剖面位于笔石带*J. vagus*带之内；*J. vagus*带也见于瑞典的Fågelsång层型剖面及牙形刺*P. serra*带之中，但其准确层位并不清楚。牙形刺*P. serra/P. anserinus*带的分界体现在牙形刺这一快速演化系列之中，但这并不一定和笔石*J. vagus*的出现一致。如果把大湾沟剖面与Fågelsång剖面对比，那么牙形刺*P. serra/P. anserinus*带的分界在大湾沟剖面上要高一点。在大湾沟剖面，*N. gracilis*带之底在萨尔干组上部，位于*P. anserinus*带底界之上2.5m处，与瑞典和美国的格局一致。因此，大湾沟剖面也证实了笔石带和牙形刺带在全球达瑞威尔阶上部至桑比阶下部的对比关系。

3.3.2 平凉官庄剖面

距离甘肃平凉城西南8km的官庄剖面出露于山脚下，是全球桑比阶自然露头的最佳剖面之一。陈均远等 (1984)、安太庠和郑昭昌 (1990)、Finney *et al.* (1999) 和Wang *et al.* (2013) 均已报道和描述过这一剖面。该剖面中近90m的地层均为平凉组，其中下部的1/3地层以灰岩为主，而顶部的35m地层以页岩为主并含灰岩层 (图3-4)。平凉组之下为三道沟组，该组在官庄剖面出露不佳，其灰岩中不含笔石，而且也没有牙形刺资料的记录。

官庄剖面的平凉组中产出多样性较高的笔石动物群有40种，牙形刺30种，分别产自两个笔石带、两个牙形刺带和两个牙形刺亚带之中。

在牙形刺动物群中，北美型的*Erismodus quadridactylus*及*Plectodina aculeata*带的特征分子和北大西洋型*Amorphognathus tvaerensis*带的特征分子共生，对牙形刺的洲际对比十分重要 (Wang *et al.*，2013)。

如图3-4所示，官庄剖面中的平凉组下部27m属于*Pygodus anserinus*带，包括*P. anserinus* (图3-12，P–R) 和*P. serra*等约10种牙形刺，它们广泛分布于大西洋大区的冷水域内；平凉组底部的几米地层中未见牙形刺。由于笔石*Nemagraptus gracilis*紧贴平凉组底界之上就已出现，因此官庄剖面平凉组下部不会出现*Pygodus anserinus*带；在距平凉组底界之上27m处，6种以上的牙形刺为新出现的分子，使牙形刺动物群的多样性大大提高。这些新出现的分子包括*Eoplacognathus elongatus*，该种在波罗的海地区从*Baltoniodus variabilis*带近底部向上延至*B. gerdae*带的绝大部分 (Bergström，1971a，2007)。这些牙形刺大都限于*N. gracilis*带，只有*B. gerdae*的末现部分可上延至*Climacograptus bicornis*带。尽管目前在全球范围内尚无证据表明笔石*C. bicornis*带的底界和牙形刺*B. gerdae*带的底界一致，但Bergström (1971b，2007) 的研究表明，这两者即使不一致，也相差不远。北美型的牙形刺*P. aculeata*与大西洋型的*B. gerdae*亚带分子，以及*C. bicornis*带的笔石的对比，

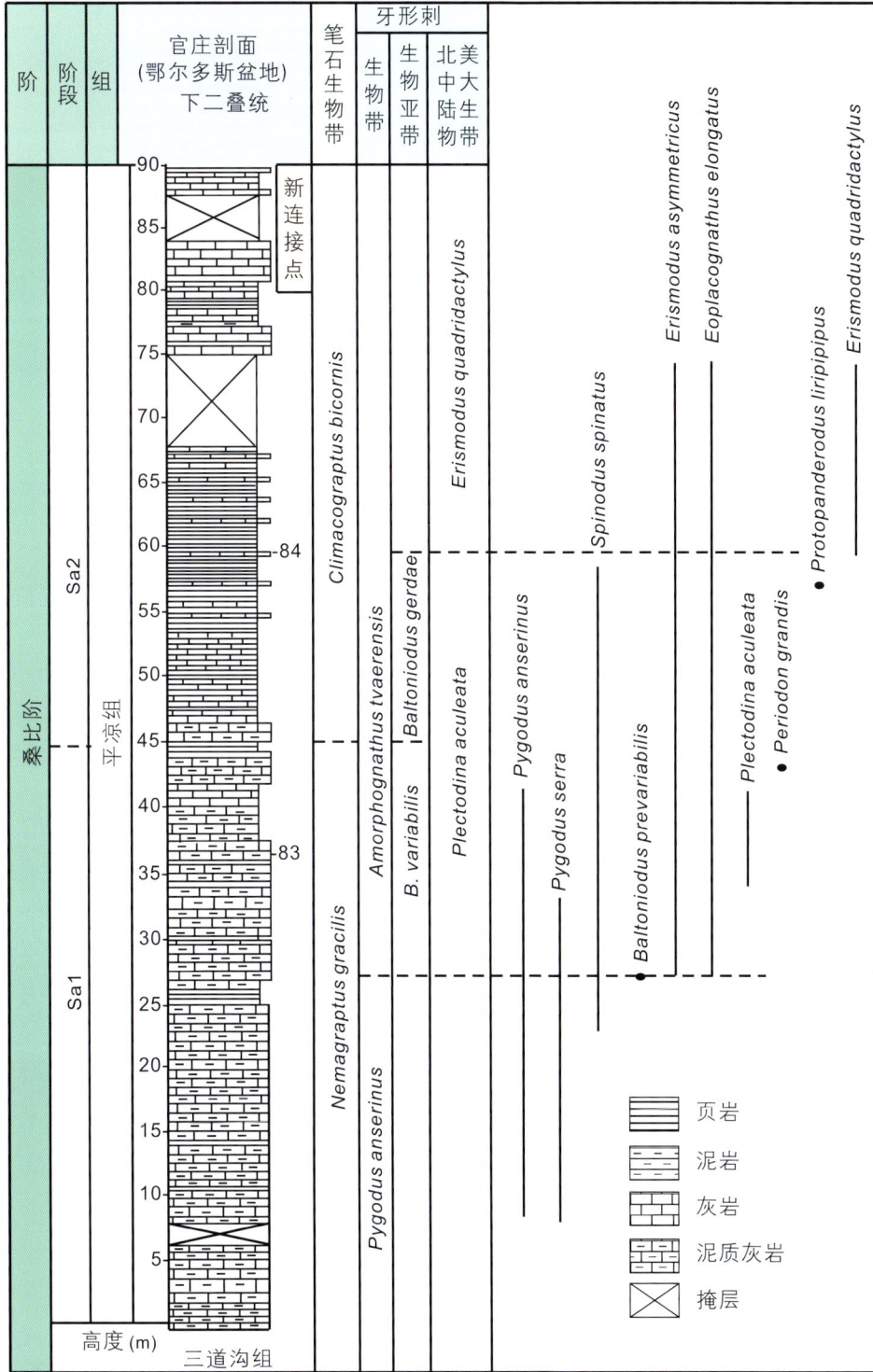

图3-4　平凉官庄剖面平凉组的牙形刺生物地层序列

在本章中体现为连接点83。

官庄剖面*C. bicornis*带的底部缺乏有特征的牙形刺动物群。但是北美型的*Plectodina aculeata* (图3-15，A，B) 是界定*P. aculeata*带的带化石，却出现在官庄*C. bicornis*带底界之下4m处；*P. aculeata*带之顶通常出现*Erismodus quadridactylus* (Wang *et al.*，2013)，但这一层位在官庄剖面上却缺乏有地层意义的牙形刺。笔石*C. bicornis*和牙形刺*E. quadridactylus*的共生并不常见，在本章中被标定为连接点84。牙形刺*Eoplacognathus elongatus*在平凉组上部75m处出现，指示了平凉组此层位之上属于*Baltoniodus gerdae*带，但平凉组顶部笔石甚少，难以划出其笔石带。

如上所述，官庄剖面由于丰富的笔石和牙形刺动物群的共同发育而在全球奥陶系研究上具有重要地位，而牙形刺动物群中共有北美型和波罗的海型分子，又使其对于洲际对比具有重要意义。

3.3.3   乌海大石门剖面

大石门剖面克里摩利组和乌拉力克组下部的牙形刺，最近已由Wang *et al.* (2013) 描述。克里摩利组底部的牙形刺动物群多样性甚高，其中具生物地层学意义的属种有*Histiodella kristinae* (图3-13，F，G)、*H. holodentata* (图3-13，J，K)和*Polonodus newfoundlandensis* (图3-11，J–L)，均属于*H. kristinae*带。这个带可上延至克里摩利组下段的顶部 (图3-5)。克里摩利组顶部产有少数*Eoplacognathus* sp. cf. *reclinatus*等标本，标志了*Pygodus serra*带的存在。尽管这段地层笔石稀少且无地层意义，但从笔石和牙形刺带的对应关系来看，克里摩利组下段至少部分相当于笔石*P. elegans*带。从克里摩利组下段底界之上25m处再向上，出现一个多样性相对较高的*D. murchisoni*笔石带动物群，包含23种笔石。牙形刺*Histiodella kristinae* (图3-13，F，G) 可上延到*D. murchisoni*带中部的层位，标志了牙形刺*H. kristinae*带和*P. serra*带的交接；遗憾的是，此交接的准确层位缺乏牙形刺证据。笔石*D. murchisoni*带和牙形刺*Histiodella kristinae*带的对比为连接点85。

克里摩利组上段的页岩中产大量具生物地层意义的笔石，但牙形刺甚少，只在其上乌拉力克组*Nemagraptus gracilis*带底界之下几米处的碳酸盐岩滩相地层中含*Pygodus serra*带的牙形刺，该带牙形刺的出现具有与笔石相互对比的意义 (Bergström，1971b，1986)。牙形刺*P. anserinus*带和笔石*D. murchisoni*带的对比在此为连接点86 (图3-5)。

总之，大石门剖面的牙形刺与笔石带的相互对应关系不如大湾沟剖面和官庄剖面那样紧密。其原因之一是克里摩利组下段中虽有重要的牙形刺，但缺乏笔石层；而克里摩利组上段中虽有重要的笔石带，牙形刺却很少。

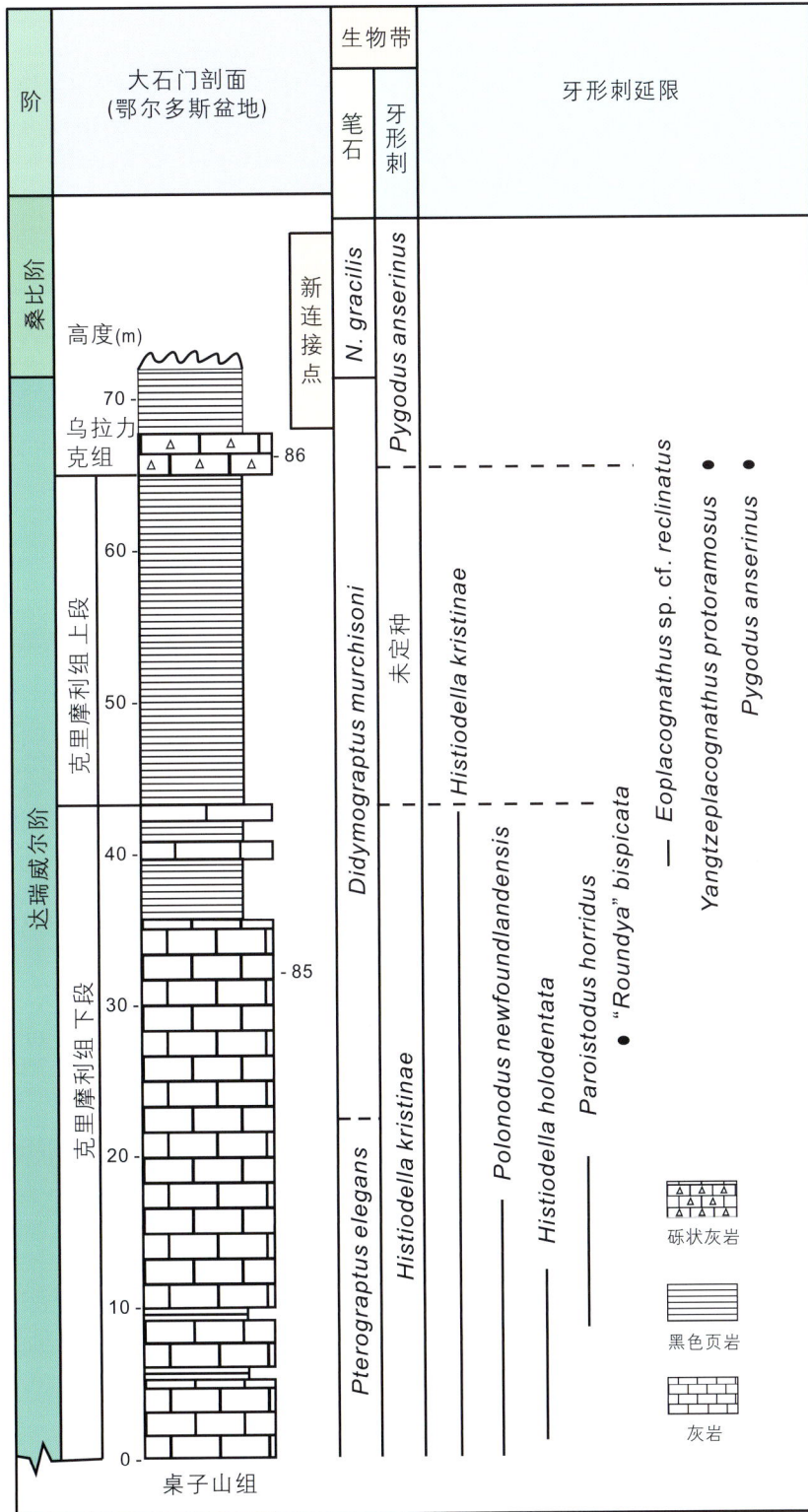

图3-5 内蒙古乌海大石门剖面克里摩利组牙形刺延限

3.4 大区间的对比

从达瑞威尔阶上部至桑比阶，牙形刺与笔石带在全球范围内的直接连接点相对较少。但著者等从20世纪80年代开始，特别在近期，仍找到了一些连接点，兹讨论如下。

3.4.1 中 国

中国浙江常山黄泥塘达瑞威尔阶全球层型剖面发育完好的笔石序列，但在页岩为主的地层中牙形刺甚少，而且多样性也不高 (Chen and Bergström，1995；Chen *et al.*，2006)。好在*Acrograptus ellesae*带下部2/3的地层内见有牙形刺*Yangtzeplacognathus crassus*带，而*A. ellesae*带的上部则应相当于牙形刺*Histiodella holodentata*带，但遗憾的是这里没能发现带化石。在大湾沟剖面*Pterograptus elegans*笔石带之下最底部的地层中，见有牙形刺*Eoplacognathus* cf. *pseudoplanus*、*Histiodella kristinae*、*Paroistodus horridus*和*Polonodus* cf. *clivosus*等。Chen *et al.* (2006) 认为，这一牙形刺组合在层位上代表了波罗的海*E. pseudoplanus*带和北美*Histiodella kristinae*带的底部，我们将之作为连接点101。黄泥塘剖面胡乐组的中下部，相当于大石门剖面的克里摩利组下段。

3.4.2 波罗的海地区

波罗的海地区具有达瑞威尔阶至桑比阶同时含有笔石和牙形刺的剖面 (Bergström *et al.*，2000)。该剖面上桑比阶的底，即*Nemagraptus gracilis*的首现层位，位于Fågelsång磷灰岩层底界之下1.4m处，而牙形刺*Pygodus anserinus*的首现则在Fågelsång磷灰岩层底界之下约5m处，即在*N. gracilis*带底界之下3.6m处。Hadding的牙形刺层，即薄磷灰岩层，位于Fågelsång磷灰岩层之下6.5m处，也是*Pygodus serra*带顶界之下1.5m处或*N. gracilis*带底界之下约5m处。这1mm左右厚度的磷灰岩层中含有*P. serra*的一个演变阶期的标本，相当于其他地方的*Eoplacognagthus lindstroemi*带。在大湾沟剖面上，*P. anserinus*带之底位于萨尔干组顶界之下4.6m处，而*N. gracilis*带之底位于萨尔干组顶界之下约2m处，即*P. anserinus*带之底位于该剖面桑比阶底界之下2.6m处，因此，大湾沟剖面上*P. anserinus*带底界与*N. gracilis*带底界之间的间距比Fågelsång剖面的小了1m。对于*P. serra*带在上述这两个剖面的厚度，目前都不清楚。

Bergström (1986) 关于波罗的海地区达瑞威尔阶上部至桑比阶笔石与牙形刺的对比，可参考图3-2。

3.4.3　北美洲

北美洲达瑞威尔阶上部至桑比阶牙形刺和笔石的连接点，主要见于北美大陆的东部和南部碳酸盐岩地层中，其中虽有多样性较高的牙形刺动物群，却缺少有地层意义的笔石。但是，在美国纽约州和肯塔基州辛辛那提地区仍可找到几个连接点 (Bergström，1986；连接点72、73和75)。

在加拿大魁北克省Jacques Cartier 河谷剖面上，牙形刺*Amorpthgnathus superbus*带与笔石*Diplacanthograptus spiniferus*带底界之下的*Orthograptus ruedemanni*带，以连接点102相连接 (Bergström and Goldman，1994)。尽管*O. ruedemanni* 本身并未在魁北克地区出现，但这个笔石带却部分相当于*Diplacanthograptus caudatus*带 (Goldman and Mitchell，1994)。

连接点103见于美国俄亥俄州南部辛辛那提区Butler 县的钻井岩芯中 (Bergström and Mitchell, 1994)。该钻井中，牙形刺*Amophognathus traverensis/A. superbus*带的界线在Utica页岩的*Orthograptus ruedemanni*带内。在这一地区，Utica页岩的这一部分只见于钻井中，地表没有出露，但也有资料显示了不同的结果。Goldman *et al.* (1994) 在美国纽约州Mohawk河谷Denleg灰岩下部的牙形刺*A. superbus*带底部发现斑脱岩，根据地球化学分析将其层位对比到Mohawk河谷东部笔石相的*Corynoides americanus*带。这一事实可能意味着*Diplacantograptus caudatus*带部分缺失。

第三个较老的连接点104见于美国俄克拉荷马州Fittstown路边Viola Springs组中 (Goldman *et al.*，2007a，b)，位于*Climacograptus bicornis* 笔石带之顶，与*Phragmodus undatus*牙形刺带相当。但其上*Diplacanthograptus caudatus* 笔石带之底的具体层位并不清楚，只知道*D. caudatus*带之上的*Diplacanthograptus spiniferus*带在该地Viola Springs 组底部之上35m处。

在北美东部，只有少量的笔石产于以碳酸盐岩为主的地层中。其中最重要的笔石页岩产自美国爱达荷州南部的Trail Creek剖面 (Mitchell *et al.*，2003；Goldman *et al.*，2007a，b)。在此剖面的不到200m厚的Phi Kappa组中，牙形刺见于少数几层页岩的表面 (图3-6)。牙形刺*P. serra* 等种群见于该剖面达瑞威尔阶顶部 (Da4)，此即连接点90；而*Pygodus anserinus* 见于*N. gracilis*带中 (连接点91)，这种情况与中国的大湾沟和官庄剖面所见相同。

在加拿大组芬兰西部Table Head 群中产出达瑞威尔阶牙形刺 (图3-7)。Bergström (1979) 曾在组芬兰Pont-au-Port 半岛West Bay Centre附近的Table Cove 组上部 (Albani *et al.*，2001) 采集了一个样品。该地点也曾被报道 (Maletz，1998；Finney and Skevington，1979) 为*Holmograptus lentus*笔石带顶部或*Nicholsonograptus fasciculatus* 笔石带底部的地层。Bergström (1979) 的样品中含有牙形刺 *Histiodella kristinae*、*Paroistodus horridus*、*Polonodus*? sp.和*Periondon macrodentata*，这一牙形刺组合属于*Histiodella kristinae*带，并可通过连接点88与笔石对应。据Maletz (1998) 研究，在其上一小采石场中的页岩为Black Cove组，属*Nicholsonograptus fasciculatus*带，但却不产牙形刺。

*H. kristinae*带延伸到其他地点层位均偏高，在大石门剖面达到*Pterograptus elegans*带。据Melatz (2009) 记述，纽芬兰西部 Table Cove组顶部*N. fasciculatus*带含有牙形刺 *Histiodella bellburnensis* (连接点88)，而*Histiodella* 不同种的延限尚需进一步研究。

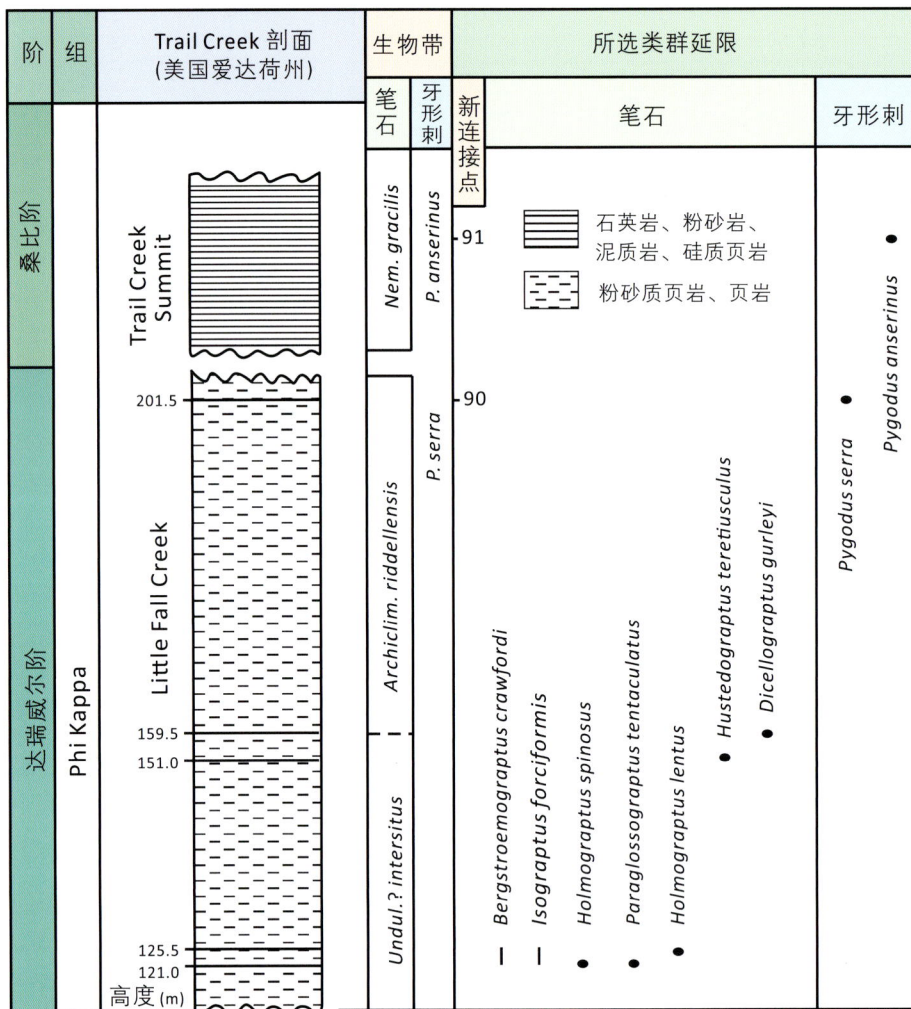

图3-6　美国爱达荷州 Trail Creek 剖面Phi Kappa 组的牙形刺序列

在北美东部还有两个重要的达瑞威尔阶笔石–牙形刺共生地点，其中之一是美国田纳西州 Mosheim 附近的露头 (现已被破坏) (Bergström，1973)，该地Athens 页岩底部之上12.6~26.0m为 *Pygodus serra/P. anserinus* 牙形刺带的分界线，但该露头上找不到上覆的*Nemagraptus gracilis*笔石带。

与Mosheim可对比的地点在美国亚拉巴马州有两处，一处在Shelby县的Calera (Finney，1984; Finney and Bergström，1986)，另一处在Bibb县Pratt Ferry 路边 (Sweet and Bergström，1962)。在前一处 (Calera)，Athens页岩厚达75m并出露完好，其中含有丰富的笔石，而牙形刺产自灰岩和页岩的层面上。据Finney (1977，1984) 报道，*Nemagraptus gracilis*带的底界在Athens页岩底界之

图中栏目：

阶	群	组	纽芬兰西部（加拿大）	生物地层单元				牙形刺延限
				笔石	牙形刺 Stouge, 1984	本书	新连接点	

达瑞威尔阶

Table Head（群）

组：Black Cove、Table Cove、Table Point

纽芬兰西部岩性柱：Piccadilly、Table Point

高度（m）：0、40、80、120、160、200、240、280、320

笔石带：N. fasciculatus、? Holm. spinosus ?

牙形刺（Stouge, 1984）：H. bellburnensis、H. kristinae、Histiodella holodentata、Lenodus variabilis、E. pseudoplanus ?

本书：E. suecicus、M. ozarkodella ?

新连接点：87、88、89

牙形刺延限：Histiodella holodentata、Juanognathus serpaglii、Periodon macrodentata、Paroistodus horridus、Histiodella bellburnensis、Dzikodus tablepointensis、Histiodella kristinae、Polonodus newfoundlandensis

图例：页岩、条带状灰岩夹页岩、灰岩

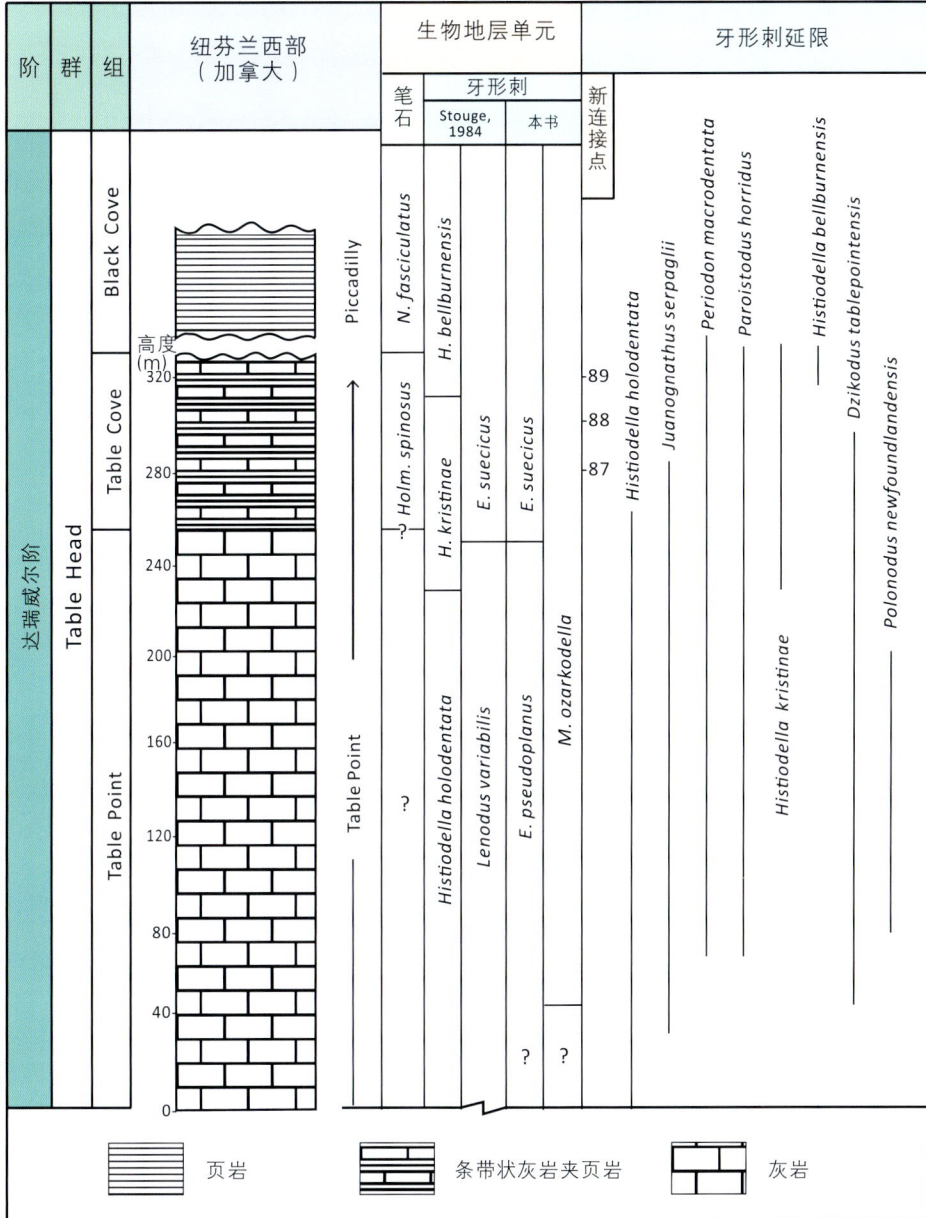

图3-7　加拿大纽芬兰西部达瑞威尔阶的牙形刺序列

上10.5m处，而牙形刺 *Pygodus anserinus* 带之底则位于Athens页岩底界之上4.0~5.2m，即位于 *N. gracilis* 带底界之下5.3~6.5m，此乃连接点68（Bergström，1986），和大湾沟剖面十分相似。

在Pratt Ferry，Athens页岩为钙质页岩夹不纯灰岩层，覆于Pratt Ferry层薄层颗粒岩之上，再下为数十米厚的Lenoir灰岩。Athens页岩最底部为笔石 *Nemagraptus gracilis* 带和牙形刺 *Amorphognathus tvaerensis* 带的 *Baltoniodus variabilis* 亚带，而牙形刺 *Pygodus serra/P. anserinus* 带的分界位于Athens页岩与Pratt Ferry层界线之下0.3m处（Bergström，1971a）。Pratt Ferry层含有高多样性

的牙形刺动物群 (Sweet and Bergström，1962)，与大湾沟和波罗的海同期地层相似，可与全球不同相区的同期地层做精确对比。

另一个重要的连接笔石–牙形刺带的地区为美国德克萨斯州西部的Marathon地区 (Graves and Ellison，1941；Bradshaw，1969；Bergström，1978)。在该地区，牙形刺贯穿整个序列的绝大部分地层，许多层位也含有笔石 (Berry，1960)，问题是这一序列中有多处地层间断以及常见的含有再沉积牙形刺标本的碎屑流沉积。其中的Woods Hollow页岩中仍有多样性较高的笔石和牙形刺。该组底部见有笔石*Hustedograptus teretiusculus*带和牙形刺*Pygodus anserinus*带 (Bergström，1986；连接点69)，其上属于笔石*Nemagraptus gracilis*带 (有25种笔石) 和同层的牙形刺 (Bergström，1978，表1)，代表了连接点69 (Bergström，1986)。在平凉官庄剖面上，北美中大陆和波罗的海地区的牙形刺动物群共存，包括*Pygodus anserinus*、*Cahabagnathus chazyensis*、*C. sweeti*、*Leptochirognathus quadratus*、*Phragnodus flexuosus*、*Oistodus multicorrugatus*和*Belodina monitorensis* 等。Bergström (1978) 尽量避免了采样中混入再沉积的牙形刺，其中一些牙形刺虽然破碎，但保存尚好，应无再沉积现象。总体上说，Woods Hollow 页岩的中、上部应相当于平凉组的下部，代表笔石*Nemagraptus gracilis*带和牙形刺*Pygodus anserinus*带。

在美国俄克拉荷马州的Atoka 附近的Black Knob Ridge 凯迪阶全球层型剖面上，也有桑比期末期至凯迪期初期的牙形刺 (Goldman *et al.*，2007a，b)。如图3-8所示，桑比阶Womble页岩中含有高多样性的*C. bicornis*带笔石动物群，和页岩层面上稀少的*A. tvaerensis*带牙形刺构成连接点93。其上的Bigfort 组硅质岩中产出凯迪期初期的*Diplacanthograptus caudatus*带笔石动物群和*A. tvaerensis*带牙形刺。再高一些层位中产出牙形刺*Amorphognathus* sp. cf. *superbus*和*D. spiniferus*带的笔石 (连接点94)。*D. spiniferus*带笔石和*A. superbus*带牙形刺共生的组合还见于美国纽约州和俄亥俄州辛辛那提及邻区 (Bergström and Mitchell，1994)。

3.4.4　阿根廷

近年来，在阿根廷的前科迪勒拉地体的奥陶系中发现数处重要的笔石–牙形刺生物带连接点。据Albanesi and Ortega (2002)，在达瑞威尔期晚期至桑比期早期的地层中，识别出*Holmograptus lentus*、*Pterograptus elegans*、*Hustedograptus teretiusculus*和*Nemagraptus gracilis* 等笔石带。

在这一事件间隔中，最典型和研究程度最高的就是Cerro Potrerillo的地层序列 (Albanesi *et al.*，1998)。在 Gualcamayo 组下部，牙形刺 *Lenodus variabilis*带、*Paroistodus horridus* 亚带和笔石 *Paraglossograptus tentaculatus*带共存 (图3-9)。在此剖面更高的层位中，笔石 *Pterograptus elegans* 带与牙形刺 *Pygodus anitae* 亚带共存 (连接点99)；其上 Las Plantas 组上部 *C. bicornis* 笔石带与 *A.*

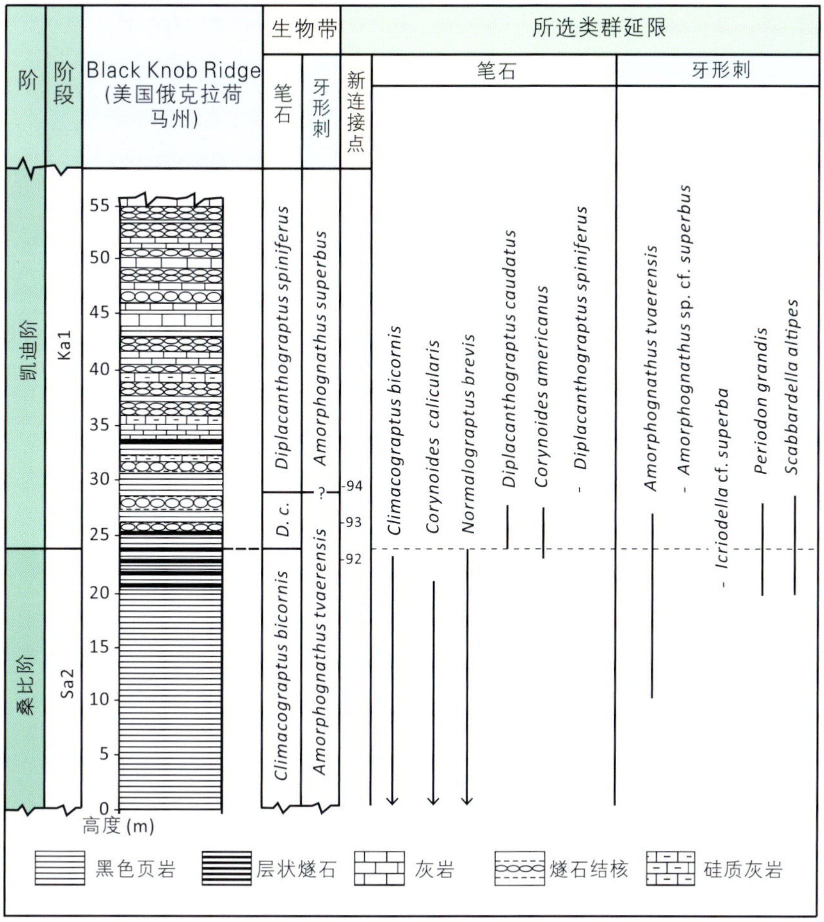

图3-8　美国俄克拉荷马州Black Knob Ridge 桑比阶—凯迪阶界线上下的牙形刺

tvaerensis 牙形刺带共存 (连接点100)。

　　另一个重要剖面是阿根廷Cerro Viejo的Huaco 剖面 (Huff *et al.*, 1997；Ortega *et al.*, 2007)。在此剖面上，牙形刺*L. variabilis*带见于Los Azules组的下部，并与达瑞威尔阶下部的笔石带*Undulograptus dentatus*带共存；Los Azules 组中部相当于 *Pterograptus elegans* 笔石带的层位，产出牙形刺*Pygodus anitae* (连接点95；图3-10)。

　　如上所述，*P. anitae*亚带的带化石，是波罗的海地区 *Eoplacognathus suecicus*带的分子；重要的是，它也见于大湾沟剖面*P. elegans*笔石带中。如图3-10所示，Los Azules组中段的牙形刺 *P. serra*带相当于笔石 *H. teretiusculus*带 (连接点96)，而Los Azules组上段产有牙形刺*A. tvaerensis*带和笔石*C. bicornis*带 (连接点97)。

　　在阿根廷前科迪勒拉圣·胡安的Sierra de la Inveruada组中见有层位更高的笔石–牙形刺带 (Ortega *et al.*, 2007)，其中，牙形刺*Amorphognathus superbus*见于笔石*Diplcanthograptus caudatus*和 *D. spiniferus*等凯迪期早期的笔石序列中。

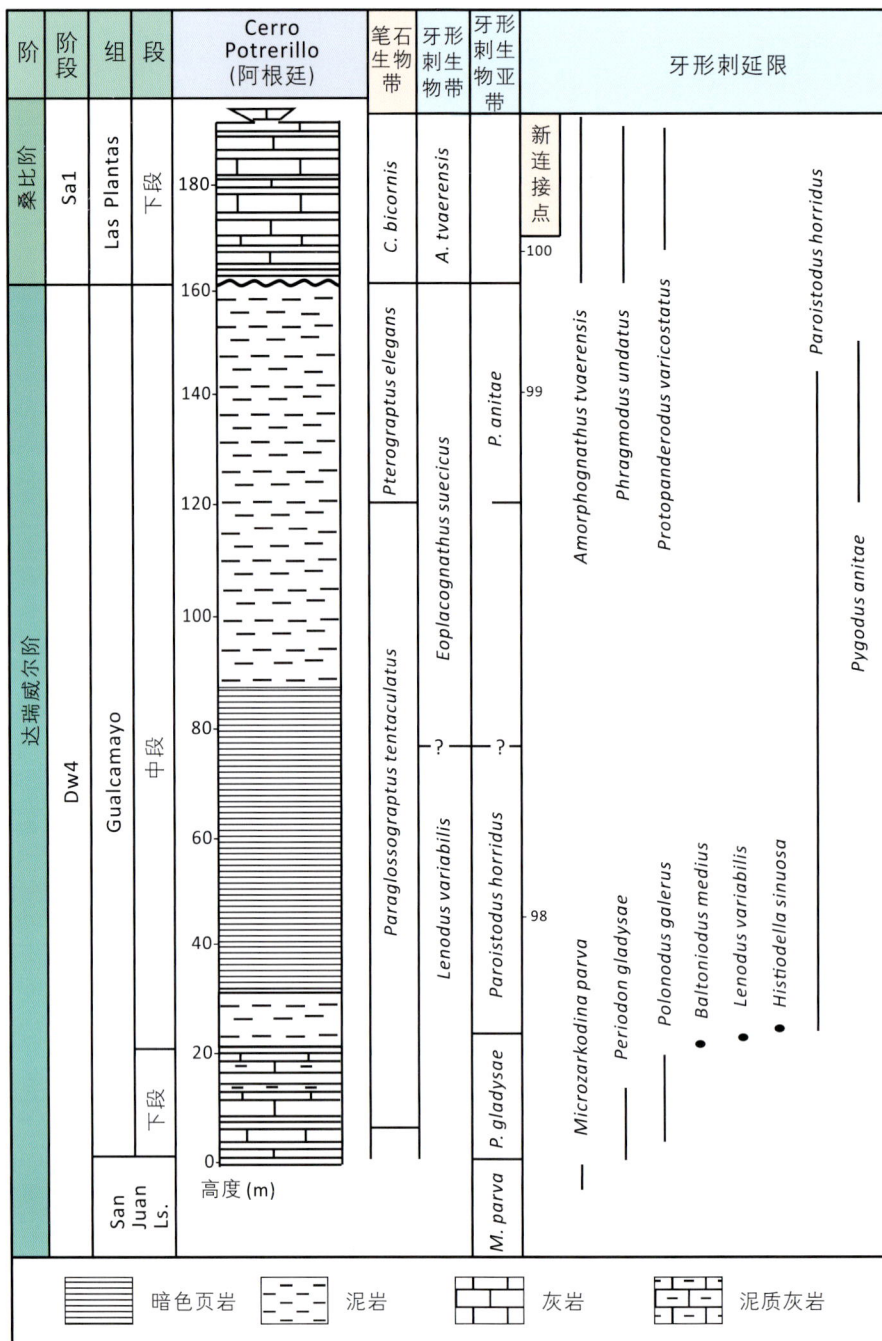

图3-9 阿根廷Cerro Potrerillo达瑞威尔阶—桑比阶牙形刺序列

3.5 结　语

　　塔里木多条剖面在国际上的重要意义不仅在于笔石和含笔石地层，同样也在于牙形刺生物地层，以及它们之间的相互关系，因为它们是全球奥陶纪最重要的两个生物门类。在全球奥陶系26

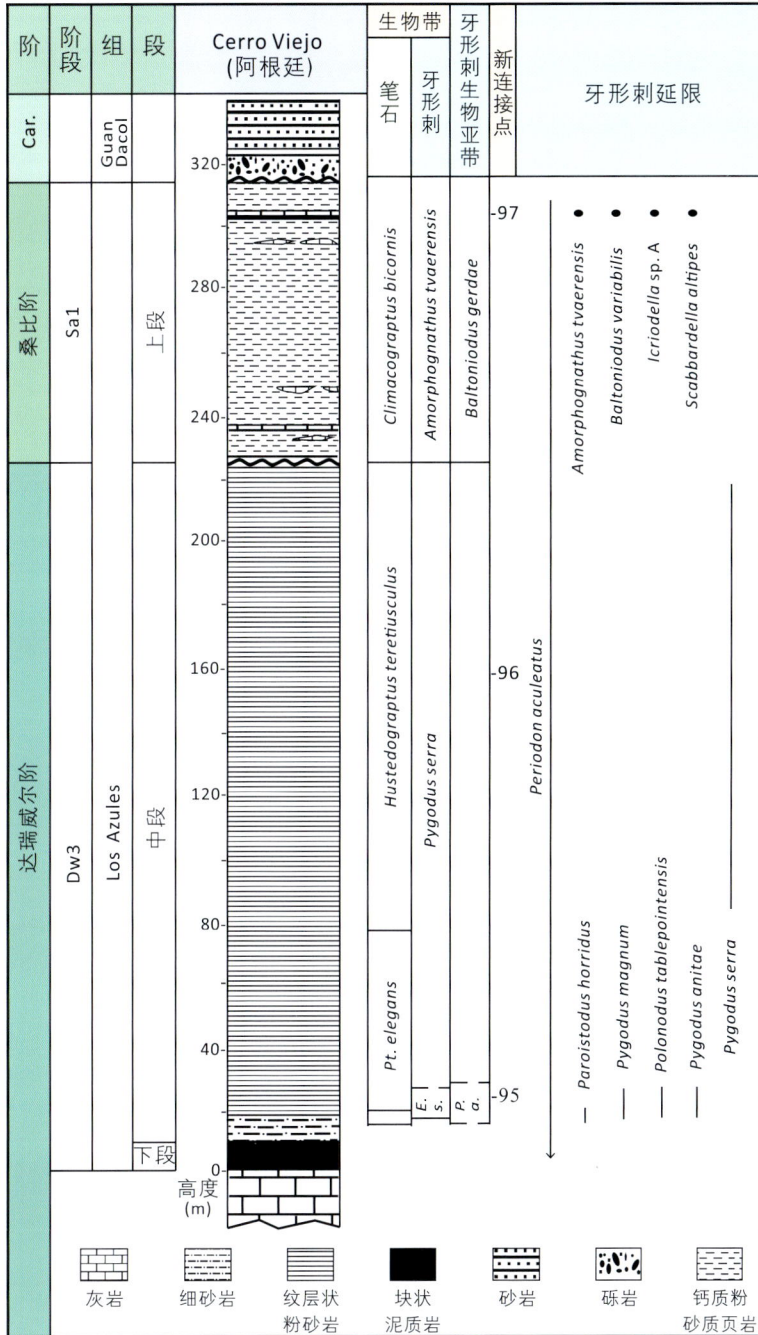

图3-10　阿根廷Cerra Viejo达瑞威尔阶—桑比阶牙形刺序列

个笔石–牙形刺连接点中，中国占23个，此外还有一些是我们至今尚未认识到的，这将更进一步改进全球奥陶系的对比。遗憾的是，近年来在全球范围内，许多关键的地质剖面因人类活动而遭受不同程度的破坏。有鉴于此，塔里木这些地质露头剖面目前尚未遭受破坏，如能适当加以保护，对所含重要化石门类的研究具有重要的科学意义。

牙形刺图版说明

图3-11　新疆和内蒙古达瑞威尔期—桑比期牙形刺

A–E. *Yantzeplacognathus protoramosus* (Chen, Chen and Zhang, 1983)

　　A. 右型Pb分子之上视；新疆柯坪大湾沟，萨尔干组；采集号：NJ378；登记号：153146。

　　B. 右型Pa分子之上视；新疆柯坪大湾沟，萨尔干组；采集号：APT-X-K13/43；登记号：153149。

　　C, D. Pa分子之上视；内蒙古乌海大石门，乌拉力克组；采集号：AGH-44；登记号：156450，156449。

　　E. Pb分子之上视；内蒙古乌海大石门，乌拉力克组；采集号：AGH-44；登记号：156451。

F. *Polonodus magnus* Albanesi, 1998

　　Pa分子之上视；内蒙古乌海大石门，克里摩利组；采集号：AGH-2；登记号：156455。

G–I. *Polonodus tablepointensis* (Stouge, 1984)?

　　G. Pb分子之上视；新疆柯坪大湾沟，萨尔干组；采集号：NJ297；登记号：152952。

　　H. Sb分子之前视；新疆柯坪大湾沟，萨尔干组；采集号：NJ297；登记号：152957。

　　I. Sa分子之后视；新疆柯坪大湾沟，萨尔干组；采集号：NJ297；登记号：152956。

J–L. *Dzikodus newfoundlandensis* Stouge, 1984

　　J. Pa分子之上视；内蒙古乌海大石门，克里摩利组；采集号：AGH-2；登记号：156453。

　　K. Pa分子之上视；新疆柯坪大湾沟，萨尔干组；采集号：NJ297；登记号：152995。

　　L. Pa分子之上视；新疆柯坪大湾沟，萨尔干组；采集号：NJ297；登记号：152992。

M–Q. *Periodon aculeatus* Hadding, 1913

　　M. Sc分子之侧视；内蒙古乌海大石门，乌拉力克组；采集号：AGH-44；登记号：156402。

　　N. M分子之侧视；新疆柯坪大湾沟，萨尔干组；采集号：NJ297；登记号：1529979。

　　O. Pa分子之内侧视；新疆柯坪大湾沟，萨尔干组；采集号：NJ294；登记号：1529987。

　　P. Pb分子之外侧视；新疆柯坪大湾沟，萨尔干组；采集号：NJ294；登记号：1529990。

　　Q. M分子之侧视；内蒙古乌海大石门，乌拉力克组；采集号：AGH-44；登记号：156398。

比例尺=100μm。

图3-12 新疆和甘肃达瑞威尔期—桑比期牙形刺

A–C. *Cahabagnathus sweeti* (Bergström, 1971)

　　A. 左型Pa分子之上视；新疆柯坪大湾沟，坎岭组；采集号：NJ384；登记号：152884。

　　B. 左型Pb分子之上视；新疆柯坪大湾沟，坎岭组；采集号：NJ384；登记号：152886。

　　C. 右型Pa分子之上视；新疆柯坪大湾沟，坎岭组；采集号：NJ384；登记号：152888。

D, E. *Baltoniodus alobatus* (Bergström, 1971)

　　D. Sd分子之后侧视；新疆柯坪大湾沟，坎岭组；采集号：NJ406；登记号：152892。

　　E. Pa分子之上视；新疆柯坪大湾沟，坎岭组；采集号：NJ406；登记号：152893。

F–H. *Yangtzeplacognathus crassus* (Chen and Zhang, 1993)

　　F. 右型Pa分子之上视；新疆柯坪大湾沟，萨尔干组；采集号：NJ294；登记号：153113。

　　G. 右型Pa分子之下视；新疆柯坪大湾沟，萨尔干组；采集号：NJ294；登记号：153114。

　　H. Sa分子之侧视；新疆柯坪大湾沟，萨尔干组；采集号：NJ294；登记号：153109。

J–K. *Yangtzeplacognathus jianyeensis* (An and Ding, 1982)

　　I. 左型Pb分子之上视；新疆柯坪大湾沟，坎岭组；采集号：NJ378；登记号：153136。

　　J. 左型Pb分子之上视；新疆柯坪大湾沟，坎岭组；采集号：NJ378；登记号：153150。

　　K. 右型Pa分子之上视；新疆柯坪大湾沟，坎岭组；采集号：NJ378；登记号：153131。

L–O. *Pygodus serra* (Hadding, 1913)

　　L, N. Pa分子之上视；新疆柯坪大湾沟，坎岭组；采集号：NJ375；登记号：153078，153082。

　　M. Sd分子之外侧视；新疆柯坪大湾沟，坎岭组；采集号：NJ375；登记号：153090。

　　O. Pb分子之外侧视；新疆柯坪大湾沟，坎岭组；采集号：NJ375；登记号：153083。

P–R. *Pygodus anserinus* Lamont and Lindström, 1957

　　P, Q. Pa分子之上视；甘肃平凉官庄，平凉组；采集号：AFC-40，25；登记号：156389，156391。

　　R. Pb分子之侧视；甘肃平凉官庄，平凉组；采集号：AFC-25；登记号：156392。

比例尺=100μm。

图3-13　甘肃和内蒙古达瑞威尔期—桑比期牙形刺

A–D. *Eoplacognathus elongatus* (Bergström, 1962)

　　A, D. Pb分子之上视；甘肃平凉官庄，平凉组；采集号：AFC-25, 44；登记号：156382, 156385。

　　B, C. Pa分子之上视；甘肃平凉官庄，平凉组；采集号：AFC-25；登记号：156384, 156383。

E. *Baltoplacognathus* cf. *reclinatus* (Fåhraeus, 1966)

　　Pa分子之上视；内蒙古乌海大石门，克里摩利组；采集号：AGH-A；登记号：156458。

F, G. *Histiodella kristinae* Stouge, 1984

　　Pa分子之侧视；内蒙古乌海大石门，克里摩利组；采集号：AGH-2；登记号：156442, 156441。

H, I. *Histiodella wuhaiensis* Wang, Bergström, Zhen, Zhang and Wu, 2013

　　Pa分子之侧视；内蒙古乌海大石门，克里摩利组；采集号：AGH-2；登记号：156446 (Holotype), 156448。

J, K. *Histiodella holodentata* Ethington and Clark, 1981

　　Pa分子之侧视；内蒙古乌海大石门，克里摩利组；采集号：AGH-2；登记号：156445, 156444。

L, M. *Periodon macrodentatus* (Graves and Ellison, 1941)

　　Pa和Sa分子之侧视；内蒙古乌海大石门，克里摩利组；采集号：AGH-2；登记号：156408, 156407。

比例尺=100μm。

图3-14 内蒙古和甘肃达瑞威尔期—桑比期牙形刺

A. *Juanognathus anhuiensis* An, 1987

    S分子之后视；内蒙古乌海大石门，克里摩利组；采集号：AGH-2；登记号：156463。

B. *Protopanderodus liripipus* Kennedy, Barnes and Uyeno, 1979

    S分子之侧视；内蒙古乌海大石门，克里摩利组；采集号：AGH-44；登记号：156464。

C. *Drepanoistodus suberectus* (Branson and Mehl, 1933)

    Sa分子之侧视；内蒙古乌海大石门，克里摩利组；采集号：AGH-11；登记号：156408，156465。

D. *Dapsilodus viruensis* (Fåhraeus, 1966)

    Sb分子之侧视；内蒙古乌海大石门，克里摩利组；采集号：AGH-44；登记号：156409。

E. *Spinodus spinodus* (Hadding, 1913)

    Sa分子之侧视；内蒙古乌海大石门，克里摩利组；采集号：AGH-44；登记号：156413。

F. *Ansella jemtlandica* (Löfgren, 1978)

    Sc分子之侧视；内蒙古乌海大石门，克里摩利组；采集号：AGH-2；登记号：156427。

G, H. *Protopanderodus rectus* (Lindström, 1955)

    S分子之侧视；内蒙古乌海大石门，克里摩利组；采集号：AGH-2；登记号：156430，156429。

I, J. *Protopanderodus varicostatus* (Sweet and Bergström, 1962)

    P分子之侧视；甘肃平凉官庄，平凉组；采集号：AFC-25；登记号：156422，156421。

K. *Venoistodus venustus* (Stauffer, 1935)

    M分子之侧视；内蒙古乌海大石门，克里摩利组；采集号：AGH-4；登记号：156461。

L. *Panderodus gracilis* (Branson and Mehl, 1933)

    falciform分子侧视；甘肃平凉官庄，平凉组；采集号：AFC-25；登记号：156419。

M. *Protopanderodus cooperi* (Sweet and Bergström, 1962)

    Sa分子之侧视；甘肃平凉官庄，平凉组；采集号：AFC-25；登记号：156418。

N, O. *Costiconus ethingtoni* (Fåhraeus, 1966)

    S分子之侧视；甘肃平凉官庄，平凉组；采集号：AFC-44；登记号：156434，156435。

P, Q. *Paroistodus horridus* (Barnes and Poplowski, 1973)

    S分子之侧视；甘肃平凉官庄，平凉组；采集号：AFC-17；登记号：156471，156470。

比例尺=100μm。

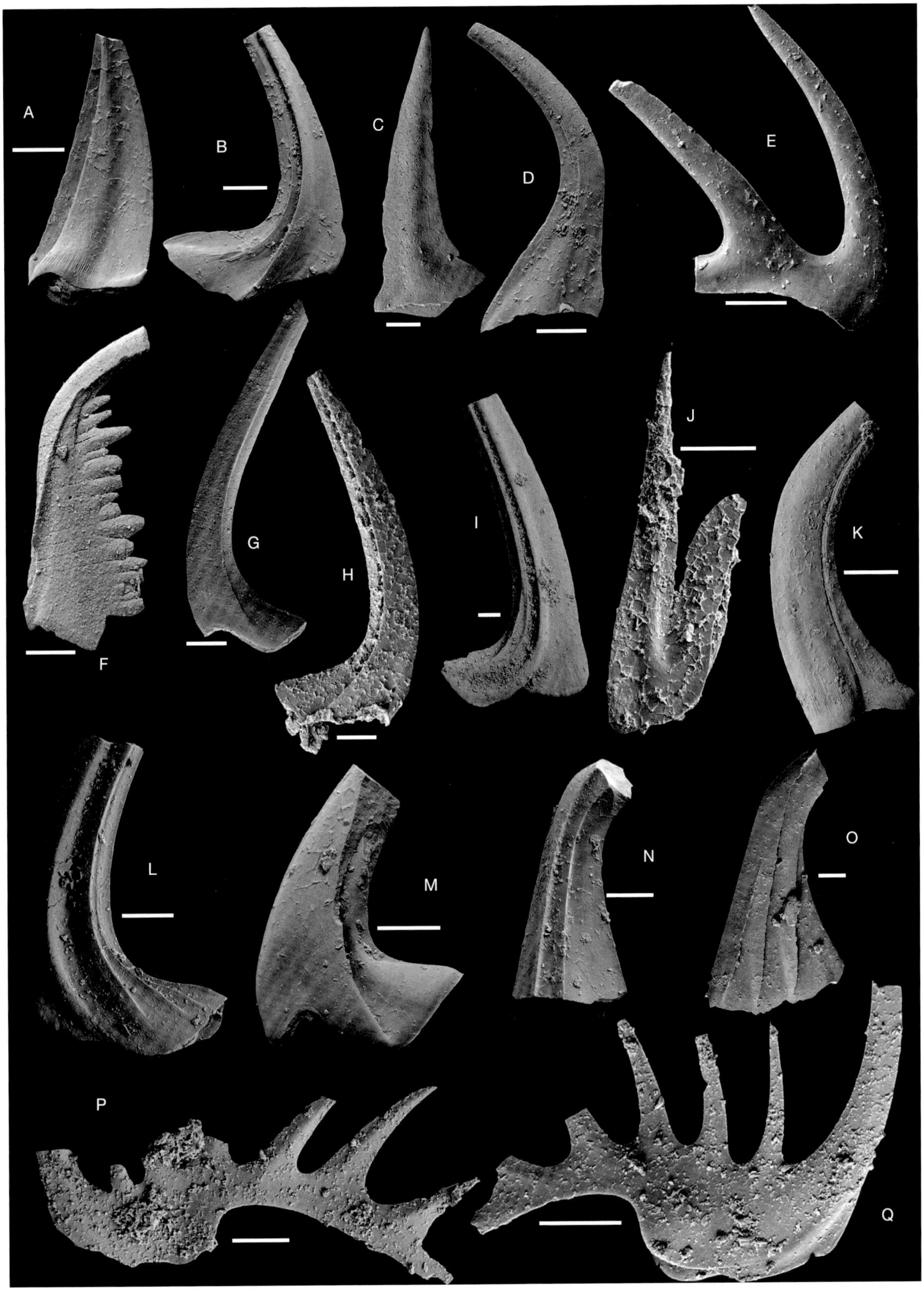
A
B
C
D
E
F
G
H
I
J
K
L
M
N
O
P
Q

图3-15　甘肃、内蒙古和新疆达瑞威尔期—桑比期牙形刺

A, B. *Plectodina aculeata* (Stauffer, 1935)

　　A. Sb分子之后侧视；甘肃平凉官庄，平凉组；采集号：AFC-40；登记号：156439。

　　B. Pb分子侧视；甘肃平凉官庄，平凉组；采集号：AFC-39；登记号：156436。

C, D. *Erismodus quadridactylus* (Stauffer, 1935)

　　Pb分子和Sc分子之后视与侧视；甘肃平凉官庄，平凉组；采集号：AFC-60, 53；登记号：156416，151415。

E. *Belodina compressa* (Branson and Mehl, 1933)

　　S1分子之侧视；甘肃平凉官庄，平凉组；采集号：AFC-60；登记号：156469。

F. *Erraticodon* sp.

　　S分子之后视；内蒙古乌海大石门，克里摩利组；采集号：AGH-A；登记号：156468。

G. *Spinodus spinosus* (Hadding, 1913)

　　P分子侧视；甘肃平凉官庄，平凉组；采集号：AFC-53；登记号：156468。

H. *Pygodus serra* (Hadding, 1913)

　　Pa分子之上视；新疆柯坪大湾沟，萨尔干组；采集号：NJ352；登记号：156393a。

I. *Pygodus anitae* Bergström, 1983

　　Pa分子之上视；新疆柯坪大湾沟，萨尔干组；采集号：NJ320；登记号：156393b。

J. *Periodon aculeatus* Hadding, 1913

　　S分子之侧视；新疆柯坪大湾沟，萨尔干组；采集号：NJ328；登记号：156393c。

A-G的比例尺=100μm。

参考文献

ALBANESI, G.L. 1997. Taxonomía y Bioestratigrafía de Conodontes de las Formaciones San Juan y Gualcamayo (Ordovícico Inferior-Medio) Aflorantes en la Sierra de Potrerillo-Perico, Precordillera de San Juan, República Argentina. Tesis Doctoral en Ciencias Geológicas. Facultad de Ciencias Exactas, Físicas y Naturales, Universidad Nacional de Córdoba.

ALBANESI, G.L. 1998. Taxonomía de conodontes de las secuencias ordovícicas del cerro Potrerillo, Precordillera Central de San Juan, R. Argentina. *Córdoba, Academia Nacional de Ciencias, Actas 12,* 101–253.

ALBANESI, G.L., ORTEGA, G. 2002. Advances on conodont-graptolite biostratigraphy of the Ordovician System of Argentina. In: ACEÑOLAZA, F.G. (ed.), *Aspects on the Ordovician System in Argentina. Tucumán, INSUGEO. Serie Correlación Geológica 16,* 143–165.

ALBANESI, G.L., HÜNICKEN, M.A., BARNES, C.R. 1998. Bioestratigrafía de conodontes de las secuencias ordovícicas del Cerro Potrerillo, Precordillera Central de San Juan, R. Argentina. *Actas de la Academia Nacional de Ciencias 12,* 7–72.

ALBANI, R., BAGNOLI, G., MALETZ, J., STOUGE, S. 2001. Integrated chitinozoan, conodont and graptolite biostratigraphy from the upper Cape Cormorant Formation (Middle Ordovician), western Newfoundland. *Canadian Journal of Earth Sciences 38(3),* 387–409.

BARNES, C.R., POPLAWSKI, M.L.S. 1973. Lower and Middle Ordovician conodonts from the Mystic Formation, Quebec, Canada. *Journal of Paleontology 47,* 760–790.

BERGSTRÖM, S.M. 1962. Conodonts from the Ludibundus Limestone (Middle Ordovician) of the Tvären area (S. E. Sweden). *Arkiv för Mineralogi och Geologi 3(1),* 1–61.

BERGSTRÖM, S.M. 1971a. Conodont biostratigraphy of the Middle and Upper Ordovician of Europe and eastern North America. *Geological Society of America Memoir 127,* 83–161.

BERGSTRÖM, S.M. 1971b. Correlation of the North Atlantic Middle and Upper Ordovician conodont zonation with the graptolite succession. *Colloque Ordovicien–Silurien, Brest 73,* 177–187.

BERGSTRÖM, S.M. 1973. Correlation of the Late Lasnamägian Stage (Middle Ordovician) with the graptolite succession. *Geologiska Föreningen i Stockholm Förhandlingar 95,* 9–18.

BERGSTRÖM, S.M. 1978. Middle and Upper Ordovician conodont and graptolite biostratigraphy of the Marathon, Texas graptolite zone reference standard. *Palaeontology 21,* 723–758.

BERGSTRÖM, S.M. 1979. First report of the enigmatic Ordovician microfossil *Konyrium* in North America. *Journal of Paleontology 53,* 320–327.

BERGSTRÖM, S.M. 1983. Biogeography, evolutionary relationships, and biostratigraphic significance of Ordovician platform conodonts. *Fossils and Strata 15,* 35–58.

BERGSTRÖM, S.M. 1986. Biostratigraphic integration of Ordovician graptolite and conodont zones—A regional review. In: HUGHES, C.P., RICKARDS, R.B., CHAPMAN, A.J. (eds.), *Palaeoecology and Biostratigraphy of Graptolites. Geological Society Special Publication 20,* 61–78.

BERGSTRÖM, S.M., 2007. The Ordovician conodont biostratigraphy of the Siljan region, south-central Sweden: A brief review of an international reference standard. In: EBBESTAD, J.O.R., WICKSTRÖM, L.M., HÖGSTRÖM, A.E.S. (eds), WOGGOB 2007. Ninth Meeting of the Working Group on Ordovician Geology of Baltoscandia. Field Guide and

Abstracts. *Sveriges Geologiska Undersökning Rapporter och Meddelanden 128*, 63–78.

BERGSTRÖM, S.M., GOLDMAN, D. 1994. Conodont biostratigraphy and biofacies from the Jacques Cartier River Ordovician Section, Quebec. In: Landing, E., (ed.). *Studies in Paleontology and Stratigraphy in Honor of Donald M. Fisher. New York State Museum Bulletin 481*, 1–4.

BERGSTRÖM, S.M., MITCHELL, C.E. 1994. Regional relationships between late Middle and early Late Ordovician standard successions in New York and Quebec and the Cincinnati region in Ohio, Indiana, and Kentucky. *New York State Museum Bulletin 481*, 5–20.

BERGSTRÖM, S.M., FINNEY, S.C., CHEN, X., WANG, Z.H. 1999. The Dawangou section, Tarim Basin (Xinjiang), China: Potential as global stratotype for the base of the *Nemagraptus gracilis* Biozone and the base of the global Upper Ordovician Series. *Acta Universitatis Carolinae–Geologica 43(1/2)*, 69–72.

BERGSTRÖM, S.M., FINNEY, S.C., CHEN, X., PÅLSSON, C., WANG, Z.H., GRAHN, Y. 2000. A proposed global boundary stratotype for the base of the Upper Series of the Ordovician System: The Fågelsång section, Scania, southern Sweden. *Episodes 23(2)*, 102–109.

BERGSTRÖM, S.M., CHEN, X., GUTIÉRREZ-MARCO, J.C., DRONOV, A. 2009. The new chronostratigraphic classification of the Ordovician System and its relations to major regional series and stages and to δ^{13}C chemostratigraphy. *Lethaia 42(1)*, 97–107.

BERRY, W.B.N. 1960. Graptolite faunas of the Marathon region, West Texas. *The University of Texas Publications 6005*, 1–179.

BRADSHAW, L.E. 1969. Conodonts from the Fort Pena Formation (Middle Ordovician), Marathon Basin, Texas. *Journal of Paleontology 43*, 1137–1168.

BRANSON, E.B., MEHL, M.G. 1933. Conodont studies. *University of Missouri Studies 8*, 1–349.

CHEN, X., BERGSTRÖM, S.M. (eds.) 1995. The base of the *austrodentatus* Zone as a level for global subdivision of the Ordovician System. *Palaeoworld 5*, 1–117.

CHEN, X., NI, Y.N., MITCHELL, C.E., QIAO, X.D., ZHAN, S.G. 2000. Graptolites from the Qilang and Yingan formations (Caradoc, Ordovician) of Kalpin, western Tarim, Xinjiang, China. *Journal of Paleontology 74(2)*, 282–300.

CHEN, X., ZHANG, Y.D., BERGSTRÖM, S.M., XU, H.G. 2006. Upper Darriwilian graptolite and conodont zonation in the global stratotype section of the Darriwilian Stage (Ordovician) at Huangnitang, Changshan, Zhejiang, China. *Palaeoworld 15*, 150–170.

COOPER, R.A., SADLER, P.M. 2012. Chapter 20. The Ordovician Period. In: GRADSTEIN, F.M., OGG, J.G., SCHMITZ, M.D., OGG, G.M. (eds.), *The Geological Time Scale 2012*, 489–524.

COOPER, R.A., MALETZ, J., Taylor, L., ZALASIEWICZ, J.A. 2004. Graptolites: Patterns of diversity across paleolatitudes. In: WEBBY, B.D., PARIS, F., DROSER, M.L., PERCIVAL, I.G. (eds.), *The Great Ordovician Biodiversification Event*. New York: Columbia University Press, 281–293.

ETHINGTON, R.L., CLARK, D.L. 1981. Lower and Middle Ordovician conodonts from the Ibex Area, western Millard County, Utah. *Brigham Young University Geology Studies 28(2)*, 1–127.

FÅHRAEUS, L.E. 1966. Lower Viruan (Middle Ordovician) conodonts from the Gullhögen Quarry, southern central Sweden. *Sveriges Geologiska Undersökning C610*, 1–40.

FINNEY, S.C. 1977. *Graptolites of the Middle Ordovician Athens Shale, Alabama*. Ph.D Thesis. Columbus: The Ohio State University.

FINNEY, S.C. 1984. Biogeography of Ordovician graptolites in the southern Appalachians. In: BRUTON, D.L. (ed.), *Aspects of the Ordovician System. Palaeontological Contributions of the University of Oslo 295*, 167–176.

FINNEY, S.C., BERGSTRÖM, S.M. 1986. Biostratigraphy of the Ordovician *Nemagraptus gracilis* zone. In: HUGHES, C.P., RICKARDS, R.B., CHAPMAN, A.J. (eds.), *Paleoecology and Biostratigraphy of Graptolites. Geological Society of London Special Publication 20*, 47–59.

FINNEY, S.C., SKEVINGTON, D. 1979. A mixed Atlantic-Pacific province Middle Ordovician graptolite fauna in western Newfoundland. *Canadian Journal of Earth Sciences 16(9)*, 1899–1902.

FINNEY, S.C., BERGSTRÖM, S.M., CHEN, X., WANG, Z.H. 1999. The Pingliang section, Gansu Province, China: Potential as global stratotype for the base of the *Nemagraptus gracilis* Biozone and the base of the global Upper Ordovician Series. *Acta Universitatis Carolinae-Geologica 43(1/2)*, 73–76.

GOLDMAN, D., MITCHELL, C.E. 1994. Three-dimensional graptolites from the upper Ordovician Neuville Formation, Quebec. In: LANDING, E. (ed.), *Studies in Paleontology and Stratigraphy in Honor of Donald W. Fisher. New York State Museum Bulletin 481*, 87–100.

GOLDMAN, D., MITCHELL, C.E., BERGSTRÖM, S.M., DELANO, J.W., TICE, S.J. 1994. Relations between K-bentonites and graptolite biostratigraphy in the Middle Ordovician of New York State and Quebec: A new chronostratigraphic model. *Palaios 9*, 124–143.

GOLDMAN, D., MITCHELL, C.E., MALETZ, J., RIVA, J.F.V., LESLIE, S.A., MOTZ, G.J. 2007a. Ordovician graptolites and conodonts of the Phi Kappa Formation in the Trail Creek region of Central Idaho: A revised, integrated biostratigraphy. *Acta Palaeontologica Sinica 46(Suppl.)*, 155–162.

GOLDMAN, D., LESLIE, S.A., NÕLVAK, J., YOUNG, S., BERGSTRÖM, S.M., HUFF, W.D. 2007b. The Global Stratotype Section and Point (GSSP) for the base of the Katian Stage of the Upper Ordovician Series at Black Knob Ridge, southeastern Oklahoma, USA. *Episodes 30*, 258–270.

GRAVES, R.W., ELLISON, S. 1941. Ordovician conodonts of the Marathon Basin, Texas. *University of Missouri, School of Mines and Metallurgy, Bulletin 14*, 1–26.

HADDING, A. 1913. Undre Dicellograptusskiffern i Skåne. *Lunds Universitets Årsskrift, N.F., Afd.2, Bd. 9(15)*, 1–91.

HUFF, W.D., DAVIS, D., BERGSTRÖM, S.M. KREKELER, M.P.S., KOLATA, D.R., CINGOLANI, C. 1997. A biostratigraphically well constrained K-bentonite U-Pb zircon age of the lowermost Darriwilian Stage (Middle Ordovician) from the Argentine Precordillera. *Episodes 20*, 29–33.

LAMONT, A., LINDSTRÖM, M. 1957. Arenigian and Llandeilian cherts identified in the Southern Uplands of Scotland by means of conodonts, etc. *Transactions of the Edinburgh Geological Society 17*, 60–70.

LINDSTRÖM, M. 1955. The conodonts described by A.R. Hadding, 1913. *Journal of Paleontology 29(1)*, 105–111.

LÖFGREN, A. 1978. Arenigian and Llanvirnian conodonts from Jämtland, northern Sweden. *Fossils and Strata 13*, 1–129.

MALETZ, J. 1998. Graptolites from the Ordovician of Rügen (northern Germany, western Pomerania). *Paläontologische Zeitschrift 72(3/4)*, 351–372.

MALETZ, J. 2009. *Holmograptus spinosus* and the Middle Ordovician (Darriwilian) graptolite biostratigraphy at Les Méchins (Quebec, Canada). *Canadian Journal of Earth Sciences 46*, 739–755.

MITCHELL, C.E., GOLDMAN, D., CONE, M., MALETZ, J., JANOUSEK, H. 2003. Ordovician graptolites of the Phi Kappa Formation at Trail Creek, central Idaho, USA: A revised biostratigraphy. In: ORTEGA, G., ACENOLAZA, G.F. (eds.), *Proceedings 7th IGC-FMSS. INSUGEO, Serie Correlación Geológica 18,* 69–72.

ORTEGA, G., ALBANESI, G.L., BANCHIG, L.A., PERALTA, G.L. 2007. Graptolites and conodonts of early Katian age (Late Ordovician) from the Sierra de La Invernada Formation, San Juan Precordillera, Argentina. *Acta Palaeontologica Sinica, 46(Suppl.),* 357–363.

OTTONE, E.G., ALBANESI, G.L., ORTEGA, G., HOLFELTZ, G.D. 1999. Palynomorphs, conodonts and associated graptolites from the Ordovician Los Azules formation, Central Precordillera, Argentina. *Micropalaeontology 45(3),* 225–250.

STAUFFER, C.R. 1935. The conodont fauna of the Decorah Shale (Ordovician). *Journal of Paleontology 9(7),* 596–620.

STOUGE, S.S. 1984. Conodonts of the Middle Ordovician Table Head Formation, western Newfoundland. *Fossils and Strata 16,* 1–145.

SWEET, W.C., BERGSTRÖM, S.M. 1962. Conodonts from the Pratt Ferry Formation (Middle Ordovician) of Alabama. *Journal of Paleontology 36,* 1214–1252.

WANG, Z.H., BERGSTRÖM, S.M. 1995. Castlemainian (Late Yushanian) to Darriwilian (Zhejiangian) conodont faunas. In: CHEN, X., BERGSTRÖM, S.M. (eds.), *The Base of the Austrodentatus Zone as a Level for Global Subdivision of the Ordovician System.* Nanjing: Nanjing University Press.

WANG, Z.H., BERGSTRÖM, S.M., ZHEN, Y.Y., CHEN, X., ZHANG, Y.D. 2013. On the integration of Ordovician conodont and graptolite biostratigraphy: New examples from Gansu and Inner Mongolia in China. *Alcheringa 37(4),* 510–528.

WEBBY, B.D., DROSER, M.L., PARIS, F., PERCIVAL, I. (eds.) 2004. *The Great Ordovician Biodiversification Event.* New York: Columbia University Press.

ZHANG, J.H. 1997. The Lower Ordovician conodont *Eoplacognathus crassus* Chen & Zhang, 1993. *GFF 119,* 61–65.

ZHANG, J.H. 1998. Conodonts from the Guniutan Formation (Llanvirnian) in Hubei and Hunan provinces, south-central China. *Stockholm Contributions in Geology 46,* 1–161.

ZHEN, Y.Y., PERCIVAL, I.G., LIU, J.B. 2006. Early Ordovician Triangulodus (Conodonta) from the Honghuayuan Formation of Guizhou, South China. *Alcheringa: An Australasian Journal of Palaeontology 30(2),* 191–212.

ZHEN, Y.Y., WANG, Z.H., ZHANG, Y.D., BERGSTRÖM, S.M., PERCIVAL, I.G., CHENG, J.F. 2011. Middle to Late Ordovician (Darriwilian–Sandbian) conodonts from the Dawangou section, Kalpin area of the Tarim Basin, northwestern China. *Records of the Australian Museum 63,* 203–266.

安太庠. 1987. 中国南部早古生代牙形石. 北京: 北京大学出版社.

安太庠, 丁连生. 1982. 南京宁镇山脉奥陶系牙形石的初步研究. 石油学报, 4: 1–12.

安太庠, 郑昭昌. 1990. 鄂尔多斯盆地周缘的牙形石. 北京: 科学出版社.

陈敏娟, 陈云棠, 张建华. 1983. 宁镇地区奥陶系牙形刺序列. 南京大学学报(自然科学版), 第1期, 129–139.

陈均远, 周志毅, 林尧坤, 杨学长, 邹西平, 王志浩, 罗坤泉, 姚宝琦, 沈后. 1984. 鄂尔多斯地台西缘奥陶纪生物地层研究的进展. 中国科学院南京地质古生物研究所集刊, 第20号, 1–30.

王志浩, 伯格斯特龙, 甄勇毅, 张元动, 吴荣昌, 陈清. 2013. 内蒙古乌海大石门奥陶系牙形刺和Histiodella动物群发现的意义. 微体古生物学报, 第30卷第4期, 323–343.

赵治信, 张桂芝, 肖继南. 2000. 新疆古生代地层及牙形石. 北京: 石油工业出版社.

附　录

为便于了解图3-2和新的牙形刺-笔石生物地层对比连接点，兹将本书涉及的各连接点的产地和层位附录如下，其中也包括了该总结性回顾在本书中的参考图件和相关参考文献。

79. 大湾沟。达瑞威尔阶上部萨尔干组。*Pygodus anitae* 生物亚带–*Pterograplus elegans* 生物带中部 (图3-3)。

80. 大湾沟。达瑞威尔阶上部萨尔干组。*Pygodus serra* 生物带–*Pseudamplexograptus distichus* 生物带 (图3-3)。

81. 大湾沟。达瑞威尔阶上部萨尔干组。*Pygodus anserinus* 生物带底部–*Didymograptus murchisoni* 生物带上部 (图3-3)。

82. 大湾沟。桑比阶底部萨尔干组。*Nemagraptus gracilis* 生物带底部–*Pygodus anserinus* 生物带 (图3-3)。

83. 官庄。桑比阶平梁组。*Plectodina aculeata* 生物带–*Nemagraptus gracilis* 生物带上部 (图3-4)。

84. 官庄。桑比阶平梁组。*Erismodus quadridactylus* 生物带底部–*Climacograptus bicornis* 生物带中部 (图3-4)。

85. 大石门。达瑞威尔阶克里摩利组下段的上部。*Histiodella kristinae* 生物带–*Didymograptus murchisoni* 生物带 (图3-5)。

86. 大石门。乌拉力克组下段。*Pygodus anserinus* 生物带–*Didymograptus murchisoni* 生物带顶部 (图3-5)。

87. 加拿大组芬兰西部Table Point剖面。达瑞威尔阶Table Cove组。*Holmogr. spinosus*生物带–*Histiodella kristinae* 生物带 (图3-7)。

88. Port-au-Port Peninsula剖面。加拿大组芬兰西部West Bay Centre (Piccadilly)。达瑞威尔阶Table Cove 组。*Holmogr. spinosus*生物带–*Histiodella kristinae* 生物带 (图3-7)。

89. Port-au-Port Peninsula剖面。加拿大组芬兰西部West Bay Centre (Piccadilly)。达瑞威尔阶Table Cove组。*Holmogr. spinosus*生物带–*Histiodella bellburnensis* 生物带 (图3-7)。Maletz (2009)。

90. Little Fall Creek剖面。美国爱达荷州Trail Creek。达瑞威尔阶Phi Kappa组。*Pygodus serra* 生物带–*Archiclimacograptus riddellensis* 生物带 (图3-6)。Goldman *et al.* (2007a)。

91. Trail Creek Summit剖面。美国爱达荷州Trail Creek。桑比阶。*Pygodus anserinus* 生物带–*Nemagraptus gracilis* 生物带 (图3-6)。Goldman *et al.* (2007a)。

92. 美国俄克拉荷马州Black Knob Ridge(凯迪阶 GSSP)。凯迪阶顶部Womble页岩顶部。*Climacograptus bicornis* 生物带顶部–*Amorphognathus tvaerensis* 生物带 (图3-8)。Goldman *et al.* (2007b)。

93. 美国俄克拉荷马州Black Knob Ridge(凯迪阶 GSSP)。凯迪阶Bigfork 组底部 (燧石)。*Amorphognathus tvaerensis* 生物带–*Diplacanthograptus caudatus* 生物带 (图3-8)。Goldman *et al.* (2007b)。

94. 美国俄克拉荷马州Black Knob Ridge(凯迪阶 GSSP)。凯迪阶Bigfork 组底部 (燧石)。*Amorphognathus superbus* 生物带底部–*Diplacanthograptus spiniferus* 生物带底部 (图3-8)。Goldman *et al.* (2007b)。

95. 阿根廷Cerro Viejo。达瑞威尔阶Los Azules组底部 (据 Ottone *el al.*, 1999)。*Pygodus anitae* 生物亚带–*Pterograptus elegans* 生物带 (图3-10)。

96. 阿根廷Cerro Viejo。达瑞威尔阶Los Azules组底部 (据 Ottone *el al.*, 1999)。*Pygodus serra* 生物带–*Hustedograptus teretiusculus* 生物带 (图3-10)。

97. 阿根廷Cerro Viejo。桑比阶Los Azules组底部 (据Ottone *et al.*，1999)。*Amorphognathus tvaerensis* 生物带–*Climacograptus bicornis* 生物带 (图3-10)。

98. 阿根廷Cerro Potrerillo。达瑞威尔阶Gualcamayo 组 (据Albanesi，1997)。*Paroistodus horridus* 生物亚带–*Paraglossograptus tentaculatus* 生物带 (图3-9)。

99. 阿根廷Cerro Potrerillo。达瑞威尔阶Gualcamayo 组 (据Albanesi，1997)。*Pygodus anitae* 生物亚带–*Pterograptus elegans* 生物带 (图3-9)。

100. 阿根廷Cerro Potrerillo。桑比阶Las Plantas 组 (据Albanesi，1997)。*Amorphognathus tvaerensis* 生物带–*Climacograptus bicornis* 生物带 (图3-9)。

101. 中国常山黄泥塘(达瑞威尔阶GSSP)。胡乐组。

102. 加拿大魁北克Jaques Cartier River。凯迪阶Neuville组上部。*Amorphognathus superbus* 生物带–*Orthograptus ruedemanni* 生物带。

103. 美国爱达荷州 Butler County。凯迪阶Utica页岩下部Middletown钻井岩芯。*Amorphognathus superbus* 生物带–*Orthograptus ruedemanni* 生物带。

104. 美国俄克拉荷马州99号高速公路Fittstown附近。凯迪阶Viola Springs组底部。*Phragmodus undatus* 生物带–*Climacograptus bicornis* 生物带。

第4章 达瑞威尔阶上部至凯迪阶下部笔石图形对比及多样性研究

摘　要：本章对中国西北地区达瑞威尔阶上部至凯迪阶下部的笔石动物群进行图形对比分析，并创建复合序列 (Composite Sequence)，进而研究其在本时期的多样性变化。研究中共涉及120个笔石物种 (或亚种)，分别来自7条剖面：大湾沟剖面 (参考剖面，新疆柯坪)、四石场剖面 (新疆阿克苏)、苏巴什沟剖面 (新疆柯坪)、官庄剖面 (甘肃平凉)、龙门洞剖面 (陕西陇县)、大石门剖面 (内蒙古乌海) 和公乌素剖面 (内蒙古乌海)。在复合序列中，自下而上可准确识别出 *Cryptograptus gracilicornis* 层、*Pterograptus elegans* 带、*Didymograptus murchisoni* 带、*Jiangxigraptus vagus* 带、*Nemagraptus gracilis* 带、*Climacograptus bicornis* 带、*Diplacanthograptus caudatus* 带和 *Diplacanthograptus spiniferus* 带共8个笔石带(层)。同时，在复合序列和笔石产出记录的基础上，我们还研究了该时段内笔石物种丰富度随时间的变化趋势，展示出两个峰值，一个出现在 *D. murchisoni* 带底部，另一个出现在 *N. gracilis* 带底部。

4.1　数据库介绍

为了构建一个准确的时间框架，进而研究中奥陶世晚期至晚奥陶世早期笔石生物多样性，我们首先需要对达瑞威尔阶上部至桑比阶的笔石序列进行图形对比分析。本项分析涵盖了本书中介绍的全部7条剖面 (见表4-1)，其中，大湾沟剖面因其丰富的笔石化石产出记录和完整的笔石生物地层序列而被选为标准参考剖面 (standard reference section) (图形对比分析的具体原理请见 Shaw，1964)。研究中使用的7条剖面的延限数据均基于GBDB数据库 (Geobiodiversity Database，http://www.geobiodiversity.com；Fan *et al.*，2013a) 收集、整理完成。在经过统一的系统厘定后，7条剖面的化石产出数据从GBDB数据库中导出为.csv格式的文件，以便用于图形对比分析。

表4-1　7条剖面的基本信息概况

剖　　面	地层延限	化石产出记录
大湾沟	*P. elegans*带—*N. gracilis*带	60种，>200条产出记录
官庄	*N. gracilis*带—*C. bicornis*带	42种，122条产出记录
大石门	*C. gracilicornis*层—*N. gracilis*带	45种，167条产出记录
龙门洞	*N. gracilis*带—*D. spiniferus*带	39种，68条产出记录
四石场	*P. elegans*带—*N. gracilis*带	22种，36条产出记录
苏巴什沟	*N. gracilis*带	30种，46条产出记录
公乌素	*C. bicornis*带	9种，11条产出记录

4.2　图形对比分析

本项研究中，我们采用SinoCor 4.0软件(见图4-1)进行图形对比分析。该软件依据图形对比分析方法的基本原理设计制作而成，关于其详情可参考Fan *et al.* (2013b)。

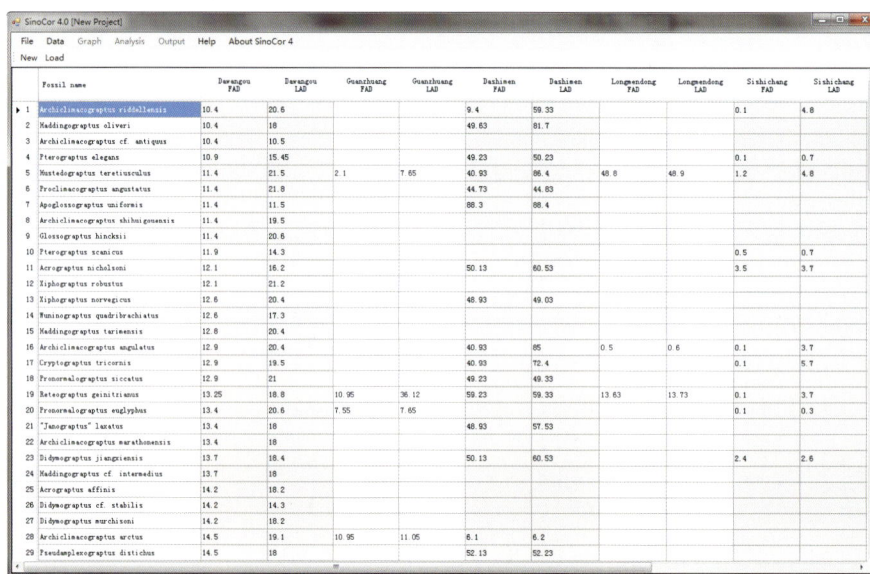

图4-1　SinoCor 4.0数据界面

图中显示的是导入完毕的7条剖面的笔石产出数据，纵轴代表各个剖面，横轴代表不同的物种 (或亚种)。如果某一物种 (或亚种) 出现在某条剖面上，则由首现 (FAD) 和末现 (LAD) 两个数据来描述其产出位置

经过两轮的剖面复合之后，得到的复合标准 (composite standard，CS) 已经比较成熟。图4-2展示的是最后得到的笔石复合延限图。图中共包含120个笔石种 (或亚种)，并可识别出8个笔石带 (层)，由下而上分别为*Cryptograptus gracilicornis*层、*Pterograptus elegans*带、*Didymograptus* murchisoni带、*Jiangxigraptus vagus*带、*Nemagraptus gracilis*带、*Climacograptus bicornis*带、*Diplacanthograptus caudatus*带和*Diplacanthograptus spiniferus*带。

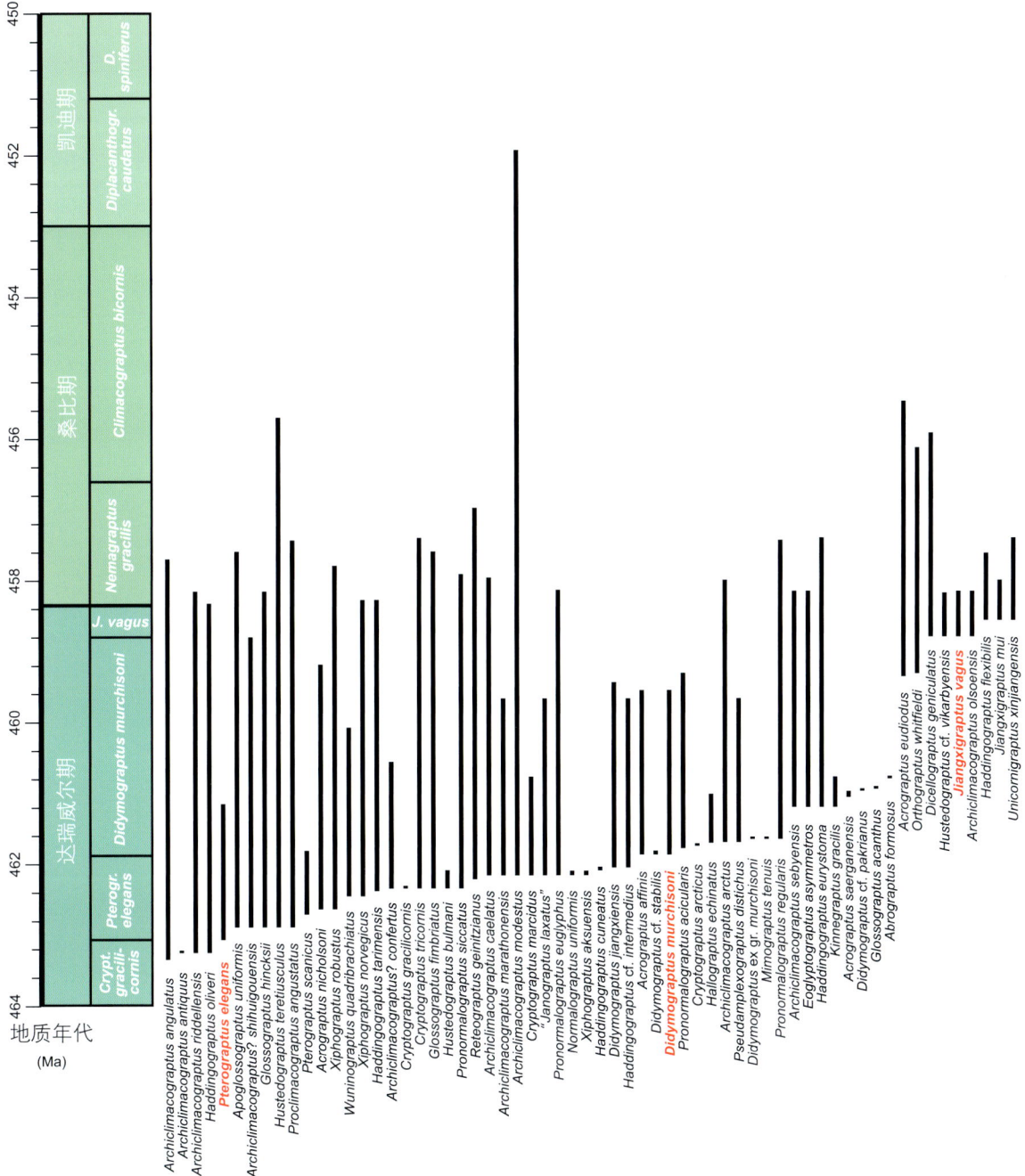

图4-2　笔石复合延限图

图中笔石按照其首现顺序进行排列,每个笔石带的时限引自Cooper and Sadler (2012)

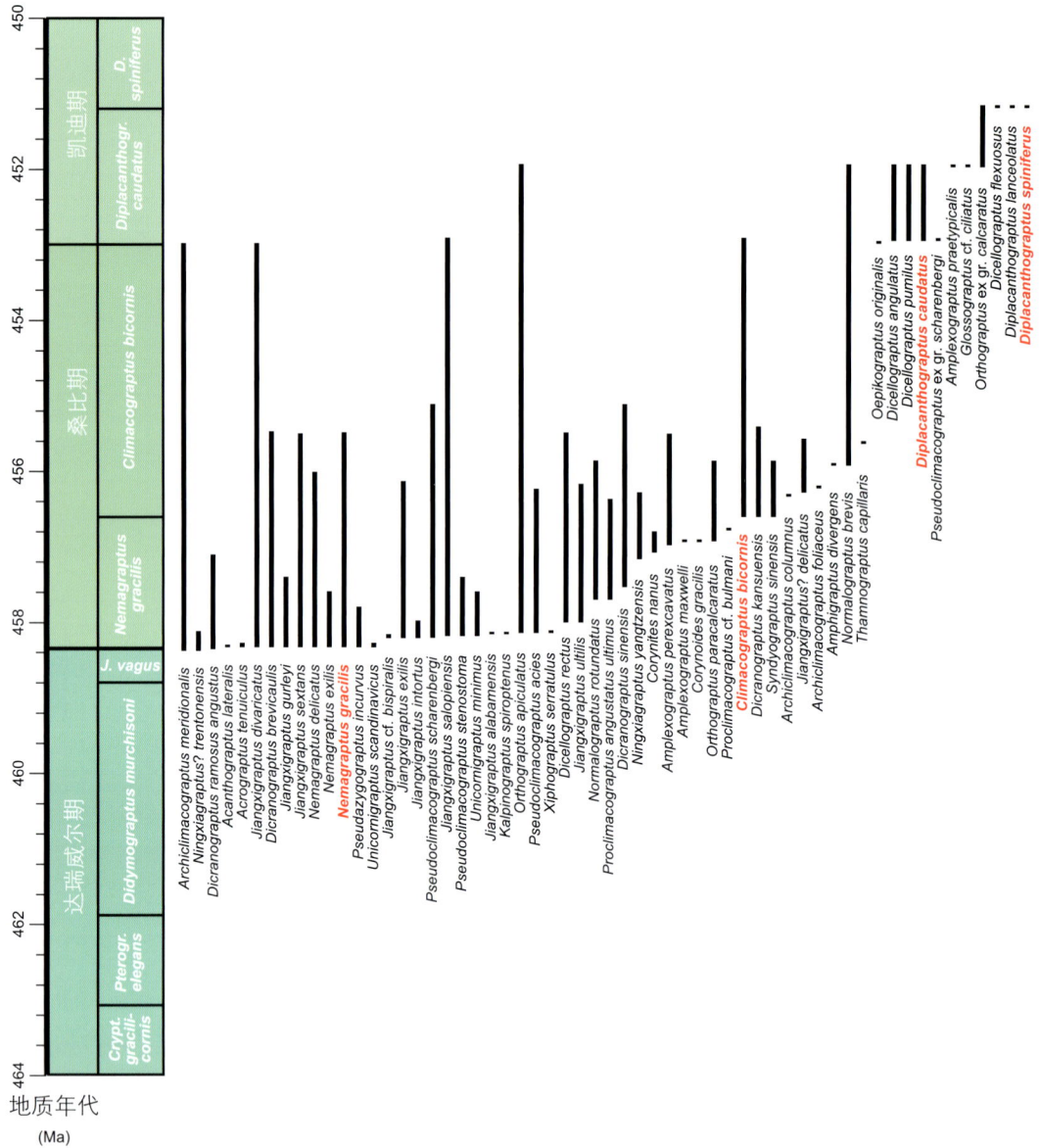

图4-2　笔石复合延迟图 (续)

图中笔石按照其首现顺序进行排列，每条笔石带的时限引自Cooper and Sadle (2012)

图4-3显示的是经过复合的7条剖面间的自动对比栅格图。由于复合标准序列已经与地质时间标尺匹配在一起，因此，如果从左向右画一条水平线，那么它代表剖面间的等时面 (Fan *et al.*, 2013b)。图中两条相邻剖面之间共有物种的首现 (FAD) 和末现 (LAD) 均已通过线条连接起来，跟踪这些线条可以展示剖面间采样密度的差异或者研究物种迁徙对其产出层位造成的影响。在所有剖面中，地层延限最长的为龙门洞剖面，接下来为大湾沟和大石门剖面；但是在采样密度方面，后两者远较前者更好。在图4-3中可以很容易地发现，在龙门洞剖面的中部存在一个明显的采样间断。

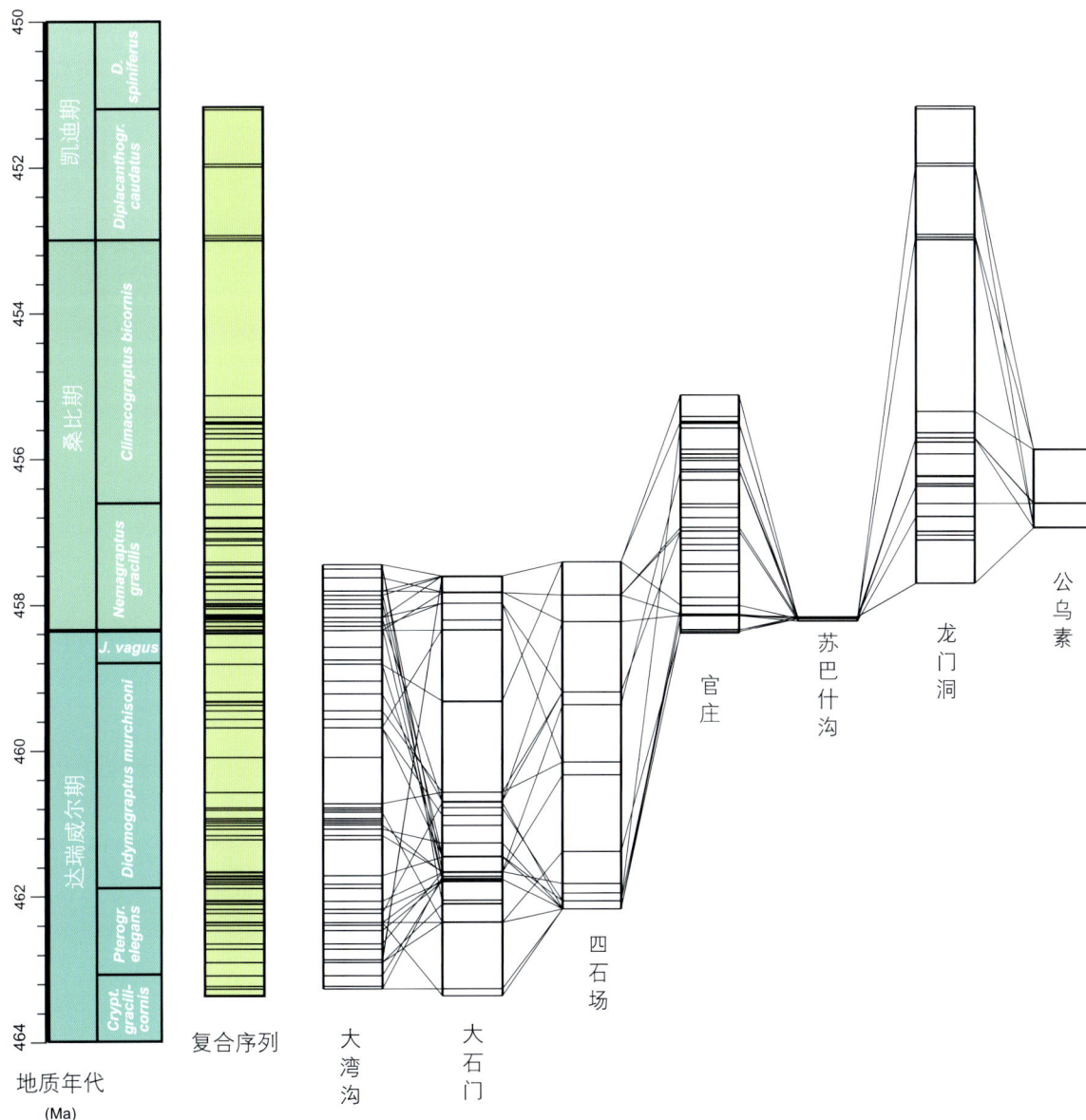

图4-3 研究中涉及的中国西北地区7条剖面之间的对比

4.3 达瑞威尔阶上部至凯迪阶下部的笔石多样性模式

图4-4展示了研究时段内笔石动物群的物种丰富度 (species richness) 变化曲线，该数据是由复合标准序列中穿越各时间段边界线的物种数目统计而来 (方法介绍可见Fan *et al.*, 2013b)。从*C. gracilicornis*层至*D. murchisoni*带下部，笔石多样性快速增高，达到其第一个峰值，共有38个种 (或亚种)。从*D. murchisoni*带中部至*J. vagus*带，其多样性有所下降，之后又快速上升，至*N. gracilis*带下部达到一个新的峰值，共有47个种 (或亚种)，这也是研究时段内笔

石多样性的最高值。之后，在*N. gracilis*带中部和*C. bicornis*带下部，笔石多样性先后两次快速下降。笔石动物群在*C. bicornis*带的快速下降，以及在之后*D. caudatus*带和*D. spiniferus*带的低多样性可能要归因于岩相的变化，使其不适合大多数笔石生存。在*N. gracilis*带和*C. bicornis*带之后，塔里木盆地主要分布碳酸盐岩相地层 (Chen *et al.*，2010)，而同期在华北台地西缘，则为碎屑岩相至礁相为主的浅水沉积环境，如陕西陇县的背锅山组。图4-3也显示本项研究中仅龙门洞剖面发育有这一时段地层，且笔石采样密度很低。

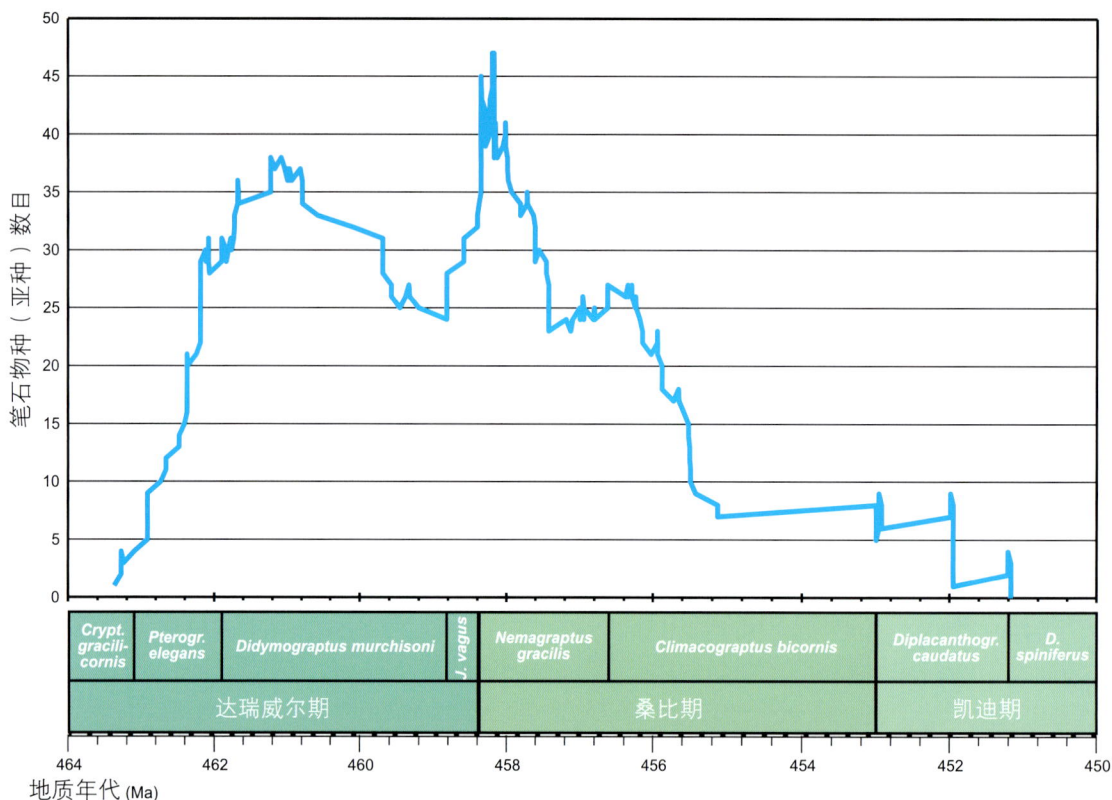

图4-4 从*C. gracilicornis*层至*D. spiniferus*带笔石动物群的物种丰富度变化曲线

该物种丰富度数据是由复合标准序列中穿越各时间段边界线的物种数目统计得到的，而不是由各个时间段内的物种数目统计而来

Cooper *et al.* (2004)展示了澳大利亚、波罗的海和阿瓦隆尼亚地区的笔石物种多样性变化模式。该研究中的时间段划分方案主要引自Webby *et al.* (2004)的工作，其中最小的时间间隔相当于2~3个笔石带，例如"4c"即相当于本书中的*P. elegans*、*D. murchisoni*和*J. vagus*共3个带。在上述研究中，仅波罗的海地区在"4c"时段显示出一个与本书类似的多样性辐射峰值；在澳大利亚地区，其最大峰值出现在大坪期的中部，而在"4c"时段则显示为一多样性低谷；在阿瓦隆尼亚地区，在"4c"时段也显示为一多样性低谷，而其峰值则出现在该时段之后 (Cooper *et al.*，2004)。

有趣的是，本书中描述的笔石动物群，其属种构成与波罗的斯堪的纳维亚同期动物群非常相似，而且这两个地区的地层序列也易于对比。同时，中国西北部和波罗的斯堪的纳维亚地区的古地理面貌也非常相似，两者在中奥陶世晚期至晚奥陶世早期均位于相似的古纬度地区 (PaleoGIS，2011)。

Cooper *et al.* (2014) 在一项关于笔石演化速率的研究中指出，在Bergström *et al.* (2009) 所谓的Dw3时段可识别出一个笔石多样性峰值，这一时段即对应于中国西北部的*D. murchisoni*带。Cooper *et al.* (2014) 的多样性模式也显示出经过凯迪期早期的快速提高，笔石物种丰富度在Sa2时段达到峰值，该时段对应于*C. bicornis*带。但是如前所述，在中国西北部，*C. bicornis*带主要以碳酸盐岩为主，该地层的沉积环境可能不太适合大多数笔石生存。

Chen *et al.* (2006) 曾创建过一个全球笔石属级数据库，其中的地层框架也来自于Webby *et al.* (2004) 的工作。该属级物种丰富度曲线亦在达瑞威尔期末期的 "4c" 时段达到其最大峰值，随后在桑比期快速下降。

总体来看，由于采用了定量生物地层学的方法，本书研究的地层划分和对比分辨率远高于此前同类研究，进而揭示出本时期中国西北部更多的笔石动物群多样性变化细节。

参考文献

BERGSTRÖM, S.M., CHEN, X., GUTIÉRREZ-MARCO, J.C., DRONOV, A. 2009. The new chronostratigraphic classification of the Ordovician System and its relations to major regional series and stages and to δ^{13}C chemostratigraphy. *Lethaia 42(1)*, 97–107.

CHEN, X., ZHANG, Y.D., FAN, J.X. 2006. Ordovician graptolite evolutionary radiation: A review. *Geological Journal 41*, 289–301.

CHEN, X., ZHOU, Z.Y., FAN, J.X. 2010. Ordovician paleogeography and tectonics of the major paleoplates in China. In: FINNEY, S.C., BERRY, W.B.N. (eds.), *The Ordovician Earth System. Geological Society of America Special Paper 466*, 85–104.

COOPER, R.A., SADLER, P.M. 2012. The Ordovician Period. In: GRADSTEIN, F.M., OGG, J.G., SMITH, A.G., OGG, G.M. (eds.), *The Geologic Time Scale 2012*. Elsevier, 489–523.

COOPER, R.A., MALETZ, J., TAYLOR, L., ZALASIEWICZ, J.A. 2004. Graptolites: Patterns of Diversity across Paleolatitudes. In: WEBBY, B.D., PARIS, F., DROSER, M.L., PERCIVAL, I.G. (eds.), *The Great Ordovician Biodiversification Event*. New York: Columbia University Press, 281–293.

COOPER, R.A., SADLER, P.M., MUNNECKE, A., CRAMPTON, J.S. 2014. Graptoloid evolutionary rates track Ordovician–Silurian global climate change. *Geological Magazine 151*, 349–364.

FAN, J.X., CHEN, Q., HOU, X.D., MILLER, A.I., MELCHIN, M.J., SHEN, S.Z., WU, S.Y., GOLDMAN, D., MITCHELL, C.E., YANG, Q., ZHANG, Y.D., ZHAN, R.B., WANG, J., LENG, Q., ZHANG, H., ZHANG, L.N. 2013a. Geobiodiversity Database: A comprehensive section-based integration of stratigraphic and paleontological data. *Newsletters on Stratigraphy 46(2),* 111–136.

FAN, J.X., CHEN, Q., MELCHIN, M.J., SHEETS, H.D., CHEN, Z.Y., ZHANG, L.N., HOU, X.D. 2013b. Quantitative stratigraphy of the Wufeng and Lungmachi black shales and graptolite evolution during and after the Late Ordovician mass extinction. *Palaeogeography, Palaeoclimatology, Palaeoecology 389,* 96–114.

PALEOGIS 4.0 FOR ARCGIS. 2011. *The Rothwell Group, L.P.* (www.paleogis.com).

SHAW, A.B. 1964. *Time in Stratigraphy.* New York: McGraw-Hill, 365.

WEBBY, B.D., COOPER, R.A., BERGSTRÖM, S.M., PARIS, F. 2004. Stratigraphic framework and time slices. In: WEBBY, B.D., PARIS, F., DROSER, M.L., PERCIVAL, I.G. (eds.), *The Great Ordovician Biodiversification Event.* New York: Columbia University Press, 41–47.

第5章　萨尔干组、印干组
及其相当地层作为烃源岩的潜力分析

摘　要： 塔里木西北缘的萨尔干组 (达瑞威尔阶上部至桑比阶下部) 和印干组 (凯迪阶下部) 的黑色笔石页岩，以及华北西缘甘肃的平凉组黑色笔石页岩，都具有油气烃源岩的潜力。这些地层中总有机碳 (TOC) 的富集和笔石多样性的高峰值层位相对应。因此，笔石生物地层的精确研究对认识这些有机质富集黑色页岩的分布和对比至关重要。

5.1　塔里木奥陶系黑色页岩

近年来，萨尔干组和印干组的黑色页岩已被石油地质学家证实富含有机质 (梁狄刚等，2000；张水昌等，2004；高志勇等，2007)。遗憾的是，萨尔干组和印干组的分布仅限于阿克苏至喀什高速路西北侧的阿克苏市至柯坪县城的狭长地带 (图2-1)。尽管这两个组的分布有限，但它们含有丰富的有机质，而且可与笔石动物群多样性的峰值正向对比。高志勇等 (2010) 发表了大湾沟剖面萨尔干组和印干组黑色页岩的总有机碳 (TOC) 值、最高热解温度 (T_{max})、游离烃 (S_1)、解热烃 (S_2) 和产烃潜量 (S_1+S_2) (图5-1和图5-2)。在大湾沟剖面中，笔石种一级的多样性从 *Pterograptus elegans* 带开始逐渐增高，到 *Didymograptus murchisoni* 带中部达到高潮并保持到 *Nemagraptus gracilis* 带。由于萨尔干组顶部的笔石相被混合相动物群 (包含三叶虫和其他壳相动物群) 所代替，生物相开始变化，这种多样性从 *N. gracilis* 带下部开始降低 (周志毅等，1990)。*Didymograptus murchisoni* 带和 *Jiangxigraptus vagas* 带笔石种一级的高分异度与TOC等参数值的高峰十分一致，上述TOC等各项指标的高峰出现在 *Didymograptus murchisoni* 带下部 (图5-1)。高志勇等 (2010) 的研究表明，大湾沟剖面萨尔干组的TOC为1.24%~5.50%，平均值为2.88%，这些有机质源自藻类和疑源类。黑色页岩中的等效镜质组反射率值为1.58%~1.61%，已高于成熟阶段的值 (王飞宇等，2008)。

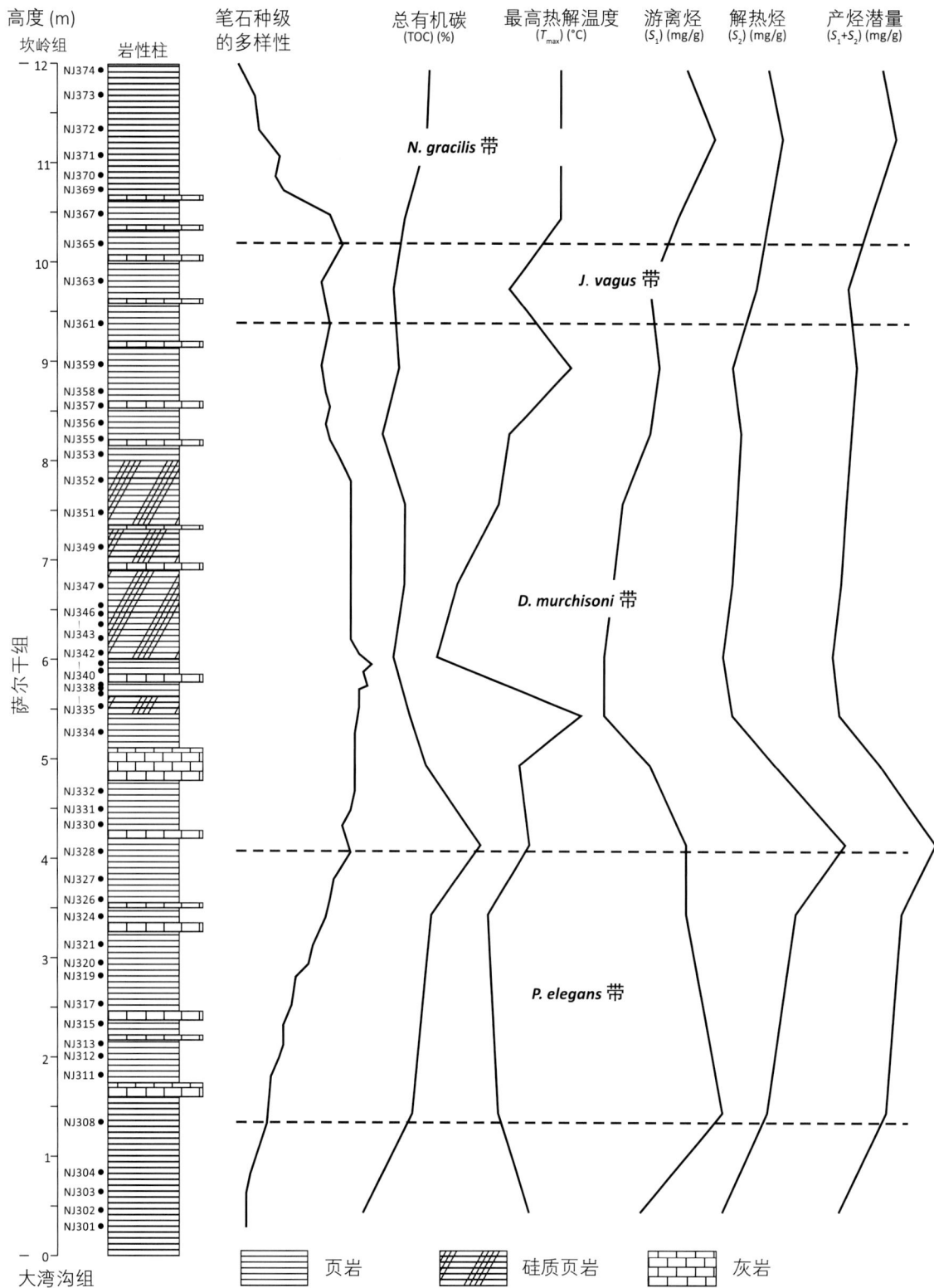

图5-1　新疆柯坪大湾沟剖面萨尔干组碳氢化合物参数值曲线图 (据高志勇等，2010)

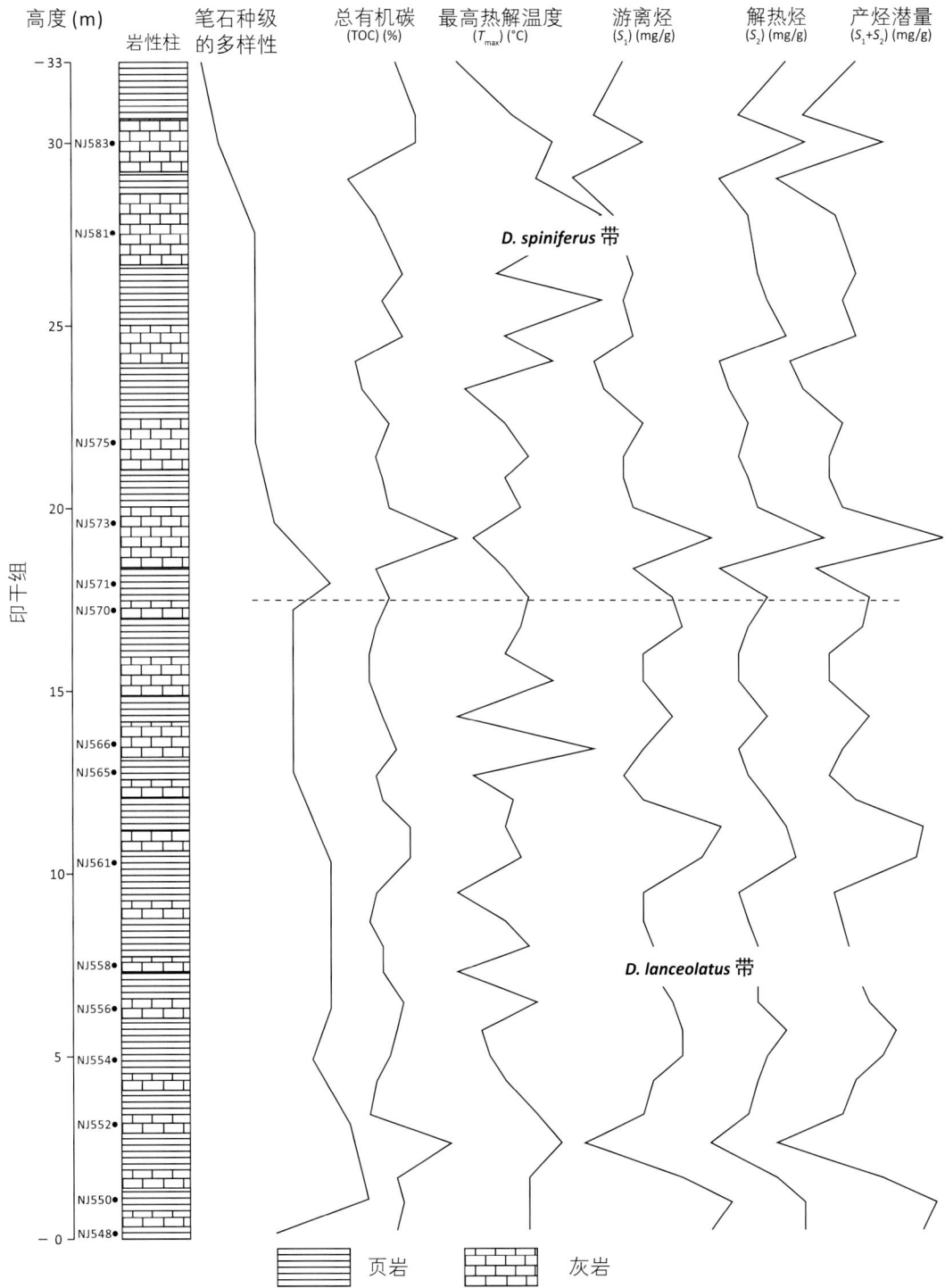

图5-2 新疆柯坪大湾沟剖面印干组碳氢化合物参数值曲线图 (据高志勇等，2010)

在大湾沟剖面印干组中，笔石种级的多样性在*Diplacanthograptus lanceolatus*带相对较高，此后到*D. spiniferus*带逐渐降低。笔石种级多样性的两个峰值和TOC以及其他地球化学参数的高峰极为吻合 (图5-2)。印干组黑色页岩的TOC为0.36%~1.16%，平均值为0.65%，等效镜质组反射率为1.10%~1.30%，因此，印干组碳氢化合物的丰度仅达适中程度 (高志勇等，2010)。

高志勇等 (2010) 利用地震地质剖面 (GPR) 在阿瓦提凹陷内做了很有意义的测试。阿瓦提凹陷位于阿克苏—喀什高速公路的东南侧，面积为$2.75 \times 10^4 \, km^2$ (图5-3)。高志勇等 (2010) 对横贯阿瓦提凹陷的地震地质剖面的研究表明，在阿瓦提凹陷下可能存在萨尔干组和印干组 (图5-4)；萨尔干组和印干组的黑色页岩普遍被认为是塔里木良好的烃源岩，因此，这一研究为阿瓦提凹陷的油气勘探开辟了新的远景。

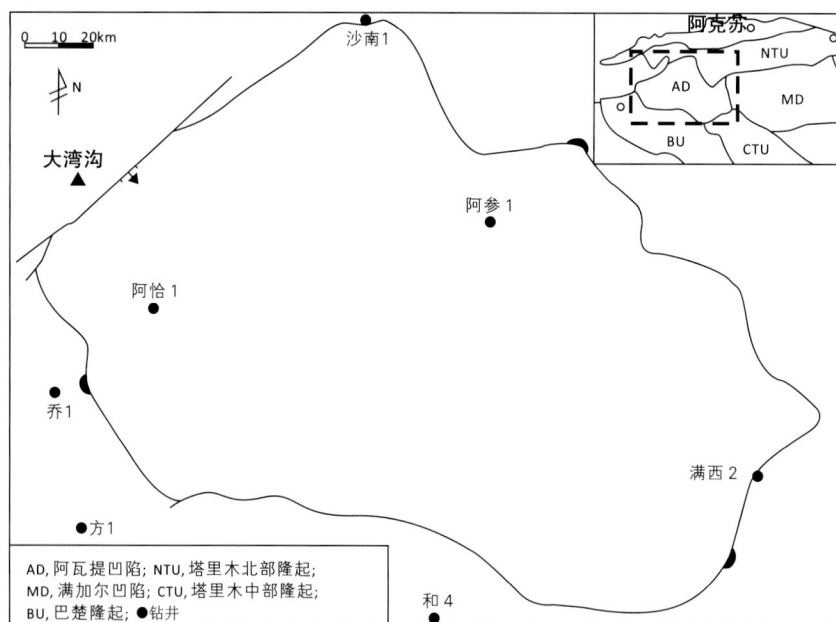

图5-3　塔里木阿瓦提凹陷地震地质剖面 (GPR) 探测的范围 (据高志勇等，2010)

5.2　华北西缘奥陶系黑色页岩

华北西缘奥陶系黑色页岩见于平凉组、龙门洞组、克里摩利组和乌拉力克组，其层位从*Pterograptus elegans*带 (乌海大石门) 至*Climacograptus bicornis*带 (分布于华北地台西缘)。*C. bicornis*带之上的页岩均不是典型的黑色页岩，而且所含的有机碳均低，所以绝大多数石油地质学家只对平凉组下部的黑色页岩加以关注。华北地台西缘碳氢化合物的成熟度源自钻孔中平凉组黑色页岩样品 (图5-5)，并以碳氢化合物的等值线来体现 (孙宜朴等，2008)；其值在桌子山—平凉一线低于

0.7%，显示低成熟阶段，而华北地台南缘则为高成熟—过成熟阶段。孙宜朴等 (2008) 又把华北地台西缘进一步划分为两个区，即成油区和成气区 (图5-5)。

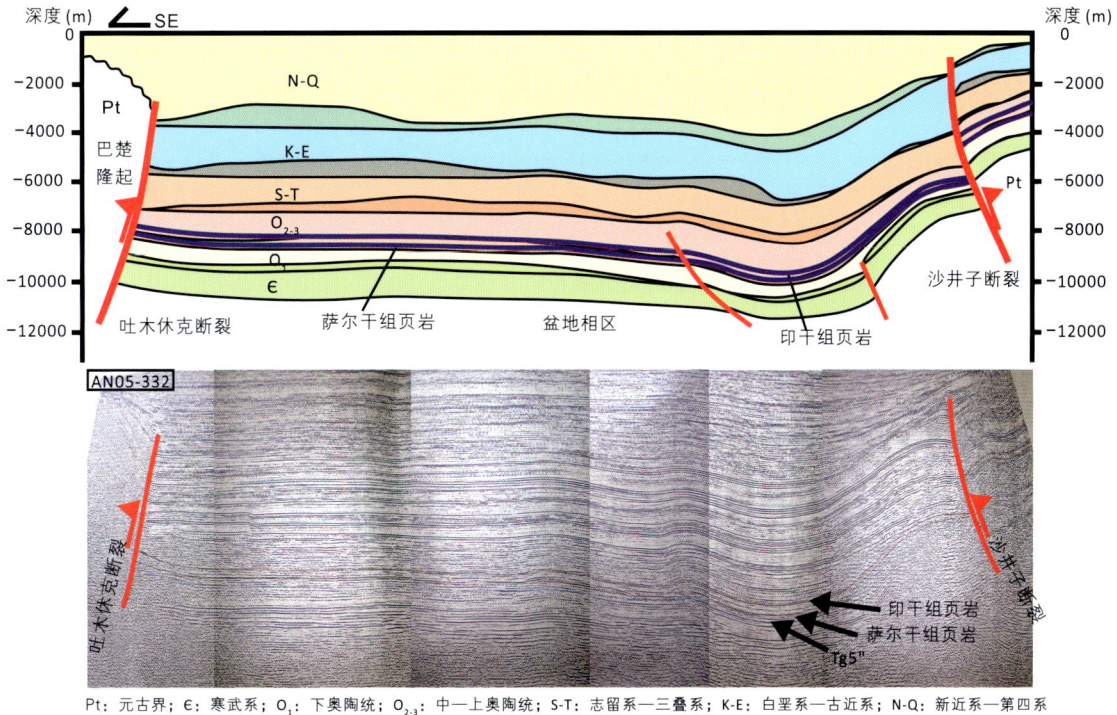

Pt：元古界；∈：寒武系；O₁：下奥陶统；O₂₋₃：中—上奥陶统；S-T：志留系—三叠系；K-E：白垩系—古近系；N-Q：新近系—第四系

图5-4　塔里木阿瓦提凹陷地震地质剖面 (据高志勇等，2010)

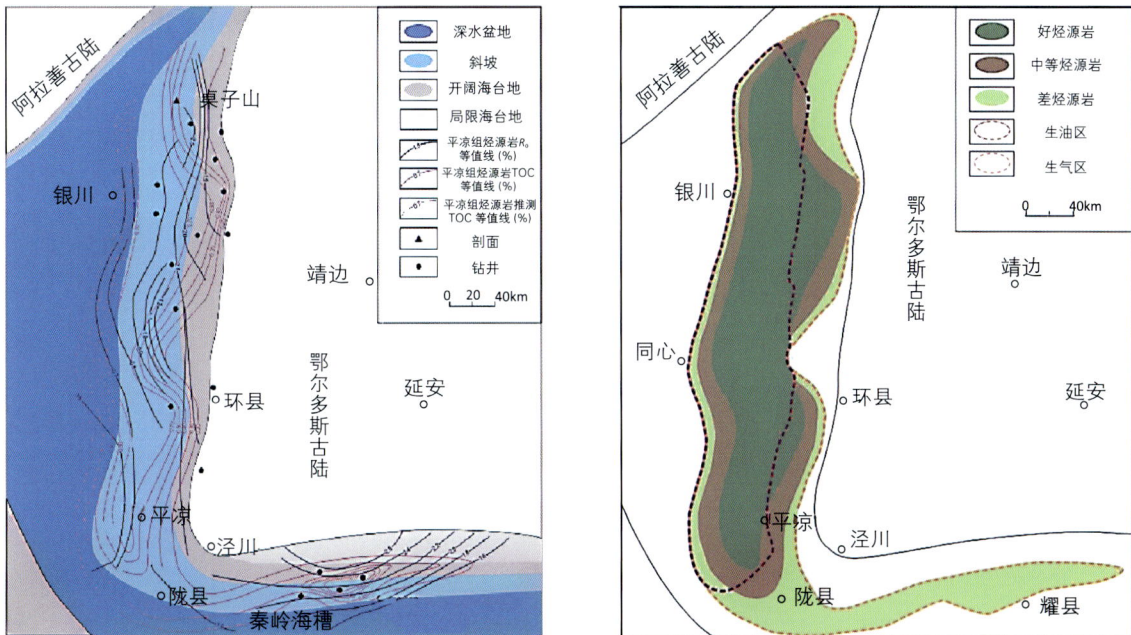

图5-5　华北地台西缘平凉组黑色页岩钻井样品中碳氢化合物的成熟度 (据孙宜朴等，2008)

参考文献

高志勇, 张水昌, 张兴阳, 朱如凯. 2007. 塔里木盆地寒武—奥陶系海相烃源岩空间展布与层序类型的关系. 科学通报, 第52卷, 增刊, 70–77.

高志勇, 张水昌, 李建军, 张宝民, 顾乔元, 卢玉红. 2010. 塔里木盆地西部中上奥陶统萨尔干页岩与印干页岩的空间展布与沉积环境. 古地理学报, 第12卷第5期, 509–608.

梁狄刚, 张水昌, 张宝民, 王飞宇. 2000. 从塔里木盆地看中国海相生油问田. 地学前缘, 第7卷第4期, 534–547.

孙宜朴, 王传刚, 王毅, 杨伟利, 许化政, 刘文斌, 伍天洪. 2008. 鄂尔多斯盆地中奥陶统平凉组烃源岩地球化学特征及勘探潜力. 石油实验地质, 第30卷第2期, 162–168.

王飞宇, 杜治利, 张宝民, 赵孟军. 2008. 柯坪剖面中上奥陶统萨尔干组黑色页岩地球化学特征. 新疆石油地质, 第29卷第6期, 687–689.

张水昌, 梁狄刚, 张宝民, 王飞宇, 边立曾, 赵孟军. 2004. 塔里木盆地海相油气的生成. 见: 塔里木盆地石油地质特征丛书. 北京: 石油工业出版社, 433.

周志毅, 陈旭, 王志浩, 王宗哲, 李军, 耿良玉, 方宗杰, 乔新东, 张太荣. 1992. 奥陶系. 见: 周志毅, 陈丕基. 塔里木生物地层和地质演化. 北京: 科学出版社, 56–139.

第6章 系统古生物学

摘 要： 本章描述和图示了124种笔石，分属45属，讨论了它们的分类位置、地层层位和生物地理意义。这些属是*Dendrograptus*、*Callograptus*、*Acanthograptus*、*Rhabdinopora*、*Acrograptus*、*Abrograptus*、*Mimograptus*、*Didymograptus*、*Xiphograptus*、*Janograptus*、*Thamnograptus*、*Pterograptus*、*Kinnegraptus*、*Wuninograptus*、*Glossograptus*、*Kalpinograptus*、*Apoglossograptus*、*Cryptograptus*、*Corynoides*、*Corynites*、*Dicranograptus*、*Dicellograptus*、*Jiangxigraptus*、*Ningxiagraptus*、*Pseudazygograptus*、*Nemagraptus*、*Syndyograptus*、*Amphigraptus*、*Amplexograptus*、*Orthograptus*、*Oepikograptus*、*Hustedograptus*、*Eoglyptograptus*、*Hallograptus*、*Reteograptus*、*Climacograptus*、*Pseudoclimacograptus*、*Haddingograptus*、*Proclimacograptus*、*Diplacanthograptus*、*Archiclimacograptus*、*Pseudamplexograptus*和*Normalograptus*，以及*Unicornigraptus* Chen and Goldman和*Pronormalograptus* Chen两个新属。

笔石纲 (Class GRAPTOLITHINA Bronn, 1849)

树形笔石目 (Order DENDROIDEA Nicholson, 1872, emend. Bulman, 1938)

树形笔石科 (DENDROGRAPTIDAE Roemer in Frech, 1887)

树形笔石属 (Genus *Dendrograptus* Hall, 1858)

模式种：*Graptolithus hallianus* Prout, 1851；Hall, 1862指定。

特征：见Bulman，1970。

时代及分布：中 (?) —晚寒武世至石炭纪，全球广布。

一种树形笔石 (*Dendrograptus* sp.)

(图6-1A–D)

产地及层位：笔石体保存不完整，产自内蒙古乌海公乌素公乌素组*Climacograptus bicornis*带。

比较：在几个立体保存的笔石体碎片中可见副胞管和正胞管的存在，副胞管较正胞管细小，但围绕正胞管生长。

无羽笔石属 (Genus *Callograptus* Hall, 1865)

模式种：*Callograptus elegans* Hall, 1865；Miller, 1889指定。

特征：笔石体成锥形、扇形或不规则的外形；笔石枝作均分枝，枝间近于平行；具有由胞管组成的或增厚的由非胞管组成的茎干。

一种无羽笔石 (*Callograptus* sp.)

(图6-1E)

产地及层位：只有一个笔石体碎片，保存于陕西陇县石拐子沟龙门洞组近顶部的深灰色页岩中。

比较：当前不完整的笔石体由3个笔石枝组成，均分为相互平行的分枝；笔石枝窄，宽仅0.35mm；正胞管为直管状，副胞管小而窄，生成在笔石枝的两侧。

图6-1　几种树形笔石、无羽笔石、杆孔笔石和刺笔石

A–D. 一种树形笔石 (*Dendrograptus* sp.)。内蒙古乌海公乌素剖面公乌素组*Climacograptus bicornis*带(?)。A. NIGP 157033 (AFC249)；B. NIGP 157032 (AFC250)；C. NIGP 157030 (AFC250)；D. NIGP 157031 (AFC251)。

E. 一种无羽笔石 (*Callograptus* sp.)。陕西陇县石拐子沟龙门洞组近顶部。NIGP 157034 (AFC201)。

F. 一种杆孔笔石 (*Rhabdinopora* sp.)。甘肃平凉官庄平凉组*Climacograptus bicornis*带。NIGP 157029 (AFC44)。

G. 侧生刺笔石 (*Acanthograptus lateralis* Chen (sp. nov.))。甘肃平凉官庄平凉组*Nemagraptus gracilis*带。NIGP 157035 (AFC2i)。

线形比例尺：1mm。

刺笔石科 (ACANTHOGRAPTIDAE Bulman, 1938)

刺笔石属 (Genus *Acanthograptus* Spencer, 1878)

侧生刺笔石 (新种) (*Acanthograptus lateralis* Chen (sp. nov.))
(图6-1G; 6-2A)

名称来源：*lateralis*，拉丁文，意指胞管束均生长在笔石枝的一侧。

正模标本：NIGP 157035，甘肃平凉官庄平凉组*Nemagraptus gracilis*带。

产地及层位：仅有一个保存完整的标本，产自甘肃平凉官庄平凉组*N. gracilis*带的绿灰色页岩中。

描述：树形的笔石体由4个分枝组成，分枝均由2个一次枝分出。胞管为细长的管状，平均长度为2.0~4.0mm，平均宽度为0.3mm；4~5个简单的胞管组成一个胞管束，胞管束均生长在分枝的同一侧，分枝的末部宽2.6mm。

比较：许杰和马振图 (1948) 在宜昌特马豆克阶分乡组中描述了8个种和亚种，这些种被后人接受。他们建立的*Acanthograptus sinensis*带在中国也被长期运用 (穆恩之和陈旭，1962)。笔者等重新研究了许杰和马振图 (1948) 描述的8个种的标本，认为它们的特征十分相似，*Acanthograptus sinensis* Hsü应成立，但其他产自相同产地的7个种，包括*Acanthograptus bifurcus* Hsü、*A. erectoramosus* Hsü、*A. flexilis* Hsü、*A. flexiramiatus* Hsü、*A. macilentus* Hsü、*A. rigidus* Hsü和*A. sinensis* var. *fenhsiangensis* Hsü，均为其同义名；还有2个产自宜都的种或亚种*A. sinensis* var. *ituensis* Hsü, 1948和*A. flexilis* Mu, 1955，也是它的同义名。

本新种与*A. sinensis* Hsü的不同之处在于所有的胞管束均生长在笔石枝的同一侧。

正笔石目 (Order GRAPTOLOIDEA Lapworth, 1875 (in Hopkinson and Lapworth, 1875))

正笔石式树形笔石亚目 (Suborder GRAPTODENDROIDINA Mu and Lin, 1981 (in Lin, 1981))

反称笔石科 (Family ANISOGRAPTIDAE Bulman, 1950)

杆孔笔石属 (Genus *Rhabdinopora* Eichwald, 1855)

一种杆孔笔石 (*Rhabdinopora* sp.)

(图6-1F; 6-2H)

产地及层位：仅有一个笔石碎片，保存在甘肃平凉官庄平凉组*C. bicornis*带的深灰色页岩中。

描述：笔石体保存下来的部分长宽均为5.5mm，为笔石体的始部。主枝被均分，主枝和分枝均宽0.3mm。笔石体具两种类型胞管，副胞管在笔石枝两侧交错生长。笔石枝间的横耙细，并与笔石枝垂直相交。

中国笔石亚目 (Suborder SINOGRAPTA Maletz *et al.*, 2009)

中国笔石科 (Family SINOGRAPTIDAE Cooper and Fortey, 1982)

尖顶笔石属 (Genus *Acrograptus* Tzaj, 1969, emend. Cooper and Fortey, 1982)

修订后的特征：纤细的线笔石类 (Sigmagraptids)，具两级枝和等称笔石式的始端发育型式；第一对胞管与胎管垂直，并在不同的水平上向两侧分出；笔石枝纤细，水平或下斜生出。

亲缘尖顶笔石 (*Acrograptus affinis* (Nicholson, 1869))

(图6-2B–D)

1869　*Didymograptus affinis* Nicholson, p. 240, pl. 11, fig. 20.

1901　*Didymograptus affinis* Nicholson; Elles and Wood, p. 23, pl. 2, fig. 1a–b; text-fig. 13a–b.

1935　*Didymograptus congnatus* Harris and Thomas, p. 291, fig. 1, No. 4a–c; fig. 2, Nos. 13–14.

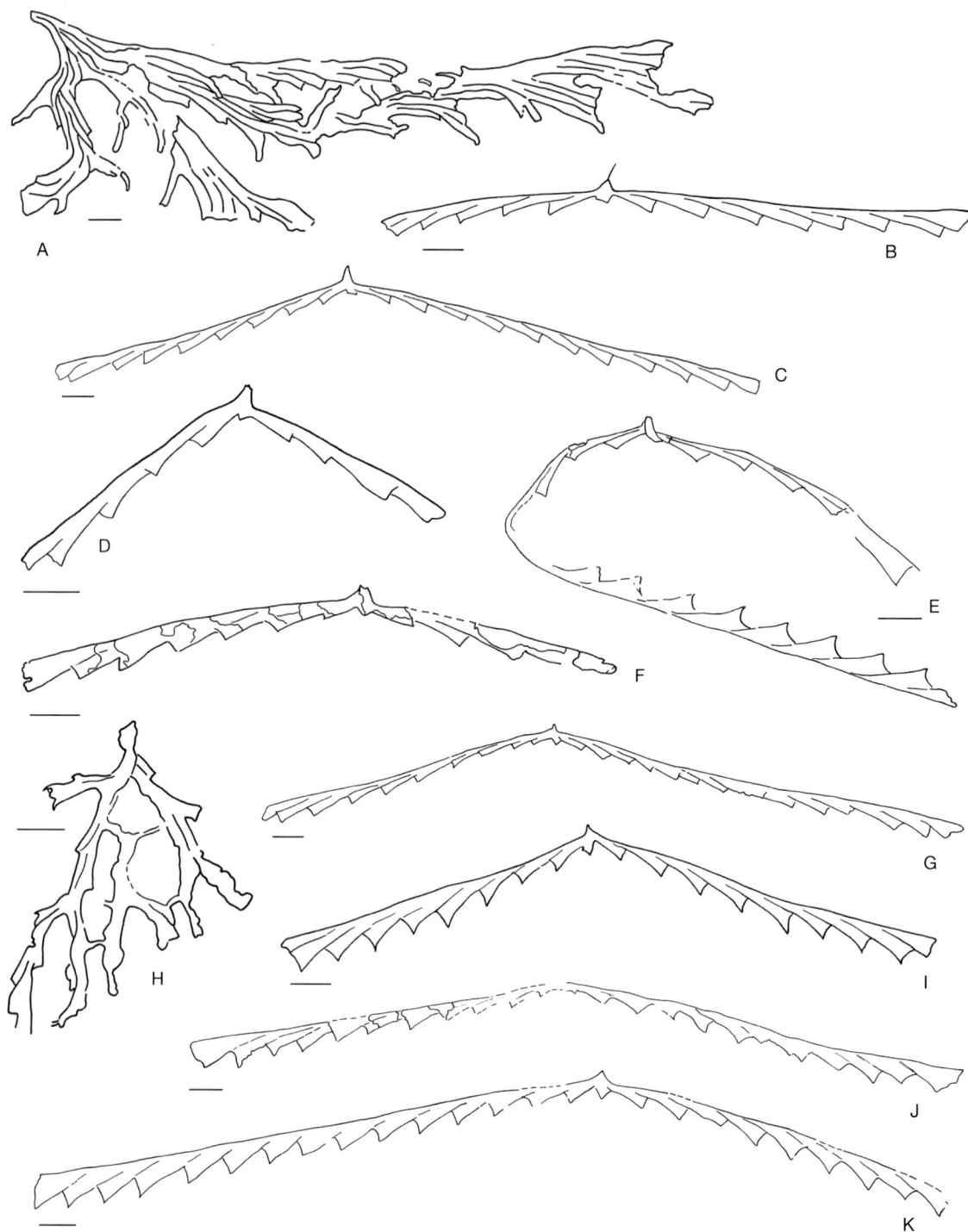

图6-2　几种刺笔石、尖顶笔石和杆孔笔石

A. 侧生刺笔石 (新种) (*Acanthograptus lateralis* Chen (sp. nov.))。甘肃平凉官庄剖面平凉组*Nemagraptus gracilis*带。
　　NIGP 157035 (AFC2i)。

B–D. 亲缘尖顶笔石 (*Acrograptus affinis* (Nicholson, 1869))。新疆柯坪大湾沟剖面萨尔干组*Didymograptus murchisoni*

1964　*Didymograptus* aff. *D. affinis* Nicholson; Berry, p. 92, pl. 9, fig. 3.

1982　*Acrograptus* cf. *affinis* Nicholson; Cooper and Fortey, p. 272, fig. 66b.

2005　*Acrograptus affinis* Nicholson; Ganis, p. 800, fig. 3u–v.

产地及层位：有3个压扁的标本，产自柯坪大湾沟萨尔干组*D. murchisoni*带，并在此带的底部 (NJ328) 与*Didymograptus murchisoni* (Beck) 共生。本种在英国与*Didymograptus nanus* Lapworth 共生 (Elles and Wood，1901)，在挪威产自*P. distichus*带 (=*D. murchisoni*带) (Berry，1964)。此外，本种还曾在美国宾夕法尼亚发现，并与*P. elegans* 共生 (Ganis，2005)。

描述：笔石体由两个纤细且下倾至平伸的笔石枝组成，第一对胞管在胎管两侧的不同水平高度向外伸出；笔石枝的始端宽0.45~0.55mm，向末端极其缓慢地增宽，至第10个胞管处达到0.65mm。

胞管细小并具细而短的线管。胞管为简单的直管，其腹缘与口缘均直。胞管排列密度的2TRD(two theca repeat distance，相邻胞管重复距离) 测量，在第2个胞管处为2.30~2.65mm，至第5个胞管处为2.00~2.45mm。

比较：本种与*Didymograptus congnathus* Harris and Thomas很相似，它们之间的主要区别仅在于后者的胞管间掩盖较少，胞管的腹缘和口缘更直一些，因此，我们认为后者是本种的后同义名。

文静尖顶笔石 (*Acrograptus eudiodus* Ni, 1991)

(图6-2E–G, I–K; 6-4D–H)

1991 *Acrograptus eudiodus* Ni, p. 55, pl. 5, figs. 3, 7; text-fig. 15A–B.

产地及层位：本种的标本普遍见于甘肃平凉官庄平凉组*C. bicornis*带，少数标本产自新疆阿克苏四石场萨尔干组*N. gracilis*带，并与*J. gurleyi* (Lapworth) 共生。此外，本种还见于陕西陇县龙门洞的龙门洞组*N. gracilis*带的黑色页岩中。

描述：笔石体由两个纤细而下斜的笔石枝组成，两枝从胎管两侧不同水平高度伸出，夹角为165°。笔石枝始端横过第一个胞管口部的宽度为0.4~0.5mm，向末部方向缓慢增宽至0.9mm。胎

带。B. NIGP 157083 (NJ334)；C. NIGP 157082 (NJ353)；D. NIGP 157084 (NJ328)。

E–G, I–K. 文静尖顶笔石 (*Acrograptus endiodus* Ni, 1991)。E–F, J–K. 甘肃平凉官庄剖面平凉组*Climacograptus bicornis*带。E. NIGP 157085 (AFC53)；F. NIGP 157087 (AFC62)；J. NIGP 157088 (AFC66)；K. NIGP 157086 (AFC62)。G. 新疆阿克苏四石场剖面萨尔干组*Nemagraptus gracilis*带。NIGP 157090 (AFT-X-509)。I. 陕西陇县龙门洞剖面龙门洞组*Nemagraptus gracilis*带。NIGP 157089 (AFC105)。

H. 一种杆孔笔石 (*Rhabdinopora* sp.)。甘肃平凉官庄剖面平凉组*Climacograptus bicornis*带。NIGP 157029 (AFC44)。

线形比例尺：1mm。

管细小，长仅0.7mm，口部宽0.35mm。在平凉的标本上未见胎管刺，但胎管的末部偏向第2个笔石枝。

胞管为简单直管，腹缘直，口部斜，在笔石枝始部胞管尤为如此。在笔石枝末部，胞管长2.0~2.5mm，其长度为宽度的5倍；在5mm长度内，笔石枝始部有5个胞管，而至笔石枝末部减至4个。

尼氏尖顶笔石 (*Acrograptus nicholsoni* (Lapworth, 1875))

(图6-3A–F; 6-4C)

1875 *Didymograptus nicholsoni* Lapworth, p. 644, pl. 33, fig. 5a–d.

1901 *Didymograptus nicholsoni* Lapworth; Elles and Wood, p. 27, pl. 2, fig. 4a–c; text-fig. 16a–c.

1937 *Didymograptus nicholsoni* Lapworth; Ekström, p. 25, pl. 2, figs. 3–6.

1973 *Acrograptus nicholsoni* (Lapworth); Bouček, p. 67, pl. 12, figs. 1–5; text-fig. 21a–f.

产地及层位：本种的标本普遍见于柯坪大湾沟萨尔干组*P. elegans*带至*D. murchisoni*带。其在*D. murchisoni*带中与*D. jiangxiensis* Ni、*Xiphograptus norvegicus* (Berry) 及*Archiclimacograptus riddellensis* (Harris) 共生。在*P. elegans*带中只有一个保存为立体状态的标本。本种是笔石枝最长的一个标本，可达105mm，产自大湾沟 *D. murchisoni*带的顶部 (NJ335)。此外，还有少数标本产自内蒙古乌海大石门的*D. murchisoni*带中。

比较：Monson (1937) 曾描述过奥斯陆*P. densus*带中的"*Didymograptus nicholsoni*"；Ruedemann (1947) 和Berry (1960) 曾描述过德克萨斯 *Tetragraptus fruticosus*带至*Didymograptus protolifidus*带中该种的标本；穆恩之等 (1979) 也描述过扬子区*Acrograptus filiformis*带该种的标本。这些笔石枝纤细的所谓"*D. nicholsoni*"不全是尖顶笔石，因为典型的尖顶笔石绝大多数产自达瑞威尔阶。

Cooper和Fortey (1982) 曾论述过尖顶笔石属的始端发育类型。Bouček (1973) 认为它的*Acrograptus lipoldi* (Bouček) 始端发育都是直接对笔石式 (*artus* type) 的。当前标本 (图6-4C) 的th1^{2}为双芽胞管，应该属于等称笔石式的始端发育型式。

萨尔干尖顶笔石 (*Acrograptus saerganensis* (Qiao, 1981))

(图6-3M–N)

1981 *Didymograptus saerganensis* Qiao, p. 223, pl. 81, fig. 5.

1990 *Didymograptus saerganensis* Qiao; Ge *et al.*, p. 66, pl. 6, fig. 3; pl. 7, figs. 3, 4, 8–10; pl. 8, figs. 5, 10.

产地及层位：共有2个标本，采自新疆柯坪大湾沟萨尔干组*D. murchisoni*带。乔新东 (1981) 的模式标本采自大湾沟萨尔干组的 *N. gracilis* 带。本种在宁夏同心采自 "*Hustedograptus teretiusculus* 带"，而在甘肃环县则产自*N. gracilis*带 (葛梅钰等，1990)。

描述：笔石体两枝向背侧弯曲，横过它们的第1对胞管口部宽0.4mm，此宽度较明显地向末部增加，至第10对胞管处到达0.75mm；胎管小、保存不全，两枝从亚胎管下部的两侧分出。

胎管为直管状。与其他尖顶笔石种比较，其胞管间的掩盖部分要少一些。胞管排列的2TRD通过测量，在笔石枝始部为1.5mm，至末部达到2.3mm。

比较：本种与*A. nicholsoni* (Lapworth) 较为相似，但本种笔石枝略宽一些，而且向背侧弯曲。

纤细尖顶笔石 (新种) (*Acrograptus tenuiculus* Chen (sp. nov.))
(图6-3J)

名称来源：*tenuiculus*，拉丁文，薄或纤细的意思，形容笔石枝纤细。

正模标本：NIGP 157685 (图6-3J)。

产地及层位：有1个保存完好的标本，产自柯坪大湾沟萨尔干组*Nemagraptus gracilis*带底部，与*Pseudazygograptus incurvus* (Ekström) 共生。

描述：笔石体由两个纤细而下斜的笔石枝组成，始端宽仅0.40~0.45mm，向末部逐渐增宽，至第10个胞管处达到0.75mm。第1枝的第1个胞管(th1^1)自亚胎管顶部生出，向下至胎管中部转曲向外；第2个胞管 (th1^2) 从th1^{1}的转折处水平生出，横过胎管的中、下部，因此，第一对胞管也是从胎管不同水平高度向两侧分出的。

胞管为直管状，口部略有扩大，掩盖较少。笔石枝始部的2TRD测量为1.95~2.20mm。

比较：本新种与*A. nicholsoni* (Lapworth) 在一般特征上相似，但本新种具有更为纤细和弯曲的笔石枝，以及略有扩大的胞管口部，而且两枝的始部从胎管的中部向两侧分出。尖顶笔石大多在中奥陶世笔石辐射期内扩散 (Chen *et al.*，2006)，因此本新种可能代表尖顶笔石属中最后的种。

一种尖顶笔石 (?) (*Acrograptus*? sp.)
(图6-3K–L)

产地及层位：本种有2个产自柯坪大湾沟*D. murchisoni*带的标本。

比较：笔石体两枝纤细而向上斜生出，宽仅0.45~0.55mm。由于其始端保存不完整，因此难以确定它是属于尖顶笔石还是一类两枝上斜的"对笔石类"。

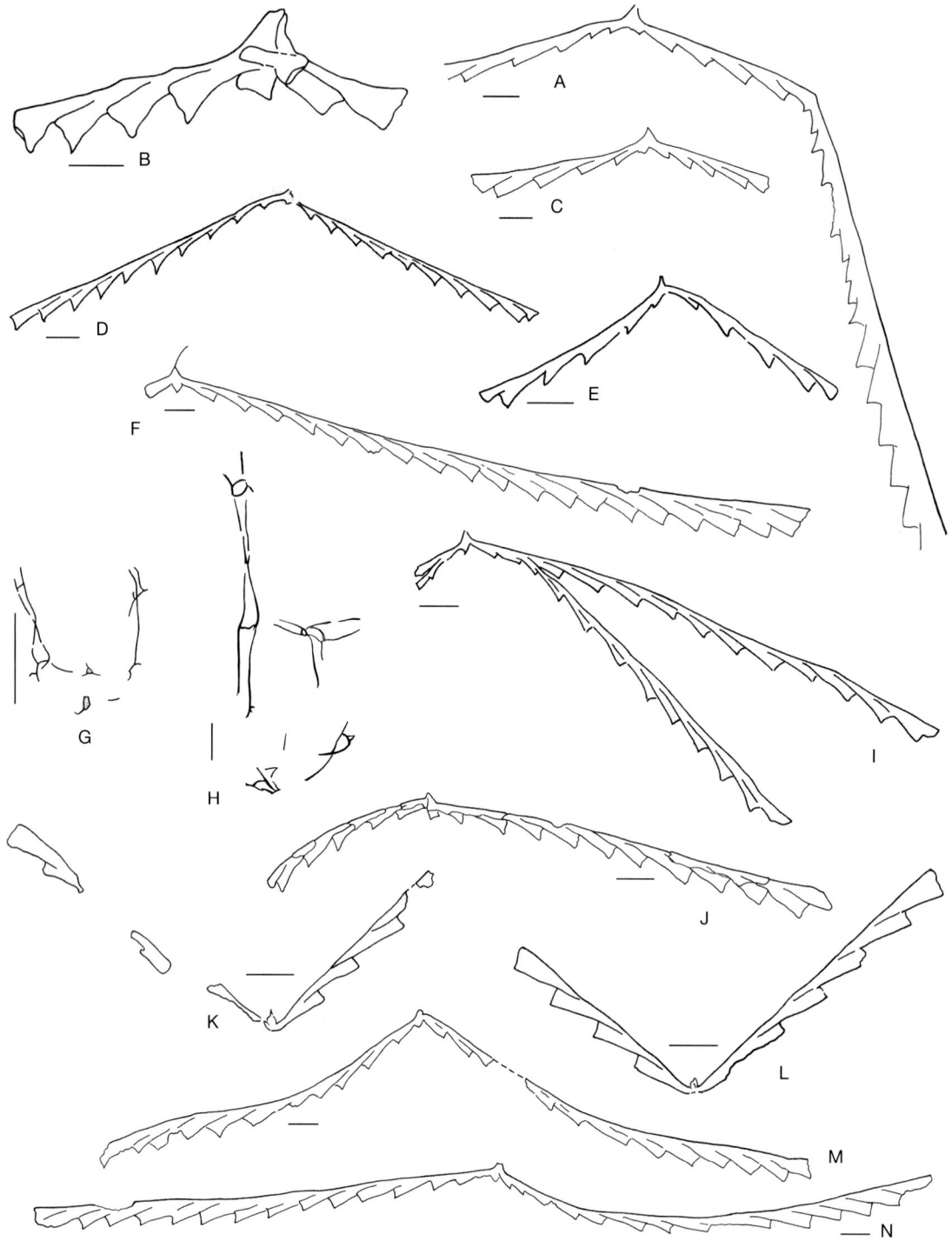

图6-3 几种尖顶笔石、娇笔石和拟态笔石

A–F. 尼氏尖顶笔石 (*Acrograptus nicholsoni* (Lapworth, 1875))。A, C, F. 新疆柯坪大湾沟萨尔干组*Didymograptus murchisoni*带。A. NIGP 157092 (NJ336); C. NIGP 157094 (NJ342); F. NIGP 157093 (NJ334)。B. 新疆柯坪大湾沟萨尔干组*Pterograptus elegans*带。NIGP 157091 (NJ317)。D. 内蒙古乌海大石门克里摩利组上段*Pterograptus*

娇笔石科 (Family ABROGRAPTIDAE Mu, 1958)

娇笔石属 (Genus *Abrograptus* Mu, 1958)

模式种：*Abrograptus formosus* Mu, 1958。

特征：笔石体由2个上斜的单列笔石枝组成；笔石枝已退化为由大网构成的网状格架；胎管仍保存完全，胞管口部为环状网线并与腹缘线相连。始端发育型式为均分笔石式。

美丽娇笔石 (*Abrograptus formosus* Mu, 1958)

(图6-3G–H)

1958 *Abrograptus formosus* Mu, p. 265, pl. 1, figs. 1–12.

1981 *Protabrograptus sinicus* Ni, p. 203, pl. 1, figs. 2–4, 9; text-fig. 1.

2002 *Protabrograptus sinicus* Ni; Ni (in Mu *et al.*, 2002), p. 383, pl. 109, fig. 1; pl. 112, fig. 5.

产地及层位：共有2个产自柯坪大湾沟萨尔干组*D. murchisoni*带的标本，其与*Wuninograptus quadrobrachiatus* Ni和*Hustedograptus teretiusculus* (Hisinger) 共生。

描述：笔石体小，始端宽 (1.1mm) 而浑圆，两枝向上斜方向伸出，长1.75mm。笔石枝由腹缘线和背缘线组成，并与口环线横耙连接。胎管具表皮层，保存完整。在大湾沟的标本中只保存了三对胞管。

比较：当前不完整的标本与穆恩之 (1958) 的模式标本特征相似。倪寓南 (Ni，1981) 建立了一个属，即原娇笔石*Protabrograptus* Ni, 1981，认为其与娇笔石相似，但具有水平方向的胎管。我们仔细研究她的*Protabrograptus sinicus* Ni, 1981模式标本之后，发现原作者对此标本有几点误解。

---

*elegans*带。NIGP 157095 (FG21)。E. 内蒙古乌海大石门克里摩利组上段*Didymograptus murchisoni*带。NIGP 157096 (FG33)。

G–H. 美丽娇笔石 (*Abrograptus formosus* Mu, 1958)。新疆柯坪大湾沟萨尔干组*Didymograptus murchisoni*带。G. NIGP 157122 (NJ341)；H. NIGP 157136 (NJ341)。

I. 纤细拟态笔石 (*Mimograptus tenuis* Chen (sp. nov.))。内蒙古乌海大石门克里摩利组上段*Pterograptus elegans*带。NIGP 157038 (FG21)。

J. 纤细尖顶笔石 (*Acrograptus tenuiculus* Chen (sp. nov.))。新疆柯坪大湾沟萨尔干组*Nemagraptus gracilis*带。NIGP 157685 (NJ365)。

K–L. 一种光顶笔石 (?) (*Acrograptus*? sp.)。新疆柯坪大湾沟萨尔干组*Didymograptus murchisoni*带。K. NIGP 157099 (NJ337)；L. NIGP 157100 (NJ337)。

M–N. 萨尔干尖顶笔石 (*Acrograptus saerganensis* (Qian, 1981))。新疆柯坪大湾沟萨尔干组*Didymograptus murchisoni*带。M. NIGP 157097 (NJ336)；N. NIGP 157098 (NJ335)。

线形比例尺：1mm。

(1) 原作者描述模式标本上的胎管 (Ni，1981，图版1，图9；NIGP 57941) 不是笔石体上的一部分，而是外来的碳质杂物 (图 6-5A)。(2) 原作者对其正模标本的图解有误；原作者所有的副模标本均保存在南京地质古生物研究所 (如图6-5B–F所示)，经我们再次研究仍难以证实横向胎管的存在。因此，我们认为*Protabrograptus sinicus* Ni, 1981是*Abrograptus formosus* Mu, 1958的后同义名。*A. formosus* Mu最早见于*P. elegans*带。

均分笔石亚目 (Suborder DICHOGRAPTINA Lapworth, 1873, emend. Fortey and Cooper, 1986)

均分笔石科 (Family DICHOGRAPTIDAE Lapworth, 1873, emend. Fortey and Cooper, 1986)

拟态笔石属 (Genus *Mimograptus* Harris and Thomas, 1940)

纤细拟态笔石 (*Mimograptus tenuis* Chen (sp. nov.))

(图6-3I)

名称来源：*tenuis*，拉丁文，薄而纤细的意思，形容纤细的笔石枝。

正模标本： NIGP 157038(图 6-3I)。

产地及层位：只有一个保存在内蒙古乌海大石门的正模标本，产自*D. murchisoni*带，与*Didymograptus* ex gr. *D. murchisoni* (Beck) 和*Cryptograptus tricornis* (Carruthers) 共生。

描述：笔石体由两个主枝和一对次生枝组成，次生枝分别由主枝的第1个和第3个胞管侧向生出。第1个主枝从胎管的上部以高角度生出；第2个主枝沿胎管向下，然后横过胎管的末部。胎管短小，口部宽0.3mm。主枝和次生枝部细，宽仅0.6mm。

胎管为均分笔石式直管，掩盖1/2，倾角低，仅15°。在10mm长度内有10~11个胞管。

对笔石科 (Family DIDYMOGRAPTIDAE Mu, 1950, emend. Maletz, 2014)

对笔石属 (Genus *Didymograptus* M'Coy, 1851)

江西对笔石 (*Didymograptus jiangxiensis* Ni,

in Nanjing Institute of Geology and Mineral Resources, 1983)

(图6-4A–B; 6-6A–F, H)

1983　*Didymograptus jiangxiensis* Ni (in Nanjing Institute of Geology and Mineral Resources, 1983), p. 384, pl. 142, fig. 5.

1990　*Didymograptus jiangxiensis* Ni; Xiao and Chen, p. 112, pl. 13, figs. 1, 2, 7.

1991　*Didymograptus jiangxiensis* Ni; Ni, pp. 50–52, pl. 6, fig. 12; pl. 7, figs. 1–2; pl. 8, figs. 1, 5; text-figs. 12, 13, 14F–G.

产地及层位：普遍见于柯坪大湾沟萨尔干组*P. elegans*带至*D. murchisoni*带，在*D. murchisoni*带中与*D. murchisoni* (Beck)、*H. teretiusculus* (Hisinger)、*A. riddellensis* (Harris)、*P. angulatus* (Ekström)和*Pronormalograptus euglyphus* (Lapworth) 共生。在内蒙古乌海大石门*D.* cf. *jiangxiensis* Ni见于克里摩利组上段*D. murchisoni*带，并与自下延伸而来的*P. elegans* Holm共生。

本种还见于江西武宁新开岭 (Ni，1911) 和玉山陈家坞的宁国组 (肖承协和陈洪治，1990)，在江西 (肖承协和陈洪治，1990；倪寓南，1991) 以及新疆柯坪 (周志毅等，1992) 都被命名为带化石。本种从*P. elegans*带顶部上延到*D. murchisoni*带，因此，本书采用*D. murchisoni*带，而不用*D. jiangxiensis*带。

描述：笔石体由下垂的两枝组成，其夹角为90°。胎管细而长，长达1.8~1.9mm，口部宽0.4~0.5mm。第1个胞管 (th1^1) 从胎管的下部生出，沿胎管向下，至胎管口缘之上0.15mm处转曲向上；第2个胞管 (th1^2) 从th1^{1}转曲处生出，斜过胎管弯曲向下，与th1^{1}构成对称的笔石体始部。th1^{1}是双芽胞管，因此其始端发育型式是*artus*式 (Cooper and Fortey，1983) 或下垂均分笔石式 (Fortey and Cooper，1986)。本种的正模标本 (倪寓南，1991，图版8，图1，插图14F) 的反面，明显保存了*artus*式的始端发育型式，但倪寓南 (1991，p.134) 将之描述为等称笔石式 (isograptid type)，故应予以纠正。

笔石枝横过第1个胞管的平均宽度为0.76mm，横过第5个胞管宽1.14mm，横过第10个胞管宽1.39mm。胞管为直管状，口缘直而斜，胞管间掩盖1/2；笔石枝始部胞管倾角为20°，至笔石枝的末部，胞管间掩盖减至1/3，倾角增至30°。胞管排列密度的2TRD测量在第2个胞管为1.75mm，第5个胞管为1.69mm，第10个胞管为1.49mm，因此向笔石枝的末部方向，胞管排列加密，与Ni

图6-4　江西对笔石、尼氏尖顶笔石和文静尖顶笔石

A–B. 江西对笔石 (*Didymograptus jiangxiensis* Ni, 1983)。内蒙古乌海大石门克里摩利组上段 *Didymograptus murchisoni*
　　带。A. NIGP 157057 (FG22)；B. NIGP 157059 (FG32)。
C. 尼氏尖顶笔石 (*Acrograptus nicholsoni* (Lapworth, 1875))。新疆柯坪大湾沟萨尔干组 *Pterograptus elegans* 带。NIGP

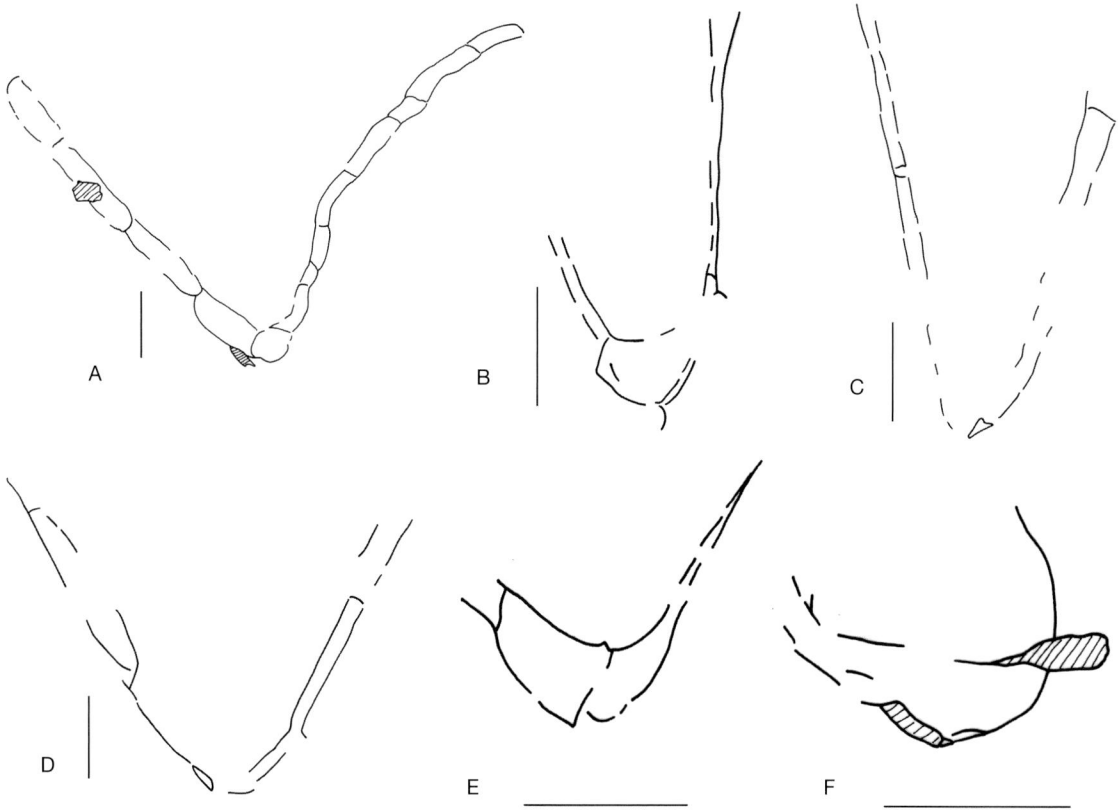

图6-5 对"*Protabrograptus sinicus* Ni, 1981"模式标本的重新图示

A. "*Protabrograptus sinicus* Ni" (Ni, 1981, Fig.1-5) 正模标本。B. "*Protabrograptus sinicus* Ni" (Ni, 1981, Fig.1-3) 的副模标本。C. "*Protabrograptus sinicus* Ni" (Ni, 1981, Fig.1-4) 的副模标本。D. "*Protabrograptus sinicus* Ni" (Ni, 1981, Fig.1-2) 的副模标本。E. "*Protabrograptus sinicus* Ni" (Ni, 1981, Fig.1-1) 的副模标本。F. "*Protabrograptus sinicus* Ni" (Ni, 1981, Fig.1-6) 的副模标本。

线形比例尺：1mm。

157091 (NJ317)。

D–H. 文静尖顶笔石 (*Acrograptus eudiodus* Ni, 1991)。甘肃平凉官庄平凉组*Climacograptus bicornis*带。D. 图H的笔石体始端的放大；E. NIGP 157085 (AFC53)；F. NIGP 157087 (AFC62)；H. NIGP 157086 (AFC62)。G. 陕西陇县龙门洞龙门洞组*Nemagraptus gracilis*带。NIGP 157089 (AFC105)。

线形比例尺：A—E, G—H. 1mm；F. 1cm。

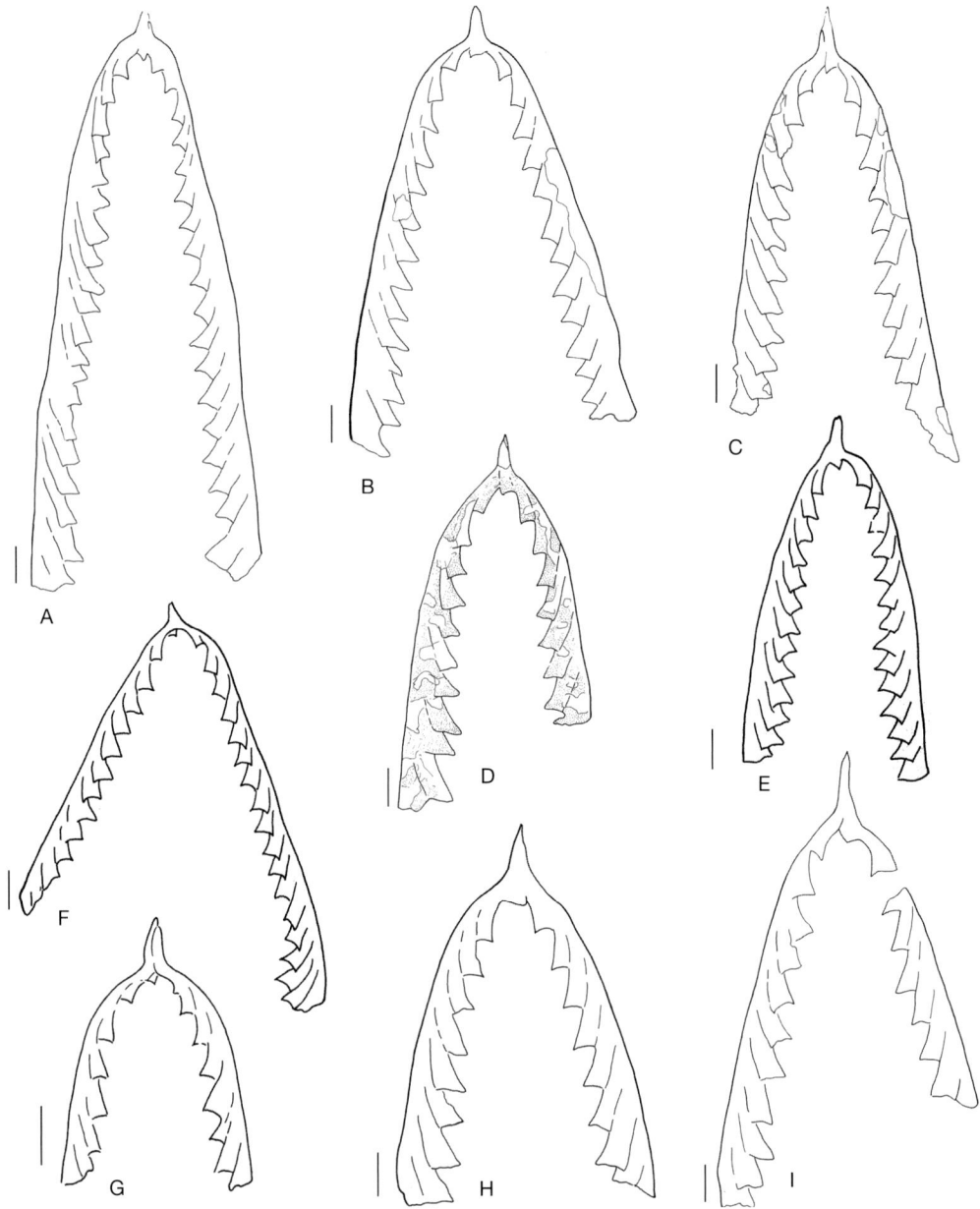

图6-6 江西对笔石及其近似种

A-F, H. 江西对笔石 (*Didymograptus jiangxiensis* Ni, 1983)。 A-D, H. 新疆柯坪大湾沟萨尔干组*Didymograptus murchisoni*带。A. NIGP 157050 (NJ328)；B. NIGP 157051 (NJ337)；C. NIGP 157052 (NJ338)；D. NIGP 157053 (NJ346)；H. NIGP 157055 (NJ347)。E-F. 内蒙古乌海大石门克里摩利组上段*Didymograptus murchisoni*带。

G, I. 江西对笔石 (近似种) (*Didymograptus* cf. *jiangxiensis* Ni, 1983)。G. 内蒙古乌海大石门克里摩利组上段 *Didymograptus murchisoni*带底部。NIGP 157056 (FG21)。I. 新疆柯坪大湾沟萨尔干组*Didymograptus murchisoni* 带。NIGP 157054 (NJ355)。

线形比例尺：1mm。

(1991，插图14) 描述的正模标本胞管排列密度相似，但其他对笔石的笔石枝末部胞管排列密度较本种要更疏松一些。

在本种的材料中，只有少数标本胞管排列较松 (NIGP157056，图6-6I)；另有少数标本笔石枝略窄 (NIGP157054，图6-6G)，我们将之鉴定为*Didymograptus* cf. *jiangxiensis* Ni。

莫氏对笔石 (*Didymograptus murchisoni* (Beck, 1839))

(图6-7A, C–E, G–H; 6-8A–D, G, J)

1839   *Graptolithus murchisoni* Beck, pl. 26, fig. 4.

1901   *Didymograptus murchisoni* (Beck); Elles and Wood, p. 37, pl. 3, fig. 1a–k; text-fig. 24a–c.

1931   *Didymograptus murchisoni* (Beck); Bulman, p. 34, pl. 2, figs. 1, 3; text-fig. 11.

1937   *Didymograptus murchisoni* (Beck); Ekström, p. 27, pl. 4, figs. 1–6.

1964   *Didymograptus murchisoni* (Beck); Berry, p. 94, pl. 3, figs. 3–6.

cf. 1973   *Didymograptus pseudogeminus* Bouček, p. 93, pl. 14, figs. 2–3; pl. 15, figs. 1–4; text-fig. 29a–g.

1974   *Didymograptus murchisoni* (Beck); Wang, p. 738, pl. 20, fig. 7.

1977   *Didymograptus murchisoni* (Beck); Wang *et al.* (in Hubei Institute of Geological Sciences *et al.* eds 1977), p. 290, pl. 88, fig. 8.

1979   *Didymograptus murchisoni* (Beck); Mu *et al.*, p. 69, pl. 23, figs. 9–10.

1983   *Didymograptus murchisoni* (Beck); Ni (in Yang *et al.*, 1983), p. 385, pl. 143, fig. 12.

1984   *Didymograptus murchisoni* (Beck); Strachan and Khashogji, p. 224, figs. 1, 6a–d, 7.

1987   *Didymograptus murchisoni* (Beck); Jenkins, p. 106, figs. 1a–o, 2a–k, 3a–d, 4a–d, 5a–d; tables. 1–3.

cf. 1991   *Didymograptus murchisoni* (Beck); Ni, p. 53, pl. 5, figs. 8–9; pl. 8, fig. 2.

2009   *Didymograptus murchisoni* (Beck); Zhang *et al.*, figs. 2I, Q.

产地及层位：普遍见于新疆柯坪大湾沟萨尔干组黑色页岩中的*D. murchisoni*带，与*D. jiangxiensis* Ni、*Archiclimacograptus caelatus* (Lapworth)、*A. angulatus* (Bulman)、*A. arctus* (Elles and Wood)和*Xiphograptus norvegicus* (Berry) 共生。此外还有一个大湾沟*D.* cf. *murchisoni*的标本与*P. elegans*共生。在内蒙古乌海大石门，*D.* sp. ex gr. *murchisoni* (Beck) (图6-7B) 见于*D. murchisoni*带，并与*Cryptograptus tricornis* (Carruthers) 和*Mimograptus tenuis* Chen (sp. nov.) 共生。*P. elegans*可上延到*D. murchisoni*带，但在江西武宁新开岭，*D. murchisoni*和*D.* cf. *murchisoni*的首现都高于那里的*P. elegans*的末现 (倪寓南，1991)。

*D. murchisoni*在中国还见于川南长宁 (穆恩之等，1979)、湘中安化 (汪啸风等，1977) 以及滇西保山和施甸 (王举德，1974)。滇缅马块体施甸组中*D. murchisoni*带的笔石动物群与波罗的海地区的相似 (Zhang *et al.*，2009)。

比较：*Didymograptus geminus* (Hisinger) 和*D. murchisoni*相似，Ekström (1937) 将它们分开

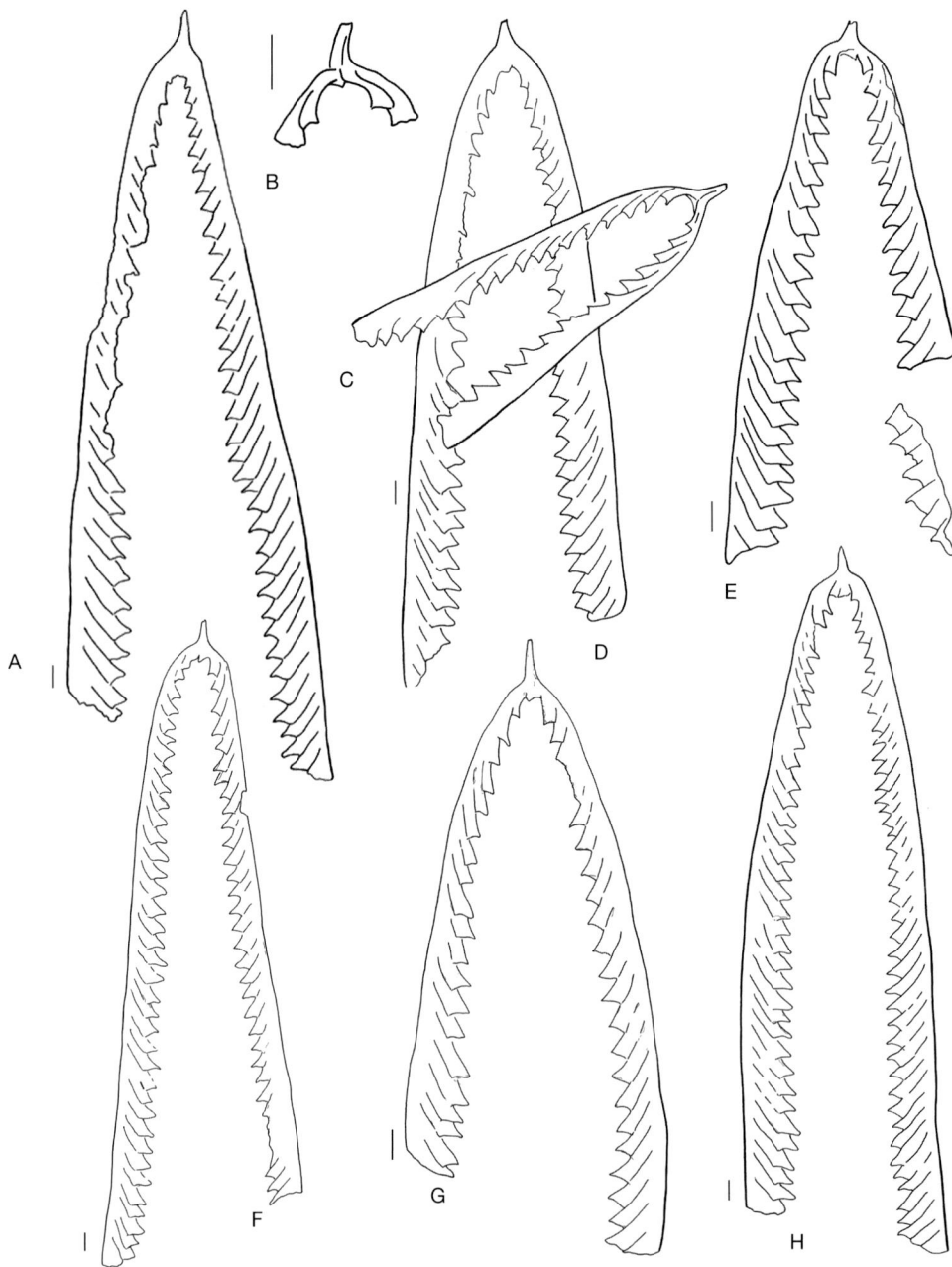

图6-7　莫氏对笔石 (*Didymograptus murchisoni* (Beck, 1839))

A, C-E, G-H. 莫氏对笔石 (*Didymograptus murchisoni* (Beck, 1839))。新疆柯坪大湾沟萨尔干组*Didymograptus murchisoni*带。A. NIGP 157045 (NJ353)；C. NIGP 157039 (NJ341)；D. NIGP 157040 (NJ341)；E. NIGP 157044 (NJ337)；G. NIGP 157042 (NJ347)；H. NIGP 152535 (NJ331)。

B. 莫氏对笔石类(*Didymograptus* sp. ex gr. *murchisoni* (Beck, 1839))。内蒙古乌海大石门克里摩利组上段 *Didymograptus murchisoni*带。NIGP 157046 (FG21)。

F. 莫氏对笔石 (近似种) (*Didymograptus* cf. *murchisoni* (Beck, 1839))。新疆柯坪大湾沟萨尔干组*Didymograptus murchisoni*带。NIGP 157043 (NJ351)。

线形比例尺：1mm。

成两个种，Berry (1964) 则将前者作为后者的一个亚种。著者同意Berry (1964) 的意见，因为 *D. murchisoni geminus* 只是在笔石枝的分散角和笔石枝末端宽度增加上，与本种略有不同。Ni (1991) 的 *D. murchisoni* (Beck) 和Bouček (1973) 的 *D. pseudogeminus* 在本书中均作为 *D.* cf. *murchisoni* (Beck)，因为它们增宽均匀。在大湾沟，还有少数标本与之相仿，我们也将之作为 *D.* cf. *murchisoni* (Beck)。

帕克瑞岛对笔石 (近似种) (*Didymograptus* cf. *pakrianus* Jaanusson, 1960)

(图6-9D)

cf. 1960　*Didymograptus pakrianus* Jaanusson, p. 310, pl. 1, figs. 1–8; pl. 3, figs. 1–5; text-fig. 4.

　　2009　*Didymograptus murchisoni* (Beck); Zhang *et al.*, figs. 2K, N.

产地及层位： 仅有一个标本，产自新疆柯坪大湾沟萨尔干组 *D. murchisoni* 带。

描述： 笔石体的第一枝保存完整，长达29mm，而第二枝则仅保存了6mm。这两枝下垂近于平行或仅略向背侧外凸。笔石枝的始端宽1.1mm，向笔石体末部增至最大宽度2.0mm。笔石体始端的胎管和第一对胞管均被次生表皮组织所覆盖 (Jaanusson，1960，p.312)。

胞管为直管状，其腹缘和口缘均微作弯曲，末部胞管间掩盖4/5。胞管密度2TRD测量，在笔石枝始部为1.2~1.6mm，至末部增至1.55~1.75mm。

比较： 当前标本与本种模式标本在一般特征上是一致的，但当前标本胞管间的掩盖较少。Maletz (1997) 认为本种是 *D. murchisoni* (Beck) 的老年期个体，因此笔石体始部被外皮组织所覆盖。但本种和 *D. murchisoni* 特征还不完全一致，本种笔石枝更窄而且宽度均一。

稳固对笔石 (近似种) (*Didymograptus* cf. *stabilis* Elles and Wood, 1901)

(图6-9A–B)

cf. 1901　*Didymograptus stabilis* Elles and Wood, p. 49, pl. 4, fig. 2; text-fig. 31a–b.

cf. 1931　*Didymograptus stabilis* Elles and Wood; Bulman, p. 39, pl. 2, figs. 4–6; pl. 10, fig. 1; text-fig. 14.

cf. 1933　*Didymograptus stabilis* Elles and Wood; Bulman, p. 349, pl. 33, fig. 2.

cf. 1964　*Didymograptus stabilis* Elles and Wood; Berry, p. 107, pl. 6, figs. 1–2.

　　1979　*Didymograptus stabilis* Elles and Wood; Mu *et al.*, p. 59, pl. 21. figs. 20–23.

　　1983　*Didymograptus longinquus* Ni (in Yang *et al.*, 1983), p. 384, pl. 143, fig. 16.

cf. 1983　*Didymograptus synapsis* Ni (in Yang *et al.*, 1983), p. 394, pl. 144, fig. 4.

cf. 1991　*Didymograptus* (*Didymograptus*) *stabilis* Elles and Wood; Ni, p. 54, pl. 6, fig. 5; pl. 7, figs. 3–4.

　　1991　*Didymograptus* (*Didymograptus*) *stabilis* Elles and Wood; Ni, p. 54, pl. 8, fig. 6.

图6-8 莫氏对笔石和两种剑笔石

A. 莫氏对笔石 (近似种) (*Didymograptus* cf. *murchisoni* (Beck, 1839))。新疆柯坪大湾沟萨尔干组*Didymograptus murchisoni*带。NIGP 157043 (NJ351)。

B–D, G, J. 莫氏对笔石 (*Didymograptus murchisoni* (Beck, 1839))。产地及层位同前。B. NIGP 157039 (NJ341), 157040

产地及层位：共有两个标本，产自新疆柯坪大湾沟萨尔干组*P. elegans*带，其中一个保存完好，并与*Xiphograptus norvegicus* (Berry) 共生。本种在扬子区广为分布，见于川南长宁 (穆恩之等，1979) 和江西武宁 (倪寓南，1991)。所有这些产地都见于达瑞威尔期晚期地层中，绝大多数在*D. murchisoni*带内。

描述：笔石体由两个下垂的笔石枝组成，为音叉状。笔石枝长达40mm，始端宽1.00~1.15mm，此宽度向笔石枝的末部逐渐增宽至最大宽度2.5mm，至枝的末端枝宽又保持均一。胎管为长达2.5mm的简单直管，其口部宽仅0.6mm。

胞管为直管状，胞管间壁线的始端微曲，口缘直，不具口尖，胞管间在笔石枝始部掩盖4/5，至笔石枝末部增至5/6。胞管排列密度的2TRD测量，在笔石枝始部为1.4~1.5mm，至末部达1.70~1.85mm，因此胞管排列紧密。

比较：当前标本中有一个标本的笔石枝宽度略大于模式标本。本种的正模标本笔石枝宽度不超过1.6mm，而当前标本达到了2.5mm。

剑笔石属 (Genus *Xiphograptus* Cooper and Fortey, 1982)

讨论：剑笔石属由Cooper and Fortey (1982) 提出，并认为它与叶笔石类为近亲。当前材料清楚地显示了第一枝第1个胞管 (th1[1]) 生于反胎管刺一侧，和叶笔石类一致，而不同于假叶笔石类。但是当前标本中，特别是挪威剑笔石 (*Xiphograptus norvegicus* (Berry)) 的始端发育型式为等称笔石式，如同假叶笔石类那样，因此，我们不能确定是否叶笔石类的始端发育型式也属于等称笔石式。

阿克苏剑笔石 (新种) (*Xiphograptus aksuensis* Chen (sp. nov.))
(图6-8H; 6-10A)

产地及层位：少数标本，产自新疆阿克苏四石场萨尔干组*P. elegans*带。

描述：笔石体由两个纤细的笔石枝组成，两枝平伸或微向背侧弯曲。笔石枝的始端宽

(NJ341)；C. NIGP 157041 (NJ346)；D. NIGP 157047 (NJ337)；G. NIGP 157102 (NJ335)；J. NIGP 157049 (NJ337)。

E–F, I, K–L. 挪威剑笔石 (*Xiphograptus norvegicus* (Berry, 1964))。E–F, I. 产地及层位同前。E. NIGP 157103 (NJ336)；F. NIGP 157048 (NJ338)；I. NIGP 157104 (NJ338)。K–L. 新疆柯坪大湾沟萨尔干组*Nemagraptus gracilis*带。K. NIGP157108 (NJ365)；L. NIGP 157107 (NJ365)。

H. 阿克苏剑笔石 (新种) (*Xiphograptus aksuensis* Chen (sp. nov.))。新疆柯坪大湾沟萨尔干组*Pterograptus elegans*带。NIGP 157101 (AFT-X-501)。

线形比例尺：E–F, H–I, K–L：1mm；A–D, G, J：1cm。

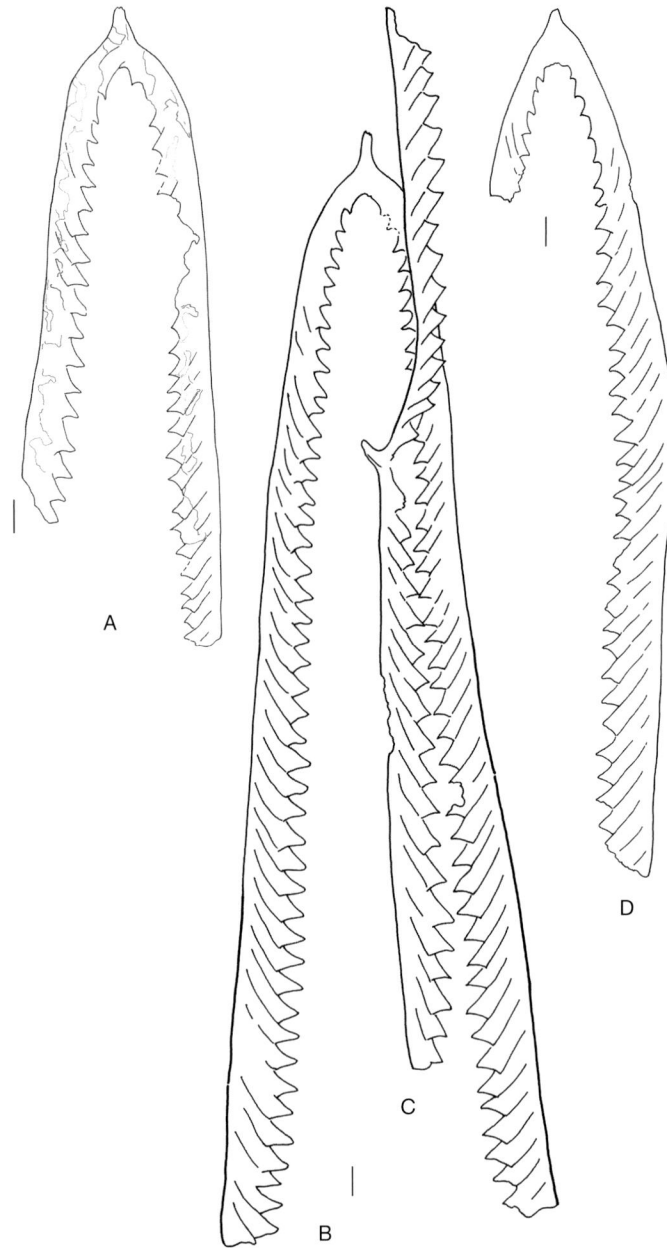

图6-9　两种对笔石和一种剑笔石

A–B. 稳固对笔石 (近似种) (*Didymograptus* cf. *stabilis* Elles and Wood, 1901)。新疆柯坪大湾沟萨尔干组*Didymograptus murchisoni*带。A. NIGP 157062 (NJ328)；B. NIGP 157061 (NJ328)。

C. 挪威剑笔石 (*Xiphograptus norvegicus* (Berry, 1964))。新疆柯坪大湾沟萨尔干组*Didymograptus murchisoni*带。NIGP 157325 (NJ328)。

D. 帕克瑞岛对笔石 (近似种) (*Didymograptus* cf. *pakrianus* Jaanusson, 1960)。新疆柯坪大湾沟萨尔干组*Didymograptus murchisoni*带。NIGP 157060 (NJ337)。

线形比例尺：1mm。

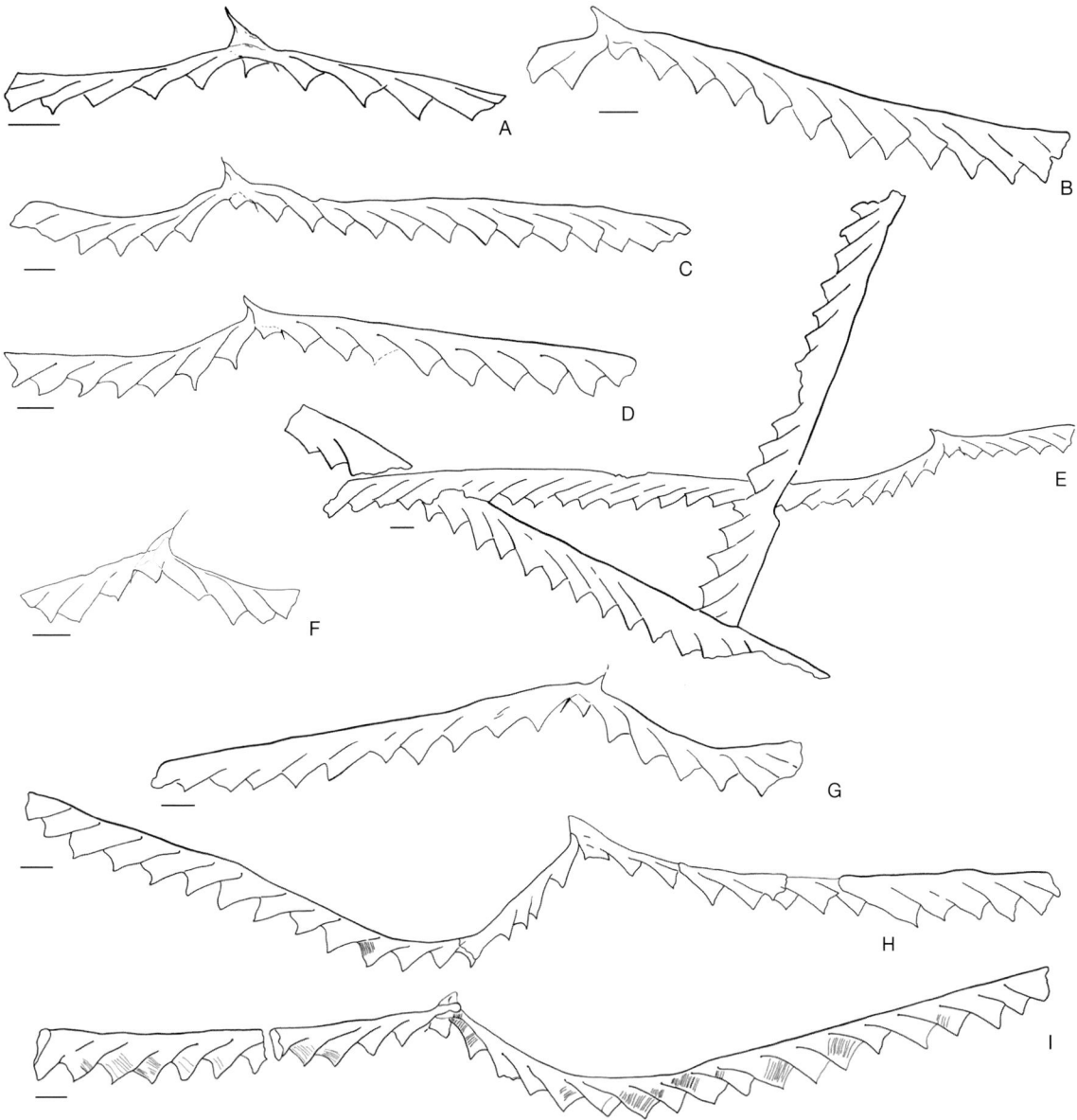

图6-10 两种剑笔石

A. 阿克苏剑笔石 (新种) (*Xiphograptus aksuensis* Chen (sp. nov.))。新疆阿克苏四石场萨尔干组*Pterograptus elegans*带。NIGP 157101 (Holotype, AFT-X-501)。

B–I. 挪威剑笔石 (*Xiphograptus norvegicus* (Berry, 1964))。B–G. 新疆柯坪大湾沟萨尔干组*Didymograptus murchisoni*带。B. NIGP 157106 (NJ347)；C. NIGP 157104 (NJ338)；D. NIGP 157102 (NJ335)；E. NIGP 157402 (NJ345)，其他两个碎片均与之共生；F. NIGP 157103 (NJ336)；G. NIGP 157105 (NJ341)。H–I. 新疆柯坪大湾沟萨尔干组*Nemagraptus gracilis*笔石带。H. NIGP157107 (NJ365)；I. NIGP 157108 (NJ365)。

线形比例尺：1mm。

0.6mm，向末端逐渐增宽至1.1mm。胎管短而较宽，长约1.20mm，口部宽0.35mm，并向第二枝一侧倾斜。第1个胞管 (th1^1) 从胎管近顶部生出，沿胎管壁向下至胎管口部转曲向上，并在其下胎管的腹缘留下了0.35mm的露出部分。第2个胞管 (th1^2) 由th1^{1}的转曲处向下向外生出。笔石体具有一个短小的反胎管刺，长仅0.1~0.2mm。

胞管为均分笔石式的直管，在5mm长度内有5个胞管。

比较：本种与*Acrograptus nicholsoni* (Lapworth) 相似，但本种具有反胎管刺，而没有胎管刺。

挪威剑笔石 (*Xiphograptus norvegicus* (Berry, 1964))

(图6-8E–F, I, K–L; 6-9C; 6-10B–I)

1964　*Didymograptus robustus norvegicus* Berry, p. 105, pl. 7, figs. 1–3.

1983　*Didymograptus robustus subangustus* Ge (in Yang *et al.*, 1983), p. 390, pl. 145, fig. 12.

1988　*Xiphograptus norvegicus* (Berry); Ni, p. 181, pl. 1, figs. 2–5; text-fig. 2b–c.

1996　*Didymograptus* sp. aff. *D. robustus norvegicus* Berry; Churkin and Carter, p. 37, fig. 26g.

2002　*Didymograptus robustus subangulatus* Ge (in Mu *et al.*, 2002), p. 272, pl. 80, figs. 4, 6.

2006　*Xiphograptus norvegicus* (Berry); Chen *et al.*, fig. 6A–B.

产地及层位：本种普遍见于新疆柯坪大湾沟萨尔干组*Nemagraptus gracilis*带，其中有少数为立体保存的标本。本种还出现在大湾沟的*D. murchisoni*带，并与*Didymograptus stabilis* (Elles and Wood) 和*Hustedograptus teretiusculus* (Hisinger) 共生。

描述：笔石体的一枝微作下斜，另一枝则向背侧弯曲。笔石枝第一个胞管口部宽1.07mm，向末部逐渐增至其最大宽度1.6mm。胎管短而直，长为1.5mm；其口部宽0.7mm，并贴向第一枝。第1个胞管 (th1^1) 从胎管很高的部位生出，可能相当于原胎管的基部 (标本NIGP 157108，图6-9I)，然后从胎管中部、具反胎管刺的一侧向外伸出。第2个胞管 (th1^2) 从th1^{1}的左侧生出，绕过th1^1、斜过胎管，然后向外向下伸出。第3个胞管 (th2^1) 从th1^{2}水平方向生出，它是一个双芽胞管。因此，本种的始端发育型式为等称笔石式。

胞管为均分笔石式的简单直管，常见胞管口尖。胞管的排列密度2TRD测量，在笔石枝始部为2.16~2.24mm，在其末部为2.2~2.4mm，因此排列均匀，在10mm内有9个胞管。

比较：本种与粗壮剑笔石 (*X. robustus* (Ekström)) 相似，只是后者的笔石枝更宽一些。Maletz (1997) 认为本种一枝直而另一枝背弯是其能保存下来的原因。笔者等认为笔石体背弯的一枝是为了保持对称，因为第二枝是倚靠在胎管一侧的。

粗壮剑笔石 (*Xiphograptus robustus* (Ekström, 1937))

(图6-12A, C–E, J)

1937　　*Didymograptus robustus* Ekström, p. 25, pl. 1, figs. 1–4; pl. 2, figs. 1–2.

产地及层位：相当数量的标本，产自新疆柯坪大湾沟萨尔干组*P. elegans*带至*N. gracilis*带。

比较：大湾沟的标本常保存为断枝。笔石枝末部的最大宽度为1.8mm。

锯形剑笔石 (*Xiphograptus serratulus* (Hall, 1847))

(图6-11C; 6-12I)

1847　　*Graptolithus serratulus* Hall, p. 274, pl. 124, fig. 5.

non 1868a　*Didymograptus serratulus* Nicholson, p. 136.

non 1870　*Didymograptus serratulus* Nicholson, p. 343, pl. 7, figs. 3, 3d.

1901　　*Didymograptus serratulus* (Hall); Elles and Wood, p. 29, pl. 2, fig. 7a–b.

1947　　*Didymograptus serratulus* (Hall); Ruedemann, p. 346, pl. 54, figs. 49–51.

1947　　*Didymograptus serratulus* (Hall) var. *juvenalis* Ruedemann, p. 347, pl. 54, fig. 52.

1990　　*Didymograptus serratulus* (Hall); Ge *et al.*, p. 67, pl. 7, fig. 2; pl. 8, figs. 2, 11; pl. 19, fig. 1.

2002　　*Didymograptus serratulus* (Hall); Ge (in Mu *et al.*, 2002), p. 274, pl. 82, figs. 5, 12.

产地及层位：仅有一个标本及其反对面，采自甘肃平凉官庄平凉组*N. gracilis*带的绿灰色薄层钙质粉砂岩中。本种也见于宁夏同心的乌拉力克组顶部的*N. gracilis*带 (葛梅钰等，1990)。本种在北美东部也产出在相同的层位中 (Ruedemann，1947)。

描述：笔石体由两个直而下斜的笔石枝组成，其分散角为140°。原胎管直而极长，几乎占了胎管长度的1/2；胎管口缘直而斜，亚胎管微向第二枝倾斜。第1个胞管 (th1^1) 从亚胎管的顶部生出，沿胎管向下至其末部微向外伸出；第2个胞管(th1^2)与胎管夹一低角度向下、向外伸出。胞管均为简单的直管，在笔石枝始部的6.3mm内有6个胞管。

对向笔石属 (Genus *Janograptus* Tullberg, 1880)

讨论：对向笔石有可能是均分笔石类再生的断枝。Bulman (1970) 定义的对向笔石可能具有原幼枝或假幼枝 (pro- or pseudocladium)，Maletz (1997) 也认为其可能具有一种产生幼枝的机制。但是他们都难以解释对向笔石生成幼枝的原因。

Urbanek (1963) 提出，在正常的个体发育过程中，有两极生长特征的生物都有再生的能力。他还成功地解释了志留纪晚期线痕笔石类 (linograptids) 和新反向笔石类 (neodiversograptids) 的生

图6-11　翼笔石、剑笔石、武宁笔石、灌木笔石和"对向笔石"

A, E. 精美翼笔石 (*Pterograptus elegans* Holm, 1881)。新疆阿克苏四石场萨尔干组*Pterograptus elegans*带。A. NIGP 157068 (AFT-X-502)；E. NIGP 157684 (AFT-X-501)。

B, F. 斯堪尼翼笔石 (*Pterograptus scanicus* Moberg, 1901)。B. 产地及层位同上。NIGP 157071 (AFT-X-502)。F. 新疆柯坪大湾沟萨尔干组*Pterograptus elegans*带。NIGP 157070 (NJ311)。

C. 锯形剑笔石 (*Xiphograptus serratulus* (Hall, 1847))。甘肃平凉官庄平凉组*Nemagraptus gracilis*带。NIGP 157114 (AFC2c)。

长方式，与之十分相似的对向笔石的始端因而也可能是再生的。最早产生次生枝 (和幼枝相近) 的翼笔石见于达瑞威尔期晚期，此时剑笔石大量出现，而对向笔石的模式种"宽松对向笔石"与粗壮剑笔石 (*Xiphograptus robustus* (Ekström, 1937)) 相近，"宽松对向笔石"是否可能是粗壮剑笔石的再生枝值得注意。因此，本书对"宽松对向笔石"附以引号。如果所有对向笔石的标本是再生枝的标本，那么所有对向笔石的种也都应该是它们来源种的后同义名。

"宽松对向笔石" (*"Janograptus laxatus"* Tullberg, 1880)

(图6-11H; 6-12B, F–H, K–M)

1880　*Janograptus laxatus* Tullberg, p. 315, Tafl. 11, figs. 3–9.

1913　*Janograptus laxatus* Tullberg; Hadding, p. 35, pl. 1, figs. 19–22.

1937　*Janograptus laxatus* Tullberg; Ekström, p. 31, pl. 6, figs. 7–8.

1964　*Janograptus laxatus* Tullberg; Berry, p. 112, pl. 10, figs. 1–2.

cf. 1982　*Janograptus laxatus uniformis* Ge (in Xia, 1982), p. 39, pl. 7, fig. 18.

1990　*Janograptus* cf. *laxatus* Tullberg; Ge *et al.*, p. 70, pl. 12, fig. 7.

产地及层位：少量标本，产自新疆柯坪大湾沟萨尔干组*P. elegans*带至*D. murchisoni*带，并与*Haddingograptus eurystoma* (Jaanusson) 共生。另外，少数标本产自内蒙古乌海大石门克里摩利组上段*P. elegans*带至*D. murchisoni*带。

比较：本种标本中最长的一个笔石枝达到72mm，其初始宽度为0.8mm，此宽度向笔石体末端逐渐但明显地增加，到第54个胞管处达到1.7mm。此长枝中胞管排列密度的2TRD测量结果为：第2个胞管处2.2mm，第10个胞管处2.2mm，第20个胞管处2.4mm，第30个胞管处2.4mm，第40个胞管处2.5mm。笔石枝的始端部分如图6-12B所示。

D. 四枝武宁笔石 (*Wuninograptus quadribrachiatus* Ni, 1981)。新疆柯坪大湾沟萨尔干组*Pterograptus elegans*带。NIGP 157081 (NJ317)。

G, I. 毛发灌木笔石 (*Thamnograptus capillaris* (Emmons, 1855))。陕西陇县龙门洞龙门洞组*Climacograptus bicornis*带。G. NIGP 157037 (AFC136)；I. NIGP 157036 (AFC136)。

H. "宽松对向笔石" (*"Janograptus laxatus"* Tullberg, 1880)。新疆柯坪大湾沟萨尔干组*Didymograptus murchisoni*带。NIGP 157117 (NJ335)。

线形比例尺：1mm。

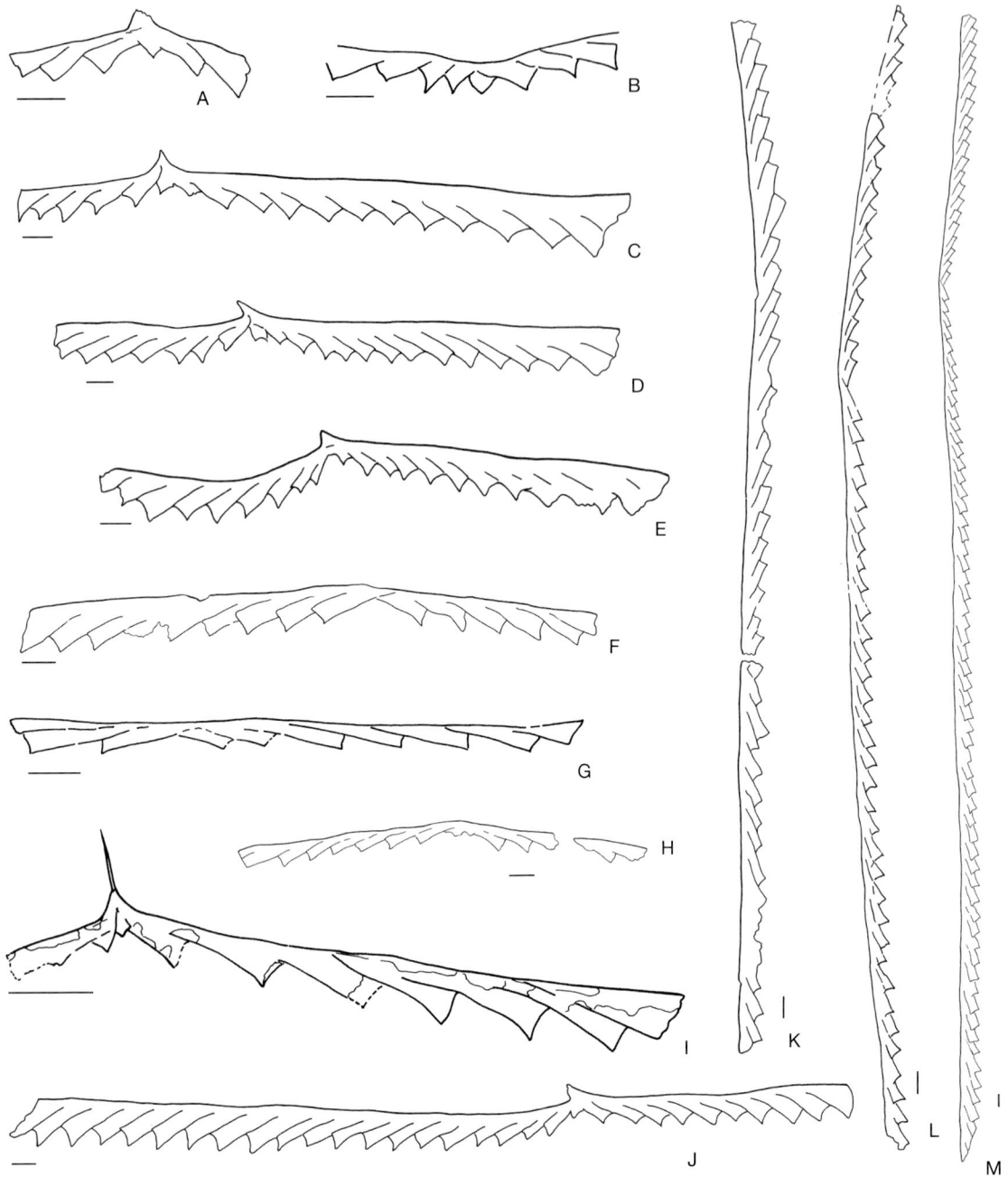

图6-12 粗壮剑笔石、"宽松对向笔石"和锯形剑笔石

A, C–E, J. 粗壮剑笔石 (*Xiphograptus robustus* (Ekström, 1937))。A. 新疆柯坪大湾沟萨尔干组*Pterograptus elegans*带。NIGP 157109 (NJ312)。C–D, J. 新疆柯坪大湾沟萨尔干组*Didymograptus murchisoni*带。C. NIGP 157111 (NJ328)；D. NIGP 157112 (NJ352)；J. NIGP 157110 (NJ328)。E. 新疆柯坪大湾沟萨尔干组*Nemagraptus gracilis*带。NIGP 157113 (NJ371)。

B, F–H, K–M. "宽松对向笔石"("*Janograptus laxatus*" Tullberg, 1880)。B, L. 内蒙古乌海大石门克里摩利组上段*Didymograptus murchisoni*带。B. NIGP 157121 (FG30)；L. NIGP 157120 (FG30)。F, K, M. 新疆柯坪大湾沟萨

灌木笔石科 (Family THAMNOGRAPTIDAE Hopkinson and Lapworth, 1875, emend. Finney, 1980)

灌木笔石属 (Genus *Thamnograptus* Hall, 1859)

毛发灌木笔石 (*Thamnograptus capillaris* (Emmons, 1855))

(图6-11G, I; 6-13G)

1855　*Nemagraptus capillaris* Emmons, pp. 109–110, pl. 1, fig. 6.

1859　*Thamnograptus capillaris* Hall, p. 520, fig. 3.

1908　*Thamnograptus capillaris* Hall; Ruedemann, p. 206, pl. 10, figs. 4, 6, 8; pl. 12, fig. 13.

1947　*Thamnograptus capillaris* (Emmons); Ruedemann, p. 274, pl. 43, figs. 4–5.

non 1981　*Thamnograptus capillaris* (Emmons); Qiao, p. 220, pl. 84, figs. 5–10.

? 1987　*Thamnograptus poori* Ruedemann; Xiao, p. 631, pl. 2, fig. 4.

1991　*Thamnograptus* sp. Ni, p. 108, pl. 3, fig. 1; text-fig. 24.

1998　*Thamnograptus* sp. indet. Maletz, p. 361, Abb. 7L.

产地及层位：共有两个标本，产自陕西陇县龙门洞龙门洞组*C. bicornis*带。本种还见于江西武宁新开岭胡乐组*P. elegans*带 (倪寓南，1991)。

描述：笔石体的分枝极为细长，为长达40mm的断枝，其宽度只有0.3mm。因此，笔石体的胞管也必然十分细长。胞管口部极窄却具有长达1.7mm的口刺。在10mm长度内有7个胞管。

比较：Ruedemann (1947，图版43，图7) 曾重塑了本种笔石体的复原图，但并无确实的证据。

尔干组*Didymograptus murchisoni*带。F. NIGP 157116 (NJ334)；K. NIGP 157118 (NJ352)；M. NIGP 157117 (NJ335)。G. 内蒙古乌海大石门克里摩利组上段*Amplexograptus*? *confertus*带。NIGP 157119 (FG14)。H. 新疆柯坪大湾沟萨尔干组*Pterograptus elegans*带。NIGP 157115 (NJ324)。

I. 锯形剑笔石 (*Xiphograptus serratulus* (Hall, 1847))。甘肃平凉官庄平凉组*Nemagraptus gracilis*带。NIGP 157114 (AFC2c)。

线形比例尺：1mm。

翼笔石科 (Family PTEROGRAPTIDAE Mu, 1974, emend. Maletz, 2014)

翼笔石属 (Genus *Pterograptus* Holm, 1881)

精美翼笔石 (*Pterograptus elegans* Holm, 1881)

(图6-11A, E; 6-13A–F)

1881   *Pterograptus elegans* Holm, pp. 77–78, figs. 1–3.

1911   *Pterograptus elegans* Holm; Hadding, pp. 487–494, pl. 7, figs. 24–28.

1936   *Pterograptus elegans* Holm; Benson and Keble, p. 380, text-fig. 5a–c.

1947   *Syndyograptus bridgei* Ruedemann, pp. 374–375, pl. 61, figs. 24–28.

1953   *Pterograptus sinicus* Mu, pp. 193–194, pl. 1, figs. 1–2.

1962   *Pterograptus sinicus* Mu; Mu and Chen, p. 42, fig. 12a–b.

1962   *Pterograptus elegans* Holm; Mu *et al.*, p. 58, pl. 2, figs. 9–10.

1964   *Pterograptus elegans* Holm; Berry, pp. 82–84, pl. 1, figs. 1, 3.

1964   *Pterograptus* sp. Berry, pp. 84–85, pl. 1, figs. 4–6; pl. 2, fig. 8.

1977   *Pterograptus* sp. Lenz, p. 1947, pl. 1, fig. 2.

1977   *Pterograptus elegans* Holm; Jin and Wang (in Hubei Institute of Geological Sciences, 1977), p. 281, pl. 86, figs. 2–3.

1977   *Pterograptus sinicus* Mu; Jin and Wang (in Hubei Institute of Geological Sciences, 1977), pp. 281-282, pl. 86, fig. 1.

1981   *Pterograptus elegans* Holm; Qiao (in Xinjiang Regional Geological Survey Team, 1981), p. 219, pl. 80, fig. 22.

1982   *Pterograptus elegans* Holm; Xia (in Anhui Regional Geological Survey Team, 1982), p. 22, pl. 2, fig. 11.

1982   *Pterograptus flabeliformis* Li; Xia (in Anhui Regional Geological Survey Team, 1982), p. 22, pl. 2, fig. 12.

1982   *Pterograptus elegans* Holm; Fu (in Hunan Bureau of Geology, 1982), p. 415, pl. 271, fig. 3; pl. 272, figs. 1, 6.

1982   *Pterograptus pusillus* Fu (in Hunan Bureau of Geology, 1982), p. 415, pl. 272, fig. 3.

1983   *Pterograptus elegans* Holm; Yang *et al.*, p. 372, pl. 137, fig. 8.

1983   *Pterograptus flabeliformis* Li; Yang *et al.*, p. 372, pl. 139, fig. 2.

1983   *Pterograptus jiangxiensis* Ni; Yang *et al.*, p. 373, pl. 136, fig. 6.

1983   *Pterograptus sinicus* Mu; Yang *et al.*, p. 374, pl. 140, fig. 2.

1989   *Pterograptus elegans* Holm; Carter, pp. B3–B4, figs. 6B–C, 7A–C.

1990   *Pterograptus elegans* Holm; Ge *et al.*, pp. 61–62, pl. 4, fig. 2.

1991   *Pterograptus elegans* Holm; Ni, pp. 45–46, pl. 1, figs. 1–4; text-fig. 11.

1991   *Pterograptus* sp. Ni, p. 47, pl. 2, fig. 2.

1992   *Pterograptus elegans* Holm; VandenBerg and Cooper, text-fig. 7J.

1994   *Pterograptus elegans* Holm; Maletz, p. 352, Fig. 2.

1996   *Pterograptus* cf. *elegans* Holm; Churkin and Carter, p. 33, fig. 25a–c, e.

1997   *Pterograptus elegans* Holm; Maletz, pp. 32–33, pl. 1, fig. K; pl. 7, fig. C; text-fig. 11A–B.

2000   *Pterograptus elegans* Holm; Li, Xiao and Chen, p. 68, pl. 4, fig. 4; pl. 5, figs. 3–4; pl. 6, fig. 1.

2000   *Pterograptus patulus* Yang; Li *et al.*, p. 69, pl. 5, fig. 5.

2001   *Pterograptus elegans* Holm; Ganis, Williams and Repetski, p. 118, figs. A–C.

2002   *Pterograptus elegans* Holm; Ge (in Mu *et al.*, 2002), pp. 325–326, pl. 93, fig. 1; pl. 94, fig. 5.

2002   *Pterograptus flabeliformis* Li; Ge (in Mu *et al.*, 2002), p. 327, pl. 95, figs. 4–6.

2002   *Pterograptus scanicus* Moberg; Ge (in Mu *et al.*, 2002), p. 328, pl. 95, fig. 3; *non*-pl. 95, figs. 8–10.

2002   *Pterograptus sinicus* Mu; Ge (in Mu *et al.*, 2002), pp. 328–329, pl. 95, figs. 1–2.

2005   *Pterograptus elegans* Moberg; Ganis, p. 799, fig. 3j–m.

产地及层位：本种普遍见于新疆柯坪大湾沟和阿克苏四石场*P. elegans*带至*D. murchisoni*带底部，在大湾沟*D. murchisoni*带底部 (NJ328) 与*Didymograptus murchisoni* (Beck)、*Acrograptus affinis* (Nicholson) 和*Xiphograptus robustus* (Ekström) 共生。此外，本种少量标本还见于内蒙古乌海大石门*P. elegans*带。本种是全球广布种并常作为带化石。穆恩之 (1959) 开始在中国使用此带。在中国西北，此带在塔里木西缘、阿拉善和鄂尔多斯广为分布。

比较：*Pterograptus elegans*的始端发育型式已被Berry (1966) 和Ni (1991) 描述为*artus*型，后又被Maletz (1994) 描述为th1¹为双芽胞管的对笔石型。葛梅钰 (见穆恩之等，2002) 厘定假苔藓 (*Pseudobryograptus*) 为翼笔石的后同义名。但是包括本书的标本和众多学者已发表过的大量标本，都证实翼笔石具有侧分枝交错生长的生长方式 (见标本NIGP 157064，图6-13D)，这与假苔藓笔石常规的侧分枝生长方式有本质上的不同。葛梅钰 (见穆恩之等，2002) 又认为翼笔石和假苔藓笔石都具有 "半棱笔石分枝方式" ("hemigoniograptid branching mode")，这种分枝方式系金玉琴和汪啸风 (1997) 提出的一种均分笔石式分枝方式。但是，金玉琴和汪啸风 (1997) 的半棱笔石属 (*Hemigoniograptus* Jin and Wang, 1997) 应为玉山笔石 (*Yushanograptus* Chen, Sun and Han) 的后同义名 (肖承协，1987)。

图6-13E所示的内蒙古乌海大石门的标本清楚地展现了侧分枝生长的次生枝。

斯堪尼翼笔石 (*Pterograptus scanicus* Moberg, 1901)

(图6-11B, F; 6-14B)

1901   *Pterograptus scanicus* Moberg, pp. 335–339, pl. 12.

1911   *Pterograptus scanicus* Moberg; Hadding, pp. 487–494, pl. 7, fig. 6.

1978   *Pterograptus scanicus* Moberg; Wang and Zhao, p. 604, pl. 197, fig. 5.

1981   *Pterograptus hirundiformis* Qiao, p. 220, pl. 80, figs. 20–21.

图6-13 翼笔石和灌木笔石

A–F. 精美翼笔石 (*Pterograptus elegans* Holm, 1881)。A, D, F. 新疆柯坪大湾沟萨尔干组*Didymograptus murchisoni*带。
A. NIGP 157065 (NJ334)；D. NIGP 157064 (NJ328)；F. NIGP 157063 (NJ328)。B, E. 内蒙古乌海大石门克里摩

1982 *Pterograptus* cf. *scanicus* Moberg; Xia (in Anhui Regional Geological Survey Team, 1982), p. 22, pl. 2, fig. 10.

1983 *Pterograptus* cf. *scanicus* Moberg; Li (in Yang *et al.*, 1983), p. 374, pl. 140, fig. 2.

1983 *Pterograptus patulus* Yang; Yang *et al.*, p. 373, pl. 141, fig. 11.

1990 *Pterograptus scanicus* Moberg; Xiao and Chen, p. 103, pl. 9, fig. 2.

1991 *Pterograptus scanicus* Moberg; Ni, p. 46, pl. 2, fig. 5; pl. 3, figs. 8–10.

1997 *Pterograptus scanicus* Moberg; Maletz, p. 33.

2000 *Pterograptus scanicus* Moberg; Li *et al.*, p. 69, pl. 6, fig. 2.

2002 *Pterograptus scanicus* Moberg; Ge (in Mu *et al.*, 2002), p. 328, pl. 94, figs. 8–10, *non*-pl. 95, fig. 3.

产地及层位：少量压扁的标本，产自新疆柯坪大湾沟和阿克苏四石场萨尔干组*P. elegans*带的黑色页岩中。本种在大湾沟与*Archiclimacograptus riddellensis* (Harris) 等共生，在湖南、江西和安徽均有分布。

比较：本种与*P. elegans* Holm的不同之处在于笔石体具有两个下曲的主枝和更多的侧枝。

一种翼笔石 (?) (Pterograptus? sp.)

(图6-14G)

产地及层位：仅有一个碎片，见于新疆柯坪大湾沟萨尔干组*D. murchisoni*带顶部。

特征：不完整的笔石体与*Pterograptus elegans* Holm的一般特征相似。但当前标本的主枝上每隔一个胞管就生出一个侧枝，而翼笔石的主枝上每个胞管都产生侧枝，并在主枝两侧交错生长。本种与拟态笔石 (*Mimograptus*) 也有相似之处，但后者侧分枝不规则。

肯乃笔石科 (修订) (Family KINNEGRAPTIDAE Mu, 1974, emend.)

特征 (修订)：笔石体由两个均分的一级枝组成，始端为等称笔石式 (isograptid type) 或直节对笔石式 (*artus* type) 的发育型式，胎管和胞管口部均具有突出的口片 (rutelli)。胞管细长，第一个

利组上段*Pterograptus elegans*带。B. NIGP 157066 (FG18)；E. NIGP 157067 (FG20)。C. 新疆柯坪大湾沟萨尔干组*Pterograptus elegans*带。NIGP 152531 (NJ304)。

G. 毛发灌木笔石 (*Thamnograptus capillaris* (Emmons, 1855))。陕西陇县龙门洞龙门洞组*Climacograptus bicornis*带。NIGP 157036 (AFC136)。

线形比例尺：1mm。

图6-14 武宁笔石、翼笔石和肯乃笔石

A, D-E, H-I. 四枝武宁笔石 (*Wuninograptus quadribrachiatus* Ni, 1981). A, E, H, I. 新疆柯坪大湾沟萨尔干组 *Didymograptus murchisoni*带。A. NIGP 157080 (NJ341)；E. NIGP 157078 (NJ349)；H. NIGP 157077 (NJ349)；I. NIGP 157079 (NJ341)。D. 新疆柯坪大湾沟萨尔干组*Pterograptus elegans*带。NIGP 157081 (NJ317)。

B. 斯堪尼翼笔石 (*Pterograptus scanicus* Moberg, 1901)。新疆柯坪大湾沟萨尔干组*Didymograptus murchisoni*带。NIGP 157069 (NJ328)。

胞管由亚胎管或原胎管生出。笔石体具侧枝。

讨论：肯乃笔石科由穆恩之 (1974) 建立，以线状胞管和胞管、胎管均具口片为特征。但是，Skoglund (1961) 和穆恩之 (1974) 均未解释肯乃笔石看似矛盾的演化趋向，即等称笔石式的始端发育型式见于较早的*K. multiramosus* Skoglund，而直节对笔石式的发育型式见于较晚的*K. kinnekullensis* Skoglund，因为直节对笔石式的发育型式看来要更简单一些。

笔石发育型式的前进演化趋向由Bulman (1936，1950，1970) 多次加以阐述，在1970年之前为绝大多数笔石研究者所接受。但是，Cooper and Fortey (1982) 展示了等称笔石式的始端发育型式早于直节对笔石式，它们分别体现在小对笔石 (*Didymograptellus*) 和对笔石 (*Didymograptus*) 之中。

在双笔石类中，所谓"更先进的发育型式"也出现在较早的双笔石类中 (Mitchell，1987；陈旭和韩乃仁，1988)，而较简单的发育型式见于出现较晚者，Mitchell (1987) 阐明了这种演化趋向。Mitchell (1992) 提出的U型始端发育型式，见于达瑞威尔期早期的澳洲齿状波曲笔石 (*Undulograptus austrodentatus*)，它却是双笔石亚目中始端发育型式最复杂的代表。因此，我们不能简单地以笔石始端构造的复杂性来判定笔石的演化趋向，因为在绝大多数情况下正好相反。

穆恩之 (1974) 提出*K. multiramosus*具两个横管，其强固、纤细而平伸的多枝笔石体可抵御它在水流中遭受的阻力；而两枝下斜的*K. kennekullensis*的笔石体更接近流线形，只需要一个横管就够了。著者等认为肯乃笔石始端型式这种功能，如无进一步佐证则很难加以肯定。

肯乃笔石属 (Genus *Kinnegraptus* Skoglund, 1961)

纤细肯乃笔石 (*Kinnegraptus gracilis* Chen, 1979)

(图6-14C, F, J)

1979　*Kinnegraptus? gracilis* Chen (in Mu *et al.*), p. 114, pl. 40, figs. 1–4.

产地及层位：共有四个保存不完整的标本，产自新疆柯坪大湾沟萨尔干组*D. murchisoni*带。

描述：笔石体由两个极其纤细而弯曲的笔石枝组成，并具次生枝。在横过胞管口部处的笔石枝宽度为0.1~0.2mm。胎管和笔石枝始端均未保存。胞管直，为极细长的直管；两个胞管之间相隔1.5mm，胞管长度为宽度的15倍。胞管的口部呈三角形，口片长而弯曲，可达0.65mm。侧枝的形态与主枝相同。

C, F, J. 纤细肯乃笔石 (*Kinnegraptus gracilis* Chen, 1979)。产地和层位同上。C. NIGP 157074 (NJ341)；F. NIGP 157075 (NJ341)；J. NIGP 157076 (NJ341)。
G. 一种翼笔石 (?) (*Pterograptus? sp.*)。产地和层位同上。NIGP 157073 (NJ334)。
线形比例尺：1mm。

武宁笔石属 (Genus *Wuninograptus* Ni, 1991)

模式种：*Wuninograptus quadribrachiatus* Ni, 1981。

特征：多枝的笔石体具均分的侧枝，胎管和胞管均具突出的口片。

四枝武宁笔石 (*Wuninograptus quadribrachiatus* Ni, 1981)

(图6-11D; 6-14A, D–E, H–I)

1981　*Wuninograptus quadribrachiatus* Ni, p. 205, pl. 1, figs. 1, 8; text-fig. 1, figs. 3, 4.

1981　*Wuninograptus erectus* Ni, p. 205, pl. 1, fig. 7; text-fig. 2, fig. 1.

1981　*Wuninograptus tribrachiatus* Ni, p. 206, pl. 1, figs. 5–6; text-fig. 2, fig. 2.

产地及层位：只有少数标本，产自新疆柯坪大湾沟萨尔干组*P. elegans*带至*D. murchisoni*带的黑色页岩中。在*P. elegans*带中，本种与*Archiclimacograptus riddellensis* (Hisinger) 和*Abrograptus formosus* Mu共生。

描述：笔石体由2个一级枝和2个次生枝组成。一级枝（主枝）和次生枝（侧枝）的性质相同，它们都纤细而弯曲，横过管长的宽度为0.10~0.25mm，横过胞管口部的平均宽度为0.65~0.75mm。胎管为细长的管状，长1.25mm，其口部为0.25mm，自胎管顶端有一个1mm长的线管延伸向上。第1个胞管自亚胎管的下部生出，第2个胞管平伸横过胎管，形成典型的直节对笔石式 (*artus* type) 始端发育型式。胎管口部具有舌状构造并向下伸出，此舌状构造如同双笔石类中的胎管刺。当前的一个标本中有一胎管分叉的舌状构造，实际上可能是折断所致。笔者认为，Skoglund (1961) 的胎管和胞管的口部突起 (apertural processes)、Skoglund (1961) 的齿状物 (denticle)、Cooper and Fortey (1982) 的口缘腹侧突起 (ventral projection of the apertural margin)，以及Williams and Stevens (1988) 的口片 (rutellum)，都是同一种构造，当它们压扁保存时形似刺状物，而断折时便如同分叉。

侧枝从主枝的第一对胞管生出。主枝和侧枝上的胞管均细长，口部扩张并具口片，其中最长的一个可伸出口部之外1mm。在5mm长度内有4~5个胞管。

比较：因为笔石枝纤细而弯曲，因此笔石体可保存为不同形态。两个侧枝也可保存为不同方向，因此*Wuninograptus erectus* Ni, 1981和*Wuninograptus tribrachiatus* Ni, 1981均为*W. quadribrachiatus* Ni的同义名。

舌笔石亚目 (Suborder GLOSSOGRAPTINA Jaanusson, 1960)

特征：笔石体始端具有对称的等称笔石式发育型式、围芽式 (pericalycal) 或假围芽式 (pseudopericalycal) 的出芽方式，笔石体呈单肋式 (monopleural) 和有轴笔石式。

讨论：舌笔石类最高的分类单元为超科 (Glossograptacea Lapworth, 1873)，后由Fortey and Cooper (1986) 修订。本文按照Jaanusson (1960) 的原意将其作为亚目 (Glossograptacea Jaanusson, 1960)，但是Fortey and Cooper (1986) 的定义仍然适用。所以，Jaanusson (1960) 的原定义需要修改，因为舌笔石类不包括两分式 (*bifidus*式) 的始端发育型式。穆恩之和詹士高 (1966) 的隐轴亚目 (Axonocrypta) 在本书中不再使用，因为笔者等认为笔石的始端发育型式对于笔石的系统演化关系来说，比笔石枝与线管的排列方式更为重要。Bulman (1970) 接受舌笔石亚目并赋予更为详细的解释，本书接受Bulman (1970) 以及Fortey and Cooper (1986) 的定义。

舌笔石科 (Family GLOSSOGRAPTIDAE Lapworth, 1873, emend. Fortey and Cooper, 1986)
舌笔石亚科 (Subfamily GLOSSOGRAPTINAE Lapworth, 1873)

舌笔石属 (Genus *Glossograptus* Emmons, 1855)

具刺舌笔石 (*Glossograptus acanthus* Elles and Wood, 1908)

(图6-15A)

1908　*Glossograptus acanthus* Elles and Wood, p. 314, pl. 33, fig. 4a–c.

1935　*Glossograptus acanthus* Elles and Wood; Harris and Thomas, p. 302, text-fig. 3, figs. 13–16.

1958　*Glossograptus acanthus* Elles and Wood; Mu and Li, p. 410, text-fig. 15a–c, *non*-fig. 15b.

1962　*Glossograptus acanthus* Elles and Wood; Mu *et al.*, p. 92, pl. 14, figs. 13, 14, 19, 20, *non*-fig. 15–18.

1963　*Glossograptus acanthus* Elles and Wood; Ross and Berry, p. 99, pl. 5, fig. 25–26.

cf. 1979　*Glossograptus acanthus* Elles and Wood; Cooper, p. 81, pl. 15k, text-fig. 65.

1990　*Glossograptus acanthus* Elles and Wood; Ge *et al.*, p. 96, pl. 35, figs. 12, 19.

2000　*Glossograptus acanthus* Elles and Wood; Li *et al.*, p. 127, pl. 27, fig. 1; *non*-pl. 25, fig. 13; pl. 27, fig. 2.

产地及层位：仅有一个保存不完整的标本，产自新疆柯坪大湾沟萨尔干组*D. murchisoni*带的黑色页岩中。

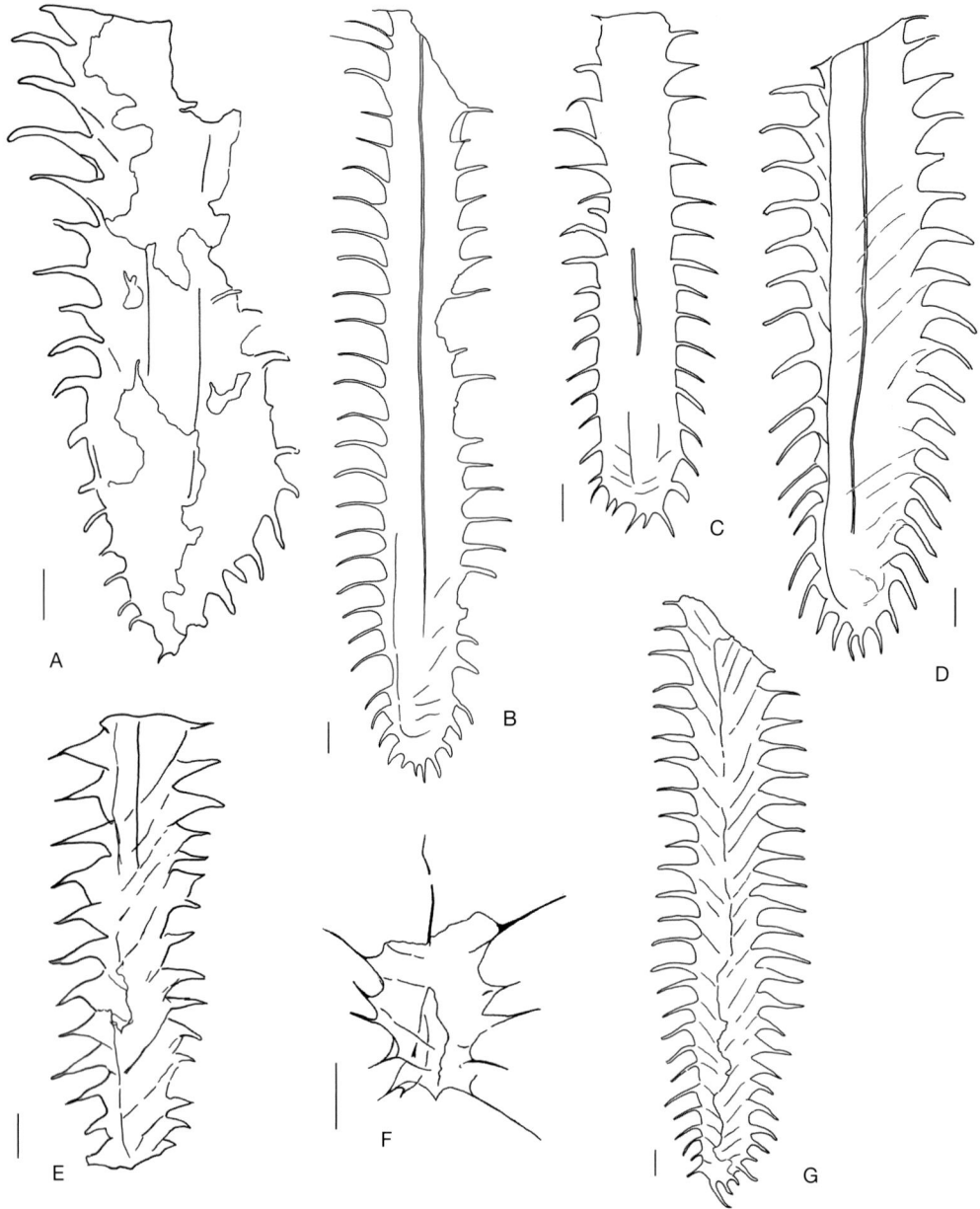

图6-15 三种舌笔石

A. 具刺舌笔石 (*Glossograptus acanthus* Elles and Wood, 1908)。新疆柯坪大湾沟萨尔干组*Didymograptus murchisoni* 带。NIGP 157137 (NJ338)。

B-E, G. 毛边舌笔石 (*Glossograptus fimbriatus* (Hopkinson, 1872))。B-D. 新疆柯坪大湾沟萨尔干组*Didymograptus murchisoni*带。B. NIGP 157141 (NJ352)；C. NIGP 157139 (NJ340)；D. NIGP 157140 (NJ352)。E, G. 内蒙古乌海 大石门克里摩利组上段*Pterograptus elegans*带。E. NIGP 157142 (FG6)；G. NIGP 157143 (FG10)。

F. 毛发舌笔石 (近似种) (*Glossograptus* cf. *ciliatus* Emmons, 1856)。陕西陇县龙门洞龙门洞组*Diplacanthograptus caudatus*带。NIGP 157138 (AFC151a)。

线形比例尺：1mm。

比较： 当前标本与Elles and Wood (1908) 描述的模式标本一致，具有较为尖削的笔石体始部以及粗壮的口刺。笔石体的最大宽度在笔石体的中部，可达4mm。一些被部分中国学者描述为本种的标本 (如穆恩之和李积金，1958，插图156；穆恩之等，1962，图版25，图13；图版27，图2；傅汉英，见湖南地质局，1982，图版287，图2；李积金等，2000，图版25，图13；图版27，图2)，均具有较为圆钝的笔石体始端，因此不属于本种的范围。

毛发舌笔石 (近似种) (*Glossograptus* cf. *ciliatus* Emmons, 1856)

(图6-15F; 6-16E)

cf. 1856　*Glossograptus ciliatus* Emmons, p. 108, pl. 1, fig. 25.

cf. 1859　*Graptolithus spinulosus* Hall, p. 517 with text-fig.

cf. 1908　*Glossograptus ciliatus* Emmons; Ruedemann, p. 379, pl. 26, figs. 1–5; pl. 27, figs. 1–4; text-figs. 324–335.

cf. 1947　*Glossograptus ciliatus* Emmons; Ruedemann, p. 449, pl. 77, figs. 27–40.

cf. 1947　*Glossograptus ciliatus* var. *antennatus* Ruedemann, p. 450, pl. 77, figs. 41–44.

　　1988　*Glossograptus hystrix* Ruedemann; Huang *et al.*, p. 108, pl. 14, fig. 12; pl. 15, fig. 4.

产地及层位： 仅有一个保存笔石体始部的标本，产自陕西陇县龙门洞龙门洞组*Diplacanthograptus caudatus*带的黄灰色页岩中，与*Dicellograptus angulatus* Elles and Wood共生。本种常见于美国纽约州Normanshill页岩 (现改为Mt. Merino组) 的*C. bicornis*带中。本种也见于美国阿肯色州Womble页岩的上部，以及俄克拉荷马州Viola Springs组中 (Ruedemann，1947；Berry，1960)。

描述： 笔石体较细小，始端宽仅1.3mm，但向上迅速增宽。胎管仅见部分出露。第1个胞管 (th1^1) 沿胎管而下，并向下开口。第2个胞管 (th1^2) 也向下生长，但向下向外开口。第2对胞管向上向外生长，并组成单肋式的排列方式 (monopleural arrangement)。胞管为直管状，口部向外生出成对的、强壮的口刺。

毛边舌笔石 (*Glossograptus fimbriatus* (Hopkinson, 1872))

(图6-15B–E, G; 6-16G–H)

1872　*Diplograptus fimbriatus* Hopkinson, p. 506, pl. 12, fig. 8.

1898　*Glossograptus fimbriatus* (Hopkinson); Elles, p. 521, fig. 32.

1908　*Glossograptus fimbriatus* (Hopkinson); Elles and Wood, p. 312, pl. 33, fig. 3a–d.

1962　*Glossograptus fimbriatus* (Hopkinson); Mu *et al.*, p. 93, pl. 16, figs. 1–4.

1963　*Glossograptus hincksii* var. *fimbriatus* (Hopkinson); Ross and Berry, p. 99, pl. 5, figs. 23–24.

1963　*Glossograptus fimbriatus* (Hopkinson); Li, p. 563, pl. 1, figs. 13–14; text-fig. 5a–b.

图6-16 柯坪笔石和舌笔石

A–C, F. 旋翼柯坪笔石 (*Kalpinograptus spiroptenus* Qiao, 1977)。新疆柯坪苏巴什沟萨尔干组*Nemagraptus gracilis*带。A. NIGP 157154 (AFF281)；B. NIGP 157153 (AFF281)；C. NIGP 157156 (AFF281)；F. NIGP 157155 (AFF281)。

D. 辛氏舌笔石 (*Glossograptus hincksii* (Hopkinson, 1872))。新疆柯坪大湾沟萨尔干组*Nemagraptus gracilis*带。NIGP 157151 (NJ367)。

E. 毛发舌笔石 (近似种) (*Glossograptus* cf. *ciliatus* Emmons, 1856)。陕西陇县龙门洞龙门洞组*Diplacanthograptus caudatus*带。NIGP 157138 (AFC151a)。

G–H. 毛边舌笔石 (*Glossograptus fimbriatus* (Hopkinson, 1872))。G. 新疆柯坪大湾沟萨尔干组*Nemagraptus gracilis*带。NIGP 157144 (NJ367)。H. 内蒙古乌海大石门乌拉力克组*Nemagraptus gracilis*带。NIGP 157145 (FG50)。

线形比例尺：1mm。

1982　*Glossograptus fimbriatus macilentus* Fu, p. 445, pl. 286, fig. 18.

1988　*Glossograptus fimbriatus* (Hopkinson); Huang *et al.*, p. 107, pl. 14, fig. 14.

1990　*Glossograptus fimbriatus* (Hopkinson); Ge *et al.*, p. 98, pl. 37, figs. 3–4.

产地及层位：标本产自新疆柯坪大湾沟萨尔干组*D. murchisoni*带至*N. gracilis*带及内蒙古乌海大石门乌拉力克组*N. gracilis*带。此外，尚有一个*Glossograptus* sp. ex gr. *G. fimbriatus* (Hopkinson) 的标本产自上述产地的克里摩利组上段*P. elegans*带。*Glossograptus fimbriatus*在华南广泛分布于达瑞威尔阶至桑比阶下部 (参见本种同异名表)，以及阿拉善 (葛梅钰等，1990) 和柴达木 (穆恩之等，1962) 地区。据Zalasiewicz *et al.* (2009)，本种在英国产自*D. artus*带至*N. gracilis*带。

比较：本种与*G. hinckii*相比，其笔石体宽度更小一点，绝大多数个体的宽度在2mm左右；在10mm长度内，笔石体始部有11~12个胞管，至笔石体末部仅9个胞管。

<h3 style="text-align:center">辛氏舌笔石 (Glossograptus hincksii (Hopkinson, 1872))</h3>

(图6-16D; 6-17A–E)

1872　*Diplograptus hincksii* Hopkinson, p. 507, pl. 12, fig. 9.

1876　*Glossograptus hincksii* (Hopkinson); Lapworth, pl. 2, fig. 57.

1908　*Glossograptus hincksii* (Hopkinson); Elles and Wood, p. 309, pl. 33, fig. 2a–j; text-figs. 205a–c.

1913　*Glossograptus hincksii* (Hopkinson); Hadding, p. 38, Taf. 2, figs. 1–7; text-fig. 17.

1934　*Glossograptus hincksii* (Hopkinson); Hsü, p. 89, pl. 6, fig. 14a–g.

1959　*Glossograptus hincksii* (Hopkinson); Nan and Wu, p. 20, pl. 2, figs. 5–6.

1977　*Glossograptus hincksii* (Hopkinson); Wang *et al.*, p. 321, pl. 99, fig. 2.

1977　*Glossograptus acanthus* Elles and Wood; Wang *et al.*, p. 321, pl. 99, fig. 1.

1981　*Glossograptus hincksii* (Hopkinson); Qiao, p. 217, pl. 83, fig. 16.

1981　*Glossograptus fimbriatus* (Hopkinson); Qiao, p. 218, pl. 83, fig. 21.

1983　*Glossograptus hincksii* (Hopkinson); Ge (in Yang *et al.*, 1983), p. 431, pl. 156, fig. 17.

1988　*Glossograptus hincksii* (Hopkinson); Huang *et al.*, p. 108, pl. 15, fig. 6.

1998　*Glossograptus hincksii* (Hopkinson); Maletz, p. 362, Abb. 7D–E.

2005　*Glossograptus hincksii* (Hopkinson); Ganis, p. 803, fig. 4M–U.

产地及层位：只有少数标本，产自新疆柯坪大湾沟萨尔干组*P. elegans*带至*D. murchisoni*带。本种在*D. murchisoni*带中与*D. jiangxiensis*共生。*G. hincksii*是一个全球广布种，穆恩之 (1974) 曾将此种代表的笔石带作为中国*N. gracilis*带之下的笔石带。

描述：笔石体由两个单肋式排列的笔石枝组成，枝宽均匀，约2mm。胞管具有强壮的口刺，第1对胞管的口部向下向外生出，并具有下垂的口刺。Finney (1977，图 53-57；1978，图 9a–d) 展

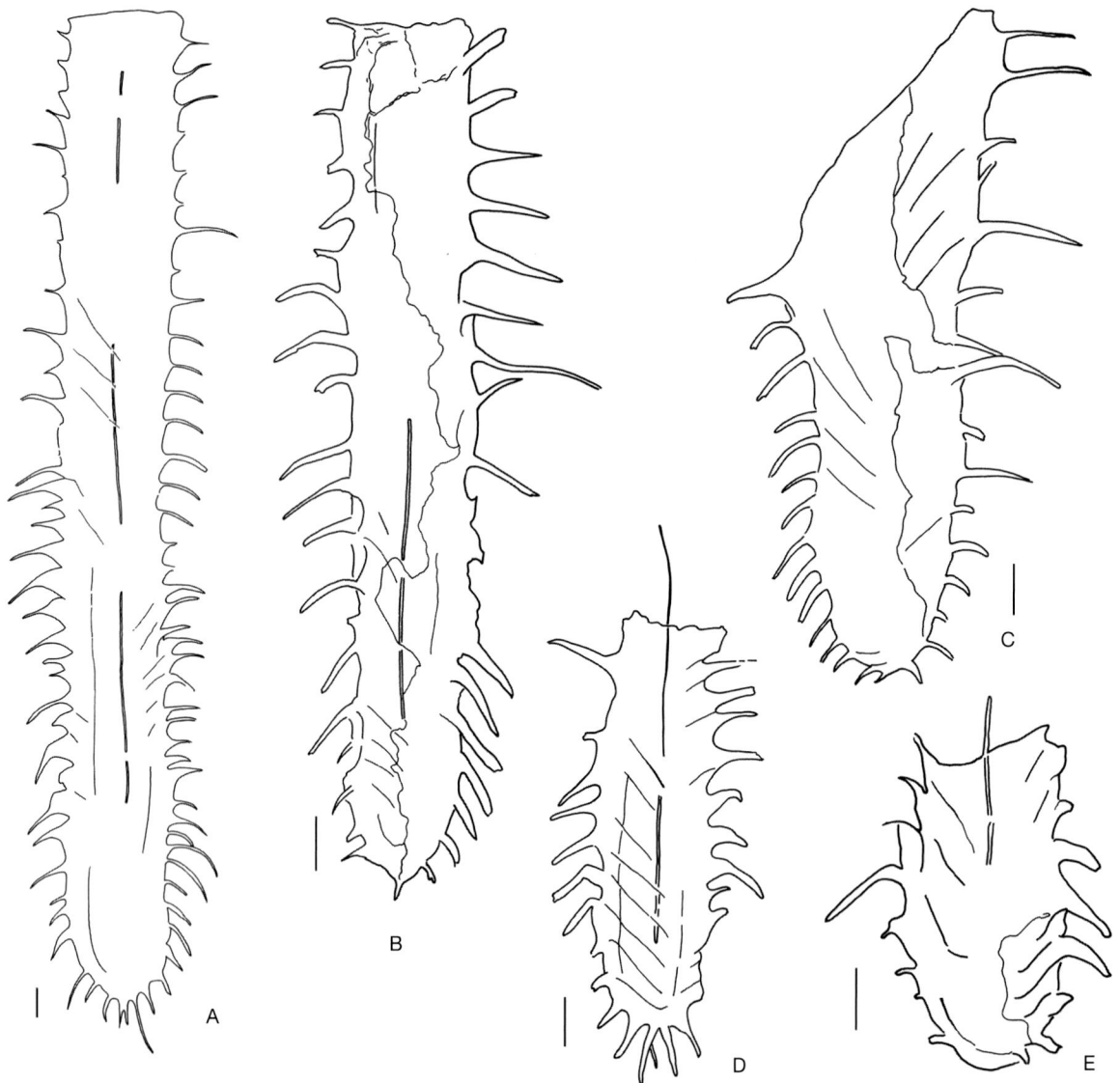

图6-17 辛氏舌笔石 (*Glossograptus hincksii* (Hopkinson, 1872))

A, D–E. 新疆柯坪大湾沟萨尔干组*Didymograptus murchisoni*带。A. NIGP 157150 (NJ353)；D. NIGP 157148 (NJ337)；
E. NIGP 157149 (NJ352)。B, C. 同前产地*Pterograptus elegans*带。B. NIGP 157146 (NJ308)；C. NIGP 157147
(NJ308)。
线形比例尺：1mm。

示了本种的胎管具有一个长的胎管刺，其两侧各有一个反胎管刺，这一特征在当前塔里木的标本中也有清楚显示 (图6-17D)。笔石体的单肋式排列体现在一侧的胞管间壁线超过笔石体中部，而这种排列方式最早由Jaanusson (1960，插图1) 称为双肋式 (dipleural)，后来由穆恩之和詹士高 (1966，图1) 改正为单肋式 (monopleural)。

胞管为简单的直管，并具有强壮的口刺。笔石体始部在10mm长度内有13~14个胞管，至末部仅10个胞管。

柯坪笔石亚科 (Subfamily KALPINOGRAPTINAE (Qiao, 1977))

特征：笔石体始端为强烈的围芽式出芽方式，具剑柄构造 (manubrium)。胞管在笔石体始端两侧做螺旋状旋转。胞管为舌笔石式并具延伸的口片。

比较：柯坪笔石属 (*Kalpinograptus*) 和柯坪笔石科 (Kalpinograptidae) 均由乔新东 (1977) 建立，并为葛梅钰 (见穆恩之等，2002) 所引用。Cooper and Ni (1986) 认为柯坪笔石是假等称笔石 (*Pseudisograptus*) 的姊妹群，并认为剑柄构造和假围芽出芽方式均是它与等称笔石类和舌笔石类共享的特征。此外，柯坪笔石的胎管还具有一个长的口片和两个短的侧刺，第1个胞管 (th1^1) 由原胎管生出 (Finney，1978；Maletz and Mitchell，1996)。这些特征都指出柯坪笔石类和舌笔石类相近。必须指出的是，这些构造和系统演化上的关系都与乔新东 (1977) 和葛梅钰 (见穆恩之等，2002) 所强调的不同。我们把柯坪笔石 (*Kalpinograptus* Qiao, 1977) 和开舌笔石 (*Apoglossograptus*, Finney, 1978) 结合成一个新的亚科，即柯坪笔石亚科 (Kalpinograptinae)，它与假等称笔石亚科 (Pseudisograptinae) 是姊妹群 (Cooper and Ni，1986)。

柯坪笔石属 (修订) (Genus *Kalpinograptus* Qiao, 1977, emend.)

特征 (修订)：笔石体由两个上斜的笔石枝组成，始端具剑柄构造及高度发育的围芽式出芽方式。第1个胞管由原胎管生出。始端胞管螺旋状排列，并突出于笔石体正反两面。胎管和胞管均为直管，口部延伸并生出口片。

旋翼柯坪笔石 (*Kalpinograptus spiroptenus* Qiao, 1977)

(图6-16A–C, F; 6-18A–E)

1977   *Kalpinograptus spiroptenus* Qiao, p. 290, pl. 1, figs. 1–5; text-figs. 5a–c, 6a–b.

1981   *Kalpinograptus mirabilis* Qiao, p. 229, pl. 84, figs. 2–3.

产地及层位：只有少量标本，产自新疆柯坪苏巴什沟萨尔干组，与*Dicellograptus exilis* Elles and Wood共生。

描述：笔石体小，长6mm、宽5mm；两个上斜的笔石枝向上伸出，其间有一个250°的夹角；笔石枝短，自始端向末端，枝宽迅速由2.0mm减至0.8mm。

胎管为细而长的直管，长达5.0mm，口部宽0.3~0.4mm，具有一个短小的胎管刺和一个反胎管刺。第1枝的第1个胞管 (th1^1) 自原胎管生出，沿胎管壁向下，至胎管口部向外向下伸出，其口部向下开口。第2枝的第1个胞管 (th1^2) 从th1^{1}的原胞管生出，横过胎管并沿胎管向外向下伸出，其口部也向下开口。胎管口部大都被掩盖。th1^{2}是双芽胞管，与大多数假等称笔石类相同，因此柯坪笔石具有等称笔石式的始端发育型式。第2对胞管 (th2^{1}和th2^2) 从各自的母胞管生出，互相对应沿顺时针方向旋转。在当前的立体标本 (图6-16F和图6-18D) 中明显地展示了笔石体的始端。如同Maletz and Mitchell (1996，p.642) 描述的那样，th1^2 (双芽胞管) 和th2^{1}各自向两侧对应生出，并覆盖了胎管和th1^{1}的大部分。th1^{2}和th2^{1}在它们各自的口部作"L"形向外弯曲伸出。th1^{2}和th2^{1}的腹缘如同Maletz and Mitchell (1996) 所示，具有香蕉笔石式构造 (arienigraptid structure)。

在两个笔石枝上，其后的胞管均从各自的母胞管的左侧生出，并依次旋转向上。该笔石体始部的6对胞管彼此叠复，形成"V"形的笔石体始部。这些螺旋排列的胞管始部使得笔石体在正反两面都已膨大加厚。这种特殊的构造实际上是一种高度发展的围芽式发育型式 (pericalycal mode of development)，使笔石体的始端形成锥形剑柄构造。从第8对胞管开始，两列胞管由各自的胞管向外、向上生成，构成笔石体两个分开的笔石枝。

胞管为直管状，口部扩大，其腹侧具狭长的口部突出物。由于原胞管发育，因此笔石枝的背缘成波状起伏。

开舌笔石属 (修订) (Genus *Apoglossograptus* Finney, 1978, emend.)

特征 (修订)：笔石体两枝上斜，具假围芽式 (pseudopericalycal) 的始端发育型式；胞管为直管状并具舌笔石式口尖。

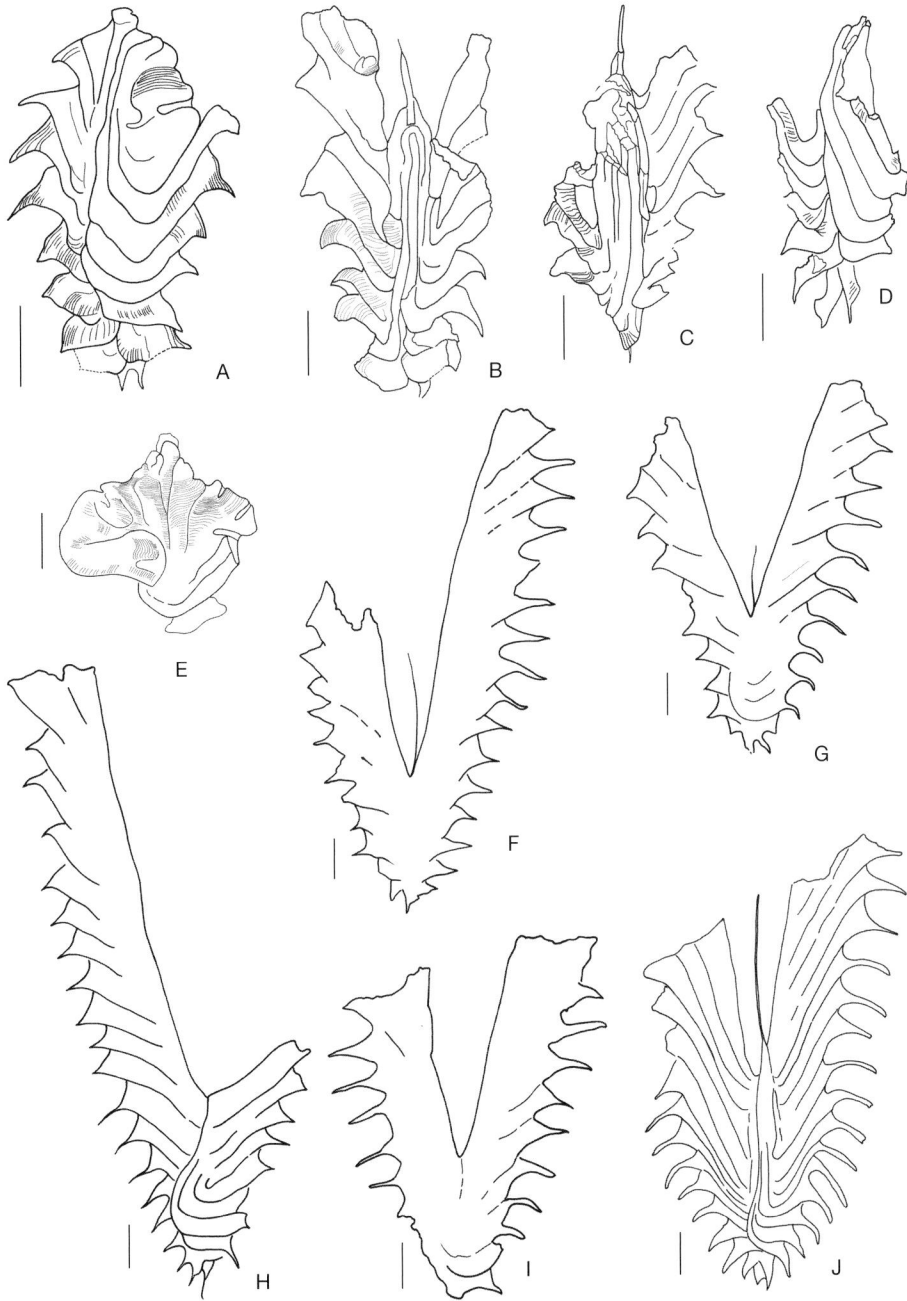

图6-18　柯坪笔石和开舌笔石

A–E. 旋翼柯坪笔石 (*Kalpinograptus spiroptenus* Qiao, 1977)。新疆柯坪大湾沟萨尔干组*Nemagraptus gracilis*带。A. NIGP 157152 (AFF281)；B. NIGP 157153 (AFF281)；C. NIGP 157154 (AFF281)；D. NIGP 157155 (AFF281)；E. NIGP 157156 (AFF281)。

F–J. 均一开舌笔石(新种) (*Apoglossograptus uniformis* Chen (sp. nov.))。F–I. 新疆柯坪大湾沟萨尔干组*Pterograptus elegans*带。F. NIGP 157159 (NJ308)；G. NIGP 157161 (NJ308)；H. NIGP 157157 (NJ308)；I. NIGP 157160 (NJ308)。J. 内蒙古乌海大石门剖面乌拉力克组*Nemagraptus gracilis*带。NIGP 157162 (FG50)。

线形比例尺：1mm。

均一开舌笔石 (新种) (*Apoglossograptus uniformis* Chen (sp. nov.))

(图6-18F–I, J; 6-19A–C)

1947 *Isograptus caduceus* var. *armatus* Ruedemann, p. 352, pl. 57, figs. 22–23, *non*-figs. 20–21, 24–25.

?1947 *Isograptus lyra* Ruedemann, p. 353, pl. 57, figs. 45–46, *non*-figs. 43–44, 47.

1978 *Apoglossograptus lyra* (Ruedemann); Finney, p. 489, figs. 7, 8.

1985 *Isograptus lyra* Ruedemann; Lenz and Chen, pl. 1, figs. 2–3, 10.

2002 *Kalpinograptus ovatus* (T.S. Hall); Ge (in Mu *et al.*, 2002), p. 369, pl. 106, figs. 3, 4, 8.

名称来源：*uniformis*，拉丁文，"均一"，表示笔石枝宽度均匀稳定。

正模标本：NIGP 157162(图6-18J；6-19C)。

产地及层位：少数压扁标本。正模标本产自内蒙古乌海大石门*N. gracilis*带，副模标本产自新疆柯坪大湾沟萨尔干组*P. elegans*带。

描述：笔石体由两个长而均宽的笔石枝组成，枝宽为2.2mm (不计胞管口尖在内)。胎管长而窄，长达6mm而宽仅0.5mm，线管延伸至胎管顶端之外3.6mm。第1对胞管沿胎管向下然后转曲向外，在胎管两侧对称发育。在正模标本上的第2枝的第1个胞管 (th1^2) 从th1^{1}的右侧生出，具等称笔石的右旋式 (dextral) 的生长方式 (Cooper and Fortey，1982)。

在正模标本上，围芽式的出芽方式显示了前7对胞管始部在它们转曲向外向上之前相互重叠，但它们并不旋转而构成锥形的笔石体始部，因此也不像柯坪笔石那样始端向外突出。它们的第1对胞管具有香蕉笔石式 (arienigraptid) 的生长排列方式，而从第8对胞管开始，胞管向上伸出，掩盖很少。因此，笔石体的双列部分计有12对胞管，长达4.3mm。

胞管为舌笔石式的直管状，并具强壮的口刺，胞管间的掩盖部分为4/5，单列部分胞管的倾角为20°左右。

比较：本新种与*Kalpinograptus lyra* (Ruedemann) 在笔石体的一般形态上相似。*K. lyra* (Ruedemann) 的正模标本 (Ruedemann，1947，图版57，图43-44) 和一个副模标本 (Ruedemann，1947，图版57，图47) 具有等称笔石式的始端发育型式，而不是围芽式的出芽生长方式；另一个副模标本 (Ruedemann，1947，图版57，图45-46) 却与本种相似，但其始端的图解并不清楚。

隐笔石亚科 (Subfamily CRYPTOGRAPTINAE (Hadding, 1915))

讨论：Bulman (1970) 在编写笔石专论第二版时，引用了Hadding对隐笔石科的定义，但是Hadding对隐笔石的始端发育型式并未论述。后来Bulman (1944，p.30) 在他本人的古生物专论中论及了隐笔石的始端发育，当时他提出隐笔石胎管口部曾被一线索围绕 (Bulman，1944，插图15，图版2，图1a–b, 2a–b)；在他的胞管图解中，这一线索构造显示在图版2图8中。Strachan (1985，p.152) 将之解释为胎管刺基部的环状构造。

Finney (1978) 基于*C. tricornis*和*C. marcidus*的孤立标本，提出两种隐笔石始端发育型式：第一种 (Finney，1978，图6B) 是舌笔石式的始端发育型式；第二种是不同于舌笔石式的独特类型 (Finney，1978，图6A或C)。Maletz and Mitchell (1996，图7.1–7.2) 基于Bulman (1944) 和Strachan (1985) 对隐笔石始端胞管的排列以及其始端幼枝 (即线索或环状构造)，展示了*Cryptograptus insectiformis*和*C. tricornis*始部胞管出芽方式的复原图；他们认为隐笔石的始端发育型式绝大部分与舌笔石相同。据此，本书将隐笔石亚科置于舌笔石科之下。

隐笔石属 (Genus *Cryptograptus* Lapworth, 1880)

比较：笔石体始端的大网构造，在当前标本中也可见及 (图6-19G，NIGP 157174)。

北方隐笔石 (*Cryptograptus arcticus* Obut and Sobolevskaya, 1964)
(图6-20A)

1964　*Cryptograptus arcticus* Obut and Sobolevskaya, p. 70, Talf. 14, fig. 6.

1990　*Cryptograptus arcticus* Obut and Sobolevskaya; Ge, Zheng and Li, p. 105, pl. 40, figs. 1–15, 17–20; pl. 45, fig. 15.

产地及层位：仅有一个标本，产自内蒙古乌海大石门克里摩利组上段*P. elegans*带。本种在宁夏同心的克里摩利组上段至乌拉力克组以及甘肃环县龙门洞组中也已发现 (葛梅钰等，1990)。

比较：本种在笔石体一般特征，特别是笔石体始端具有3个底刺等特征上，与*C. tricornis*相似，但本种在侧面保存状态下具有更多的栅笔石式胞管。

细刺隐笔石 (*Cryptograptus gracilicornis* (Hsü, 1934))
(图6-20F)

1934　*Climacograptus*? *gracilicornis* Hsü, p. 71, pl. 5, fig. 11a–i.

图6-19 开舌笔石、棒笔石、隐笔石和棍笔石

A–C. 均一开舌笔石 (新种) (*Apoglossograptus uniformis* Chen (sp. nov.))。新疆柯坪大湾沟萨尔干组*Pterograptus elegans*带。A. NIGP 157161 (NJ308)；B. NIGP 157160 (NJ308)。C. 内蒙古乌海大石门剖面乌拉力克组*Nemagraptus gracilis*带。NIGP 157162 (FG50)。

D. 纤细棒笔石 (*Corynoides gracilis* Hopkinson, 1872)。内蒙古乌海公乌素公乌素组*Climacograptus bicornis*带。NIGP 157179 (AFC250)。

E–G. 三刺隐笔石 (*Cryptograptus tricornis* (Carruthers, 1859))。E. 内蒙古乌海大石门克里摩利组上段*Pterograptus*

1983 *Cryptograptus gracilicornis* (Hsü); Li (in Yang *et al.,* 1983), p. 430, pl. 156, fig. 6.

产地及层位： 仅有一个保存不良的标本，产自内蒙古乌海大石门克里摩利组上段*Crypto-graptus gracilicornis*层中。本种的模式标本产自皖南宁国*Climaograptus? gracilicornis*带 (Hsü，1934)，相当于*A. ellesae*带。

比较： 当前标本与本种的模式标本特征一致，以均宽的笔石体 (宽1.5mm) 和粗壮的底刺作为特征。

<h3 style="text-align:center">凋萎隐笔石 (Cryptograptus marcidus (Hall, 1859))</h3>

(图6-19H; 6-20B, E)

1859 *Graptolithus marcidus* Hall, p. 514, figs. 1, 2.

1908 *Cryptograptus marcidus* (Hall); Ruedemann, p. 445, text-fig. 410.

1978 *Cryptograptus marcidus* (Hall); Finney, p. 486, figs. 5, 6B.

1990 *Cryptograptus marcidus* (Hall); Ge *et al.*, p. 106, pl. 40, figs. 21–23; pl. 42, figs. 1, 5, 10–14.

产地及层位： 仅有一个保存不良的标本，产自新疆阿克苏四石场萨尔干组*P. elegans*带；另有两个标本产自内蒙古乌海大石门*D. murchisoni*带，与*D. jiangxiensis* Ni共生。此外，葛梅钰等 (1990) 还描述了宁夏同心*D. murchisoni*带和甘肃环县*N. gracilis*带中的本种标本。

描述： 当前材料中笔石体特征与模式标本中的基本相同。葛梅钰等 (1990) 对本种的描述如下："笔石体长达12.5mm，笔石体始部的最大宽度为1.5mm，此宽度至笔石体末部减至1.2mm。线管直，可延伸至笔石体末端之外11.0mm，在少数标本中线管为囊膜所包裹。胎管未出露，但可见有向下垂伸的1.0mm长的胎管刺。第1对胞管从胎管两侧水平分出，其后的胞管向外向上生出，并保持它们的口部在对应的水平上。胞管的口部宽约0.9mm，在10.0mm长度内有13个胞管。"

比较： 当前的标本明显地展示了笔石枝的单肋式排列方式 (monopleural)，以及两列侧靠重叠

---

*elegans*带。NIGP 157176 (FG21)。F. 新疆阿克苏四石场萨尔干组*Nemagraptus gracilis*带。NIGP 157177 (AFT-X-509)。G. 新疆柯坪苏巴什沟萨尔干组*Nemagraptus gracilis*带。NIGP 157174 (AFF283)。

H. 凋萎隐笔石 (*Cryptograptus marcidus* (Hall, 1859))。内蒙古乌海大石门克里摩利组上段*Didymograptus murchisoni*带。NIGP 157167 (FG24)。

I. 矮小棍笔石 (新种) (*Corynites nanus* Chen (sp. nov))。甘肃平凉官庄平凉组*Nemagraptus gracilis*带。NIGP 157180 (AFC33)。

线形比例尺：1mm。

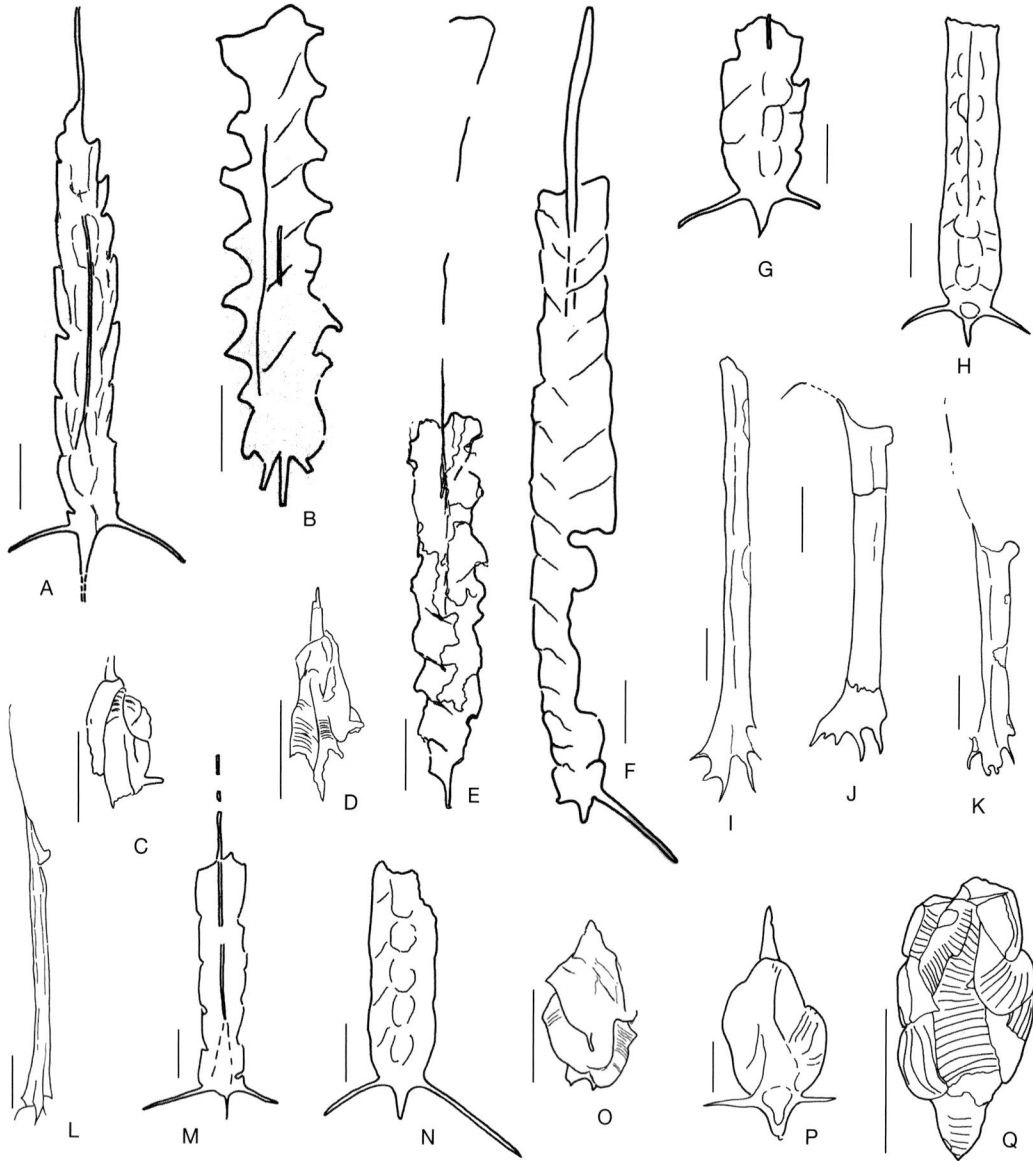

图6-20　几种隐笔石、棒笔石和棍笔石

A. 北方隐笔石(*Cryptograptus arcticus* Obut and Sobolevskaya, 1964)。内蒙古乌海大石门克里摩利组上段*Pterograptus elegans*带。NIGP 157072 (FG18)。

B, E. 凋萎隐笔石(*Cryptograptus marcidus* (Hall, 1859))。B.内蒙古乌海大石门克里摩利组上段*Didymograptus murchisoni*带。NIGP 157166 (FG24)。E. 新疆阿克苏四石场萨尔干组*Pterograptus elegans*带。NIGP 157165 (AFT-X-501)。

C–D, G–H, M–Q. 三刺隐笔石(*Cryptograptus tricornis* (Carruthers, 1859))。C–D, P. 新疆苏巴什沟剖面萨尔干组*Nemagraptus gracilis*带。C. NIGP 157172 (AFF283)；D. NIGP 157173 (AFF283)；P. NIGP 157171 (AFF283)。G, N. 新疆柯坪大湾沟萨尔干组*Didymograptus murchisoni*带。G. NIGP 157168 (NJ330)；N. NIGP 157169 (NJ356)。H. 同上产地的*Jiangxigraptus vagus*带。NIGP 157170 (NJ361)。M. 内蒙古乌海克里摩利组上段*Pterograptus elegans*带。NIGP 157176 (FG21)。O. 陕西陇县段家峡水库桑比阶至凯迪阶下部龙门洞组。NIGP 157175 (AFC200)。Q. 甘肃平凉官庄平凉组*Nemagraptus gracilis*带。NIGP 157686 (AFC2i)。

排列的胞管。胞管为直笔石式的直管，并具有明显的口刺。

三刺隐笔石 (*Cryptograptus tricornis* (Carruthers, 1859))

(图6-19E–G; 6-20C–D, G–H, M–Q)

1859　*Diplograptus tricornis* Carruthers, p. 25.

1880　*Cryptograptus tricornis* (Carruthers); Lapworth, p. 171.

1908　*Cryptograptus tricornis* (Carruthers); Ruedemann, p. 443, pl. 28, figs. 1–4.

1908　*Cryptograptus tricornis* (Carruthers); Elles and Wood, p. 296, pl. 32, fig. 12a–d.

1913　*Cryptograptus tricornis* (Carruthers); Hadding, p. 40, pl. 2, figs. 13a–b, 14a–b.

1915　*Cryptograptus tricornis* (Carruthers); Hadding, p. 325, pl. 6, fig. 15.

1934　*Cryptograptus tricornis* (Carruthers); Hsü, p. 87, pl. 6, fig. 13a–m.

1944　*Cryptograptus tricornis* (Carruthers); Bulman, p. 29, pl. 2, figs. 1–8; text-figs. 14–17.

1959　*Cryptograptus tricornis* (Carruthers); Hsü, p. 171, pl. 5, figs. 11–12.

1962　*Cryptograptus tricornis* (Carruthers); Mu *et al.*, p. 91, pl. 13, figs. 15–20; pl. 14, figs. 1–7.

1977　*Cryptograptus tricornis* (Carruthers); Wang *et al.*, p. 320, pl. 98, fig. 2.

1981　*Cryptograptus* cf. *tricornis* (Carruthers); Qiao, p. 216, pl. 83, fig. 13.

1981　*Cryptograptus tricornis magnus* Qiao, p. 217, pl. 83, fig. 11.

1983　*Cryptograptus tricornis insectiformis* Ruedemann; Ni (in Yang *et al.*, 1983), p. 431, pl. 156, fig. 8.

1988　*Cryptograptus tricornis* (Carruthers); Huang *et al.*, p. 103, pl. 13, figs. 8–9.

1988　*Cryptograptus tricornis insectiformis* Ruedemann; Huang *et al.*, p. 103, pl. 13, figs. 10–11.

1988　*Cryptograptus tricornis stenus* Huang, Xiao and Xia, p. 103, pl. 14, figs. 1–2.

1988　*Cryptograptus tricornis tumidicaulus* Huang, Xiao and Xia, p. 104, pl. 13, fig. 12.

2001　*Cryptograptus tricornis* (Carruthers); Rushton, p. 48, fig. 3a–c.

2002　*Cryptograptus tricornis* (Carruthers); Mu *et al.*, p. 475, pl. 137, figs. 12–14.

2002　*Cryptograptus tricornis insectiformis* Ruedemann; Mu *et al.*, p. 475, pl. 137, figs. 15–16.

2006　*Cryptograptus tricornis* (Carruthers); Chen *et al.*, fig. 5B–D.

产地及层位：当前标本普遍见于新疆柯坪大湾沟萨尔干组*D. murchisoni*带和柯坪苏巴什

F. 细刺隐笔石(*Cryptograptus gracilicornis* (Hsü, 1934))。内蒙古乌海大石门克里摩利组下段*Cryptograptus gracilicornis*层。NIGP 157164 (FG4)。

I, L. 纤细棒笔石(*Corynoides gracilis* Hopkinson, 1872)。I. 甘肃平凉官庄附近平凉组*Climacograptus bicornis*带。NIGP 157178 (AFC80)。L. 内蒙古乌海公乌素剖面公乌素组*Climacograptus bicornis*带。NIGP 157179 (AFC250)。

J–K. 矮小棍笔石(*Corynites nanus* Chen (sp. nov))。甘肃平凉官庄平凉组*Nemagraptus gracilis*带。J. NIGP 157181 (AFC39)；K. NIGP 157180 (AFC33)。

线形比例尺：1mm。

沟萨尔干组*Nemagraptus gracilis*带，并在苏巴什沟与*Pseudazygograptus incurvus* (Ekström) 和 *Proclimacograptus angustatus* (Ekström) 共生。本种在阿克苏四石场的萨尔干组黑色页岩中见于*N. gracilis*带，并与*Pseudoclimacograptus scharenbergi* (Lapwnth) 和*P. stenostoma* (Bulman) 共生。本种还见于陕西陇县段家峡*D. caudatus*带，代表了本种的未现层位。在内蒙古乌海大石门，本种见于克里摩利组*C. gracilicornis*层至*D. murchisoni*带，并与*Didymogratus* sp. ex gr. *murchisoni* (Beck) 和 *Mimograptus tenuis* Chen (sp. nov.) 共生。

本种在中国广布于柴达木 (穆恩之等，1962)、安徽 (Hsü，1934)、湘中 (汪啸风等，1977)、江西武宁 (杨达铨等，1983) 以及江西崇义—永新 (黄枝高等，1988)。在浙江常山黄泥塘达瑞威尔阶层型剖面中见于*A. ellesac*带顶部至*P. elegans*带 (Chen et al.，2006)。

讨论： 当前所有标本都是幼年体。前3个胞管的特征指示了两列胞管呈单肋式排列。

棒笔石科 (Family CORYNOIDIDAE Bulman, 1944)

棒笔石属 (Genus *Corynoides* Nicholson, 1867)

纤细棒笔石 (*Corynoides gracilis* Hopkinson, 1872)

(图6-19D; 6-20I, L)

1872　*Corynoides gracilis* Hopkinson, p. 502, pl. 12, fig. 1.

1908　*Corynoides gracilis* Hopkinson; Ruedemann, p. 237, pl. 13, figs. 2, 12, 15, 16.

1947　*Corynoides gracilis* Hopkinson; Ruedemann, p. 361, pl. 58, figs. 34–37a.

1982　*Corynoides gracilis* Hopkinson; Mu et al., p. 303, pl. 75, figs. 14–16.

1982　*Corynoides gracilis* var. *maximus* Ruedemann; Fu, p. 431, pl. 281, fig. 14.

1982　*Corynoides ultimus* Ruedemann, Fu, p. 431, pl. 281, figs. 2–4.

1988　*Corynoides gracilis* Hopkinson; Huang et al., p. 74, pl. 3, fig. 11.

产地及层位： 一个压扁的标本，产自甘肃平凉官庄平凉组*C. bicornis*带，另外的立体标本则产自内蒙古乌海公乌素公乌素组。此外，本种在与湖南祁东白马冲组相当的层位中也有出现 (刘义仁和傅汉英，1985)，还见于江西崇义陇溪组中 (黄枝高等，1988)。

描述： 笔石体细小，仅由一个胎管和前两个完整的胞管组成。第3个胞管的始部刚从其母胞管生出向下，其开口处略有扩张。胎管长5.5~8.3mm，口部宽0.1~0.3mm，具有胎管刺和一个反胎管刺。第1个胞管从原胎管顶部生出，并具有和胎管相同的长度，向下生出一胞管口刺。第2个胞管沿第1个胞管向下生长，但其长度较之略短一些。Bulman (1944，p.24) 认为本种的胞管与胎管并无本质的差别。第3个 (最后的) 胞管扩展的口部就是笔石体生长的终结。

<h2 style="text-align:center">棍笔石属 (Genus Corynites Kozłowski, 1956)</h2>

<h3 style="text-align:center">矮小棍笔石 (Corynites nanus Chen (sp. nov.))</h3>

(图6-19I; 6-20J–K)

名称来源：*nanus*，拉丁文，意为矮小如同侏儒，形容笔石体十分短小。

正模标本：NIGP 157180 (图6-19I)。

产地及层位：共有3个标本，产自甘肃平凉官庄*N. gracilis*带，与*Dicellograptus ultilis* Chen (sp. nov.) 共生。

描述：笔石体由胎管、第1个胞管和第2个胞管的始部组成。胎管长4.7mm，其口部扩张，宽0.3mm，代表了变形的口缘。线管长。第1个胞管由胎管近顶端生出，并向下伸出，至口部略有扩张。

比较：本种在中国第一次出现，也是除波兰之外的唯一代表，它与*Corynites wyszogradensis* Kozłowski, 1956的不同之处在于其笔石体十分短小。

有轴亚目 (Suborder AXONOPHORA Frech, 1897, emend. Maletz *et al.*, 2009)

双笔石次目 (Infraorder DIPLOGRAPTOIDEA Lapworth, 1880, emend. Štorch *et al.*, 2011)

双头笔石超科 (Superfamily DICRANOGRAPTACEA Lapworth, 1873, emend. Mitchell *et al.*, 2007)

特征：单列或单列—双列上攀的双笔石类。早期胞管具腹刺，胞管口部内转或呈叶片状，始端发育型式为A型 (Mitchell，1987)。

描述：笔石体呈单列或单列—双列上攀形态。由两个水平至上斜或部分攀合的笔石枝组成。它有3个横管，第1枝的第2个胞管 (th2^1) 为双芽胞管。由此派生的一些分类单元具次生枝或幼枝 (如*Nemagraptus*、*Amphigraptus*、*Pleurograptus*和*Tangyagraptus*)，或丢失第2枝 (如*Pseudazygograptus*)。胎管的口缘两端为成对的腹侧凹口 (ventral notches)，其间，胎管口缘则相应作成对的口片状外突。第1对胞管 (th1^{1}和th1^2) 近口部生出腹刺，其后的胞管中也可有腹刺。胞管口部内转，孤立，具原胞管褶。在胞管褶间，纺锤层为不整合接触。始端发育型式为A型 (Mitchell，1987)。

组成分类单元：*Dicranograptus* Hall、*Nemagraptus* Emmons、*Dicellograptus* Hopkinson (=*Leptograptus* Lapworth)、*Jiangxigraptus* Yu and Fang、*Ningxiagraptus* Ge、*Pleurograptus* Nicholson、*Amphigraptus* Lapworth、*Syndyograptus* Ruedemann、*Diceratograptus* Mu、*Tangyagraptus* Mu和*Pseudazygograptus* Mu, Lee and Geh。

双头笔石科 (Family DICRANOGRAPTIDAE (Lapworth, 1873))

双头笔石属 (Genus *Dicranograptus* Hall, 1865)

模式种：*Dicranograptus ramosus* Hall, 1865, p. 112, pl. A, fig. 18.

特征：由双列—单列的两个上斜笔石枝组成的双笔石类，具有A型始端发育型式 (Mitchell，1987)。双列部分的笔石体始端具有波状弯曲的中隔壁。胎管直立于两枝的中央。第1枝的第1个胞管 (th1^1) 由胎管较下部生出，第1对胞管 (th1^{1}和th1^2) 成"U"形；腹刺近胞管口部，胞管口部内转孤立，具原胞管褶。

短茎双头笔石 (*Dicranograptus brevicaulis* Elles and Wood, 1904)
(图6-21C–E, H–J; 6-22A–B, G)

1904	*Dicranograptus brevicaulis* Elles and Wood, p. 168, pl. 24, fig. 3a–d; text-fig. 105.
1960	*Dicranograptus brevicaulis* Elles and Wood; Berry, p. 77, pl. 15, fig. 2.
1963a	*Dicranograptus brevicaulis* Elles and Wood; Geh, p. 84, pl. 2, figs. 2–4; text-fig. 6a.
1963b	*Dicranograptus brevicaulis* var. *yangtzensis* Lee and Geh in (Geh, 1963a), p. 85, pl. 2, figs. 5–10; text-fig. 6b.
1976	*Dicranograptus brevicaulis* Elles and Wood; Tzaj, p. 22, pl. 2, figs. 6–8.

1977　*Dicranograptus brevicaulis* Elles and Wood; Wang *et al.*, p. 314, pl. 96, fig. 9.

1981　*Dicranograptus subashiensis* Qiao, p. 234, figs. 17, 21.

1982　*Dicellograptus moffatensis* var. *alabamensis* Ruedemann; Fu, p. 435, pl. 282, fig. 10.

1982　*Dicranograptus brevicaulis* Elles and Wood; Fu, p. 440, pl. 284, fig. 15.

1984　*Dicranograptus brevicaulis* Elles and Wood; Li, p. 463, pl. 183, fig. 1.

1986　*Dicranograptus brevicaulis* Elles and Wood; Strachan, p. 32, pl. 5, fig. 2.

1988　*Dicranograptus brevicaulis* Elles and Wood; Huang *et al.*, p. 98, pl. 12, figs. 1–2.

1988　*Dicranograptus clingani* Carruthers; Huang *et al.*, p. 98, pl. 12, figs. 3–4.

1988　*Dicranograptus clingani concinnus* Huang, Xiao and Xia, p. 98, pl. 12, fig. 5.

1988　*Dicranograptus clingani micrus* Huang, Xiao and Xia, p. 99, pl. 12, figs. 6–7.

1989　*Dicranograptus brevicaulis* Elles and Wood; Hughes, p. 33, pl. 2, figs. a, e; text-fig. 19b.

1990　*Dicranograptus brevicaulis* Elles and Wood; Ge *et al.*, p. 91, pl. 32, figs. 1, 4, 9.

1991　*Dicranograptus brevicaulis* Elles and Wood; Ni, p. 75, pl. 20, figs. 4, 5, 7; text-fig. 8g.

产地及层位： 当前标本为压扁的薄膜标本，产自甘肃平凉官庄平凉组和陕西陇县龙门洞龙门洞组的*Nemagraptus gracilis*带至*Climacograptus bicornis*带。在龙门洞，*D. brevicaulis*可上延至*C. bicornis*带以上的龙门洞组上部。本种在内蒙古乌海大石门产自乌拉力克组的*N. gracilis*带。

*Dicranograptus brevicaulis*是一个全球广布种，并在*N. gracilis*带和*C. bicornis*带中较为常见。本种在中国产自不同块体的相同层位中，如西北的新疆柯坪大湾沟 (乔新东，1981) 以及甘肃彭阳和环县 (葛梅钰等，1990)、华南扬子地台的湖北宜昌 (葛梅钰，1963a；李积金，1984)、江南斜坡带的江西武宁 (倪寓南，1991)、珠江盆地的祁东和崇义 (傅汉英，1982；黄枝高等，1988)。

描述： 笔石体由始部5对胞管组成的短小的双列攀合部分和其后两个长的单列枝组成。双列部分宽0.85~1.10mm (横过第4对胞管口部)，单列部分的宽度由0.7mm开始，向上达到最大宽度1.3mm。胎管的平均长度为0.7mm。胎管口部较窄，为0.2~0.3mm。

第1个胞管 (th1^1) 生出后沿胎管向下至胎管口部转曲向外，然后向上转曲，并在转曲处生出腹刺。第2个胞管 (th2^1) 由第1个胞管的左侧生出，向下横过胎管然后转曲向上成"U"形，中隔壁完整并略有弯曲。笔石体双列部分胞管的膝角明显，膝上腹缘微向外凸，膝下腹缘直。胞管口部强烈内转，并具有窄而深的口穴。笔石体双列部分的胞管以及单列部分开始时的胞管，均具有腹刺。两个单列枝之间的夹角为60°。

比较： 当前的标本与本种的模式标本相比较，胞管的排列较紧密。在标本 (NIGP 157187) 上，两胞管重复距离测量 (2TRD) 如表6-1所示。

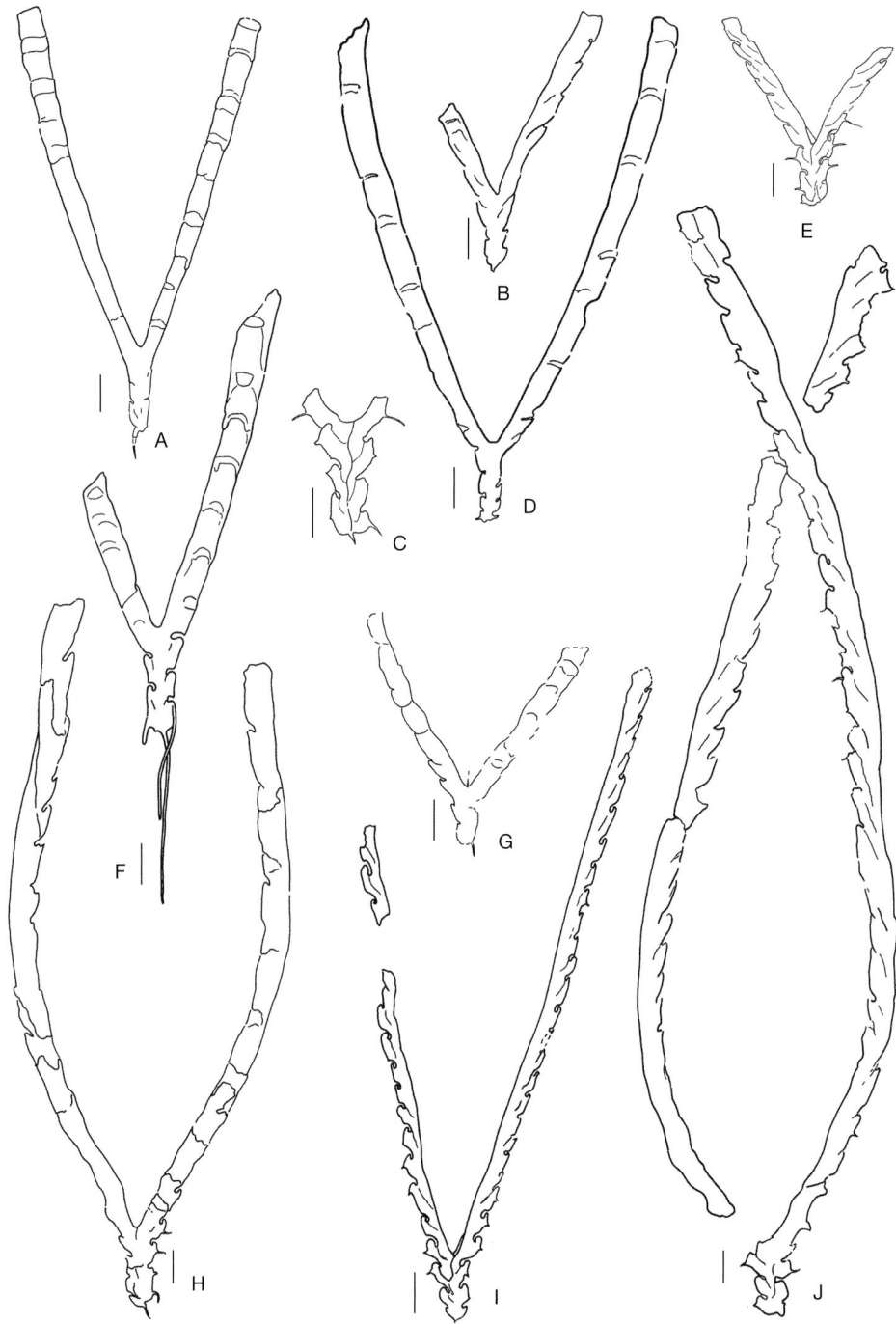

图6-21　甘肃双头笔石和短茎双头笔石

A–B, F–G. 甘肃双头笔石(*Dicranograptus kansuensis* Sun, 1933)。甘肃平凉官庄平凉组*Climacograptus bicornis*带。A.
　　NIGP 157189 (AFC44)；B. NIGP 157191 (AFC63)；F. NIGP 157192 (AFC67)；G. NIGP 157190 (AFC51)。
C–E, H–J.短茎双头笔石(*Dicranograptus brevicaulis* Elles and Wood, 1904)。C–D. 陕西陇县龙门洞龙门洞组
　　*Climacograptus bicornis*带。C. NIGP 157183 (AFC146)；D. NIGP 157186 (AFC126). E, H–J. 甘肃平凉官庄平凉组

表6-1 标本两胞管重复距离测量 (NIGP 157187, 157183 和 157185)

标 本	2TRDs (mm)					
	th2^1	th5^1	th10^1	th15^1	th20^1	th24^1
NIGP 157187	1.33	1.40	1.26	1.40	1.33	1.26
NIGP 157183	1.48					
NIGP 157185	1.50					

英国由Elles and Wood (1904) 描述的标本中，在10mm长度内只有8~10个胞管，但是当前标本的其他特征均与模式标本一致，因此本书仍将之鉴定为*Dicranograptus brevicaulis* Elles and Wood。

甘肃双头笔石 (*Dicranograptus kansuensis* Sun, 1933)

(图6-21A–B, F–G; 6-24H–I)

1933　*Dicranograptus kansuensis* Sun, p. 13, pl. 2, fig. 2a–b.

1962　*Dicranograptus kansuensis* Sun; Mu and Chen, p. 81, pl. 13, fig. 16.

1982　*Dicranograptus kansuensis* Sun; Mu *et al.*, p. 308, pl. 76, fig. 14.

1982　*Dicranograptus kansuensis* Sun; Xia, p. 48, pl. 11, fig. 4.

产地及层位：少量标本，产自甘肃平凉官庄平凉组*C. bicornis*带深灰色页岩及薄层灰岩中，常与*Dicranograptus sinensis* Ge共生。

地模标本：由于孙云铸发表的模式标本 (Sun，1933，图版2，图2a-b)遗失，因此笔者指定产自与模式标本相同产地和相同层位的标本 (NIGP 157192，图6-21F和6-24I) 作为地模标本。

讨论：当前标本与模式标本的特征一致，但地模标本 (NIGP 157192) 具有一个更长而粗壮的胎管刺和两个底刺 (即第1对胞管的腹刺)。本种与*D. clingani* Carruthers、*D. brevicaulis* Elles and Wood以及*D. sinensis* Ge均有相似之处，但当前标本粗壮的底刺在双头笔石中是独特的，代表自有衍特征 (autapomorphy)。当前地模标本中的底刺，较孙云铸 (Sun，1933) 原来的模式标本保存更为完好。

多枝双头笔石狭窄亚种 (*Dicranograptus ramosus angustus* Chen (subsp. nov.))

(图6-22C–F, H–J; 6-23A, D–E, H–J)

名称来源：*angustus*，拉丁文，形容笔石枝狭窄。

正模标本：NIGP 157193 (图6-22E–F)。

---

*Nemagraptus gracilis*带。E. NIGP 157185 (AFC35)；H. NIGP 157184 (AFC33)；J. NIGP 157182 (AFC12). I. 内蒙古乌海大石门乌拉力克组*Nemagraptus gracilis*带。NIGP 157187 (FG43)。

线形比例尺：1mm。

图6-22 短茎双头笔石和多枝双头笔石狭窄亚种

A–B, G. 短茎双头笔石(*Dicranograptus brevicaulis* Elles and Wood, 1904)。A.甘肃平凉官庄平凉组*Climacograptus bicornis*带。NIGP 157188 (AFC66)。B, G.同上产地*Nemagraptus gracilis*带。B. NIGP 157185 (AFC35); G. NIGP

产地及层位：本亚种的标本多为薄膜状，产自甘肃平凉官庄平凉组*N. gracilis*带的页岩夹薄层灰岩中，与*Dicranograptus sinensis* Ge、*Jiangxigraptus exilis* (Elles and Wood) 等共生。本亚种也见于与陕西陇县龙门洞龙门洞组相同的笔石带中。

描述：笔石体大，具有长的双列笔石枝部分和相对直的单列笔石枝部分。在一个标本上很好地保存了胎管，胎管长1mm，口部宽0.18mm。胎管的口缘凹入并具一个短小的胎管刺，胎管刺斜向第2枝第1个胞管 (th1^2) 的一侧。胎管刺和第1对胞管的腹刺构成了笔石体3个短小的底刺。

笔石体双列部分由6~14对胞管组成，其长度为6~13mm。双列部分的平均宽度从始端的0.7mm，到笔石枝分叉处达到最大宽度1.2mm。中隔壁完整并略成波形弯曲，并与胞管间壁线相连。胞管为典型的叉笔石式，口部孤立并强烈内转，口穴窄而深，膝角尖锐，膝上腹缘直。由于腹刺的发育，致使胞管腹缘明显内弯。笔石体的单列枝长而直，宽度均一，为0.6~0.7mm。胞管形态与双列部分的相同。正模标本 (NIGP 157193) 双列部分的2TRD测量如表6-2所示。

表6-2　标本两胞管重复距离测量 (NIGP 157193)

标　本	2TRDs (mm)							
	th2^1	th3^1	th4^1	th5^1	th6^1	th7^1	th8^1	th9^1
NIGP 157193	2.00	1.86	2.13	1.86	2.00	2.13	2.40	2.00

比较：新亚种与北美*D. ramosus* Hall的区别在于具有较窄的双列部分和单列部分。Ruedemann (1908) 描述*D. ramosus*为双列部分最大宽度达1.8mm，单列部分平均宽度为1.2mm。*D. ramosus* Hall在美国纽约州Mount Merino页岩中常见于*N. gracilis*带和*C. bicornis*带。少数标本见于Upper Glenkiln页岩中 (Williams，1981；Zalasiewicz *et al.*，1995)。Elles and Wood (1914) 认为*D. ramosus*可从*C. peltifer*带至*D. clingani*带，因此中国的*D. ramosus angustus*出现的层位要略低于*D. ramosus* Hall。

中国双头笔石 (*Dicranograptus sinensis* Ge, 1983)

(图6-23B–C, F–G, K–N; 6-24A–G, J–K)

1983　*Dicranograptus sinensis* Ge (in Yang *et al.*, 1983), p. 422, pl. 154, figs. 5–6.

1988　*Dicranograptus sinensis* Ge; Huang *et al.*, p. 101, pl. 13, figs. 5–6.

157187 (FG43)。

C–F, H–J. 多枝双头笔石狭窄亚种(*Dicranograptus ramosus angustus* Chen (subsp. nov.))。甘肃平凉官庄平凉组*Nemagraptus gracilis*带。C. NIGP 157194 (AFC2i)；D. NIGP 157195 (AFC2j)；E. 图F双列部分的放大；F. NIGP 157193 (holotype, AFC2i)；H. NIGP 157197 (AFC7a)。I–J. 反对面。NIGP 157196 (AFC2b)。

线形比例尺：1mm。

1989   *Dicranograptus sinensis* Ge; Fang *et al.*, pl. 1, fig. 6.

1991   *Dicranograptus sinensis* Ge; Ni, p. 76, pl. 21, figs. 4, 6–9; text-fig. 8H.

产地及层位：标本丰富，见于甘肃平凉官庄平凉组及陕西陇县龙门洞龙门洞组*N. gracilis*带至*C. bicornis*带，但绝大多数均为压扁标本，少数标本还见于内蒙古乌海公乌素组的*C. bicornis*带。少数立体标本中可见其始端发育型式为A型 (Mitchell，1987)。本种还见于浙江昌化 (杨达铨等，1983)、安徽宁国 (夏广胜，1982)、江西崇义—永宁 (黄枝高等，1988；倪寓南，1991) 和湖南祁东 (刘义仁和傅汉英，1985) 等地的*C. bicornis*带中。因此，本种的地质延限为*N. gracilis*带至*C. bicornis*带，所以不宜以本种命名笔石带。

描述：笔石体小，全长不超过16mm。双列部分仅由3~5对胞管组成，长度不超过2.3mm。双列部分的宽度为0.7~1.0mm，而单列部分仅0.6~0.8mm。两枝间的轴角为20°~60°。笔石体的始端大都保存不良，但很少侧压保存。在少数半立体的标本中，可见始端发育型式为A型 (Mitchell，1987)。

双列部分的胞管强烈内转，胞管口穴窄而深，腹缘直或微向外凸。笔石体始部短小的底刺，由胎管刺和两个第1对胞管的腹刺组成。胞管排列的2TRD测量显示其排列较为紧密。两个标本双列部分的2TRD测量如表6-3所示。

表6-3   标本两胞管重复距离测量 (NIGP 157206 和 157200)

标　本	2TRDs (mm)			
	th2[1]	th3[1]	th4[1]	th5[1]
NIGP 157206	1.20	1.37		
NIGP 157200	1.36	1.40	1.62	1.50

比较：本种的一般特征与*Dicranograptus clingani*相似。

叉笔石属 (Genus *Dicellograptus* Hopkinson, 1871 (=*Leptograptus* Lapworth, 1873))

模式种：*Didymograptus elegans* Carruthers, 1867, p. 369, pl. 2, fig. 16a.

模式种正模标本：BMQ850，产自苏格兰Dob's Linn Lower Hartfell页岩中。

特征：笔石体由两个单列笔石枝组成，平伸或上斜，始端发育型式为A型 (Mitchell，1987)。胎管直立于两枝之间，th1[1]自胎管下部生出。第1对胞管呈"L"形，其亚胞管向两侧水平伸出，具腹刺或近口刺。胞管内转，具微弱的原胞管褶；胞管口部孤立。

讨论：两枝平伸至上斜的双笔石类在种一级的分类鉴定上是很麻烦的，因为两个细长的笔石枝在保存时常发生扭曲，从而影响对胞管特征的准确判断。传统上，这类物种根据胞管口部、前两个胞管的生长以及两枝的轴角而分别归入叉笔石 (*Dicellograptus*) 和纤笔石 (*Leptograptus*) (Elles and Wood，1904；Elles，1922；Bulman，1955，1970)。在纤笔石属中，前两个胞管成"L"形，其亚胞管自胎管两侧水平分出，纤笔石胞管口部微向内转但并不孤立，两枝间的轴角近180°。与之相反，叉笔石的前两个胞管呈"U"形，其亚胞管向上生出，胞管口部孤立，即口缘不与下一胞管的腹缘相接触，叉笔石的轴角为20°~180° (Elles and Wood，1904)。Elles and Wood (1904) 和Bulman (1955，1970) 指出，叉笔石 (包括模式种*D. elegans* (Hopkinson)) 的前两个胞管水平伸出，并且具有纤笔石式的细长胞管。由于缺乏立体标本，始端发育型式难以破解。纤笔石的始端被认为是较原始的，只有两个横管，而叉笔石—双头笔石—双笔石的始端则被认为是更先进的。因此，纤细的*elegans*类型的叉笔石仍然被作为与纤笔石不同的属，并被置于不同的科内 (Bulman，1970)。

　　在详细研究了美国亚拉巴马州中部Athens页岩的立体标本之后，Finney (1977，1985) 指出，纤笔石和叉笔石的始端发育型式是相同的；Mitchell (1987) 此后认为它们都属于双笔石类的A型发育型式。Finney (1977) 还认为叉笔石属内的种也有两种不同的形态。第一类具有长而直的胎管，第1对胞管从胎管两侧水平生出，原胞管褶弱而笔石枝细长，Finney (1977) 将之称为*elegans*组；它们和纤笔石的模式种一样，th1^{1}从亚胎管的较低处生出。第二类具"U"形的、向上伸出的第1对胞管，原胞管褶强烈，th1^{1}从亚胎管较高处生出，具有较为强壮的笔石枝，其中有不少种的胎管侧卧于th1^{2}的背缘。Finney (1977) 将这类形态称为*vagus*类型 (根据*Jiangxigraptus vagus*命名，但实际上*J. vagus*本身的胎管直立，并不斜卧在th1^{2}之上)。尽管Finney (1977，1985) 已经注意到*elegans*类的叉笔石与纤笔石如此相似，他仍然认为这两个属的胞管的生长发育有重要差别。

　　在*Leptograptus trentonensis*的标本中，胞管*n*上口缘 (suprapertural wall) (即Finney(1985)的膝下腹缘，infragenicular wall) 是下一胞管 (*n*+1) 的腹缘。而在*Dicellograptus*中，胞管*n*上口缘形成的口部凸缘 (apertural flange) 是由胞管*n*形成的。按照Finney (1985) 的解释，这一不同之处反映在叉笔石孤立标本中的上口缘，也反映在纤笔石的非孤立标本中。这一结果被解释为，在纤笔石的非孤立标本中，因缺乏膝部凸缘 (genicular flange) 而有别于叉笔石。然而本书著者之一 (Goldman) 酸解了产自Viola Springs组中典型的叉笔石，如*Dicellograptus flexuosus* (Lapworth) 的标本 (也见于Whittington，1955)，该种的胞管和*Leptograptus trentonensis*是相同的，该种胞管*n*的上口缘的纺锤层和胞管*n*+1是连为一体的 (图6-25A–B)。也就是说，在这些酸解材料中，胞管*n*的上口缘并不是该胞管自身形成的口部凸缘 (apertural hood)。同样地，在*vagus*类的叉笔石中 (图6-25C–D) 也是这样。Goldman又重新研究纤笔石的模式种，即*Leptograptus flaccidus*，却发现了典型的内转并且孤立的口部 (图6-26A–B)。基于这些研究，我们认为*elegans*类的叉笔石和纤笔石并没有什么不同，二者应是同一个属，*Leptograptus*是*Dicellograptus*的后同义名。

　　上述叉笔石属的种所显示的两种形态类型分异是明显的。从出现的层位上来看，*vagus*类群

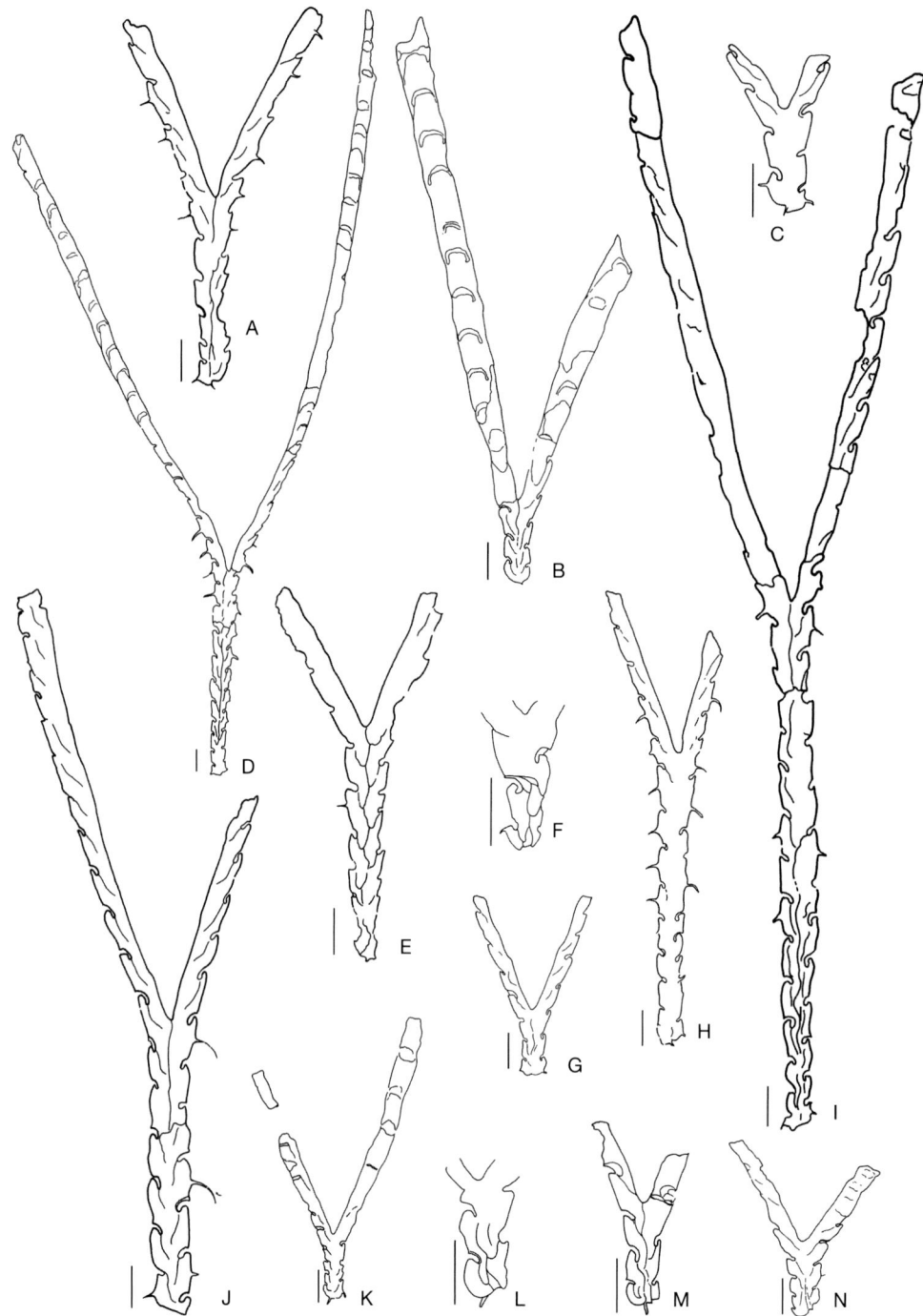

图6-23　多枝双头笔石狭窄亚种和中国双头笔石

A, D-E, H-J. 多枝双头笔石狭窄亚种(*Dicranograptus ramosus angustus* Chen (subsp. nov.))。甘肃平凉官庄平凉组 *Nemagraptus gracilis*带。A. NIGP 157198 (AFC8a)；D. NIGP 157193 (AFC2i)；E. NIGP 157197 (AFC7a)；H. NIGP 157196 (AFC2b)；I. NIGP 157195 (AFC2j)；J. NIGP 157194 (AFC2i)。

B-C, F-G, K-N. 中国双头笔石(*Dicranograptus sinensis* Ge, 1983)。B-C, F. 甘肃平凉官庄平凉组*Climacograptus bicornis*带。B. NIGP 157202 (AFC53)；C. NIGP 157203 (AFC64)；F. NIGP 157204 (AFC72)。G, K, N.同上产地的

见于凯迪阶底部*Diplacanthograptus caudatus*带之下，而*elegans*类群的种 (也即大多数的所谓"纤笔石类") 见于更高的层位，即高于凯迪阶之底。但是少数种的层位仍有例外，例如*Dicellograptus geniculatus*、"*L.*" *trentonensis*、"*L.*" *latus*以及 "*L.*" *validus-elegans*种群属于*elegans*类群，但产于桑比阶；"*D.*" *anceps*可能属于*vagus*类群，却是凯迪阶顶部*D. anceps*带的带化石。*D. elegans*是叉笔石属的模式种，因而不可能归入纤笔石，而*vagus*类群也不可能归入叉笔石。

俞剑华和方一亭 (1966) 建立了江西笔石 (*Jiangxigraptus*)，包括了具有原胞管褶的叉笔石类，其模式种"*D. mui*"与"*D.*" *vagus*相似，只是具有更强壮的原胞管褶以及前3~4对胞管具腹刺。尽管江西笔石的属名尚未得到普遍应用，但它是最先被提出来的、可用于代表*vagus*种群、具有优先地位的名称 (图6-27)。

葛梅钰 (见穆恩之等，2002) 建立了一个新科——斜靠笔石科 (Incumbograptidae)，包括三个新属，即 *Incumbograptus*、*Aclistograptus*和*Deflexigraptus*。所有这些都是叉笔石的种，只是它们的胎管斜卧在胞管th1^{2}的背侧之上。在*vagus*种群中，胎管的生成方向有很大的变化范围，许多种的胎管都斜卧于th1^{2}笔石枝的一侧，如"*D.*" *sextans*、"*D.*" *alabamensis*、"*D.*" *gurleyi*、"*D.*" *divaricatus*等，但仍有一些种的胎管是直立的，如"*D.*" *vagus*、"*J.*" *mui*。此外，许多上述提到的种，它们的胎管仅仅是向th1^{2}一侧倾斜而已。因此，尽管我们认为胎管的倾斜固然是重要特征，但还没有重要到据此建立新科和三个新属的高度。我们仍把"*Incumbograptus*"、"*Aclistograptus*"和"*Deflexigraptus*"作为江西笔石 (*Jiangxigraptus*) 的后同义名。

在中国的桑比阶笔石材料中，有一些更为复杂的标本，它们具有纤细而上斜的单列枝，属于双笔石类，但却只有简单而不孤立的口部，它们的形态类似所谓的"*Leptograptus*"，本书将之归入宁夏笔石 (*Ningxiagraptus*) 并重新加以描述。

本书将下列种归入叉笔石属 (*Dicellograptus*): *D. elegans* (Carruthers)、*D. angulatus* Elles and Wood、*D. carruthersi* Toghill、*D. cauduceus* Lapworth、*D. complexus* Davies、*D. complanatus* Lapworth、*D. flexuosus* Elles and Wood、*D. forchammeri* Geinitz、*D. geniculatus* Bulman、*D. gravis* Keble and Harris、*D. johnstrupi* Hadding、*D. moffatensis* (Carruthers)、*D. minor* Toghill、*D. morrisi* Hopkinson、*D. ornatus* (Elles and Wood)、*D. patulosus* Lapworth、*D. pumilus* Lapworth和*D. rectus* (Ruedemann)。一些以前归入纤笔石 (*Leptograptus*) 的种，或归入叉笔石 (如*D. flaccidus*) 或宁夏笔石 (如*N. trentonensis*)。凡具有强烈原胞管褶、第一对胞管呈"U"形、笔石体始端呈"V"形的

---

*Nemagraptus gracilis*带。G. NIGP 157200 (AFC35)；K. NIGP 157201 (AFC43)；N. NIGP 157199 (AFC12)。L.同上产地官庄附近孤立露头的*C. bicornis*带。NIGP 157205 (AFC80)。M. 陕西陇县龙门洞龙门洞组*Climacograptus bicornis*带。NIGP 157206 (AFC133)。

线形比例尺：1mm。

图6-24 中国双头笔石和甘肃双头笔石

A–G, J–K. 中国双头笔石(*Dicranograptus sinensis* Ge, 1983)。A, D, F, J. 甘肃平凉官庄平凉组*Climacograptus bicornis*带。A. NIGP 157202 (AFC53)；D. NIGP 157203 (AFC64)；F. NIGP 157208 (AFC65)；J. NIGP 157204 (AFC72)。B, K.同上产地*Nemagraptus gracilis*带。B. NIGP 157199 (AFC12)；K. NIGP 157201 (AFC43)。C.同上产地*Climacograptus bicornis*带中的孤立标本。NIGP 157205 (AFC80)。E.内蒙古乌海公乌素公乌素组*Climacograptus bicornis*带(?)。NIGP 157207 (AFC249)。G. 陕西陇县龙门洞剖面龙门洞组*Climacograptus bicornis*带。NIGP 157206 (AFC133)。

种，本书将之从原来归属的叉笔石属 (*Dicellograptus*) 中分出而归入江西笔石属 (*Jiangxigraptus*)。

棱角叉笔石 (*Dicellograptus angulatus* Elles and Wood, 1904)

(图6-28A–E; 6-29A, C–D)

1904　*Dicellograptus angulatus* Elles and Wood, p. 149, pl. 21, fig. 4; text-fig. 93a–b.

1981　*Dicellograptus angulatus* Elles and Wood; Qiao, p. 232, pl. 82, figs. 3–4.

产地及层位：少数标本，保存于陕西陇县龙门洞龙门洞组*D. caudatus*带的深灰色页岩与黄灰色粉砂岩互层的地层中，与*Diplacanthograptus caudatus* (Lapworth) 共生。在陇县段家峡也见有本种。

描述：笔石体小，由两个细小而均宽 (0.4mm) 的笔石枝组成。胞管保存状态不清楚，两枝间的轴角为60°。笔石体始端圆滑，第1对胞管具腹刺。在一个保存完整的标本上，笔石体两枝的末端向背侧弯曲。

胞管为叉笔石式，膝上腹缘直而平行，膝下腹缘斜而长，口穴窄小，口部孤立。标本 (NIGP 157211) 的2TRD测量如表6-4所示。

表6-4　标本两胞管重复距离测量 (NIGP 157211)

标　本	2TRDs (mm)						
	th2[1]	th3[1]	th4[1]	th5[1]	th6[1]	th7[1]	th8[1]
NIGP 157211	1.71	1.41	1.83	1.57	1.48	1.52	1.62

比较：本种与*D. pumilus* Lapworth 相似，但笔石枝宽度不同。

弯曲叉笔石 (*Dicellograptus flexuosus* Lapworth, 1876)

(图6-28F–H)

1876　*Dicellograptus forchammeri* var. *flexuosus* Lapworth, pl. 4, fig. 90.

1904　*Dicellograptus forchammeri* var. *flexuosus* Lapworth; Elles and Wood, p. 152, pl. 22, fig. 2a–d; text-fig. 95a–d.

1981　*Dicellograptus angulatus* Elles and Wood; Qiao, p. 232, pl. 82, figs. 3–4, 22.

1982　*Dicellograptus flexuosus* Lapworth; Williams, p. 243, fig. 9a–e.

1984　*Dicellograptus acanthodus* Li, p. 156, pl. 1, figs. 9–10.

1986　*Dicellograptus flexuosus* Lapworth; Bergström and Mitchell, fig. 7H–I.

1986　*Dicellograptus flexuosus* Lapworth; Finney, figs. 8L, 9B.

H–I. 甘肃双头笔石(*Dicranograptus kansuensis* Sun, 1933)。甘肃平凉官庄平凉组*Climacograptus bicornis*带底部。
　　H. NIGP 157189 (AFC44)；I. NIGP 157192 (AFC67)。

线形比例尺：1mm。

图6-25　广义叉笔石类的两种胞管类型的叉笔石

A, B. 叉笔石属*elegans*种群的胞管类型，*Dicellograptus flexuosus* Lapworth。C, D, E. 江西笔石属*vagus*种群的胞管类型，*Jiangxigraptus alabamensis* (Ruedemann)。所有标本均由Goldman提供，显示了A型始端发育型式 (Mitchell，1987) 和叉笔石式的胞管。在双头笔石科的所有种内，它们n胞管的上口缘均由胞管$n+1$生成。

图6-26 *"Leptograptus" flaccidus* (J. Hall) 的模式标本图片，显示其叉笔石式的胞管

A. 始端部分，GSC1957b。B. 同上标本的放大，显示孤立并内转的胞管口部。

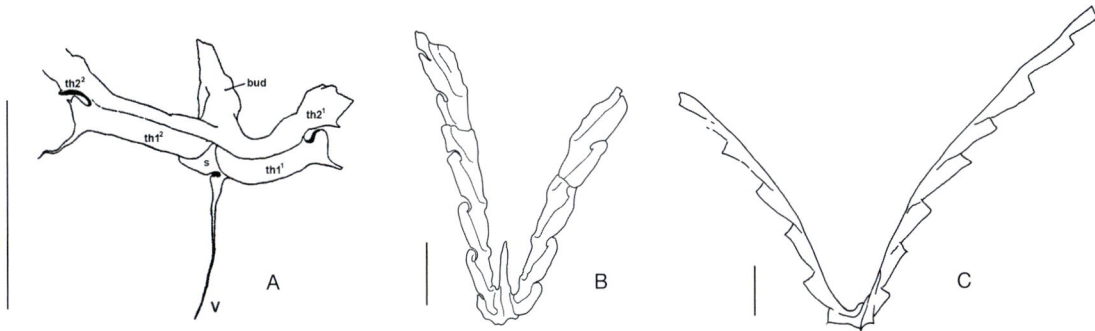

图6-27 叉笔石、江西笔石和宁夏笔石的不同特征

A. 膝状叉笔石 (*Dicellograptus geniculatus* Bulman) (据Bulman, 1932)。th1^{1}自胞管下部生出，胞管向内转曲，亚胞管平伸，具腹刺或亚口刺 (sub-apertural spine)。

B. 江西笔石 (*Jiangxigraptus*)，基于当前*J. vagus* (Hadding) 标本，显示原胞管褶的发育。

C. 宁夏笔石 (*Ningxiagraptus*)，基于当前 *Ningxiagraptus yangtzensis* (Ge) 的标本，显示上斜的笔石枝和简单直管状的胞管、倾斜且斜卧在th1^{2}之上的胎管。

线形比例尺：1mm。

图6-28 棱角叉笔石、弯曲叉笔石和膝状叉笔石

A–E. 棱角叉笔石(*Dicellograptus angulatus* Elles and Wood, 1904)。A, C–E. 陕西陇县龙门洞龙门洞组
*Diplacanthograptus caudatus*带。A. NIGP 157209 (AFC150)；C. NIGP 157210 (AFC150)；D. NIGP 157212
(AFC151a)；E. NIGP 157211 (AFC150)。B.陕西陇县段家峡水库剖面龙门洞组。NIGP 157213 (AFC200).

图6-29　棱角叉笔石和膝状叉笔石

A, C–D. 棱角叉笔石（*Dicellograptus angulatus* Elles and Wood, 1904）。陕西陇县龙门洞龙门洞组*Diplacanthograptus caudatus*带。A. NIGP 157209 (AFC150)；C. NIGP 157212 (AFC151a)；D. NIGP 157214 (AFC151a)。

B, E. 膝状叉笔石（*Dicellograptus geniculatus* Bulman, 1932）。新疆柯坪大湾沟萨尔干组*Jiangxigraptus vagus*带。B. NIGP 157218 (NJ361)；E. 图B的放大。

线形比例尺：1mm。

F–H. 弯曲叉笔石（*Dicellograptus flexuosus* Lapworth, 1876）。陕西陇县龙门洞龙门洞组*Diplacanthograptus caudatus*带。F. NIGP 157216 (AFC152)；G. NIGP 157215 (AFC152)；H. NIGP 157217 (AFC152)。

I–N. 膝状叉笔石（*Dicellograptus geniculatus* Bulman, 1932）。I–J, L–N. 新疆柯坪大湾沟剖面萨尔干组*Jiangxigraptus vagus*带。I. NIGP 157220 (NJ363)；J. NIGP 157218 (NJ361)；L. NIGP 157223 (NJ363)；M. NIGP 157221 (NJ363)；N. NIGP 157219 (NJ361)。K. 同上产地*Nemagratpus gracilis*带。NIGP 157222 (NJ365)。

O–P. 膝状叉笔石类（*Dicellograptus* sp. ex gr. *D. geniculatus* Bulman, 1932）。甘肃平凉官庄剖面平凉组*Climacograptus bicornis*带。O. NIGP 157225 (AFC57)；P. NIGP 157224 (AFC50)。

线形比例尺：1mm。

产地及层位：少量保存一般的标本，产自陕西陇县龙门洞组*D. spiniferus*带的黑色粉砂岩中。

描述：笔石体小，由两个轴角为50°的短小、上斜的笔石枝组成。胎管直立于两枝之间并具有短小的胎管刺。胞管为叉笔石式，腹刺近于胞管口部。标本 (NIGP 157216) 的2TRD测量如表6-5所示。

表6-5　标本两胞管重复距离测量 (NIGP 157216)

标　　本	2TRDs (mm)			
NIGP 157216	th2^2	th3^2	th4^2	th5^2
	1.43	1.60	1.81	1.86

比较：当前标本与本种模式标本的区别在于当前标本轴角较小，与*D. angulatus* 的区别在于本种胞管具有腹刺。

膝状叉笔石 (*Dicellograptus geniculatus* Bulman, 1932)

(图6-28I–N; 6-29B, E)

1932　*Dicellograptus geniculatus* Bulman, p. 19, pl. 1, figs. 9–13, text-fig. 6.

1977　*Dicellograptus geniculatus* Bulman; Finney, p. 224, text-fig. 38a–b.

1989　*Dicellograptus geniculatus* Bulman; Hughes, p. 40, text-fig. 21f–h.

产地及层位：少量标本，产自新疆柯坪大湾沟*J. vagus*带和*N. gracilis*带底部。部分标本是立体的，完美地保存了笔石体的始端结构。本种在中国首次在本书中描述。

描述：笔石体两枝纤细，其始端 (横过第一个胞管) 宽仅0.4mm，此后逐渐增宽至笔石体末端，达到最大宽度0.63mm。胎管窄而长，长度小于1.60mm；其口部宽度仅0.23mm；胎管刺长仅0.50mm，向下伸出。少数标本的笔石枝在保存时扭曲。

本种具有A型始端发育型式 (Mitchell，1987)。第1个胞管 (th1^1) 自亚胎管下部1/3处的腹侧生出，沿胎管向下，然后在胎管口部水平转曲向外。第2个胞管 (th1^2) 从th1^{1}左侧上部生出 (左手方向)，横过th1^{1}和胎管，然后水平转曲向外。Th1^{2}的横管是卷芽式 (streptoblastic)。第1对胞管近口部生出细小的腹刺。第3个胞管 (th2^1) 从th1^{2}原胞管的左侧生出，向下向外转曲。Th2^{1}的横管沿th1^{1}的反面向下生长。Th2^{2}和th3^{1}各从th2^{1}的始端和中部生出，因此th2^{1}是双芽胞管。本种有4个初始胞管 (primordial thecae) 和3个横管 (th1^2–th2^2)。

胞管细长，为典型的叉笔石式。原胞管褶适度发育，胞管腹缘具明显的膝部。胞管的膝上腹缘直，与枝的背缘平行。胞管的口部内转、孤立，具有窄而深的口穴。膝缘 (genicular flange) 偶有保存。笔石枝始部在5mm长度内有5个胞管，末部有4个胞管。

比较：当前大湾沟标本的特征与模式标本 (Bulman，1932) 完全一致。此外，仅有2个产自 *C. bicoruis*带的标本，因为保存差而鉴定为*Dicellograptus* sp. ex gr. *geniculatus* (Bulman) (图6-28O–P)；它们具有两个上斜的笔石枝，轴角较模式标本的更大，胞管的倾角也较模式标本的更大。

矮小叉笔石 (*Dicellograptus pumilus* Lapworth, 1876)

(图6-30A–D; 6-31B–C)

1876　　*Dicellograptus pumilus* Lapworth, pl. 4, fig. 81.

1904　　*Dicellograptus pumilus* Lapworth; Elles and Wood, p. 149, pl. 21, fig. 3a–f; text-fig. 92a–b.

cf. 1964　*Dicellograptus pumilus* Lapworth; Obut and Sobolevskaya, p.40, pl. 6, figs. 3–5.

1977　　*Dicellograptus antiquus* Wang in Wang *et al*., p. 310, pl. 95, fig. 7.

1982　　*Dicellograptus pumilus* Lapworth; Williams, p. 239, fig. 8d–j.

1982　　*Dicellograptus hubeiensis* Mu *et al*.; Fu, p. 434, pl. 283, fig. 20.

1982　　*Dicellograptus jiangyongensis* Fu, p. 435, pl. 283, fig. 15.

1982　　*Dicellograptus minutus* Mu and Zhang; Fu, p. 438, pl. 283, figs. 11, 13.

1983　　*Dicellograptus pumilus* Lapworth; Williams and Bruton, p. 165, figs. 10A, C, 13A–G, I, K–O; *non*-figs. 10B, 13H, J.

产地及层位：少数标本，采自陕西陇县龙门洞龙门洞组上部*D. caudatus*带。

描述：笔石体由两个长而上斜的笔石枝组成，其末部宽0.8mm。胎管斜向th1² 一侧并具短小的胎管刺。笔石体始端浑圆，第1对胞管具腹刺。

胞管为典型的叉笔石式，口部孤立，具深的口穴。标本 (NIGP 157227) 的2TRD测量如表6-6所示。

表6-6　标本两胞管重复距离测量 (NIGP 157227)

标　　本	2TRDs (mm)						
	th2¹	th3¹	th4¹	th5¹	th6¹	th7¹	th8¹
NIGP 157227	1.74	1.98	2.25	2.09	1.97	2.09	1.91

直叉笔石 (*Dicellograptus rectus* (Ruedemann, 1908))

(图6-31A, F–N; 6-32A–H)

1908　　*Dicellograptus divaricatus* var. *rectus* Ruedemann, Ruedemann, pp. 299–300, text-fig. 215; pl. 18, fig. 7.

1947　　*Dicellograptus divaricatus* var. *rectus* Ruedemann, Ruedemann, p. 379, pl. 62, figs. 36–37.

正模标本：Ruedemann，1980，pl. 18，fig. 7。

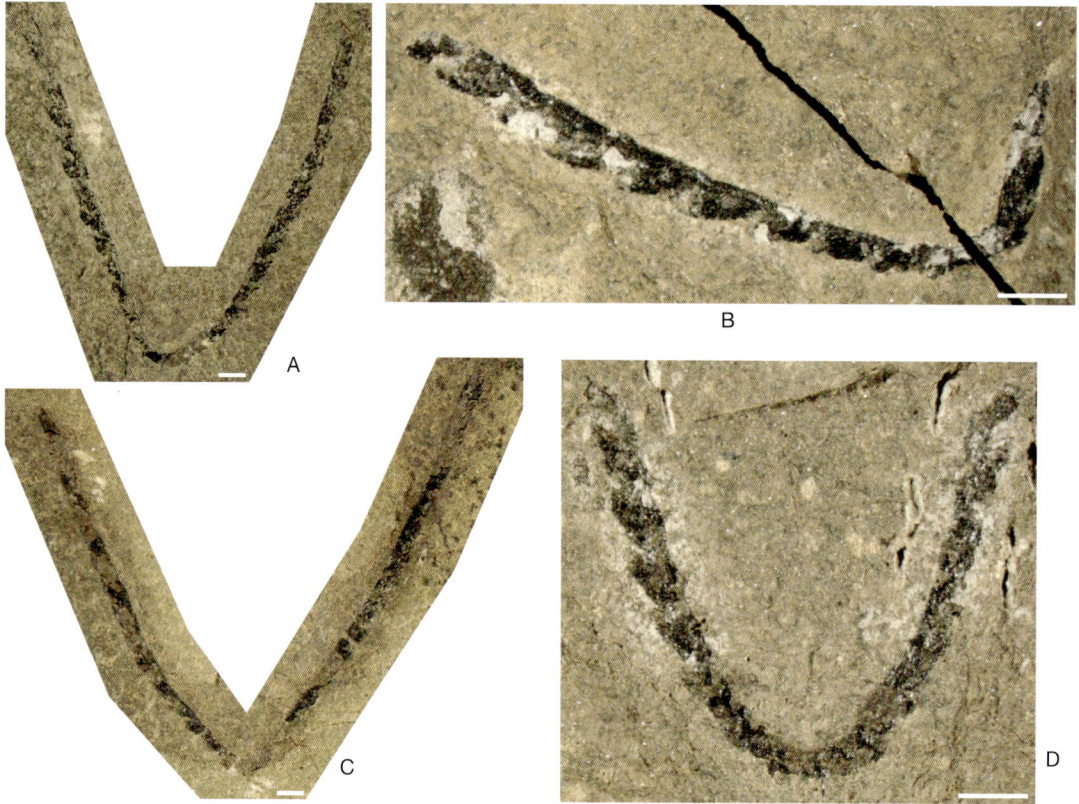

图6-30 矮小叉笔石(*Dicellograptus pumilus* Lapworth, 1876)

陕西陇县龙门洞龙门洞组*Diplacanthograptus caudatus*带。A. NIGP 157226 (AFC150)；B. NIGP 157227 (AFC150)；
    C. NIGP 157229 (AFC150)；D. NIGP 157228 (AFC150)。
线形比例尺：1mm。

产地及层位：甘肃平凉官庄平凉组*N. gracilis*带至*C. bicornis*带、内蒙古乌海公乌素公乌素组
*C. bicornis*带。

特征：笔石枝细长，轴角为140°；胞管长，膝上腹缘直；胎管侧压在th1²枝的一侧，但在保存不良的标本上不易判别。

描述：笔石枝长，枝间有140°的轴角，胎管侧压在近于平伸的第2枝之上。胎管长1.4~1.5mm，口部宽0.20~0.25mm并具一短而弯曲的胎管刺。第1对胞管具有近口部的口刺，有时在第2对胞管也有，其后的胞管则不再见口刺。笔石枝始部宽0.30~0.35mm，向上微弱增宽，至第6对胞管增至0.4mm。胞管细长，胞管的膝上腹缘直，口部孤立、内转。在一些侧压保存的标本上，胞管近似"栅笔石式"，原胞管褶很微弱。标本NIGP 157237的2TRD测量如表6-7所示。

表6-7　标本两胞管重复距离测量 (NIGP 157237)

标　　本	2TRDs (mm)						
	th2[1]	th3[1]	th4[1]	th5[1]	th6[1]	th7[1]	th8[1]
NIGP 157237	1.93	2.00	1.93	2.00	1.96	1.93	2.00

比较：本种与 *D. divaricatus* 相似；如Ruedemann (1908，1947) 所述，*D. rectus* 的轴角大，比 *D. divaricatus* 的枝细，状如"纤笔石"。在大多数情况下，*D. rectus* 的胎管倾斜，侧压在 th1[2] 枝的一侧，以致难以分辨。标本保存不佳，胎管疑似有再吸收现象。*Syndyograptus pecten* Ruedemann 始部及胞管形态也与本种近似，但前者具有幼枝，可以区别。

江西笔石属 (修订) (Genus *Jiangxigraptus* Yu and Fang, 1966, emend. Goldman, here)

特征 (修订)：笔石体两枝上斜，原胞管褶发育，胞管口部孤立，胎管常斜向 th1[2] 一侧，但少数情况下仍可直立。th1[1] 由亚胎管上部生出，第1对胞管呈U型，口部向上，始端发育型式为A型 (Mitchell，1987)。

讨论：本属包括所有具有两个单列笔石枝的、从水平至上斜方向伸出的双笔石类，包括上述论及的"纤笔石类"，具原胞管褶 (Finney，1977，1985)。该属的原胞管褶与一些两列的双笔石类 (如 *Pseudoclimacograptus*、*Archiclimacograptus*、*Haddingograptus* 等) 的同名构造还是有区别的。在双列的双笔石类中，"褶"是原胞管增生时向后生长而形成原胞管隔壁 (prothecal septum) 的构造，它与笔石体中隔壁 (median septum) 相连 (Maletz，1997)，由此原胞管显得像是围绕原胞管隔壁生长而呈"褶"。

在广义的叉笔石类笔石中，褶都是背侧方向的 (James，1965；Finney，1977)。芽孔 (foramen) 或裂孔 (primary notch) (Finney，1977) 是由于无纺锤层或者由于再吸收 (absorption) 而形成的。前一胞管末端在背侧是略微向上扬起的，原胞管开始呈帽兜状 (James，1965，插图4-5,9-10；Finney，1977，插图46)。原胞管从裂孔末端背侧生出，然后向腹缘向后生长，由此也引发纺锤层宽度和方向的变化。原胞管沿着前一亚胞管的背缘生长，原胞管褶也因褶叠，而在之间形成胞管间壁 (interthecal septum)。每个原胞管都会因此形成瘤节，这就是原胞管褶。

本书将下列种归入江西笔石 (*Jiangxigraptus*)：*J. mui*、*J. vagus*、*J. sextans*、*J. alabamensis*、*J. gurleyi*、*J. divaricatus*、*J. bispiralis*、*J. salopiensis*、*J. intortus*、*J. bicurvatus*，以及暂归入本属的 *J. anceps* 和 *J. laticeps*。

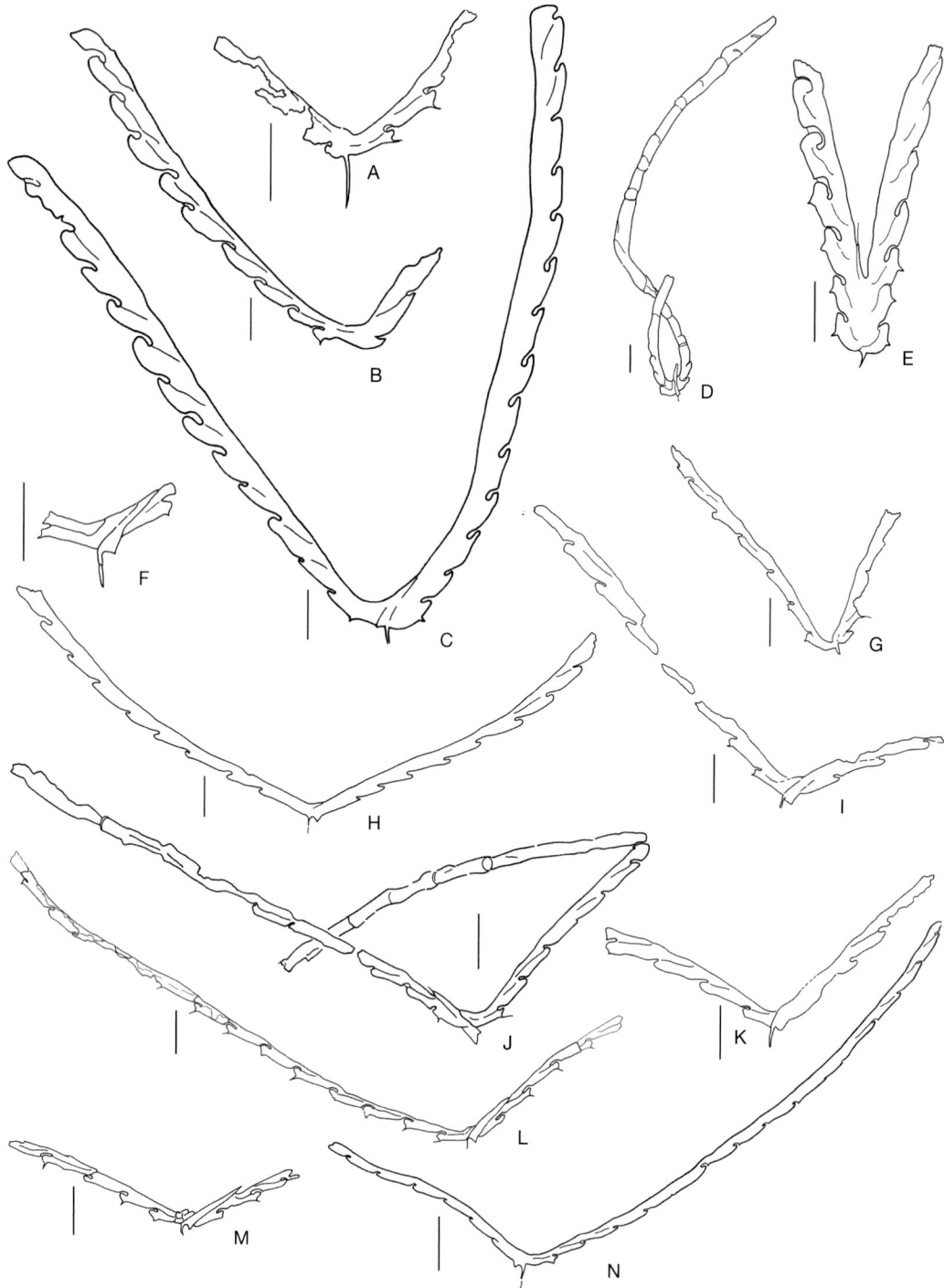

图6-31　叉笔石和江西笔石

A, F–N. 直叉笔石(*Dicellograptus rectus* (Ruedemann, 1908))。A, G, J. 甘肃平凉官庄平凉组*Nemagraptus gracilis*带。A. NIGP 157297 (AFC41)；G. NIGP 157233 (AFC4)；J. NIGP 157230 (AFC8a)。F, H–I, K, N. 同上产地*Climacograptus bicornis*带。F. NIGP 157359 (AFC45)；H. NIGP 157235 (AFC62)；I. NIGP 157231 (AFC46)；K. NIGP 157232 (AFC46)；N. NIGP 157234 (AFC58)。L–M. 内蒙古乌海公乌素公乌素组*Climacograptus bicornis*

图6-32　直叉笔石(*Dicellograptus rectus* (Ruedemann, 1947))

A, C, H. 甘肃平凉官庄平凉组*Climacograptus bicornis*带。A. NIGP 157232 (AFC46)；C. NIGP 157231 (AFC46)；H. NIGP 157238 (AFC65)。B, D–E. 内蒙古乌海公乌素公乌素组*Climacograptus bicornis*带。B. 图D (NIGP 157237) 始端的放大；E. NIGP 157236 (AFC252)。F–G. 甘肃平凉官庄平凉组*Nemagraptus gracilis*带。F. NIGP 157297 (AFC41)；G. NIGP 157230 (AFC8a)。

线形比例尺：1mm。

带。L. NIGP 157237 (AFC252)；M. NIGP 157236 (AFC252)。

B–C. 矮小叉笔石(*Dicellograptus pumilus* Lapworth，1876)。陕西陇县龙门洞龙门洞组*Diplacanthograptus caudatus* 带。B. NIGP 157227 (AFC150)；C. NIGP 157226 (AFC150)。

D. 双刺江西笔石 (近似种) (*Jiangxigraptus* cf. *bispiralis* (Ruedemann, 1947))。新疆柯坪大湾沟萨尔干组*Nemagraptus gracilis*带。NIGP 157246 (NJ367)。

E. 阿拉巴马江西笔石(*Jiangxigraptus alabamensis* (Ruedemann, 1908))。新疆柯坪苏巴什沟萨尔干组*Nemagraptus gracilis*带。NIGP 157245 (AFF281)。

线形比例尺：1mm。

阿拉巴马江西笔石 (*Jiangxigraptus alabamensis* (Ruedemann, 1908))

(图6-31E; 6-33)

1908   *Dicellograptus moffatensis* var. *alabamensis* Ruedemann, p. 310, pl. 20, figs. 1–2; text-figs. 234–236.

1908   *Dicellograptus smithi* Ruedemann, p. 313, pl. 19, figs. 3–6; text-figs. 237–238.

1947   *Dicellograptus moffatensis* var. *alabamensis* Ruedemann; Ruedemann, p. 385, pl. 64, figs. 12–15, *non*-fig. 16.

1947   *Dicellograptus smithi* Ruedemann; Ruedemann, p. 388, pl. 65, figs. 1–13.

1952   *Dicellograptus moffatensis* var. *alabamensis* Ruedemann; Decker, pl. 1, fig. 22, pl. 2, fig. 41.

1952   *Dicellograptus smithi* Ruedemann; Decker, pl. 2, fig. 39.

1960   *Dicellograptus moffatensis* var. *alabamensis* Ruedemann; Berry, p. 76, pl. 15, fig. 10.

1960   *Dicellograptus smithi* Ruedemann; Berry, p. 77, pl. 15, fig. 3b.

1977   *Dicellograptus alabamensis* Ruedemann; Finney, p. 204, text-figs. 26, 31–35.

2001   *Dicellograptus alabamensis* Ruedemann; Rushton, p. 47, fig. 2b–g.

产地及层位： 仅有一个压扁的标本，产自新疆柯坪苏巴什沟萨尔干组 *N. gracilis* 带。

描述： 笔石体由两个轴角为20°、直的笔石枝组成。笔石枝宽度均匀，约为0.6mm。胎管细而长，侧卧在th1² 枝的一侧，有一短小的线管由胎管顶端向外延伸，达到第3对胞管口部的高度。

图6-33　阿拉巴马江西笔石(*Jiangxigraptus alabamensis* (Ruedemann, 1908))

标本产自新疆柯坪苏巴什沟萨尔干组 *Nemagraptus gracilis* 带。NIGP 157245 (AFF281)。

线形比例尺：1mm。

笔石体始端胞管粗壮，并紧密排列。在本种长而大的标本中 (非中国材料)，轴部常具膜状构造将胎管包裹，致使笔石体的始端状似双列部分，因此本种有时被误认为双头笔石 (*Dicranograptus*)。

胞管为典型的叉笔石式，口部内转、孤立，具狭窄的口穴，第1对胞管呈"U"形。胞管的膝上腹缘微向外凸，前4对胞管具短小的腹刺。标本 (NIGP 157245) 的2TRD测量如表6-8所示。

表6-8　标本两胞管重复距离测量 (NIGP 157245)

标　本	2TRDs (mm)			
NIGP 157245	th2^2	th3^2	th4^2	th5^2
	1.30	1.45	1.45	1.60

双刺江西笔石 (近似种) (*Jiangxigraptus* cf. *bispiralis* (Ruedemann, 1947))

(图6-31D)

cf. 1947　*Dicranograptus furcatus* (Hall) var. *bispiralis* Ruedemann, p. 390, pl. 65, figs. 46–47.

1977　*Dicellograptus bispiralis* (Ruedemann) n. ssp. A Finney, p. 221, text-fig. 36c–d, f–h.

产地及层位：有一个压扁的标本，产自新疆柯坪大湾沟萨尔干组*N. gracilis*带。

讨论：当前标本与Finney (1977) 描述的标本一致，两枝强烈弯曲成"8"字形。胎管直立于两枝中央，第1对胞管对称性地转曲向上。Finney (1977) 描述的标本胞管口部侧向生出片状物，但在当前材料中未曾见及。当前标本中胞管排列密度与Finney (1977) 描述的新种*D. bispiralis* (sp. nov. A) 一致，但是Finney (1977) 的新种并未正式发表，因此本书不能正式引用，加之当前的材料仅有一个标本，难以支持另一个新种的建立。

分开江西笔石 (*Jiangxigraptus divaricatus* (Hall, 1859))

(图6-34A–D, F–G; 6-35A, C–E)

1859　*Graptolithus divaricatus* Hall, p. 513, figs. 3–4.

1870　*Didymograptus divaricatus* (Hall); Nicholson, p. 351, pl. 7, figs. 4, 4a.

1875　*Dicellograptus moffatensis* Hopkinson and Lapworth, pl. 35, fig. 5b.

1896　*Dicellograptus divaricatus* Hall; Gurley, p.296.

1904　*Dicellograptus divaricatus* Hall; Elles and Wood, p. 143, pl. 20, fig. 5a–b; text-fig. 87a.

1908　*Dicellograptus divaricatus* Hall; Ruedemann, p. 296, pl. 18, figs. 3–4.

1934　*Dicellograptus divaricatus* Hall; Hsü, p. 54, pl. 4, fig. 2a–g.

1960　*Dicellograptus divaricatus* Hall; Berry, p. 74, pl. 15, fig. 12.

1964　*Dicellograptus divaricatus* Hall; Obut and Sobolevskaya, p. 37, pl. 5, fig. 1.

cf. 1988　*Dicellograptus divaricatus* Hall; Huang *et al.*, p. 86, pl. 7, figs. 2, 8.

图6-34　分开江西笔石、廓氏江西笔石和细小江西笔石

A–D, F–G. 分开江西笔石(*Jiangxigraptus divaricatus* (Hall, 1859))。A–B, F. 甘肃平凉官庄剖面平凉组*Climacograptus bicornis*带。A. NIGP 157249 (AFC54)；B. NIGP 157248 (AFC50)；F. NIGP 157250 (AFC56)。C. 新疆柯坪苏巴什沟萨尔干组*Nemagraptus gracilis*带。NIGP 157292 (AFF283)。D. 陕西陇县龙门洞龙门洞组*Nemagraptus gracilis*带。NIGP 157251 (AFC99a)。G. 甘肃平凉官庄剖面平凉组*Nemagraptus gracilis*带。NIGP 157247 (AFC2i)。

E, H–J. 廓氏江西笔石(*Jiangxigraptus gurleyi* (Lapworth, 1896))。E, I. 新疆柯坪大湾沟萨尔干组*Nemagraptus gracilis*带。E. NIGP 157254 (NJ365)；I. NIGP 157255 (NJ365)。H. 陕西陇县龙门洞龙门洞组*Nemagraptus gracilis*带。

1990 *Dicellograptus divaricatus* Hall; Ge *et al.*, p. 88, pl. 24, figs. 4–6; pl. 25, figs. 1–6; pl. 26, fig. 1.

1992 *Dicellograptus divaricatus* Hall; VandenBerg and Cooper, fig. 8D.

1996 *Dicellograptus divaricatus divaricatus* (Hall); Churkin and Carter, p. 45, fig. 32G.

2002 *Aclistograptus divaricatus* (Hall); Ge (in Mu *et al.*, 2002), p. 439, pl. 127, figs. 11–12.

产地及层位：产自甘肃平凉官庄平凉组*N. gracilis*带至*C. bicornis*带。该种常与*Reteograptus geinitzianus* (Hall) 和*Dicranograptus kansuensis* Sun 共生。在陕西陇县龙门洞，本种产自*N. gracilis*带，而*Jiangxigraptus* cf. *divaricatus* (Hall) 则见于该地龙门洞组上部。在宁夏彭阳和甘肃环县 (葛梅钰等，1990)、安徽太平 (Hsü, 1934) 及江西崇义 (黄枝高等，1988)，本种也见于相同的层位中。

描述：笔石体两枝直而上斜，轴角为55°~120°。笔石枝的始端宽0.5~0.6mm，向上渐增至最大宽度0.8~0.9mm；胎管常向th1^{2}一侧弯曲或倾斜，第1对胞管呈U型，自胎管向两侧水平伸出后其口部转曲向上。

胞管为典型的叉笔石式，具有强烈内转的口部和窄而深的口穴，口部孤立，膝上腹缘直而平行，至口部之下略向内凹，胞管口部之下有短小的腹刺。当前标本 (NIGP 157249) 胞管排列密度的2TRD测量(如表6-9所示)，与纽约州Mt. Merino组的模式标本一致。

表6-9　标本两胞管重复距离测量 (NIGP 157249)

标　本	2TRDs (mm)									
NIGP 157249	th2^1	th3^1	th4^1	th5^1	th6^1	th7^1	th8^1	th9^1	th10^1	th11^1
	1.59	1.92	1.87	1.75	1.75	1.80	1.84	1.88	1.92	1.92

比较：产自龙门洞剖面的一个标本与*J. divaricatus* 相似，但却产自更高层位的*D. caudatus*带，本书将之暂定为*Jiangxigraptus* cf. *divaricatus* (NIGP 157252，图3-35B)。

细小江西笔石 (*Jiangxigraptus exilis* (Elles and Wood, 1904))

(图6-34K–O; 6-36A–C)

1904 *Dicellograptus sextans* var. *exilis* Elles and Wood, p. 155, pl. 21, fig. 2a–d.

1908 *Dicellograptus sextans* var. *exilis* Elles and Wood; Ruedemann, p. 309, fig. 231.

1913 *Dicellograptus sextans* var. *exilis* Elles and Wood; Hadding, p. 55, text-fig. 20a–e.

NIGP 157256 (AFC99a)。J. 新疆柯坪苏巴什沟萨尔干组*Nemagraptus gracilis*带。NIGP 157253 (AFF281)。

K–O. 细小江西笔石(*Jiangxigraptus exilis* (Elles and Wood, 1904))。K–M. 新疆柯坪苏巴什沟萨尔干组*Nemagraptus gracilis*带。K. NIGP 157291 (AFF281)；L. NIGP 157290 (AFF281)；M. NIGP 157293 (AFF283)。N. 新疆柯坪大湾沟萨尔干组*Nemagraptus gracilis*带。NIGP 157289 (NJ367)。O.陕西陇县龙门洞龙门洞组*Climacograptus bicornis*带。NIGP 157294 (AFC126)。

线形比例尺：1mm。

图6-35　两种江西笔石 (*Jiangxigraptus*)

A, C–E. 分开江西笔石 (*Jiangxigraptus divaricatus* (Hall, 1859))。A, E. 甘肃平凉官庄平凉组*Climacograptus bicornis*
带。A. NIGP 157250 (AFC56)；E. NIGP 157249 (AFC54)。C. 同上产地*Nemagraptus gracilis*带。NIGP 157247
(AFC2i)。D. 新疆柯坪苏巴什沟萨尔干组*Nemagraptus gracilis*带。NIGP 157292 (AFF283)。

B. 分开江西笔石 (近似种) (*Jiangxigraptus* cf. *divaricatus* (Hall, 1859))。陕西陇县龙门洞龙门组*Diplacanthograptus
caudatus*带。NIGP 157252 (AFC149a)。

线形比例尺：1mm。

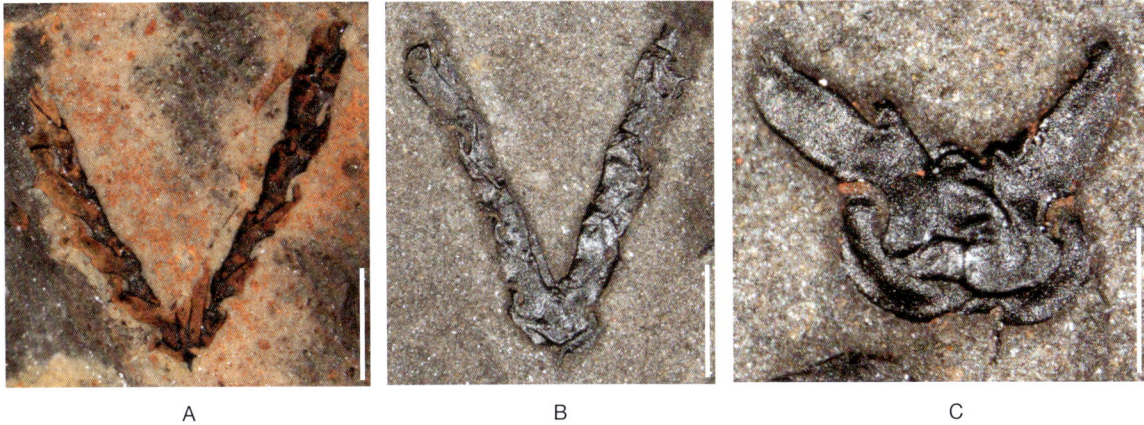

图6-36 细小江西笔石(*Jiangxigraptus exilis* (Elles and Wood, 1904))

标本产自新疆柯坪苏巴什沟萨尔干组*Nemagraptus gracilis*带。A. NIGP 157293 (AFF283)；B. NIGP 157291 (AFF281)；C. NIGP 157291 (AFF281)。
线形比例尺：A–B=1mm，C=500μm。

1947 *Dicellograptus sextans* var. *exilis* Elles and Wood; Ruedemann, p. 387, pl. 64, figs. 32–33.

1959 *Dicellograptus sextans* var. *exilis* Elles and Wood; Nan and Wu, p. 20, pl. 2, figs. 12–16.

1960 *Dicellograptus sextans* var. *exilis* Elles and Wood; Mu, Li and Ge, p. 82, pl. 2, figs. 1–2.

1963a *Dicellograptus sextans* var. *exilis* Elles and Wood; Ge, p. 82, pl. 1, figs. 11–12.

1963 *Dicellograptus sextans* var. *exilis* Elles and Wood; Li, p. 53, pl. 20, figs. 15–16.

1963 *Dicellograptus sextans* var. *exilis* Elles and Wood; Ross and Berry, p. 107, pl. 6, figs. 7, 15.

1964 *Dicellograptus sextans* var. *exilis* Elles and Wood; Obut and Sobolevskaya, p. 42, pl. 6, figs. 8–9.

1976 *Dicellograptus sextans exilis* Elles and Wood; Tzaj, p. 19, pl. 2, figs. 1–5.

1982 *Dicellograptus sextans* var. *exilis* Elles and Wood; Mu *et al.*, p. 307, pl. 76, fig. 4.

1982 *Dicellograptus sextans* var. *exilis* Elles and Wood; Fu, p. 437, pl. 283, fig. 21.

1982 *Dicellograptus sextans* var. *exilis* Elles and Wood; Xia, p. 46, pl. 10, figs. 3, 9.

1984 *Dicellograptus sextans* var. *exilis* Elles and Wood; Li, p. 457, pl. 180, fig. 20.

1988 *Dicellograptus sextans exilis* Elles and Wood; Huang *et al.*, p. 92, pl. 10, figs. 4–5.

2006 *Dicellograptus sextans exilis* Elles and Wood; Chen *et al.*, fig. 7F, J.

产地及层位：本种常见于新疆柯坪大湾沟和苏巴什沟的*Nemagraptus gracilis*带。在苏巴什沟还常见立体标本，与*Hustedograptus teretiusculus* (Histinger)、*Pseudazygograptus incurvus* (Ekström)和*Proclimacograptus angustatus* (Ekström) 共生。少量标本采自甘肃平凉官庄平凉组*C. bicornis*带。在陕西陇县龙门洞组黑色页岩中，本种从*Nemagraptus gracilis*带可上延至*C. bicornis*带。

比较：本种全球广布，与*J. sextans*相似。二者的主要区别在于笔石枝的宽度。Finney (1977)认为二者应属于同种，但我们认为本种的笔石枝较窄是普遍现象，而且枝宽很少超过0.5mm。

在立体标本中，本种可见A型始端发育型式 (Mitchell，1987)。

廓氏江西笔石 (*Jiangxigraptus gurleyi* (Lapworth, 1896))

(图6-34E, H–J; 6-37A–D)

1896　*Dicellograptus gurleyi* Lapworth sp. nov.; Gurley, p. 70.

1908　*Dicellograptus gurleyi* Lapworth; Ruedemann, p. 303, pl. 19, figs. 7–9; text-figs. 223, 225–228, *non*-fig. 224.

1947　*Dicellograptus gurleyi* Lapworth; Ruedemann, p. 382, pl. 63, figs. 21–26, 28–33, *non*-fig. 27.

1977　*Dicellograptus gurleyi* Lapworth; Finney, p. 227, figs. 27–28, 39–42.

1996　*Dicellograptus gurleryi gurleyi* Lapworth; Churkin and Carter, p. 47, figs. 32J, 33A–B, E–F.

2006　*Dicellograptus gurleyi* Lapworth; Chen *et al.*, fig. 6E, G.

产地及层位： 标本较多，产自新疆柯坪大湾沟萨尔干组、陕西陇县龙门洞龙门洞组及内蒙古乌海大石门乌拉力克组*N. gracilis*带。少量标本还产自甘肃平凉官庄平凉组*Climacograptus bicornis*带。少量立体标本产自新疆柯坪苏巴什沟萨尔干组*N. gracilis*带。在浙江常山黄泥塘达瑞威尔阶全球层型剖面上，本种也产自那里的*N. gracilis*带 (Chen *et al.*，2006)。

讨论： Finney (1977) 曾基于多个孤立标本详细描述过本种。本种以纤细并具有强烈原胞管褶的笔石枝为特征，其轴角为90°。它与*J. vagus* 的区别在于前者具有倾斜的胎管、微向外凸的膝上腹缘和较大的轴角。

内曲江西笔石 (*Jiangxigraptus intortus* (Lapworth, 1880))

(图6-38A–D; 6-39E–F, L)

1880　*Dicellograptus intortus* Lapworth, p. 161, pl. 5, fig. 19a.

1904　*Dicellograptus intortus* Lapworth; Elles and Wood, p. 140, pl. 20, fig. 4a–f; text-fig. 90a–b.

1908　*Dicellograptus intortus* Lapworth; Ruedemann, p. 302, pl. 18, figs. 9–10; text-fig. 221–222.

1963a　*Dicellograptus intortus* Lapworth; Ge, p. 84, pl. 1, fig. 14.

1976　*Dicellograptus intortus* Lapworth; Tzaj, p. 18, pl. 1, figs. 9–10.

1977　*Dicellograptus intortus* Lapworth; Wang *et al.*, p. 311, pl. 95, fig. 14.

1988　*Dicellograptus intortus* Lapworth; Huang *et al.*, p. 89, pl. 8, figs. 3, 9, 11.

1990　*Dicellograptus intortus* Lapworth; Ge *et al.*, p. 89, pl. 26, figs. 4, 9.

1991　*Dicellograptus intortus* Lapworth; Ni, p. 70, pl. 17, figs. 7–8; text-fig. 18H.

产地及层位： 标本产自新疆柯坪大湾沟萨尔干组*N. gracilis*带。

描述： 笔石体两枝交错呈"8"字形。枝的始端宽度为0.6mm，向末部渐增至最大宽度

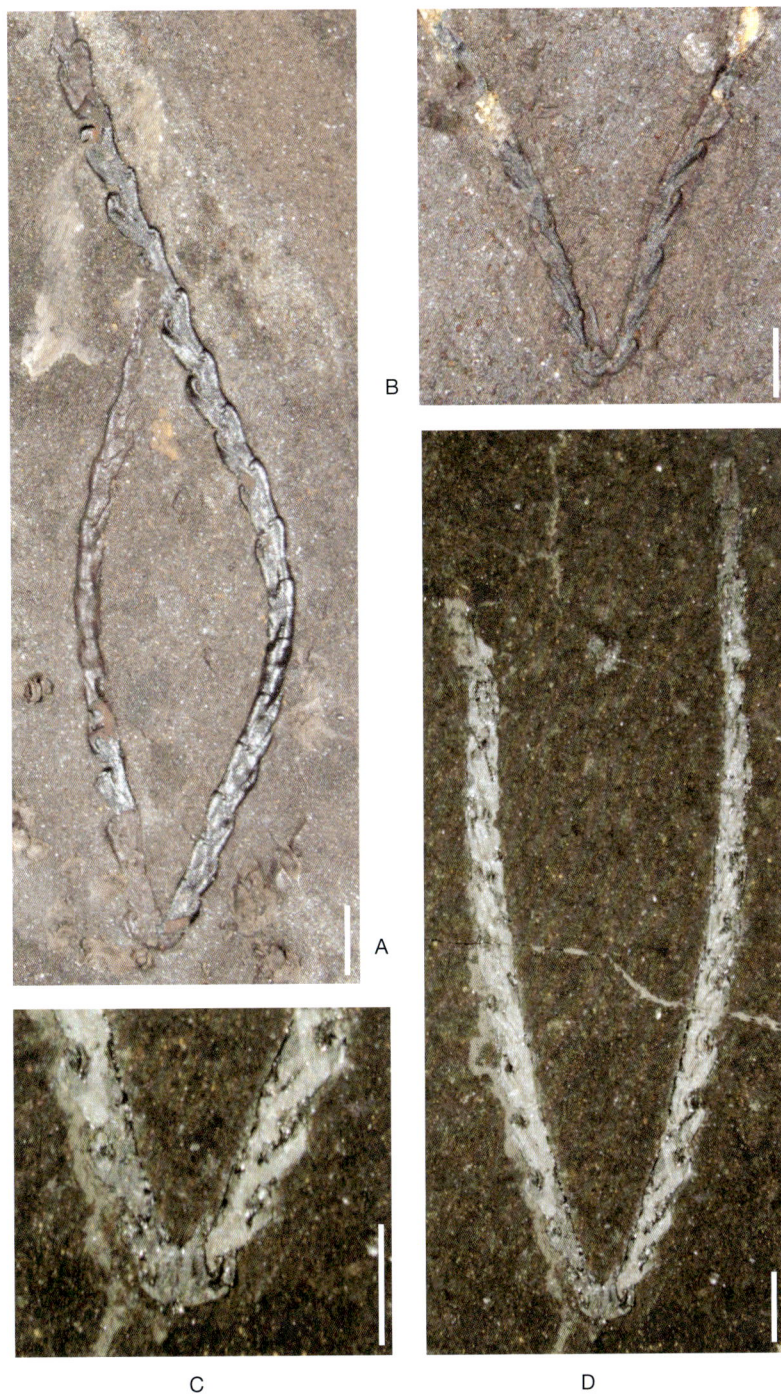

图6-37　廓氏江西笔石(*Jiangxigraptus gurleyi* (Lapworth, 1896))

A. 新疆柯坪苏巴什沟萨尔干组*Nemagraptus gracilis*带。NIGP 157253 (AFF281)。B. 新疆柯坪大湾沟剖面 *Nemagraptus gracilis*带。NIGP 157255 (NJ365)。C–D. 内蒙古乌海大石门乌拉力克组*Nemagraptus gracilis* 带。NIGP 157257 (FG50)。C. 图D始端的放大。

线形比例尺：1mm。

图6-38　内曲江西笔石(*Jiangxigraptus intortus* (Lapworth, 1880))

新疆柯坪大湾沟萨尔干组*Nemagraptus gracilis*带。A. NIGP 157259 (NJ367)；B. NIGP 157260 (NJ369)；C. 图B始端的
　　放大；D. 图A始端的放大。
线形比例尺：1mm。

0.75mm。胎管长度超过1.5mm，口部宽0.2mm，并具有一细小下垂的胎管刺。第1个胞管 (th1¹) 由亚胎管的上部生出，沿胎管壁向下至胎管口部向外向上转曲。第1对胞管对称形成明显浑圆的笔石体始端。

胞管为叉笔石式并具有微弱的原胞管褶，膝上腹缘长而直，口部内转，在前3对胞管上常有腹刺发育。标本 (NIGP 157259) 的2TRD测量如表6-10所示。

表6-10　标本两胞管重复距离测量 (NIGP 157259)

标　本	2TRDs (mm)								
	th2¹	th3¹	th4¹		th9¹	th10¹		th14¹	th15¹	th16¹
NIGP 157259	1.23	1.54	1.54		2.30	1.76		2.15	2.00	2.07

比较：当前标本与Lapworth的模式标本在一般特征上一致，但当前标本的胎管直立于两枝之间，而在模式标本上，胎管斜卧在第2枝之上。

穆氏江西笔石 (*Jiangxigraptus mui* Yu and Fang, 1966)

(图6-39A–D, H–J; 6-40B–C, E–G)

cf. 1947　*Dicellograptus gurleyi* Lapworth; Ruedemann, pp. 382–383, pl. 63, fig. 27; *non*-pl. 63, figs. 21–26, 28–33.

1963　*Dicellograptus* sp. Li, pp. 556–557, pl. 1, fig. 3, text-fig. 1a.

1966　*Jiangxigraptus mui* Yu and Fang, p. 93, pl. 1, figs. 1–3; text-fig. 2.

1966　*Jiangxigraptus wuningensis* Yu and Fang, p. 94, pl. 1, figs. 4–6; text-fig. 3.

1977　*Dicellograptus gurleyi* subsp. A Finney, p. 247, text-fig. 38c–e.

1988　*Dicellograptus mui* (Yu and Fang); Huang *et al.*, p. 97, pl. 11, figs. 10, 12.

1988　*Dicellograptus wuningensis* (Yu and Fang); Huang *et al.*, pp. 97–98, pl. 11, fig. 11.

1991　*Dicellograptus mui* (Yu and Fang); Ni, p. 72, pl. 19, figs. 6, 7; text-fig. 19a–c.

1991　*Dicellograptus undatus* Ni, pp. 73–74, pl. 19, figs. 1–5, 8; text-fig. 19d–f.

产地及层位：本种常见于新疆柯坪大湾沟*J. vagus*带至*N. gracilis*带下部，另有一个标本及其反面产自甘肃平凉官庄*N. gracilis*带。本种的模式标本产自江西武宁胡乐组*N. gracilis*带 (俞剑华和方一亭，1966)。

描述：笔石体由两个狭窄而上斜的笔石枝组成，枝的始端宽0.4mm，至末端渐增至0.75mm。胎管直立于两枝之间，但在大湾沟标本中，胎管常断去，而在平凉组的标本中，胎管则倾向th1²一侧。在反面标本上，第1个胞管 (th1¹) 由亚胎管的上部生出，沿胎管壁向下，至胎管口缘之下、胎管刺的基部才向外向上伸出。第2个胞管 (th1²) 自th1¹的左侧生出，横过胎管向外向上伸出。第1对胞管的各自生长点在不同的水平上，使得笔石体始端不对称。第3个胞管 (th2¹) 从

图6-39 三种江西笔石

A–D, G–J. 穆氏江西笔石(*Jiangxigraptus mui* Yu and Fang, 1966)。A, C–D, G–H. 新疆柯坪大湾沟萨尔干组*Nemagraptus gracilis*带。A. NIGP 157265 (NJ365)；C. NIGP 157269 (AFC4)；D. NIGP 157267 (NJ365)；G. NIGP 157266 (NJ365)；H. NIGP 157263 (NJ367)。B, I–J. 同上产地*Jiangxigraptus vagus*带。B. NIGP 157262 (NJ363)；I. NIGP 157268 (NJ363)；J. NIGP 157261 (NJ363)。

th1²的横管左侧生出，在笔石体反面横过胎管，并叠复在部分th1²之上。第4个胞管 (th2²) 从th2¹的原胞管生出，后者是双芽胞管。因此，*J. mui* 具有A型始端发育型式 (Mitchell，1987)。

胞管长，呈宽缓的"S"形，膝角圆滑，原胞管褶突出。胞管腹刺偶尔在前4对胞管上可以见到。本种是江西笔石属中原胞管褶发育最好的，原胞管褶占了枝宽的1/3。胞管间壁线从原胞管褶中开始，向胞管末部弯曲，然后与笔石枝的背缘平行或低角度斜交，胞管的膝部圆滑，口部向内转，口穴窄而深。在一个标本的反对面上 (NIGP 157269)，腹刺发育于胞管的转折部位。标本 (NIGP 157268) 胞管排列密度的2TRD测量如表6-11所示。

表6-11 标本两胞管重复距离测量 (NIGP 157268)

标　本	2TRDs (mm)										
NIGP 157268	th2¹	th3¹	th4¹	th5¹	th6¹	th7¹	th8¹		th13¹	th14¹	th15¹
	1.20	1.35	1.35	1.45	1.70	1.55	1.60		1.55	1.65	1.50

比较：本种与其他上斜的江西笔石类区别在于具有十分突出的原胞管褶。在大湾沟*N. gracilis*带底部有一立体标本，笔石枝弯曲呈"8"字形，但仍具强烈的原胞管褶，本书将之鉴定为*Jiangxigraptus* ex gr. *mui* Yu and Fang (NIGP 157264，图6-39K和图6-40A, D)。

什罗普江西笔石 (*Jiangxigraptus salopiensis* (Elles and Wood, 1904))

(图6-41A–G; 6-42A–F, K)

1904　*Dicellograptus divaricatus* var. *salopiensis* Elles and Wood, p. 145, pl. 20, fig. 7a–e.

1908　*Dicellograptus divaricatus* var. *salopiensis* Elles and Wood; Ruedemann, p. 300, pl. 18, fig. 5.

1989　*Dicellograptus salopiensis* Elles and Wood; Hughes, p. 43, pl. 1, figs. d–e; text-fig. 19d–f.

1991　*Dicellograptus divaricatus salopiensis* Elles and Wood; Ni, p. 69, pl. 11, fig. 11; pl. 16, figs. 3, 11–13; text-fig. 18d.

2001　*Dicellograptus salopiensis* Elles and Wood; Rushton, p. 47, fig. 2h.

产地及层位：标本产自新疆阿克苏四石场萨尔干组*N. gracilis*带、甘肃平凉官庄平凉组及内蒙古乌海公乌素剖面公乌素组*C. bicornis*带，以及陕西陇县龙门洞剖面龙门洞组*C. bicornis*带至*D. caudatus*带。

描述：笔石体两枝直，轴角为10°~20°，笔石枝始端宽0.4~0.5mm，向末端渐增至最大宽度

E-F, L. 内曲江西笔石(*Jiangxigraptus intortus* (Lapworth, 1880))。同上产地 *Nemagraptus gracilis*带。E. NIGP 157258 (NJ365)；F. NIGP 157260 (NJ369)；L. NIGP 157259 (NJ367)。

K. 穆氏江西笔石类 (*Jiangxigraptus* ex gr. *mui* Yu and Fang, 1966)。产地及层位同上。NIGP 157264 (NJ365)。

线形比例尺：1mm。

图6-40　穆式江西笔石

A, D. 穆氏江西笔石类 (*Jiangxigraptus* ex gr. *mui* Yu and Fang, 1966)。A. 新疆柯坪大湾沟萨尔干组*Nemagraptus gracilis*
　　带。NIGP 157264 (NJ365)。D. 图A 始端的放大。

0.7mm。第1对胞管呈对称的"U"形，向上开口，在四石场的立体标本 (NIGP 157279，图6-41E和图6-42K) 中，胎管长1.3mm，口部宽0.2mm。第2个胞管 (th1^2) 为卷芽式 (streptoblastic) 发育，从th1^{1}始端的左侧生出，th2^{1}的横管也从其左侧生出，因此属A型始端发育型式 (Mitchell，1987)。

胞管是典型的叉笔石式，口部孤立，内转，膝上腹缘直，平行于枝的背缘。标本 (NIGP 157279) 胞管排列密度的2TRD测量如表6-12所示。

表6-12　标本两胞管重复距离测量 (NIGP 157279)

标　本	2TRDs (mm)						
	th2^2	th3^2	th4^2	th5^2	th6^2	th7^2	th8^2
NIGP 157279	1.60	1.60	1.82	2.14	2.14	1.53	1.89

比较：本种与*J. vagus* Hadding和*J. gurleyi* Ruedemann 在一般特征上相似，但本种始端更为对称，膝上腹缘更直，笔石枝末部胞管 (第4对胞管以后) 缺少腹刺。

<h2 align="center">楔形江西笔石 (Jiangxigraptus sextans (Hall, 1847))</h2>

(图6-42L, O–P, R–S; 6-43A–E)

1847　*Graptolithus sextans* Hall, p. 273, pl. 74, fig. 3a–e.

1904　*Dicellograptus sextans* (Hall); Elles and Wood, p. 153, pl. 21, fig. 1a–e.

1908　*Dicellograptus sextans* (Hall); Ruedemann, p. 306, pl. 19. fig. 1; text-figs. 229–230.

1908　*Dicellograptus sextans* var. *tortus* Ruedemann, p. 309, fig. 232.

1947　*Dicellograptus sextans* (Hall); Ruedemann, p. 386, pl. 64, figs. 28–31.

1947　*Dicellograptus sextans* var. *tortus* Ruedemann; Ruedemann, pl. 64, fig. 36.

1963　*Dicellograptus sextans* (Hall); Ross and Berry, p. 106, pl. 6, figs. 10–11, 22.

1957　*Dicellograptus sextans* (Hall); Hong, p. 480, pl. 2, fig. 1a–c.

1962　*Dicellograptus sextans* (Hall); Mu and Chen, p. 54, pl. 21, figs. 5, 15.

1963a　*Dicellograptus sextans* (Hall); Ge, p. 81, pl. 2, fig. 18; text-fig. 5a.

1974　*Dicellograptus sextans* (Hall); Mu *et al.* (in Nanjing Institute of Geology and Palaeontology), p. 159, pl. 69, fig. 3.

1977　*Dicellograptus sextans* (Hall); Wang *et al.*, p. 311, pl. 95, fig. 9.

1978　*Dicellograptus sextans* (Hall); Wang *et al.*, p. 195, pl. 43, fig. 2.

1978　*Dicellograptus sextans* (Hall); Wang and Zhao, p. 622, pl. 203, fig. 1.

B–C, E–G. 穆氏江西笔石(*Jiangxigraptus mui* Yu and Fang, 1966)。B–C, E, G. 产地及层位同上。B. NIGP 157271 (NJ365)；C. NIGP 157265 (NJ365)；E. NIGP 157263 (NJ367)；G. NIGP 157270 (NJ363)。F. 甘肃平凉官庄平凉组*Nemagraptus gracilis*带。NIGP 157269 (AFC4)。

线形比例尺：1mm。

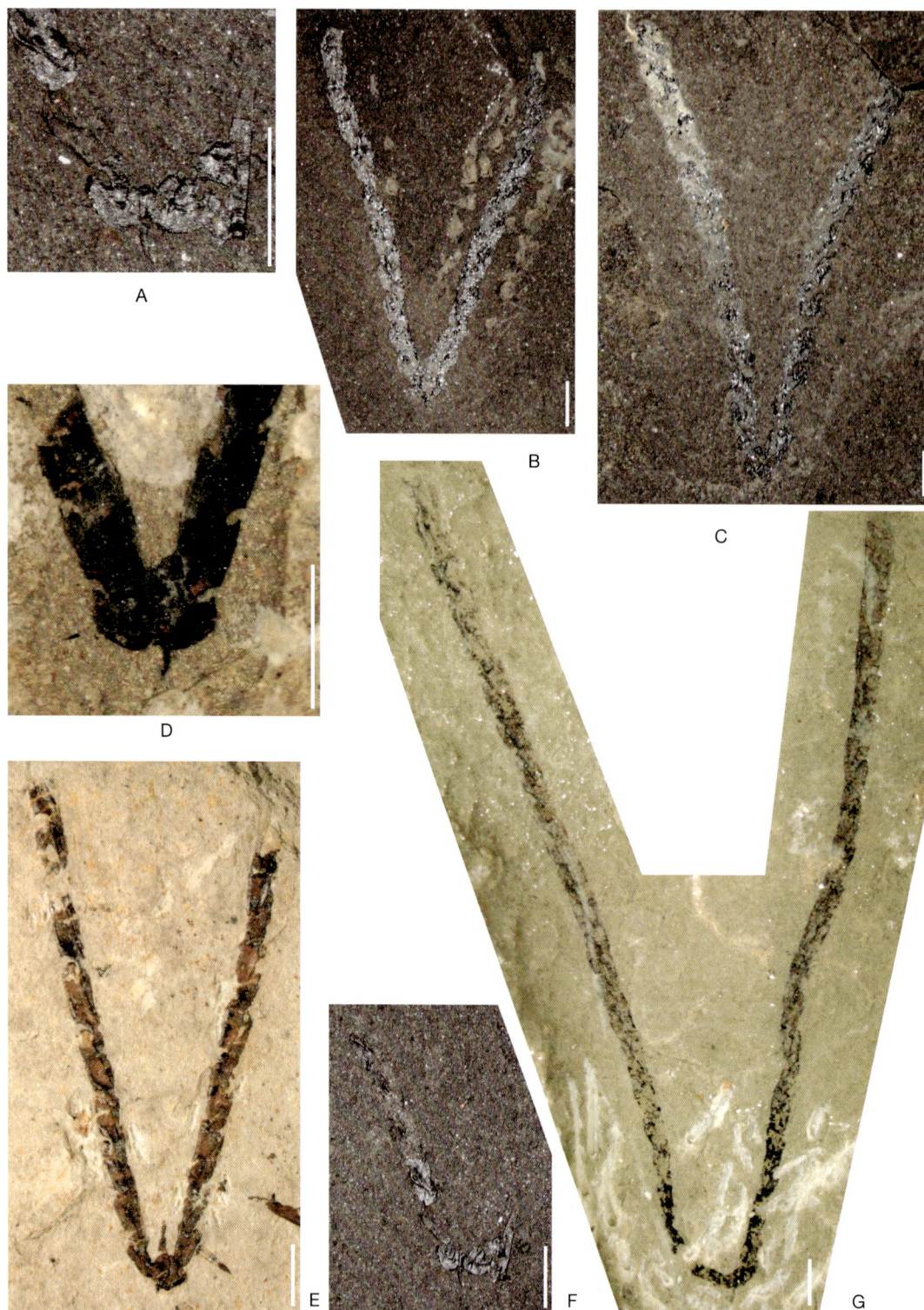

图6-41 什罗普江西笔石(*Jiangxigraptus salopiensis* (Elles and Wood, 1904))

A. 图F始端的放大。B–C. 新疆柯坪大湾沟萨尔干组*Nemagraptus gracilis*带。B. NIGP 157272 (NJ371)；C. NIGP 157273 (NJ371)。D.甘肃平凉官庄平凉组*Climacograptus bicornis*带。NIGP 157280 (AFC72)。E. 新疆阿克苏四

1981　*Dicellograptus* cf. *sextans* (Hall); Qiao, p. 233, pl. 82, fig. 8.

1982　*Dicellograptus sextans* (Hall); Xia, p. 46, pl. 10, fig. 7.

1983　*Dicellograptus sextans* (Hall); Yang *et al.*, p. 418, pl. 152, fig. 12.

1986　*Dicellograptus sextans* (Hall); Strachan, p. 29, pl. 3, fig. 2; pl. 4, fig. 2; text-figs. 22–23.

1988　*Dicellograptus sextans* (Hall); Huang *et al.*, p. 92, pl. 10, figs. 2–3.

1988　*Dicellograptus decrescentis* Huang *et al.*, p. 86, pl. 7, figs. 6–7.

1989　*Dicellograptus sextans* (Hall); Hughes, pl. 41, text-figs. a–c.

1991　*Dicellograptus sextans* (Hall); Ni, p. 73, pl. 18, figs. 1, 7, 9–10.

2002　*Aclistograptus sextans* (Hall), Mu *et al.*, p. 442, pl. 127, fig. 1; pl. 129, fig. 9.

2006　*Dicellograptus sextans* (Hall); Chen *et al.*, fig. 6D, F.

产地及层位：标本产自新疆柯坪苏巴什沟萨尔干组*N. gracilis*带，与*Pseudoclimacograptus stenostoma* (Bulman) 共生。本种见于甘肃平凉官庄平凉组及陕西陇县龙门洞龙门洞组*N. gracilis*带至 *C. bicornis*带，以及内蒙古乌海大石门乌拉力克组*N. gracilis*带。本种也见于浙江常山黄泥塘胡乐组*N. gracilis*带。

描述：本种是全球广布种，并已被广为描述。在立体标本上可见其A型始端发育形式 (Mitchell，1987)。

胎管通常倾斜向th1²一侧，长约0.9mm，口部宽0.15mm。笔石枝始端宽0.4mm，向末端增至最大宽度0.7~0.8mm。在少数标本上枝宽均匀，为0.7mm。在当前官庄剖面保存良好的标本上，可见腹刺的发育。原胞管褶发育，突出于胞管背缘之上。本种与*J. mui*和*J. alabamensis*均有相似之处，但与*J. mui*的相似程度更高。在大石门标本上 (NIGP 157286，图6-42R)，笔石枝的末端向背侧弯曲，其胞管排列密度的2TRD测量如表6-13所示。

表6-13　标本两胞管重复距离测量 (NIGP 157286)

标　　本	2TRDs (mm)							
	th2²	th3²	th4²	th5²	th6²	th7²	th8²	th9²
	1.29	1.42	1.53	1.50	1.52	1.63	1.74	1.74
	th10²	th11²	th12²	th13²	th14²	th15²	th16²	th17²
NIGP 157286	1.68	1.79	1.79	?	?	1.51	1.50	1.50
	th18²	th19²	th20²	th21²	th22²			
	1.72	1.72	1.68	1.72	1.81			

石场萨尔干组*Nemagraptus gracilis*带。NIGP 157279 (AFT-X-509)。F. 新疆柯坪苏巴什沟萨尔干组*Nemagraptus gracilis*带。NIGP 157274 (AFF283)。G. 内蒙古乌海公乌素公乌素组*Climacograptus bicornis*带。NIGP 157282 (AFC250)。

线形比例尺：1mm。

图6-42 三种江西笔石(*Jiangxigraptus*)

A–F, K. 什罗普江西笔石(*Jiangxigraptus salopiensis* (Elles and Wood, 1904))。A–B. 新疆柯坪大湾沟萨尔干组 *Nemagraptus gracilis*带。A. NIGP 157273 (NJ371)；B. NIGP 157272 (NJ371)。C. 陕西陇县龙门洞龙门洞组 *Climacograptus bicornis*带。NIGP 157277 (AFC134)。D. 同上产地*Diplacanthograptus caudatus*带。NIGP 157278 (AFC150)。E. 甘肃平凉官庄平凉组*Nemagraptus gracilis*带。NIGP 157276 (AFC36)。F. 新疆柯坪苏巴什沟萨尔

有用江西笔石 (*Jiangxigraptus ultilis* Chen (sp. nov.))

(图6-42G–J, M–N, Q, T; 6-44A–H)

名称来源： *ultilis*，拉丁文，有用的，表示本种具有精确的生物地层价值。

正模标本： NIGP 157303 (图6-42Q和图6-44B)。

产地及层位： 标本产自甘肃平凉官庄平凉组 *N. gracilis* 带上部至 *C. bicornis* 下部，与 *Dicellograptus rectus* (Ruedemann)、*Orthograptus apiculatus* Elles and Wood和 *Archiclimacograptus meridionalis* (Ruedemann) 共生。

描述： 笔石体细小，两枝上伸，枝宽均匀，约为0.4~0.5mm。笔石体始部尖削紧闭。胎管纤细，长1.3mm，口部窄小，但却具有一个相对强壮的胎管刺，长0.5mm。第1个胞管 (th1^1) 由亚胎管的近顶部生出，沿胎管向下至胎管口部向外向上伸出，在其转折处生出腹刺。第2个胞管自胎管口部较高处转曲向外，在胎管近口部一侧留下了0.14mm长的露出部分。胎管口部窄，宽仅0.14mm；口缘平直，侧卧于th1^{2}一侧。胎管的顶端向上生出一个短的线管。

胞管为典型的叉笔石式，具孤立而内转的口部，口穴深而窄，在有的标本上可见明显的胞管膝部，近口部生出亚口刺 (sub-apertural spine)。胞管的倾角为20°。胞管排列密度2TRD测量如表6-14所示。

表6-14　标本两胞管重复距离测量 (NIGP 157303)

标　本	2TRDs (mm)					
	th2^1	th3^1	th4^1	th5^1	th6^1	th7^1
NIGP 157303	1.28	1.28	1.32	1.40	1.37	1.37

比较： 本种以笔石体细小、胞管紧密排列和膝刺发育为特征。本种与 *Jiangxigraptus exilis* (Elles and Wood) 相近，但本种有明显的原胞管褶和亚口刺发育。

干组 *Nemagraptus gracilis* 带。NIGP 157274 (AFF283)。K. 新疆阿克苏四石场萨尔干组 *Nemagraptus gracilis* 带。NIGP 157279 (AFT-X-509)。

G-J, M-N, Q, T. 有用江西笔石 (*Jiangxigraptus ultilis* Chen (sp. nov.))。G, I-J, M-N, T. 甘肃平凉官庄平凉组 *Nemagraptus gracilis* 带。G. NIGP 157301 (AFC36)；I. NIGP 157300 (AFC36)；J. NIGP 157298 (AFC36)；M. NIGP 157275 (AFC39)；N. NIGP 157299 (AFC41)；T. NIGP 157295 (AFC4)，NIGP 157296 (AFC4)。H, Q. 同上产地 *Climacograptus bicornis* 带。H. NIGP 157302 (AFC47)；Q. NIGP 157303 (holotype, AFC52)。

L, O-P, R-S. 楔形江西笔石 (*Jiangxigraptus sextans* (Hall, 1847))。L, O-P. 新疆柯坪苏巴什沟萨尔干组 *Nemagraptus gracilis* 带。L. NIGP 157324 (AFF283)；O. NIGP 157283 (AFF281)；P. NIGP 157284 (AFF283)。R. 内蒙古乌海大石门乌拉力克组 *N. gracilis* 带。S. 甘肃平凉官庄平凉组 *C. bicornis* 带。NIGP 157285 (AFC64)。

线形比例尺：1mm。

图6-43　楔形江西笔石(*Jiangxigraptus sextans* (Hall, 1847))

A–B, D–E. 新疆柯坪苏巴什沟萨尔干组*Nemagraptus gracilis*带。A. NIGP 157284 (AFF283)；B. NIGP 157288 (AFF283)；D. NIGP 157285 (AFF283)；E. NIGP 157287 (AFF283)。C.甘肃平凉官庄平凉组*Climacograptus bicornis*带。NIGP 157324 (AFC64)。

线形比例尺：A, C=500μm; B, D–E=1mm。

图6-44　有用江西笔石(*Jiangxigraptus ultilis* Chen (sp. nov.))

A, C–D, F–H. 甘肃平凉官庄平凉组*Nemagraptus gracilis*带。A. NIGP 157295 (AFC4)；C. 157296 (AFC4)；D. NIGP 157298 (AFC36)；F. NIGP 157425 (AFC4)；G–H. NIGP 157300 (AFC36)。B. 同上产地 *Climacograptus bicornis* 带。NIGP 157303 (holotype, AFC52)。E. 图B 始端放大。

线形比例尺：1mm。

蜿蜒江西笔石 (*Jiangxigraptus vagus* (Hadding, 1913))

(图6-45A–G, J; 6-46A–D, G)

1913   *Dicellograptus vagus* Hadding, p. 53, Tafl. 4, figs. 15–19.

1983   *Dicellograptus intermedius* Yang (sp. nov.) in Yang *et al*., p. 417, pl. 152, fig. 2; text-fig. 3.

2007   *Dicellograptus vagus* Hadding; Maletz *et al*., text-fig. 4L, O.

产地及层位：大量标本，产自新疆柯坪大湾沟萨尔干组*J. vagus*带至*N. gracilis*带下部，其中部分立体标本见于*N. gracilis*带底界之下，并与*H. teretiusculus* (Hisinger) 共生。

描述：笔石体两枝纤细而上曲，构成窄而浑圆的始端。两枝的始部近于平行，至第5对胞管开始向外弯曲。笔石枝的始部在第2个胞管处宽0.40~0.45mm，以后宽度仅微弱地增加至末端的0.5mm。胎管相当窄而长，直立于两枝中央，长度为1.55mm，口部宽0.18mm。胎管刺短小，笔石体始端发育型式为A型 (Mitchell，1987)。

胞管为典型的叉笔石式，并具有强壮的原胞管褶。胞管的膝上腹缘近直，与枝的背缘平行。胞管的口部孤立、内转，口穴窄而深。胞管排列紧密，其2TRD测量如表6-15所示。

表6-15 标本两胞管重复距离测量 (NIGP 157525 和 157313)

标　本	2TRDs (mm)					
	th2²	th3²	th4²	th5²	th6²	th10²
NIGP 157525	1.43	1.51	1.57	1.48		
NIGP 157313	1.27	1.50	1.50	1.66	1.39	1.39

比较：本种的一般特征与*Jiangxigraptus gurleyi* Ruedemann和*J. mui* Yu & Fang相似。本种与*J. gurleyi*的区别在于小的轴角、上曲的笔石枝、直的膝上腹缘、胞管膝刺和直立于两枝之间的胎管位置，而与*J. mui*的区别在于纤细而均宽的笔石枝和外弯的笔石枝。有的标本具有外弯的笔石枝和外凸的膝上腹缘，我们将之鉴定为*Jiangxigraptus* cf. *vagus* Hadding (NIGP 157310，图6-45N)。

纤弱江西笔石 (?) (*Jiangxigraptus*? *delicatus* Chen (sp. nov.))

(图6-45H–I, K–M; 6-46E–F)

名称来源：*delicate*，拉丁文，表示笔石枝纤细微弱的特征。

正模标本：NIGP 157319 (图6-45K和图6-46E)。

产地及层位：少量标本，见于甘肃平凉官庄平凉组*Climacograptus bicornis*带。

描述：笔石体两枝上斜，枝宽均匀，约为0.4~0.5mm。胎管细而长，长约1.2mm，口部宽0.1~0.2mm。胎管倾斜，侧卧在第2枝的一侧。第1个胞管 (th1¹) 自亚胎管的上部生出，沿胎管壁

图6-45　四种江西笔石

A. 一种江西笔石(*Jiangxigraptus* sp.)。 新疆柯坪大湾沟萨尔干组*Didymograptus murchisoni*带。NIGP 157304 (NJ356)。

B-G, J. 蜿蜒江西笔石(*Jiangxigraptus vagus* (Hadding, 1913))。B, D, F-G, J. 同上产地*Nemagraptus gracilis*带。B. NIGP 157305 (NJ365)；D. NIGP 157311 (NJ374)；F. NIGP 152525 (NJ365)；G. NIGP 157307 (NJ365)；J. NIGP 157306 (NJ365)。C, E. 同上产地*Jiangxigraptus vagus*带。C. NIGP 157309 (NJ363)；E. NIGP 157308 (NJ361)。

H-I, K-M. 纤弱江西笔石(?)(*Jiangxigraptus? delicatus* Chen (sp. nov.))。甘肃平凉官庄平凉组*Climacograptus bicornis*带。H. NIGP 157316 (AFC59)；I. NIGP 157318 (AFC62)；K. NIGP 157319 (holotype, AFC57)；L. NIGP 157317 (AFC57)；M. NIGP 157315 (AFC50)。

N. 蜿蜒江西笔石(近似种)(*Jiangxigraptus* cf. *vagus* (Hadding, 1913))。新疆柯坪大湾沟萨尔干组*Nemagraptus gracilis*带。NIGP 157310 (NJ365)。

线形比例尺：1mm。

图6-46　两种江西笔石

A–D, G. 蜿蜒江西笔石(*Jiangxigraptus vagus* (Hadding, 1913))。A–B. 新疆柯坪苏巴什沟萨尔干组*Nemagraptus gracilis*带。A. NIGP 157313 (AFF284)；B. NIGP 157314 (AFF284)。C, G. 新疆柯坪大湾沟萨尔干组*Nemagraptus gracilis*带。C. NIGP 157312 (NJ367)；G. NIGP 152525 (NJ365)。D. 新疆柯坪大湾沟萨尔干组*Jiangxigraptus vagus*带。NIGP 157309 (NJ363)。

向下然后水平伸出，其口部转曲向上。因此，第1对胞管构成了对称的笔石体始端。两个笔石枝的分散角为320°~300°。

胞管的腹缘直或微向外凸，口部转向笔石枝的背侧并微向内转，但无法确定口部是否因为保存原因而孤立。在胞管的转曲处生出腹刺。胞管的口穴窄小，口缘近直。胞管的倾角为20°~30°，至笔石枝末部减为20°。胞管排列紧密，其2TRD测量结果如表6-16所示。

表6-16　标本两胞管重复距离测量 (NIGP 157319)

标　本	2TRDs (mm)			
NIGP 157319	th2^2	th3^2	th4^2	th5^2
	1.14	1.14	1.23	1.17

比较：本种与*Jiangxigraptus mui* 多处相似，但本种笔石体小，而且原胞管褶不够强烈。

宁夏笔石属 (修订) (Genus *Ningxiagraptus* Ge (in Mu *et al.*, 2002), emend.)

特征：笔石体两枝上斜，具简单的直胞管。胎管明显弯曲，并紧密地侧卧在th1^{2}枝的一侧。胎管刺和第1对胞管腹刺发育。始端发育型式与叉笔石的相似，但第2个胞管 (th2^1) 从胎管口部位置转曲向上，致使笔石体始部呈"U"形而非"L"形。

模式种：*Leptograptus yangtzensis* Mu (in Geh, 1963a)。

讨论：葛梅钰等 (1990) 基于甘肃环县龙门洞组的标本建立了一个新种 *Janograptus reclinatus*。笔者重新研究后认为该种是*Leptograptus yangtzensis* Mu (见葛梅钰，1963a) 的后同义名。葛梅钰后来基于 *Janograptus reclinatus* Ge, 1990建立了一个新属——宁夏笔石 (*Ningxiagraptus*) (见穆恩之等，2002)，并且基于此属建立新科——宁夏笔石科 (Ningxiagraptidae)。但是，宁夏笔石属的模式种是扬子纤笔石 (*Leptograptus yangtzensis* Mu (in Geh, 1963a))，而这个种，乃至这个属的特征是上斜的两个笔石枝，具简单、直的均分笔石式胞管，弯曲的胎管紧卧在第2个笔石枝之上。关于宁夏笔石属的由来，马譞和陈旭 (2015) 已另有文作了详细讨论。

宁夏笔石的始端构造同叉笔石类及江西笔石类相似，但胞管口部并不内转和孤立。笔石体的外形则与*Dicellograptus rectus* 相似，后者与宁夏笔石产于相同层位。我们把宁夏笔石归属双头笔石科而非葛梅钰独立出来的宁夏笔石科。宁夏笔石属具有A型始端发育型式 (Mitchell，1987)，但其第2个胞管则直接向上生出。

E–F. 纤弱江西笔石(?) (*Jiangxigraptus? delicatus* Chen (sp. nov.))。甘肃平凉官庄平凉组*Climacograptus bicornis*带。E. NIGP 157319 (图左标本，正模标本，AFC57)，NIGP 157320 (图右标本)；F. NIGP 157321 (AFC57)。线形比例尺：A, C–G=1mm；B=500μm。

特伦顿宁夏笔石 (?) (*Ningxiagraptus*? *trentonensis* (Ruedemann, 1908))
(图6-47A–F; 6-48A–C)

1908   *Leptograptus flaccidus* mut. *trentonensis* Ruedemann, p. 261, pl. 14, figs. 6–7.

1947   *Leptograptus flaccidus* (Hall) mut. *trentonensis* Ruedemann; Ruedemann, p. 366, pl. 59, figs. 14–17.

1947   *Leptograptus flaccidus* (Hall) var. *spinifer* Elles and Wood mut. *trentonensis* Ruedemann; Ruedemann, p. 366, pl. 59, figs. 20–21.

1977   *Leptograptus trentonensis* Ruedemann; Finney, p. 305, text-figs. 47–49.

1983   *Leptograptus flaccidus trentonensis* Ruedemann; Yang *et al.*, p. 412, pl. 152, fig. 14.

1990   *Leptograptus flaccidus trentonensis* Ruedemann; Ge *et al.*, p. 82, pl. 18, figs. 6-9; pl. 19, figs. 2–8; pl. 20, fig. 4.

1991   *Leptograptus flaccidus trentonensis* Ruedemann; Ni, p. 74, pl. 20, figs. 1, 9.

产地及层位：少量标本，产自甘肃平凉官庄平凉组*N. gracilis*带。本种最初由Ruedemann (1908，1947) 根据北美东部和南部Utica页岩、Viola灰岩中的标本建立。在中国，本种还见于甘肃环县 (葛梅钰等，1990) 和江西武宁 (倪寓南，1991) 的*N. gracilis*带中。

描述：笔石体两枝纤细，由水平至上斜方向伸出。笔石枝始端宽0.33~0.47mm (横过第1个胞管口部)，此宽度向枝的末端渐增至0.6mm。胎管窄而长，长1.9mm，口部宽0.3mm，具有一个细小的胎管刺，长仅0.63mm。

第1个胞管由亚胎管下部生出，沿胎管壁向下至胎管刺基部平伸向外。第2个胞管由th1^{1}的原胞管生出，在笔石体的反面水平伸出，并覆盖了胎管的口缘。笔石体始部的构造和Finney (1977，插图47-48) 所示相同，为A型始端发育型式 (Mitchell，1987)，和其他双头笔石科的成员相同。

胞管为宁夏笔石式的非孤立简单直管。笔石体始部口部之下见有腹刺，胞管倾角小。标本 (NIGP 157243) 胞管排列密度的2TRD测量如表6-17所示。

表6-17   标本两胞管重复距离测量 (NIGP 157243)

标　本	2TRDs (mm)							
	th2^2	th3^2	th4^2	th5^2	th6^2	th7^2	th8^2	th9^2
NIGP 157243	1.96	2.22	2.22	2.13	2.26	2.22	2.31	2.36

讨论：我们认同葛梅钰等 (1990) 关于*Leptograptus flaccidus* (Hall) var. *spinifer* Elles and Wood mut. *trentonensis* Ruedemann与中国标本是同义名的意见。我们的标本与*Leptograptus flaccidus* var. *spinifer* Elles and Wood 的腹刺不同。纤笔石 (*Leptograptus*) 现已或归入叉笔石，或归入宁夏笔石。

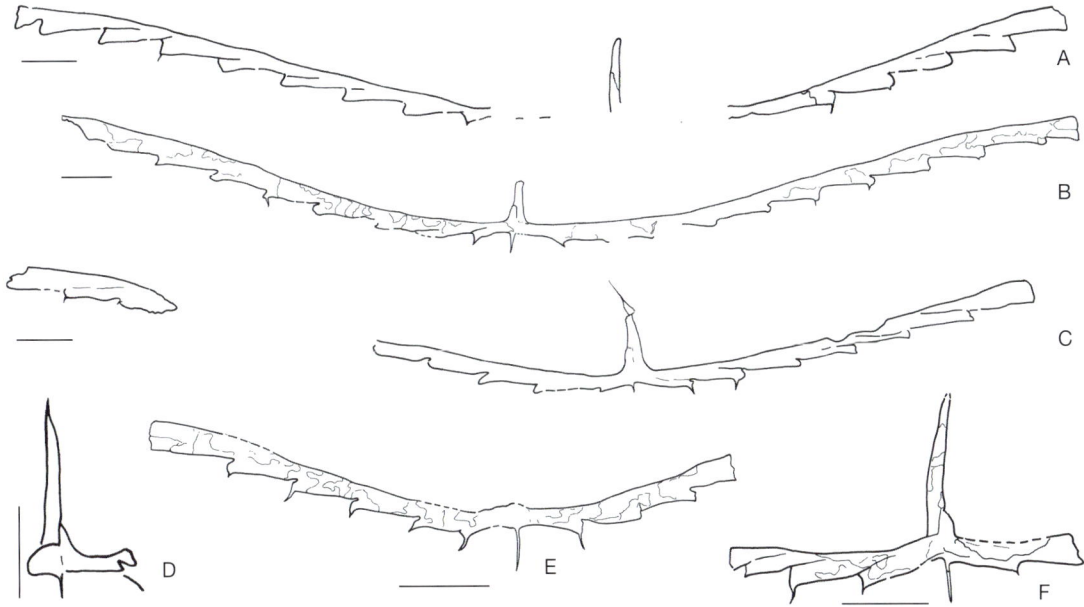

图6-47 特伦顿宁夏笔石 (?) (*Ningxiagraptus*? *trentonensis* (Ruedemann, 1908))

产自甘肃平凉官庄平凉组*Nemagraptus gracilis*带。A. NIGP 157244 (AFC2i)；B. NIGP 157243 (AFC2i)；C. NIGP 157242 (AFC2k)；D. NIGP 157241 (AFC2b)；E. NIGP 157240 (AFC2b)；F. NIGP 157239 (AFC2i)。

线形比例尺：1mm。

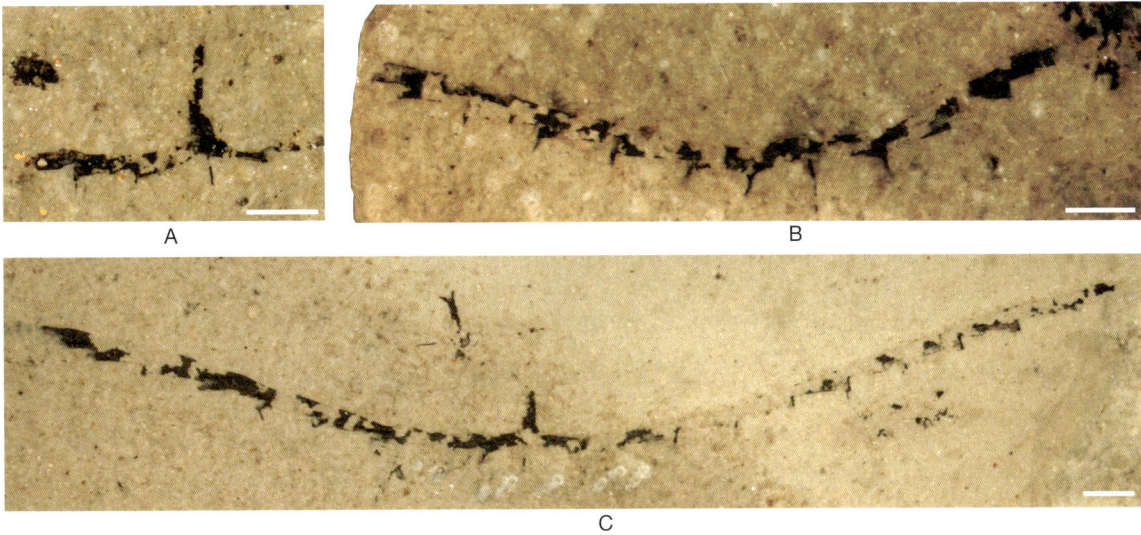

图6-48 特伦顿宁夏笔石 (?) (*Ningxiagraptus*? *trentonensis* (Ruedemann, 1908))

产自甘肃平凉官庄平凉组*Nemagraptus gracilis*带。A. NIGP 157239 (AFC2i)；B. NIGP 157240 (AFC2b)；C. NIGP 157686 (AFC2i)。

线形比例尺：1mm。

但当前标本胎管直立，这与宁夏笔石属的定义不符，因此，我们对本种是否属于宁夏笔石尚有保留，故附问号表示存疑。

扬子宁夏笔石 (*Ningxiagraptus yangtzensis* (Mu in Geh, 1963a))
(图6-49A–K; 6-50A–I; 6-51A–B; 6-52A–C)

1963   *Leptograptus yangtzensis* Mu (in Geh, 1963), p. 77, pl. 1, figs. 5–6; text-fig. 2c–d.

1990   *Janograptus reclinatus* Ge (in Ge *et al.*), p. 71, pl. 10, fig. 5.

2002   *Ningxiagraptus reclinatus* (Ge); Mu *et al.*, p. 332, pl. 101, figs. 5–6.

2002   *Ningxiagraptus yangtzensis* (Mu in Geh, 1963); Mu *et al.*, p. 332, pl. 97, figs. 1–3.

产地及层位：立体标本常见于湖北宜昌庙坡组*N. gracilis*带中，少量标本还见于甘肃平凉官庄平凉组*N. gracilis*带中。有一个已发表标本产自甘肃环县 *N. gracilis*带 (葛梅钰等，1990)，在本书重新研究。

描述：笔石枝两枝纤细，平均宽度在笔石枝始部为0.5mm，向末端渐增至最大宽度0.65mm。基于未被葛梅钰 (1963a) 描述的宜昌标本，本种的胎管倾斜并侧压在第2枝之上。胎管细而长，平均长1.2mm，口部宽0.2~0.3mm。胎管具有短的线管和显著的胎管刺。第1个胞管 (th1¹) 自亚胎管中下部生出，沿胎管壁向下至胎管刺基部位置平伸向外。第2个胞管 (th1²) 从th1¹原胞管的左侧生出 (NIGP 157327，图6-49K)，横过胎管然后强烈转曲向上。该笔石体的始端发育型式为A型。

胞管为简单直管状，长约2.0~2.5mm，宽仅0.4mm，倾角为15°~20°。笔石枝始部胞管掩盖1/3，至末部增至1/2。标本 (NIGP 13009，图6-49E) 胞管排列密度的2TRD测量如表6-18所示。

表6-18　标本两胞管重复距离测量 (NIGP 13009和106102)

标　本	2TRDs (mm)								
	th2²	th3²	th4²	th5²	th6²	th7²	th8²	th92	th10²
NIGP 13009	1.79	2.21	2.07	2.34				2.34	2.71
NIGP 106102	2.35	2.43	2.57	2.57	2.64	2.71	2.71		

假断笔石属 (Genus *Pseudazygograptus* Mu, Li and Ge, 1960)

模式种：*Azygograptus incurvus* Ekström, 1937。

特征：笔石体由一个具叉笔石式胞管的笔石枝组成。第1个胞管 (th1¹) 由胎管下部生出，原胞管褶不发育。

讨论：穆恩之等 (1960) 根据假断笔石属具纤笔石式胞管，而改变了过去将其划归断笔石的分

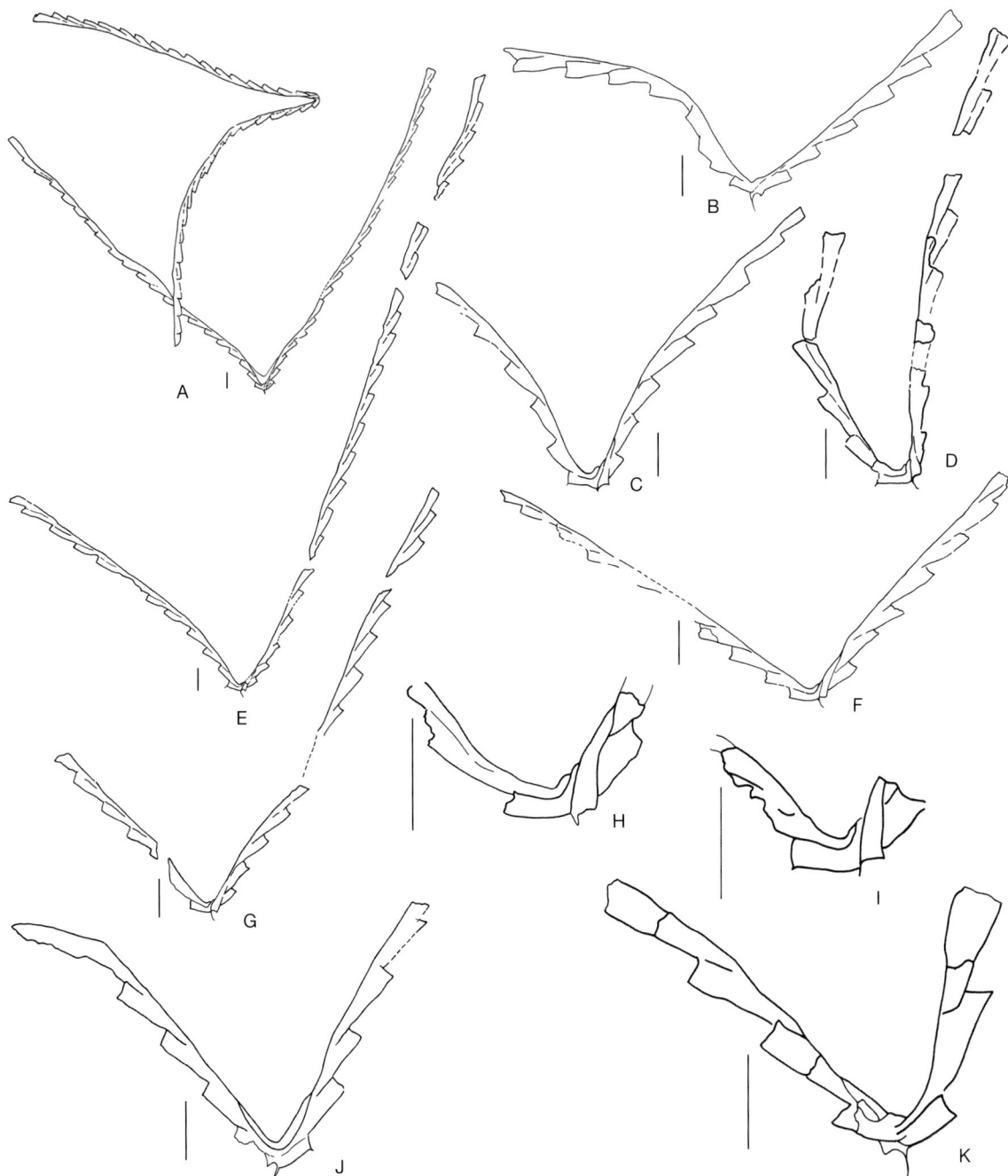

图6-49 扬子宁夏笔石(*Ningxiagraptus yangtzensis* (Mu in Geh, 1963a))

产自湖北宜昌庙坡组*Nemagraptus gracilis*带。A. NIGP 13007 (WM179; Geh, 1963a)；NIGP 157323 (WM179)；
B. NIGP 13011 (E160; Geh, 1963a)；C. NIGP 13013 (E160; Geh, 1963a)；D. NIGP 13004 (WM179; Geh,
1963a)；E. NIGP 13009 (WM179; Geh, 1963a)；F. NIGP 13008 (E160; Geh, 1963a)；G. NIGP 157326
(WM179; Geh, 1963a)；H. NIGP 13006 (WM179; Geh, 1963a)；I. NIGP 157329 (E160; Geh, 1963a)；J. NIGP
157328 (E160; Geh, 1963a)；K. NIGP 157327 (E160; Geh, 1963a)。

线形比例尺：1mm。

图6-50　扬子宁夏笔石(*Ningxiagraptus yangtzensis* (Mu in Geh, 1963a))

产自湖北宜昌庙坡组*Nemagraptus gracilis*带。A. NIGP 13011 (E160; Geh, 1963a)；B. NIGP 157328 (E160; Geh, 1963a)；C. NIGP 157328 (E160; Geh, 1963a)；D. 图A始端部分放大；E. NIGP 13004 (WM179; Geh, 1963a)；

图6-51　扬子宁夏笔石(*Ningxiagraptus yantzensis* (Mu in Geh, 1963a))

A. 甘肃平凉官庄平凉组*Climacograptus bicornis*带。NIGP 157332 (AFC50)；B. 甘肃环县石板沟"龙门洞组"
　　*Nemagraptus gracilis*带。NIGP 106102 (HS45)。
线形比例尺：1mm。

F. NIGP 13006 (WM179; Geh, 1963a)；G. NIGP 13007 (WM179; Geh, 1963a)；H. NIGP 157323 (WM179)；I.
　　NIGP 13009 (WM179; Geh, 1963a)。
线形比例尺：1mm。

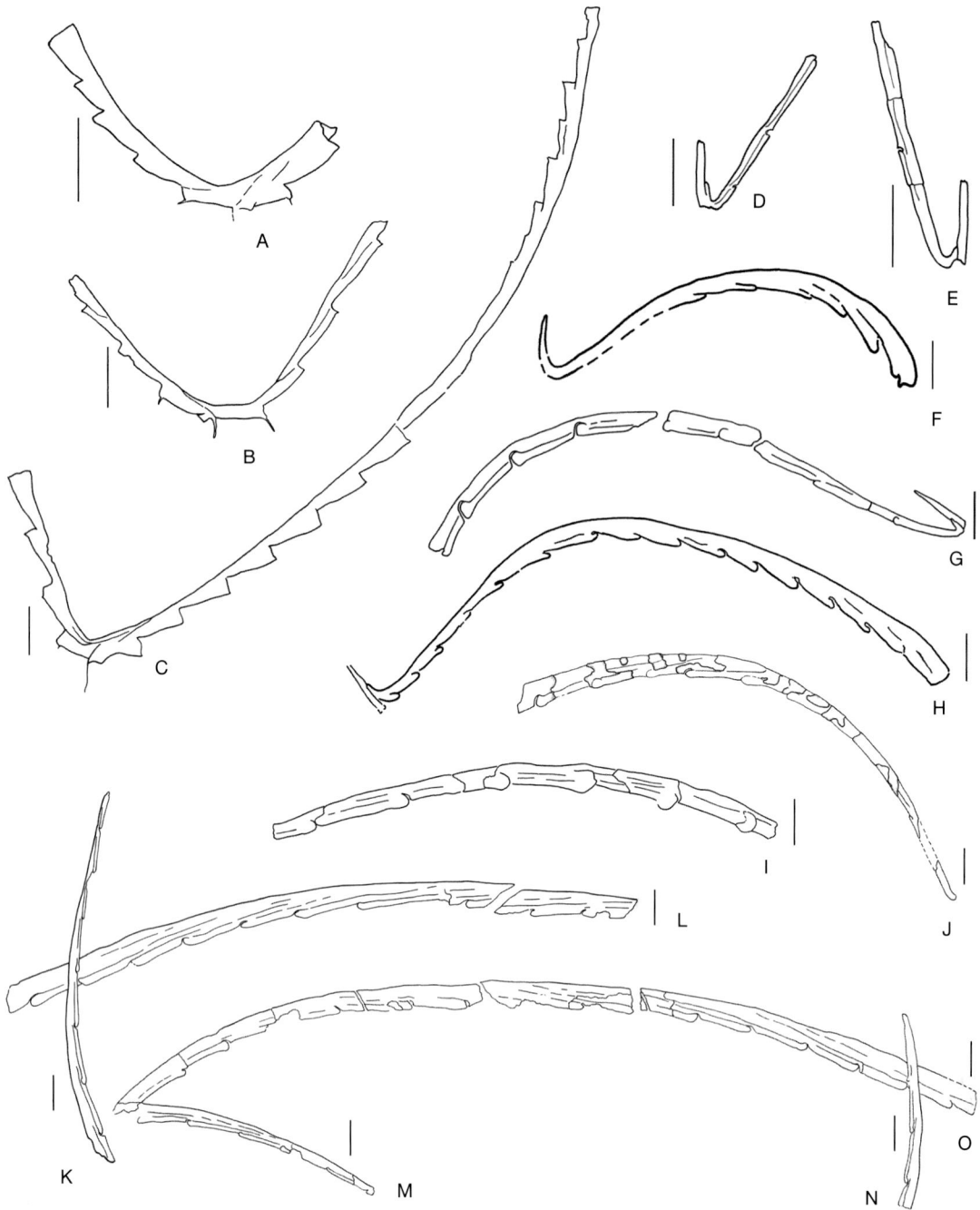

图6-52 扬子宁夏笔石与内曲假断笔石

A–C. 扬子宁夏笔石(*Ningxiagraptus yangtzensis* (Mu in Geh, 1963a))。A. 甘肃平凉官庄平凉组*Nemagraptus gracilis*带。NIGP 157331 (AFC29)。B. 同上产地*Climacograptus bicornis*带。NIGP 157332 (AFC50)。C. 甘肃环县石板沟 "龙门洞组" *Nemagraptus gracilis*带。NIGP 106102 (HS45)。

D–O. 内曲假断笔石(*Pseudazygograptus incurvus* (Ekström, 1937))。D–E, G. 新疆柯坪苏巴什沟萨尔干组*Nemagraptus gracilis*带。D. NIGP 157132 (AFF283); E. NIGP 157131 (AFF283); G. NIGP 157124 (NJ369)。F, H. 内蒙古乌海大石门乌拉力克组*Nemagraptus gracilis*带。F. NIGP 157133 (FG43); H. NIGP 157134 (FG46)。I, J. 新疆柯

类意见，建立了本属。当前材料说明假断笔石的胞管是简单的叉笔石式，th1^{1}由亚胎管在近胎管刺的部位生出，如同其他双笔石类向下伸出，然后向外并在生出第2个胞管之前微向上伸出。第2个胞管被抑制而不能像其他双笔石类那样进一步发展。因此，我们根据其胎管和胞管形态特征，把假断笔石属归入双头笔石科 (Dicranograptidae)。在假断笔石一些种内，如*Pseudazygograptus felcatus* Qiao, 1981和*P. eremitus* Yang, 1983中，还见有胞管口片 (apertural lappets)。

内曲假断笔石 (*Pseudazygograptus incurvus* (Ekström, 1937))

(图6-52D–O; 6-53A–G)

1937　*Azygograptus incurvus* Ekström, p. 33, pl. 6, figs. 7–20.

1960　*Pseudazygograptus incurvus* (Ekström); Mu *et al.*, p. 30, pl. 1, figs. 8–11.

1980　*Azygograptus incurvus* Ekström; Finney, p. 1199, pl. 1, fig. 2; text-figs. 9–10.

1981　*Pseudazygograptus erectus* Qiao, p. 226, pl. 81, figs. 9, 20.

1983　*Pseudazygograptus incurvus* (Ekström); Yang *et al.*, p. 409, pl. 151, fig. 4.

1985　*Azygograptus incurvus* Ekström; Lenz and Chen, pl. 1, figs. 6–9, 14.

1988　*Pseudazygograptus incurvus* (Ekström); Huang *et al.*, p. 72, pl. 2, figs. 11–13; pl. 4, fig. 6b; text-fig. 1D.

1988　*Pseudazygograptus aduncatus* Huang, Xiao and Xia, p. 71, pl. 2, figs. 3, 9; text-fig. 1C.

1988　*Pseudazygograptus licinus* Huang, Xiao and Xia, p. 72, pl. 3, figs. 6–7; text-fig. 1E.

1988　*Pseudazygograptus orthacclivous* Huang, Xiao and Xia, p. 72, pl. 3, figs. 4–5; pl. 5, fig. 6b; text-fig. 1A–B.

1988　*Pseudazygograptus semicircularis* Huang, Xiao and Xia, p. 74, pl. 3, fig. 8.

1991　*Pseudazygograptus incurvus* (Ekström); Ni, p. 62, pl. 11, figs. 7–8, 10.

2006　*Pseudazygograptus incurvus* (Ekström); Chen *et al.*, fig. 7E.

产地及层位： 本种常见于新疆柯坪大湾沟萨尔干组中 *Jiangxigraptus vagus* 带和 *Nemagraptus gracilis* 带，以及苏巴什沟萨尔干组 *N. gracilis* 带，后者产出半立体标本。此外，在内蒙古乌海大石门 *N. gracilis* 带也有本种，并与 *Archiclimacograptus caelatus* (Lapworth) 共生。本种还见于浙江常山黄泥塘达瑞威尔阶全球层型剖面的 "*Hustedograptus teretiusculus*" 带中。

描述： 单个笔石枝由亚胎管的下部生出。胎管为细小的锥状体，长1.4mm，宽0.2mm。第1个胞管沿胎管下延至胎管口缘之下，急转向外向上伸出，其后的胞管向上生长并向腹侧弯曲，致使笔石枝呈V形。笔石枝始端宽0.25mm，向末端渐增至最大宽度1.00mm。

坪大湾沟萨尔干组 *Nemagraptus gracilis* 带。I. NIGP 157130 (NJ367)；J. NIGP 157123 (NJ365)。K, N–O. 新疆柯坪苏巴什沟萨尔干组 *N. gracilis* 带。K. NIGP 157126 (AFF284)；N. NIGP 157125 (AFF284)；O. NIGP 157127 (AFF284)。L–M. 同上产地 *Climacograptus bicornis* 带。L. NIGP 157128 (AFF284)；M. NIGP 157129 (AFF284)。线形比例尺：1mm。

图6-53　内曲假断笔石(*Pseudazygograptus incurvus* (Ekström, 1937))

A, C, D. 新疆柯坪苏巴什沟萨尔干组*Nemagraptus gracilis*带。A. NIGP 157131 (AFF283)；C. NIGP 157135 (AFF283)；
　　D. NIGP 157135 (AFF283)。B, E–F. 新疆柯坪大湾沟萨尔干组*Nemagraptus gracilis*带。B. NIGP 157123 (NJ365)；
　　E. NIGP 157124 (NJ369)；F. 图E笔石体始端放大。G. 内蒙古乌海大石门乌拉力克组*Nemagraptus gracilis*带。
　　NIGP 157134 (FG46)。
线形比例尺：1mm。

胎管细而长，其口部宽0.3mm，而管身长达5.2mm以上，同此胎管的长度为宽度的17倍。胞管为简单的叉笔石式，口部微向内转，口穴窄而深。标本 (NIGP 157127，图6-52O) 中见有口片保存，胞管间掩盖2/3，在10mm内有5个胞管。

比较：黄枝高等 (1988) 基于赣南的材料共建立了4个新种：*Pseudazygograptus aduncatus*、*P. licinus*、*P. orthacclivous*和*P. semicircularis*。但它们都是基于*Pseudazygograptus incurvus* (Ekström) 保存变形的标本而建立的，赣南的材料在后期变质作用过程中产生了大量的流劈理，致使笔石标本变形。

丝笔石科 (Family NEMAGRAPTIDAE Lapworth, 1873, emend. Finney, 1985)

讨论：本书认同Finney (1985) 的意见，把原属双头笔石种那些具有幼枝或次生枝 (Cladia) 的属，如孪笔石属 (*Syndyograptus* Ruedemann)、偶笔石属 (*Amphigraptus* Lapworth)、肋笔石属 (*Pleurograptus* Nicholsu) 和棠垭笔石属 (*Tangyagraptus*) 归入丝笔石科 (Nemagraptidae)。这些具有幼枝的属将来有可能在双头笔石超科 (Dicranograptacea) 中有更独立的位置。幼枝是否在丝笔石科内是一种共同衍征 (Synapomonphy) 还需要更全面的系统分类研究 (Mitchell *et al.*，2007)。

对偶笔石和孪笔石纤细的形态学研究还远不够详细，因为这两属的标本，包括模式种的标本都是压扁变形的材料。这两属之间根本的不同是幼枝生长方向的不同。在偶笔石属内，两个主枝自胎管水平伸出，幼枝的起始部分从它们的母胞管口部生出后，是向相反方向生长的。在孪笔石属中，主枝上斜，幼枝成对上斜伸出。但是，根据Ruedemann (1947)，这两个属的模式种*A. divergens*和*S. pecten*的胞管形态和排列密度是相同的。

丝笔石属 (Genus *Nemagraptus* Emmons, 1855)

娇柔丝笔石 (*Nemagraptus delicatus* (Lin, 1980))
(图6-54A–H; 6-55B–D)

1980　*Ordosograptus delicatus* Lin, p. 478, pl. 1, figs. 1–6; pl. 2, figs. 1–6; text-figs. 1, 4–5.

1985　*Nemagraptus linmassiae* Finney, p. 1129, figs. 23.1, 24.1, 25–26.

产地及层位：本种产自新疆柯坪苏巴什沟萨尔干组*N. gracilis*带及甘肃平凉官庄平凉组*N. gracilis*带至*C. bicornis*带。本种最早由林尧坤 (1980) 基于内蒙古乌海公乌素组*Amplexograptus* *gansuensis*带的标本建立，并与*A. gansuensis* Mu and Zhang、*A. disjunctus* Mu and Zhang、*A. disjunctus* cf. *magnus* Mu and Zhang、*Pseudoclimacograptus scharenbergi minor* Mu, Lee and Geh、*Prolasiograptus* sp.和 *Dicranograptus brevicaulis* Elles and Wood共生。其中地区性的围笔石类并没有太大的地层价值。而*P. scharenbergi minor* Mu, Lee and Geh应该是*P. scharenbergi* 的同义名，其层位可能是*N. gracilis*带至*C. bicornis*带。此外，*D. brevicaulis* 也出现在 *N. gracilis*带至略高于 *C. bicornis*带的层位中。

描述： 笔石体两枝十分细长，长约23mm，始部宽仅0.18mm，此宽度向末部渐增至0.2mm。胎管长0.8mm，口部宽仅0.1mm。第1个胞管 (th1^1) 从亚胎管的上部生出，向下至亚胎管中部向外向上转曲伸出。第2个胞管 (th1^2) 从水平方向横过胎管，其口部也迅速转曲向上。因此，胎管近口部在第一对胞管之下的部位裸露，第1个胞管近口部向下生出短小底刺。

胞管为丝笔石式，口部微向内转并具浅的口穴，胞管的膝部明显生出膝部凸缘 (genicular flange)，较其他丝笔石的更为突出 (标本NIGP 157340, 图6-55B)。林尧坤 (1980) 将之描述为"似蘑菇状的口罩"。胞管十分细长，长为宽的13倍，当笔石枝末部扭曲时可见其胞管的口部全貌。在一段长的笔石枝上，在10mm内可见8个胞管。

比较： Finney (1985) 曾描述过一种丝笔石 *N. linmassiae* Finney, 1985，尽管它的胞管掩盖部分较长，但总体特征与本种一致，为本种的后同义名。本种与*N. gracilis* (Hall) 的区别在于本种具有更为发育的膝部凸缘。Finney (1985) 曾用过两个名词："genicular flanges"和"lateral lappets"，但二者是同一构造。本书采用前者，因为此名被普遍使用。本种与*Nemagraptus subtilis* Hadding, 1913相似，二者都没有幼枝，但本种胞管间的掩盖更多，而且发育膝部凸缘。

纤细丝笔石 (*Nemagraptus gracilis* (Hall, 1847))

(图6-56A–F; 6-57A–H)

1847　*Graptolithus gracilis* Hall, p. 274, pl. 74, fig. 6a–d.

1855　*Nemagraptus elegans* Emmons, p. 109, pl. 1, fig. 6.

1868　*Caenograptus gracilis* Hall, p. 179, figs. 17–19.

1868　*Caenograptus surcularis* Hall, p. 179, figs. 13–16.

1868b　*Helicograptus gracilis* Hall; Nicholson, p. 25, fig. 1.

1876　*Caenograptus gracilis* Hall; Lapworth, p. 5, pl. 3, fig. 65.

1876　*Caenograptus surcularis* Hall; Lapworth, pl. 3, fig. 64.

1876　*Caenograptus nitidus* Lapworth, pl. 3, fig. 66.

1903　*Nemagraptus gracilis* (Hall); Elles and Wood, p. 127, pl. 19, fig. 1a–f.

1903　*Nemagraptus gracilis* var. *surcularis* (Hall); Elles and Wood, p. 129, pl. 19, fig. 2a–d.

1903　*Nemagraptus gracilis* var. *nitidus* (Lapworth); Elles and Wood, p. 131, pl. 19, fig. 4a–d.

1908　*Nemagraptus gracilis* (Hall); Ruedemann, p. 277, pl. 16, figs. 1–5; text-figs. 192–195.

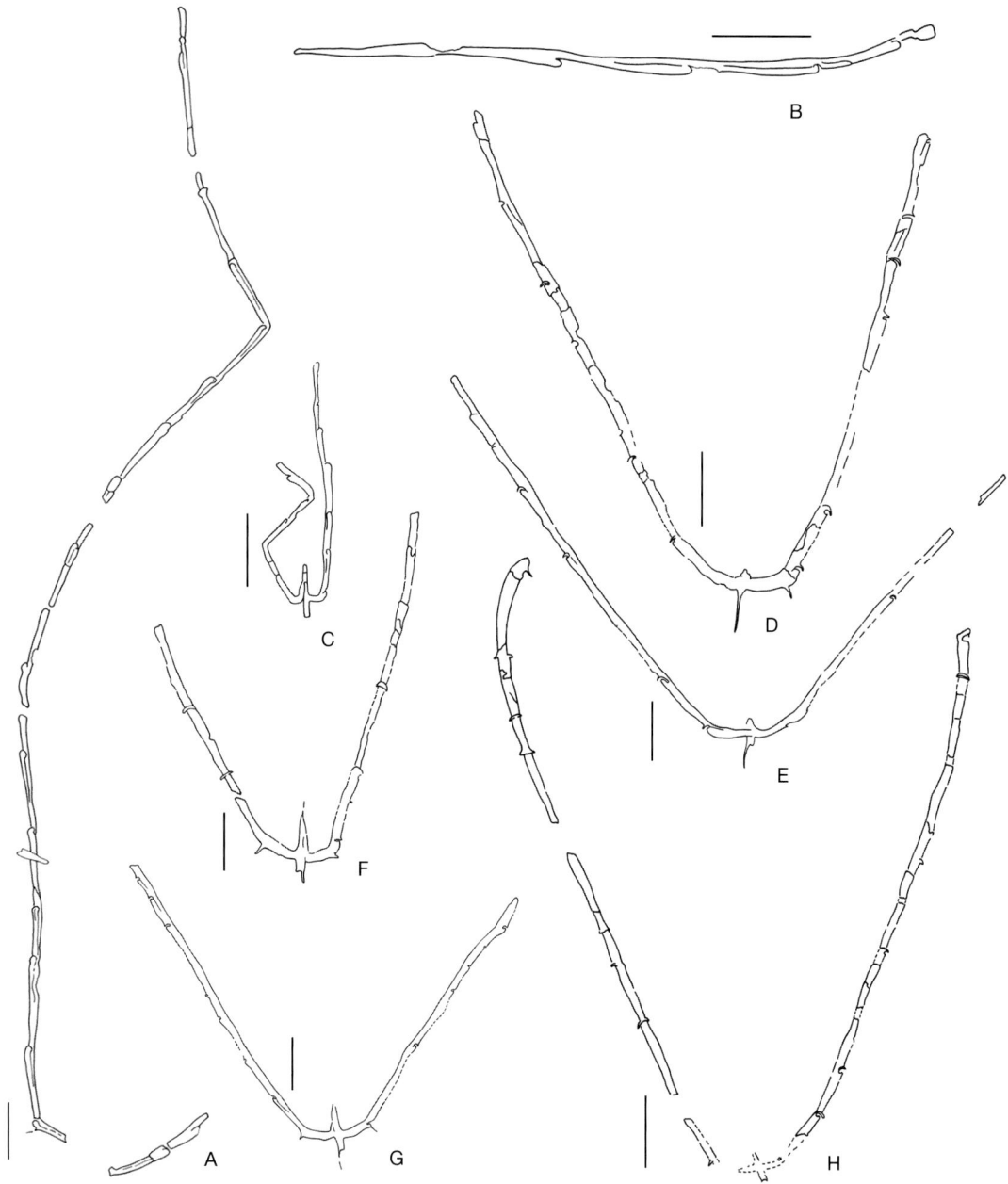

图6-54　娇柔系笔石(*Nemagraptus delicatus* (Lin, 1980))

A, B. 新疆柯坪苏巴什沟萨尔干组*Nemagraptus gracilis*带。A. NIGP 157333 (AFF283)；B. NIGP 157334 (AFF283)。C. 新疆柯坪大湾沟萨尔干组同名带。NIGP 157335 (NJ373)。D, F, H. 甘肃平凉官庄平凉组*Climacograptus bicornis*带。D. NIGP 157337 (AFC45)；F. NIGP 157340 (AFC55)；H. NIGP 157336 (AFC45)。E, G. 同上产地*Nemagraptus gracilis*带。E. NIGP 157338 (AFC2i)；G. NIGP 157339 (AFC2c)。
线形比例尺：1mm。

图6-55　两种丝笔石(*Nemagraptus*)

A. 一种丝笔石(*Nemagraptus* sp.)。甘肃平凉官庄平凉组*Climacograptus bicornis*带。NIGP 157208 (AFC65)。

B–D. 娇柔丝笔石(*Nemagraptus delicatus* (Lin, 1980))。产地层位同上。B. NIGP 157340 (AFC55)；C. 图D始部的放大；D. NIGP 157337 (AFC45)。

线形比例尺：1mm。

1908 *Nemagraptus gracilis* var. *surcularis* Hall; Ruedemann, p. 282, pl. 27, figs. 1–2.

1908 *Nemagraptus gracilis* var. *crassicaulis* Gurley; Ruedemann, p. 285, pl. 17, fig. 13; text-figs. 198–199.

1908 *Nemagraptus gracilis* var. *distans* Ruedemann, p. 286, pl. 16, figs. 7–8; text-figs. 200–201.

1908 *Nemagraptus gracilis* var. *approximatus* Ruedemann, p. 287, pl. 16, figs. 5–6.

1933 *Nemagraptus gracilis* (Hall); Sun, p. 11, pl. 2, fig. 1a–d.

1960 *Nemagraptus gracilis* (Hall); Berry, p. 73, pl. 15, fig. 13.

1963 *Nemagratus gracilis* (Hall); Geh, p. 77, pl. 2, fig. 1; text-fig. 3.

1963 *Nemagraptus sinicus* Mu and Qiao in Mu, p. 370, text-fig. 5a–c.

1964 *Nemagraptus gracilis* (Hall); Obut and Sobolevskaya, p. 49, pl. 9, figs. 1–3.

1977 *Nemagraptus gracilis* (Hall); Finney, p. 106, text-figs. 17–22.

1985 *Nemagraptus gracilis* (Hall); Finney, p. 1111, figs. 10–21.

1988 *Nemagraptus gracilis* (Hall); Huang *et al.*, p. 80, pl. 4, fig. 6a, 7–8; pl. 5, fig. 1.

1988 *Nemagraptus gracilis pallantus* Huang, Xiao and Xia, p. 80, pl. 4, fig. 13.

1988 *Nemagraptus spaniramusculua* Huang, Xiao and Xia, p. 81, pl. 5, fig. 5.

1989 *Nemagraptus gracilis* (Hall); Hughes, p. 78, text-fig. 30a.

1998 *Nemagraptus gracilis* (Hall); Maletz, p. 368, text-fig. 7I.

2005 *Nemagraptus gracilis* (Hall); Nõlvack and Goldman, p. 259, figs. 4.5–4.7.

2006 *Nemagraptus gracilis* (Hall); Chen *et al.*, figs. 7B, D, G, K.

产地及层位：常见于新疆柯坪苏巴什沟萨尔干组*Nemagraptus gracilis*带，与*Jiangxigraptus sextans* (Elles and Wood) 共生；在甘肃平凉官庄平凉组*N. gracilis*带至*C. bicornis*带，与*Dicellograptus rectus* (Ruedemann) 和*Dicranograptus sinensis* Ge 共生；在内蒙古乌海大石门乌拉力克组*N. gracilis*带，与*Archiclimacograptus caelatus* (Lapworth) 共生。

在华南，本种产自湖北宜昌庙坡组*N. gracilis*带 (葛梅钰，1963)、浙江常山黄泥塘胡乐组的同名带中 (Chen *et al.*，2006) 以及赣南崇义同名带中 (黄枝高等，1988)。

讨论：本种是全球广布种，被广为描述。Finney (1985) 以及Nõlvak and Goldman (2007) 详细描述了本种的孤立标本和压扁的标本。黄枝高等 (1988) 建立了一些新种和新亚种 (见同义名表)，但未描述它们与本种的不同之处。此外，在平凉官庄的一个标本上曾见单个幼枝 (NIGP 157208，图6-55A)，但与本种比较，其笔石枝更窄，我们将之作为*Nemagraptus* sp.。

细弱丝笔石 (*Nemagraptus exilis* (Lapworth, 1890))

(图6-58C, F–H)

1890 *Caenograptus exilis* Lapworth, MS report see Ruedemann, 1908, p. 287.

1896 *Stephanograptus exilis* (Lapworth); Gurley, p. 68, see Ruedemann, 1908, p. 287.

1908 *Nemagraptus exilis* (Lapworth); Ruedemann, p. 287, pl. 17, figs. 3–4, 6, 8.

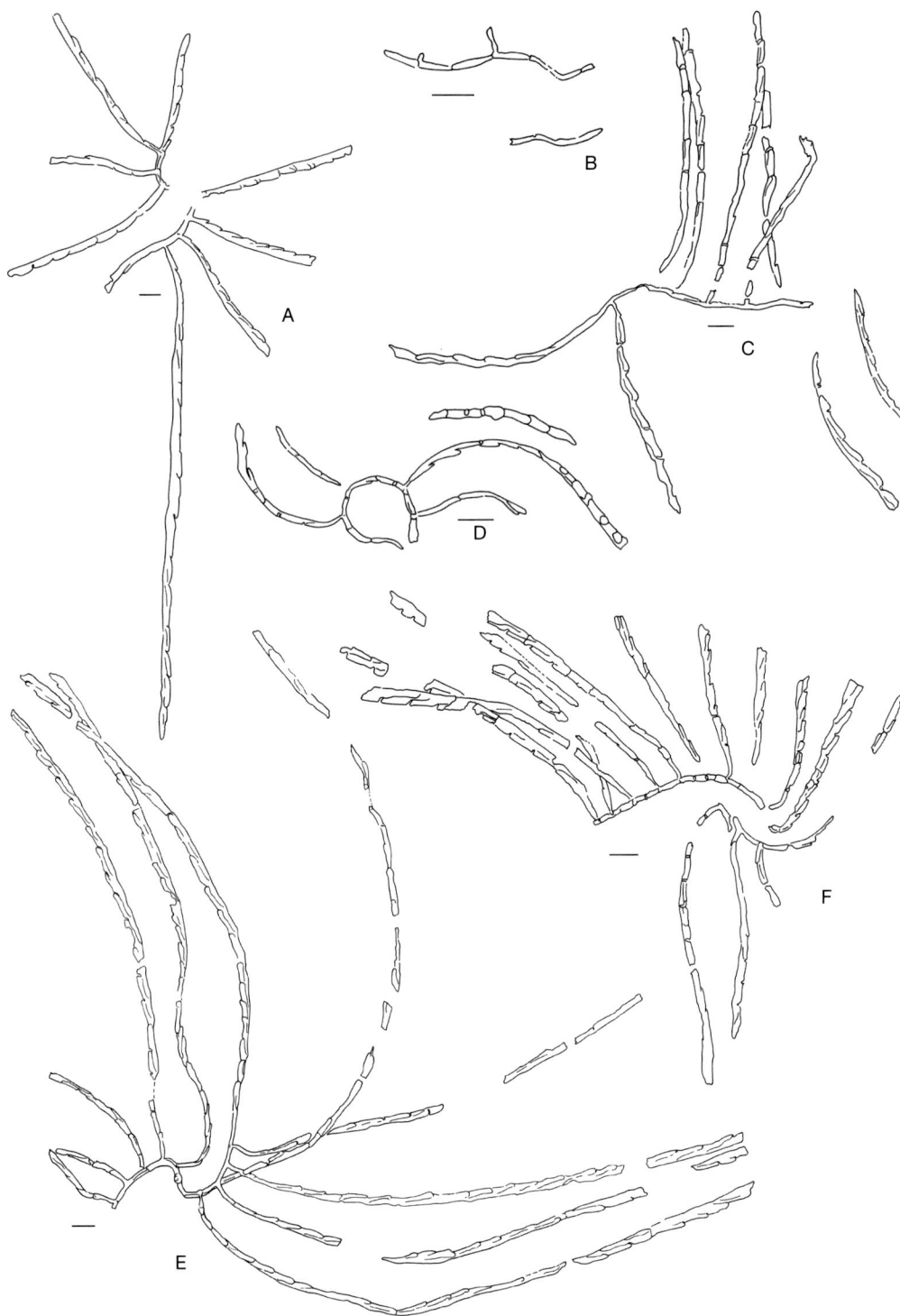

图6-56　纤细丝笔石(*Nemagraptus gracilis* (Hall, 1847))

A–B. 内蒙古乌海大石门乌拉力克组*Nemagraptus gracilis*带。A. NIGP 157345 (FG46)；B. NIGP 157344 (FG43)。C. 甘肃平凉官庄附近单独产地*Climacograptus bicornis*带。NIGP 157343 (AFC80)。

1908   *Nemagraptus exilis* var. *linearis* Ruedemann, p. 290, pl. 17, figs. 10–11.

1933   *Nemagraptus exilis* (Lapworth); Sun, p. 11, pl. 1, fig. 6a–b.

1947   *Nemagraptus exilis* (Lapworth); Ruedemann, p. 371, pl. 61, figs. 1–2, 4, 6, 8–9.

1947   *Nemagraptus exilis* var. *linearis* Ruedemann; Ruedemann, p. 372, pl. 61, figs. 10–14.

产地及层位：共有两个标本，分别采自陕西陇县龙门洞龙门洞组和内蒙古乌海大石门*N. gracilis*带。本种首次由Sun (1933，p.12) 发表，其标本产自平凉官庄*C. bicornis*带，并与*C. bicornis* (Hall) 共生。因此，本种的延限应从*N. gracilis*带至*C. bicornis*带。

描述：笔石体由两个极为纤细的笔石枝组成，宽仅0.1~0.2mm。第1对胞管由胎管两侧水平伸出，构成对称的笔石体始端，并由第1对胞管的转折处生出细小的腹刺。在大石门的标本上 (NIGP 157349，图6-58H)，两枝由胎管中部生出并转曲向上。胞管为丝笔石式，排列疏松。

讨论：Finney (1985) 认为本种是*N. gracilis* (Hall) 的幼年体，但是仍需进一步详细地研究。当前的一个标本上可见一个很短的幼枝。

孪笔石属 (Genus *Syndyograptus* Ruedemann, 1908)

中国孪笔石 (*Syndyograptus sinensis* Mu, 1963)

(图6-58A–B, D; 6-59A–B, D)

1963   *Syndyograptus sinensis* Mu, p. 356, text-fig. 6a–b.

1963   *Syndyograptus magnus* Mu, p. 357, text-fig. 7a–c.

1982   *Syndyograptus magnus* Mu; Mu *et al.*, p. 306, pl. 76, figs. 1–2.

1988   *Syndyograptus magnus* Mu; Huang *et al.*, p. 83, pl. 6, fig. 6; text-fig. 9.

2002   *Syndyograptus magnus* Mu; Mu *et al.*, p. 399, pl. 114, figs. 8–9.

地模标本：NIGP 157352 (图6-58A) 产自甘肃平凉官庄平凉组*C. bicornis*带。

时代及分布：少数半立体标本产自甘肃平凉官庄平凉组*N. gracilis*带至*C. bicornis*带的薄层灰岩与泥质灰岩中。

描述：笔石体由两个主枝及成双的次生枝 (幼枝) 组成。主枝和幼枝长度都超过70mm，宽0.8~0.9mm。胎管斜靠在th1²枝的一侧。第1个胞管 (th1¹) 从亚胎管始部生出，沿胎管壁向下，至胎管近口部平伸向外然后转曲向上伸出。穆恩之 (1963) 认为幼枝从母胞管的背侧生出，但根据

D. 新疆柯坪苏巴什沟萨尔干组*Nemagraptus gracilis*带。NIGP 157342 (AFF281)。E–F. 新疆柯坪大湾沟萨尔干组同名带。E. NIGP 152533 (NJ365)；F. NIGP 157341 (NJ367)。

线形比例尺：1mm。

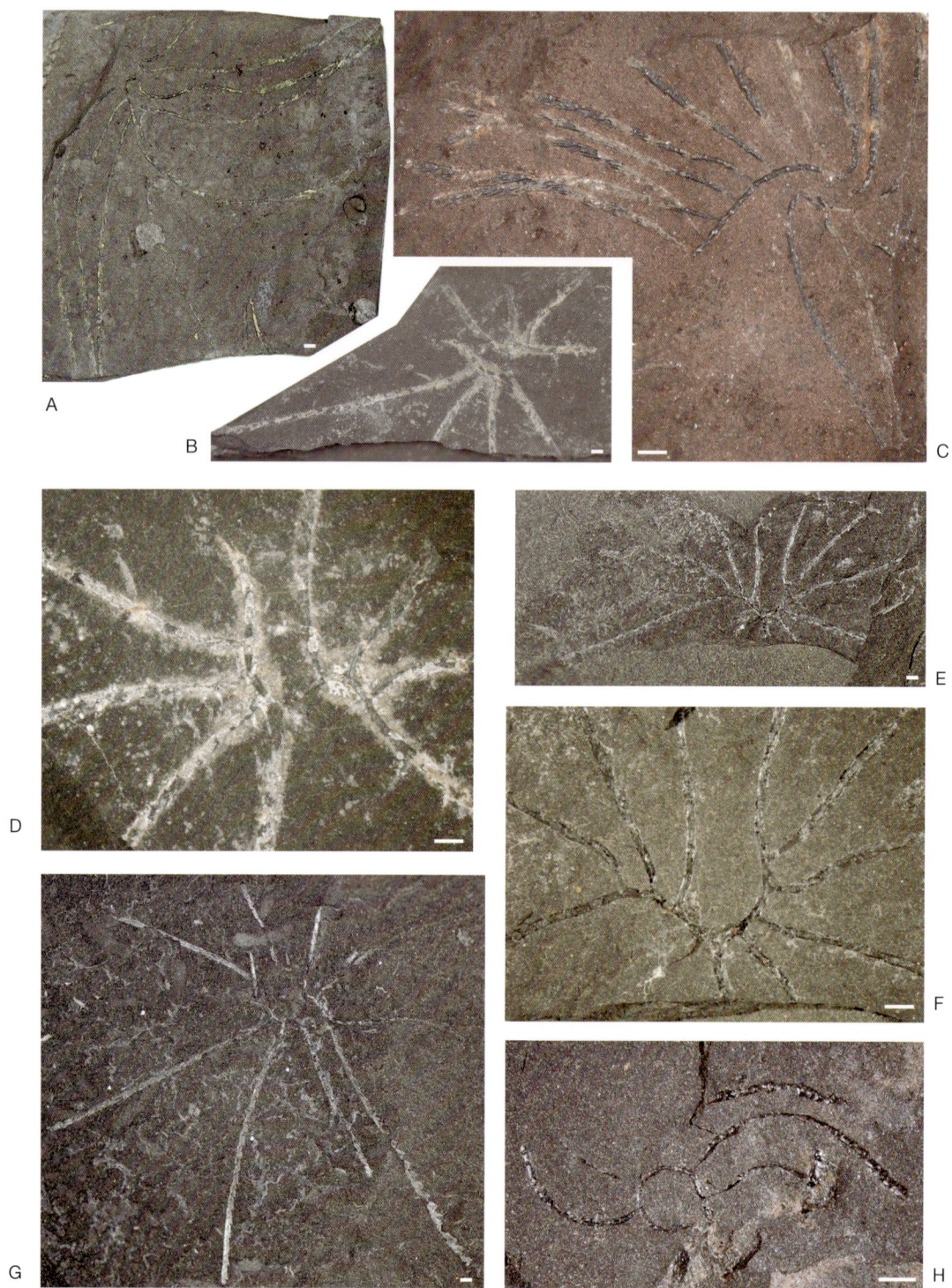

图6-57　纤细丝笔石(*Nemagraptus gracilis* (Hall, 1847))

A, C–D. 新疆柯坪大湾沟萨尔干组*Nemagraptus gracilis*带。A. NIGP 152533 (NJ365)；C. NIGP 157341 (NJ367)；D. 图C始部的放大。B, E–G. 内蒙古乌海大石门乌拉力克组同名带。B. NIGP 157345 (FG46)；E. NIGP 157346

保存良好的标本 (NIGP 157353，图6-58D和6-59D)，第1对幼枝是从它们的母胞管 (th1¹) 的口部生出，就如同丝笔石 (*Nemagraptus*) 那样。

胞管为叉笔石式，具明显的膝角、直的膝上腹缘、窄而斜的口穴和孤立而内转的口部。标本 (NIGP 157352，图6-58A和6-59A) 胞管排列密度的2TRD测量如表6-19所示。

表6-19 标本两胞管重复距离测量 (NIGP 157352)

标　本	2TRDs (mm)				
	th2²	th3²	th4²	th5²	th6²–th18²
NIGP 157352	1.41	1.41	1.76	2.00	2.12

讨论：穆恩之 (1963) 命名的两个种，*S. sinensis* Mu和*S. magnus* Mu是同种，本书将用*S. sinensis* Mu一名。

偶笔石属 (Genus *Amphigraptus* Lapworth, 1873)

扩张偶笔石 (*Amphigraptus divergens* (Hall, 1859))

(图6-58E; 6-59C)

1859　*Graptolithus divergens* Hall, p. 509, fig. 9.

1908　*Amphigraptus divergens* (Hall); Ruedemann, p. 271, pl. 15, figs. 2–3; text-figs. 187–190.

1947　*Amphigraptus divergens* (Hall); Ruedemann, p. 372, pl. 59, figs. 27–30, 32, *non*-fig. 31.

产地及层位：仅有一个标本，产自甘肃平凉官庄平凉组*C. bicornis*带的黄灰色页岩中，与*Jiangxigraptus? delicatus* Chen (sp. nov.) 和*Pseudoclimacograptus* sp. 共生。

描述：笔石体小，由两个直的主枝和各三对幼枝组成，幼枝从主枝的前三对胞管生出。可能的第四个幼枝从主枝的第4个胞管生出。主枝和次生枝都直而窄，宽仅0.6mm。主枝和幼枝的长度均不超过16mm。

比较：本种与*Amphigraptus asiaticus* Mu, 1953的不同在于本种个体小；后者也产自甘肃平凉官庄的平凉组中。Elles and Wood (1903) 描述了一个个体较大的标本，产自Hartfell 页岩的*Pleurograptus linearis*带中，其与本种相似，但个体更大，而且产出层位更高。

(FG46)；F. 图E始部的放大；G. NIGP 157347 (FG46)。H. 新疆柯坪苏巴什沟萨尔干组同名带。NIGP 157342 (AFF281)。

线形比例尺：1mm。

图6-58　中国孪笔石、细弱丝笔石及扩张偶笔石

A–B, D. 中国孪笔石(*Syndyograptus sinensis* Mu, 1963)。甘肃平凉官庄平凉组*Climacograptus bicornis*带。A. NIGP 157352 (Holotype, AFC44)；B. NIGP 157354 (AFC59)；D. NIGP 157353 (AFC44)。

C, F–H. 细弱丝笔石(*Nemagraptus exilis* (Lapworth, 1890))。C. 陕西陇县龙门洞组*Nemagraptus gracilis*带。NIGP 157348 (AFC110)。F–H. 内蒙古乌海大石门乌拉力克组同名带。F. NIGP 157351 (FG46)；G. NIGP 157350 (FG46)；H. NIGP 157349 (FG43)。

E. 扩张偶笔石(*Amphigraptus divergens* (Hall, 1859))。甘肃平凉官庄平凉组*Climacograptus bicornis*带。NIGP 157356 (AFC57)。

线形比例尺：1mm。

图6-59 中国孪笔石和扩张偶笔石

A–B, D. 中国孪笔石(*Syndyograptus sinensis* Mu, 1963)。甘肃平凉官庄平凉组*Climacograptus bicornis*带。A. NIGP 157352 (AFC44)；B. NIGP 157353 (AFC44)；D. NIGP 157355 (AFC53)。

C. 扩张偶笔石(*Amphigraptus divergens* (Hall, 1859))。产地及层位同上。NIGP 157356 (AFC57)。

线形比例尺：A–C=1cm，D=1mm。

双笔石超科 (Superfamily DIPLOGRAPTACEA Mitchell *et al.*, 2007)

双笔石科 (Family DIPLOGRAPTIDAE Lapworth, 1873)

直笔石亚科 (Subfamily ORTHOGRAPTINAE Mitchell, 1987)

围笔石属 (Genus *Amplexograptus* Elles and Wood, 1907)

模式种: *Diplograptus perexcavatus* Lapworth, 1876。

讨论: 20世纪以来，对围笔石属的定义经历了多次显著的变动。围笔石属最早由Lapworth (1880) 定义，Elles and Wood (1907) 和Bulman (1955) 大都根据胞管的形态来加以定义，而胞管形态可因保存因素而变动。Lapworth (1880) 和Elles and Wood (1907) 都展示了模式种*A. perexcavatus* 的图解。但Bulman (1962) 在研究围笔石属的模式标本时却提出了*Amplexograptus perexcavatus* (Lapworth) 的新模标本 (neotype)。他把Elles and Wood (1907)图示的标本分成两个种: *A. perexcavatus*和新种*A. fallax*。遗憾的是，Bulman (1962) 也没有把*A. perexcavatus*始端发育型式清楚地图解出来，以致其后的著者误将其反胎管刺认为是第2个胞管 (th1^2) 的刺 (如Hughes，1989，p.58)。Mitchell (1987) 将围笔石限定为G型始端发育型式，他认为*A. perexcavatus*是C型始端发育型式，因此建议放弃*A. perexcavatus*而改用*A. fallax*为围笔石属的模式种。然而我们在重新研究了模式标本之后，确定*A. perexcavatus*还是G型始端发育型式，因此应该保留它作为围笔石属模式种的地位。Goldman *et al.* (2002) 详细描述了北美的围笔石标本后，认为其始端发育型式也属于G型。

马氏围笔石 (*Amplexograptus maxwelli* Decker, 1935)

(图6-60D)

1935　*Diplograptus (Amplexograptus) maxwelli* Decker, 1935, p. 242, pl. 1, figs. 1–7, 1a–6a.

1941　*Diplograptus (Amplexograptus) maxwelli* Decker; Decker and Frederickson, p. 157, pl. 27, figs. 1–15.

1947　*Diplograptus (Amplexograptus) maxwelli* Decker; Ruedemann, p. 413, pl. 70, figs. 33–39.

1986　*Amplexograptus maxwelli* (Decker); Finney, p. 453, pl. 1, fig. 3f–g.

1987　*Amplexograptus maxwelli* (Decker); Riva, p. 925, figs. 1a–b, 5a.

2000a　*Amplexograptus maxwelli maxwelli* (Decker); Chen *et al.*, p. 290, figs. 5.19, 5.27, 7.16, 7.22, 9.8.

2002　*Amplexograptus maxwelli* (Decker); Goldman *et al.*, p. 925, figs. 2.11–2.16, 3.4–3.6.

产地及层位: 当前材料中的一个标本产自甘肃平凉官庄平凉组*Climacograptus bicornis*带。此外，本种还产自新疆柯坪大湾沟印干组*D. caudatus*带 (=*Diplacanthograptus lanceolatus*带; Chen *et al.*, 2000a)。

讨论: *Amplexograptus maxwelli*曾多次被描述和图示 (Decker，1935; Decker and Ruldemann,

1941；Walker，1953；Riva，1987；Chen *et al.*，2000a)。Finney (1986) 认为，*A. leptotheca* (Bulam) 的模式标本和俄克拉荷马州*A. maxwelli* (Decker) 的标本相同，应是后者的同义名。Riva (1987) 和 Hughes (1989) 又把*A. fallax* Bulman列为*A. leptotheca*的后同义名。当前的一个标本和*A. maxwelli*的模式标本一致。

*A. maxwelli*是一个全球广布种，在美国纽约州Mount Merino页岩 (即Normanskill页岩) 见于*C. bicornis*带 (Goldman *et al.*，2002)，在苏格兰南部Balclatchie Group、Glenkiln和Lower Hartfell Shale 中见于*C. peltifer*带，相当于Elles and Wood (1907) 和Williams (1994) 的*Diplograptus foliaceus*带。

前标准围笔石 (*Amplexograptus praetypicalis* Riva, 1987)

(图6-60A–C; 6-61A–B, E)

1969　*Climacograptus "typicalis"* three-spined form Riva, p. 520, fig. 4a–c.

1986　*Amplexograptus maxwelli* Decker; Bergström and Mitchell, p. 265, fig. 70a.

1987　*Amplexograptus praetypycalis* Riva, p. 828, figs. 2–4, 5c–d, 7a.

2000a　*Amplexograptus praetypycalis* Riva; Chen *et al.*, p. 291, figs. 5.20, 7.11, 7.25, 8.1, 8.2, 9.9.

产地及层位：本种常见于陕西陇县龙门洞和段家峡龙门洞组上部*D. caudatus*带风化为黄灰色的黑色页岩中。本种还常见于新疆柯坪大湾沟印干组的同名带中 (Chen *et al.*，2000a)，最近在塔里木中部TZ242井下的桑塔木组中也已发现 (NIGP 152520，图6-61C)。

描述：笔石体长20mm；始端宽0.9mm，此宽度渐增至笔石体中部达到最大宽度1.9mm，并保持到最后。当前材料中有一个标本的笔石体增宽更快，至第6对胞管处即达到2.0mm宽。笔石体的始端发育型式为G型 (Mitchell，1987)，胎管刺和反胎管刺均发育。第1个胞管 (th1^1) 的腹刺在胞管的转折处生出，但第2个胞管 (th1^2) 无刺。笔石体无中隔壁。

胞管为围笔石式，两列交错生长，胞管的膝上腹缘直或斜，在压扁的标本中，它和膝下腹缘均比立体标本中更为倾斜 (Riva，1987)，胞管的口穴深，成半圆形并微向内转。标本(NIGP 157426)胞管排列密度的2TRD测量如表6-20所示。

表6-20　标本两胞管重复距离测量 (NIGP 157426)

标　本	2TRDs (mm)							
NIGP 157426	th2^1	th3^1	th4^1	th5^1	th6^1	th7^1	th8^1	th9^1
	1.09	1.20	1.37	1.31	1.37	1.43	1.37	1.37
	th10^1	th11^1	th12^1	th13^1	th14^1	th15^1	th16^1	th17^1
	1.66	1.43	1.71	1.66	1.60	1.66	1.49	1.43

图6-60　两种围笔石(*Amplexograptus*)

A–C. 前标准围笔石(*Amplexograptus praetypicalis* Riva, 1987)。A, B. 陕西陇县龙门洞龙门洞组*Diplacanthograptus caudatus*带。A. NIGP 157424 (AFC151a)；B. NIGP 157426 (AFC151a)。C. 新疆塔里木中部桑塔木组 *Diplacanthograptus spiniferus*带。NIGP 152520 (TZ242)。

D. 马氏围笔石(*Amplexograptus maxwelli* Decker, 1935)。内蒙古乌海公乌素公乌素组*Climacograptus bicornis*带。NIGP 157412 (AFC250)。

线形比例尺：1mm。

直笔石属 (Genus *Orthograptus* Lapworth, 1873)

具尖直笔石 (*Orthograptus apiculatus* Elles and Wood, 1907)

(图6-61C–D, F–J; 6-62A–J)

1907 *Diplograptus* (*Orthograptus*) *rugosus* var. *apiculatus* Elles and Wood, p. 245, pl. 30, fig. 7a–d; text-figs. 166a–e.

1947 *Orthograptus apiculatus* Elles and Wood; Bulman, p. 51, pl. 5, figs. 1–16; pl. 6, figs. 1–7; text-figs. 24–29.

1986 *Orthograptus* cf. *apiculatus* Elles and Wood; Strachan, p. 39, pl. 5, fig. 14.

1986 *Orthograptus uplandicus* (Wiman); Strachan, p. 40, pl. 5, figs. 6, 9, 12; text-fig. 34.

1989 *Orthograptus apiculatus* Elles and Wood; Hughes, p. 66, pl. 5, figs. d, j; text-fig. 23b.

1991 *Orthograptus rugosus apiculatus* Elles and Wood; Ni, p. 85, pl. 28, fig. 2.

2001 *Orthograptus apiculatus* Ellea and Wood; Rickards *et al.*, p. 80, figs. 8A, 9B, 10I–L.

产地及层位：本种产自甘肃平凉官庄平凉组*N. gracilis*带，与*Jiangxigraptus exilis* (Elles and Wood)、 *Nemagraptus gracilis* (Hall) 和*Reteograptus geinitzianus* (Hall) 共生。本种也产自陕西陇县龙门洞龙门洞组*C. bicornis*带至*D. caudatus*带，与*D. pumilus* Lapworth共生；还见于内蒙古乌海公乌素的公乌素组*C. bicornis*带。

描述：笔石体壮且大，长45mm，由始端向上15mm后就渐增至最大宽度4.2mm。胎管具有一个粗壮的胎管刺，拟胎管发育。在有的标本上可见第1对胞管上的近口刺。线管劲直，延伸至笔石体末端之外。

胞管为直管状，腹缘直，口缘微斜，具有小的口尖。标本(NIGP 157357)胞管排列密度的2TRD测量如表6-21所示。

表6-21 标本两胞管重复距离测量 (NIGP 157357)

标 本	2TRDs (mm)							
	th2¹	th3¹	th4¹	th5¹	th6¹	th7¹	th8¹	th9¹
	1.33	1.33	1.47	1.60	1.87	1.73	1.60	1.73
	th10¹	th11¹	th12¹	th13¹	th14¹	th15¹	th16¹	th17¹
	1.73	1.49	2.26	2.0	1.73	1.73	2.13	2.26
NIGP 157357	th18¹	th19¹	th20¹	th21¹	th22¹	th23¹	th24¹	th25¹
	2.26	2.40	2.26	2.13	2.67	2.53	2.40	2.13
	th26¹	th27¹	th28¹	th29¹	th30¹	th31¹	th32¹	
	2.67	2.67	2.13	2.13	2.0	2.67	1.48	

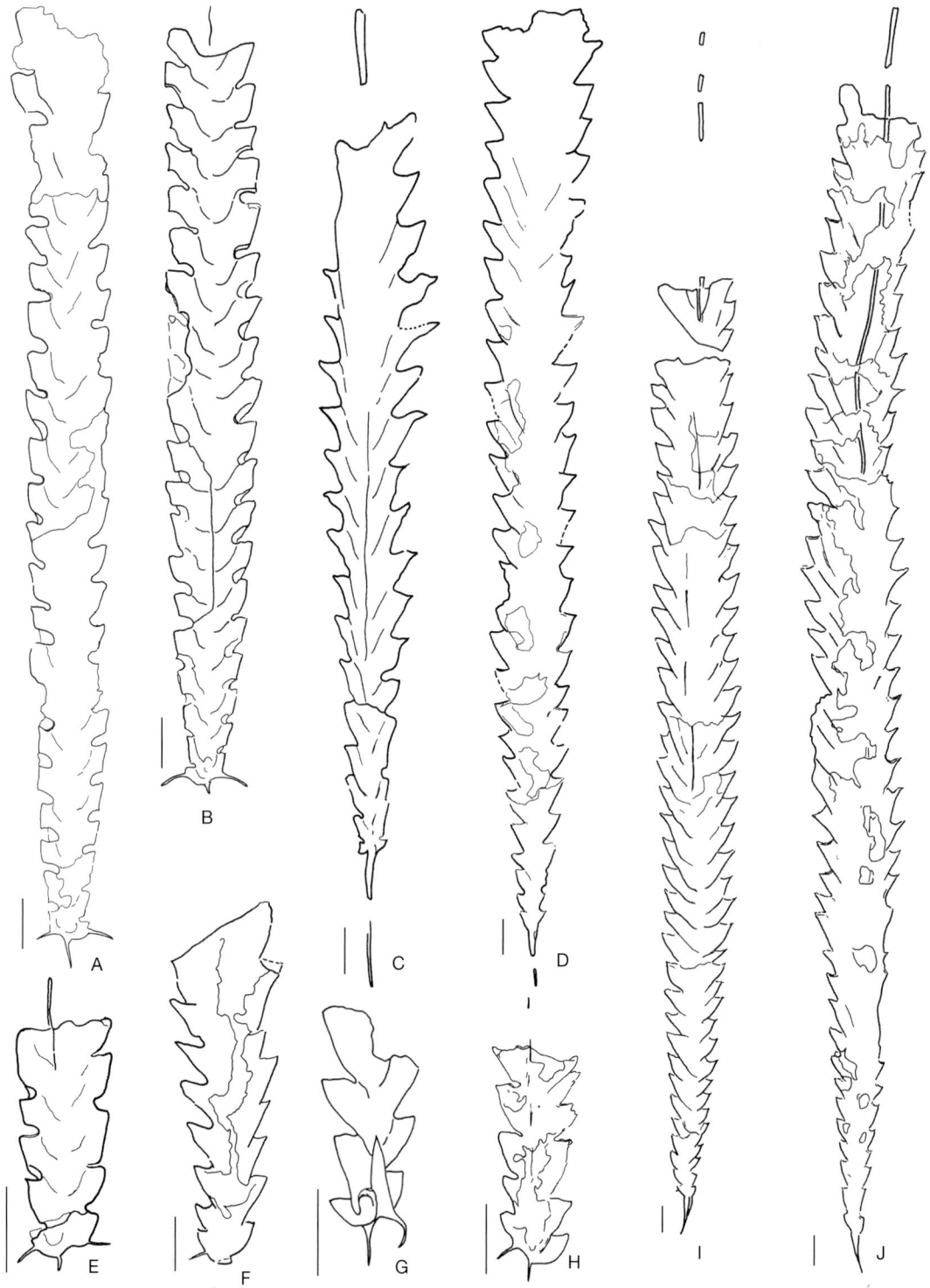

图6-61　前标准围笔石和具尖直笔石

比较：当前标本在基部特征上与模式标本一致，但当前标本的笔石体始端更为尖削，而且宽度略小。有时这些不同系保存状态所致。

拟鸡爪直笔石 (新种) (*Orthograptus paracalcaratus* Chen (sp. nov.))

(图6-63A–E; 6-64A–B, E)

1957 *Orthograptus calcaratus* var. *incisus* Ruedemann; Hong, p. 490, pl. 2, fig. 2a–b.

1957 *Orthograptus truncatus* (Lapworth); Hong, p. 487, pl. 3, fig. 2a–c.

1957 *Orthograptud truncatus* var. *spinifer* Hong, p. 488, pl. 3, fig. 3a–b.

1957 *Orthograptus truncatus* var. *abnormis* Hong, p. 489, pl. 3, fig. 4.

1957 *Orthograptus longicaudatus* Hong, p. 491, pl. 5, fig. 1.

?1963 *Orthograptus calcaratus* (Lapworth); Geh, p. 246, pl. 3, figs. 23–28; pl. 4, figs. 1–4; pl. 5, fig. 9; pl. 6, fig. 13.

1977 *Orthograptus calcaratus* (Lapworth); Wang *et al.*, p. 334, pl. 102, figs. 3–4.

名称来源：*para-*为希腊文之前缀，意为近似；*calcaratus*，拉丁文，系一种直笔石名称，与本新种近似。

正模标本：NIGP157370，图6-63C和6-64A。部分呈立体保存的标本产自甘肃平凉官庄平凉组*Climacograptus bicornis*带。

产地及层位：本种产自甘肃平凉官庄平凉组*N. gracilis*带至*C. bicornis*带，在后一带中与带化石共生。本新种还产自内蒙古乌海公乌素的公乌素组*C. bicornis*带和陕西陇县段家峡*D. caudatus*带。

描述：笔石体细长，始部尖削，明显不对称。始端宽仅0.6mm，向上至第6对胞管处便渐增至1.1mm。胎管具胎管刺和成对的反胎管刺，始端发育型式为G型 (Mitchell，1987)，但其细节在当前标本上难以观察。在第1对胞管近口部具有腹刺或近口刺，th1^{2}的亚胞管强烈向上转曲，致使笔石体的始端明显不对称。

胞管为直管状，十分细长，胞管腹缘近直，胞管间壁线直，胞管口缘平。第1枝的第2个胞管 (th2^1) 特别直而且直立向上，笔石体无中隔壁。胞管排列均匀。

A–B, E. 前标准围笔石(*Amplexograptus praetypicalis* Riva, 1987)。A–B. 陕西陇县龙门洞龙门洞组*Diplacanthograptus caudatus*带。A. NIGP 157424 (AFC151a)；B. NIGP 157426 (AFC151a)。E. 陕西陇县段家峡水库剖面桑比阶至凯迪阶下部龙门洞组。NIGP 157427 (AFC200)。

C–D, F–J. 具尖直笔石(*Orthograptus apiculatus* Elles and Wood 1907)。C–D, I–J. 甘肃平凉官庄平凉组*Nemagraptus gracilis*带。C. NIGP 157361 (AFC2)；D. NIGP 157360 (AFC2a)；I. NIGP 157358 (AFC2c)；J. NIGP 157357 (AFC2a)。F–G. 内蒙古乌海公乌素公乌素组*Climacograptus bicornis*带。F. NIGP 157363 (AFC252)；G. NIGP 157364 (AFC252)。H. 陕西陇县龙门洞龙门洞组*Diplacanthograptus caudatus*带。NIGP 157362 (AFC150)。

线形比例尺：1mm。

图6-62　具尖直笔石(*Orthograptus apiculatus* Elles and Wood, 1907)

A–E, H–I. 甘肃平凉官庄平凉组*Nemagraptus gracilis*带。A. NIGP 157357 (AFC2a)；B. NIGP 157358 (AFC2c)；C. NIGP 157365 (AFC13)；D. NIGP 157361 (AFC2)；E. NIGP 157360 (AFC2a)；H. 图B始端的放大；I. NIGP

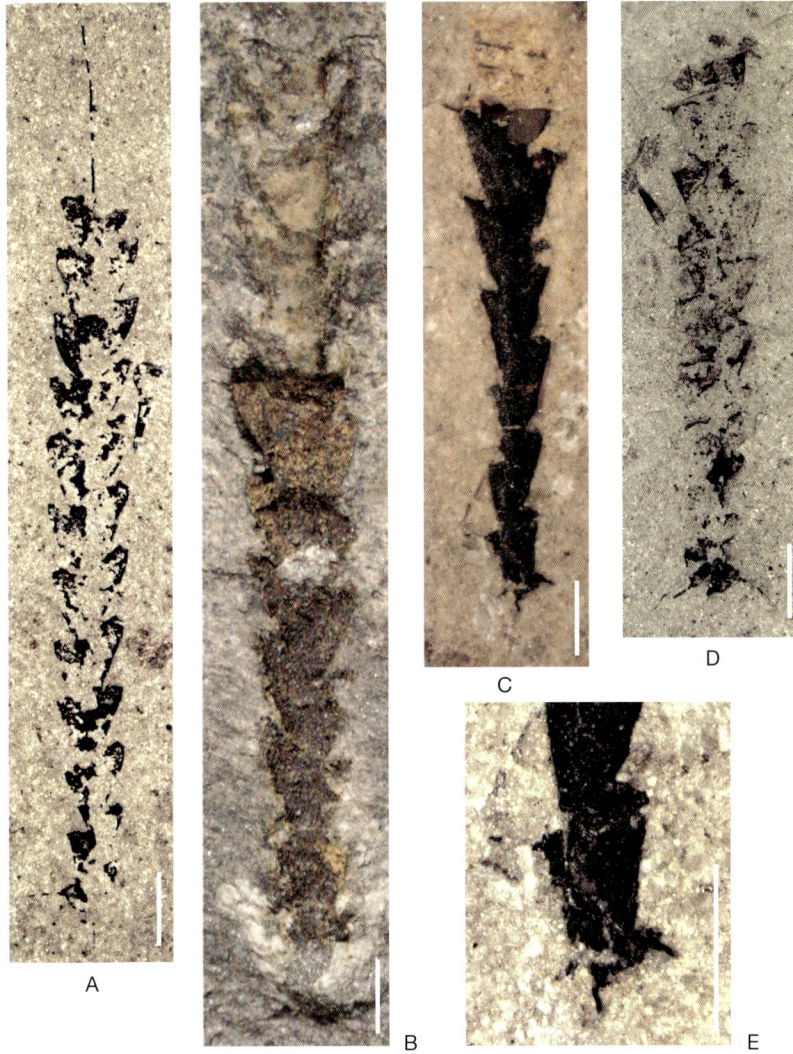

图6-63　拟鸡爪直笔石 (新种) (*Orthograptus paracalcaratus* Chen (sp. nov.))

A. 甘肃平凉官庄平凉组*Nemagraptus gracilis*带。NIGP 157369 (AFC36)。B. 陕西陇县段家峡水库剖面桑比阶至凯
迪阶下部 "龙门洞组"。NIGP 157372 (AFC200)。C. 甘肃平凉官庄平凉组*Climacograptus bicornis*带。NIGP
157372 (AFC200)。D. 内蒙古乌海公乌素公乌素组*Climacograptus bicornis*带。NIGP 157371 (AFC252)。E. 图C
始端的放大。
线形比例尺：1mm。

157366 (AFC43)。F, J. 陕西陇县龙门洞龙门洞组*Diplacanthograptus caudatus*带。F. NIGP 157368 (AFC151a)；J.
NIGP 157367 (AFC149a)。G. 内蒙古乌海公乌素公乌素组*Climacograptus bicornis*带。NIGP 157364 (AFC252)。
线形比例尺：1mm。

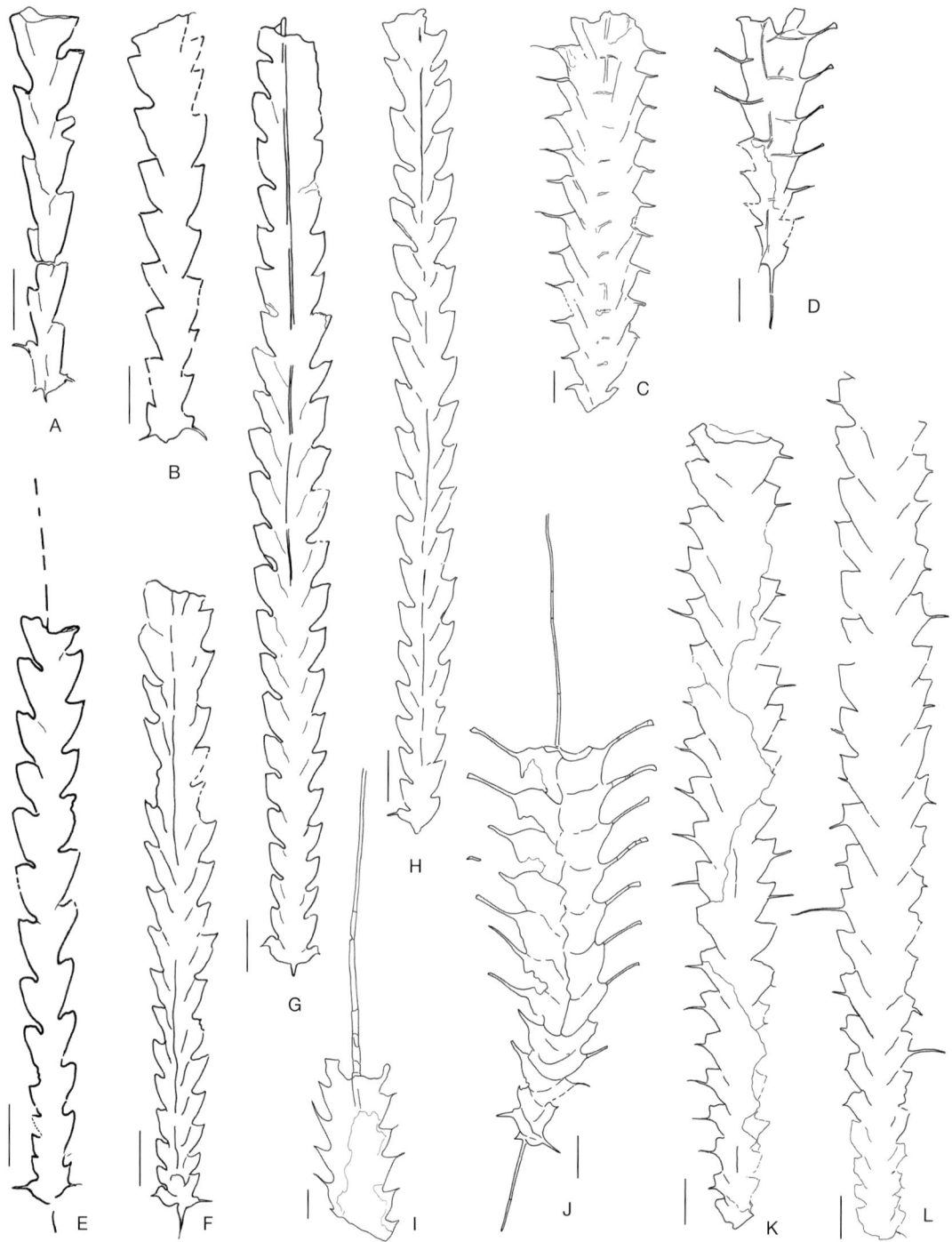

图6-64　直笔石、赫斯特笔石和欧氏笔石

A–B, E. 拟鸡爪直笔石(新种) (*Orthograptus paracalcaratus* Chen (sp. nov.))。A. 甘肃平凉官庄平凉组*Climacograptus bicornis*带。NIGP 157370 (AFC59)。B. 内蒙古乌海公乌素公乌素组*Climacograptus bicornis*带。NIGP 157371 (AFC252)。E. 甘肃平凉官庄平凉组*Nemagraptus gracilis*带。NIGP 157369 (AFC36)。

比较：本新种与*Orthograptus calcaratus* (Lapworth) 的不同之处在于笔石体更长而纤细，始端更窄，胞管也更为细长。

华氏直笔石 (*Orthograptus whitfieldi* (Hall, 1859))

(图6-64C–D, I–J; 6-65A–H)

1859　　*Graptolithus whitfieldi* Hall, p. 516, fig. 1.

1867　　*Diplograptus whitfieldi* (Hall); Nicholson, p. 111, pl. 7, figs. 4, 4a.

1877　　*Diplograptus whitfieldi* (Hall); Lapworth, p. 134, pl. 6, fig. 21.

1907　　*Diplograptus (Orthograptus) whitfieldi* (Hall); Elles and Wood, p. 227, pl. 28, fig. 6a–d.

1908　　*Glossograptus whitfieldi* (Hall); Ruedemann, p. 394, pl. 20, fig. 17; text-figs. 344–345.

1933　　*Diplograptus (Orthograptus) whitfieldi* (Hall); Sun, p. 24, pl. 4, fig. 3.

1947　　*Glossograptus whitfieldi* (Hall); Ruedemann, p. 457, pl. 77, figs. 23–26.

1963　　*Orthograptus whitfieldi* (Hall); Geh, p. 245, pl. 6, fig. 14; text-fig. 9.

1988　　*Orthograptus cuneiformis* Huang, Xiao and Xia, p. 157, pl. 25, fig. 16; text-fig. 41.

1988　　*Orthograptus curtisextans* Huang, Xiao and Xia, p. 157, pl. 25, fig. 13.

1988　　*Orthograptus hordeaceus* Huang, Xiao and Xia, p. 159, pl. 25, figs. 12, 17; text-fig. 43.

1988　　*Orthograptus humilis* Huang, Xiao and Xia, p. 160, pl. 26, fig. 1; text-fig. 45.

1988　　*Orthograptus stenocuneiformis* Huang, Xiao and Xia, p. 164, pl. 26, fig. 15.

1988　　*Orthograptus trypherus* Huang, Xiao and Xia, p. 26, fig. 21; text-fig. 51.

1988　　*Orthograptus whitfieldi* (Hall); Huang *et al.*, p. 168, pl. 26, fig. 23.

1991　　*Orthograptus whitfieldi* (Hall); Ni, p. 86, pl. 28, figs. 4–5, 8–9.

1995　　*Orthograptus whitfieldi* (Hall); Williams, p. 55, pl. 3, fig. 10; text-fig. 13L–N.

2015　　*Orthograptus whitfieldi* (Hall); Goldman *et al.*, p. 207, fig. 7A–H.

产地及层位：本种产自甘肃平凉官庄平凉组*C. bicornis*带，以及内蒙古乌海大石门乌拉力克组*N. gracilis*带，与*H. teretiusculus*共生。

在华南，本种产自湖北宜昌 (葛梅钰，1963b) 和江西武宁 (倪寓南，1991) 的*N. gracilis*带。在

C–D, I–J. 华氏直笔石(*Orthograptus whitfieldi* (Hall, 1859))。C–D, I. 甘肃平凉官庄附近孤立露头*Climacograptus bicornis*带。C. NIGP 157375 (AFC80)；D. NIGP 157373 (AFC80)；I. NIGP 157374 (AFC80)。J. 甘肃平凉官庄平凉组同名带。NIGP 157376 (AFC53)。

F–H. 布氏赫斯特笔石(*Hustedograptus bulmani* Mitchell, Brussa and Maletz, 2008)。内蒙古乌海大石门克里摩利组上段*Pterograptus elegans*带。F. NIGP 157389 (FG6)；G. NIGP 157390 (FG6)；H. NIGP 157391 (FG10)。

K–L. 原始欧氏笔石(新种)(*Oepikograptus originalis* Chen (sp. nov.))。陕西陇县龙门洞龙门洞组*Diplacanthograptus caudatus*带。K. NIGP 157387 (AFC149a)；L. NIGP 157388 (AFC149a)。

线形比例尺：1mm。

图6-65　华氏直笔石(*Orthograptus whitfieldi* (Hall, 1859))

赣南崇义，本种有少数受流劈理影响保存不良的标本，但黄枝高等 (1988) 根据这些标本分出了7个新种，它们都是本种的后同义名 (见同义名名单)。这些分类上的错误直接影响了赣南生物地层的划分。本书著者重新研究崇义的标本图像和描述后，认为本种在崇义主要产自*N. gracilis*带和*C. bicornis*带。

描述：笔石体长度超过20mm，始端尖削，横过第1对胞管的宽度为0.8mm，此宽度至第7对胞管处即迅速增加至1.78mm，然后向末端渐增至最大宽度3mm。胎管的口部宽0.35mm，具有一个粗壮的胎管刺及两个短小的反胎管刺。第1个胞管 (th1^1) 在胎管口部转曲向上，第2个胞管 (th1^2) 从th1^{1}的左侧生出，横过胎管然后向外向上伸出；笔石体的前4对胞管交错生长，因此笔石体始端无中隔壁；从第4对胞管之后，两枝才被中隔壁分开。中隔壁直或微曲，与胞管间壁线以短小的横耙相连。线管可延伸至笔石体末端之外。

胞管为直笔石式的直管，口缘斜直，口刺劲直，向外向上伸出；胞管刺略有膨胀，成细小的扁平囊状。标本(NIGP 157376)胞管排列密度的2TRD测量如表6-22所示。

表6-22　标本两胞管重复距离测量 (NIGP 157376)

标　本	2TRDs (mm)								
	th2^1	th3^1	th4^1	th5^1	th6^1	th7^1	th8^1	th9^1	th10^1
NIGP 157376	1.33	1.40	1.40	1.67	1.93	1.93	1.87	2.0	1.93

比较：*Orthograptus whitfieldi*是桑比阶全球广布的常见种。它与*O. calcaratus*和*O. quadrimucronatus*关系密切，其成对的口刺与*O. quadrimucronatus*相似，但其始端不对称，第2个胞管(th1^2)长，向上伸出，这一点又与*O. calcaratus*相似。因此，在形态上，*O. whitfieldi*是介于*O. calcaratus*和出现略晚的*O. quadrimucronatus*的中间类型。

欧氏笔石属 (Genus *Oepikograptus* Obut and Sennikov, 1984)

模式种：*Diplograptus bekkeri* Öpik, 1927。

特征：双列攀合笔石，始端发育型式为G型 (Mitchell，1987)，中隔壁微曲，无反胎管刺，具

A, F, H. 甘肃平凉官庄平凉组*Climacograptus bicornis*带。A. NIGP 157380 (AFC53)；F. NIGP 157376 (AFC53)；H. 图F始端的放大。B–C, G. 甘肃平凉官庄附近孤立露头平凉组同名带。B. NIGP 157343 (AFC80)；C. NIGP 157374 (AFC80)；G. NIGP 157373 (AFC80)。D. 内蒙古乌海大石门乌拉力克组*Nemagraptus gracilis*带。NIGP 157381 (FG41)。E. 陕西陇县龙门洞龙门洞组*Diplacanthograptus caudatus*带。NIGP 157378 (AFC151a)。

线形比例尺：1mm。

双型胞管。笔石体始部为直笔石式，末部演变为围笔石式，具膝部或腹刺，胞管口部成杯状。

讨论：欧氏笔石由Obut and Sennikov (1984) 建立，模式种为*Diplograptus bekkeri* Opik, 1927。它们原始的定义为："双列攀合笔石，前对胞管为双笔石式，此后变为栅笔石式，始部胞管具腹刺，此后胞管具明显膝部，胎管刺发育。"Obut and Sennikov (1984) 认为，本属因具有两种形态类型的胞管而有别于直笔石 (*Orthograptus*)、围笔石 (*Amplexograptus*)、拟栅笔石 (*Paraclimacograptus*) 和拟直笔石 (*Paraorthograptus*)。

Mitchell (1987) 详细研究了*Oepikograptus bekkeri* (Opik) 的始端构造，尽管当时他还认为该属是围笔石 (*Amplexograptus*) 的一种。本书对欧氏笔石属的定义仍主要根据Mitchell (1987) 对模式种的描述。欧氏笔石属主要分布在桑比期的中高纬度带。

原始欧氏笔石 (新种) (*Oepikograptus originalis* Chen (sp. nov.))

(图6-64K–L; 6-66A–B)

名称来源：originalis，拉丁文，意为"原始的"，表示该种为该属早期类型。

正模标本：NIGP 157387，图 6-64K和6-66A。

产地及层位：共有两个压扁但保存良好的标本，产自陕西陇县龙门洞龙门洞组上部的深灰色页岩和粉砂岩互层中，*Climacograptus bicornis*带上部。

描述：笔石体长20mm，始部宽1mm，向上至第10~12对胞管处渐增至最大宽度2.0~2.2mm。笔石体的始端未保存。两列胞管交错生长，线管在笔石体内并未固定，因此本种无中隔壁。

胞管为围笔石式，具腹刺，刺基突出，并与胞管腹缘吻合，胞管口缘近于水平。胞管排列的2TRD测定如表6-23所示。

表6-23 标本两胞管重复距离测量 (NIGP 157387)

标　本	2TRDs (mm)								
NIGP 157387	$th2^2$	$th3^2$	$th4^2$	$th5^2$	$th6^2$	$th7^2$	$th8^2$	$th9^2$	$th10^2$
	1.46	1.62	1.62	1.85	1.92	2.07	2.15	2.0	2.15
	$th11^2$	$th12^2$	$th13^2$	$th14^2$	$th15^2$	$th16^2$	$th17^2$	$th18^2$	
	2.07	2.15	2.23	2.23	2.23	2.30	2.30	2.07	

比较：本种与*Oepikograptus bekkeri* (Opik) 在两种形态胞管和强壮腹刺上相似，但*O. bekkeri*具有更不对称的始端和完整的中隔壁，胞管的腹刺更早消失。

图6-66 欧氏笔石和赫斯特笔石

A–B. 原始欧氏笔石(新种) (*Oepikograptus originalis* Chen (sp. nov.))。陕西陇县龙门洞剖面龙门洞组*Diplacantho-graptus caudatus*带。A. NIGP 157387 (正模标本, AFC149a)；B. NIGP 157388 (AFC149a)。

C–G. 布氏赫斯特笔石(*Hustedograptus bulmani* Mitchell, Brussa and Maletz, 2008)。内蒙古乌海大石门克里摩利组上段*Pterograptus elegans*带。C. NIGP 157389 (FG6)；D. NIGP 157390 (FG6)；E. NIGP 157391 (FG10)；F. NIGP 157393 (FG8)；G. NIGP 157392 (FG6)。

线形比例尺：1mm。

赫斯特笔石属 (Genus *Hustedograptus* Mitchell, 1987)

布氏赫斯特笔石 (*Hustedograptus bulmani* Mitchell, Brussa and Maletz, 2008)
(图6-64F–H; 6-66C–G)

1931	*Glyptograptus* cf. *angustifolius* (Hall); Bulman, p. 58, text-fig. 26.
1931	*Glyptograptus dentatus* (Brongniart) mut. Bulman, p. 55, pl. 6, figs. 7–11; pl. 7, figs. 1–2; text-fig. 25.
pars 1936	*Glyptograptus dentatus-teretiusculus* transient Bulman, p. 57, pl. 3, figs. 8–11; *non*-pl. 3, figs. 1–4; text-figs. 22–23.
non 1936	*Eoglyptograptus dentatus* (Brongniart); Bulman, pl. 3, figs. 5–7, 12, 13, ?14, 15, 16–19 (=*Oelandograptus oelandicus*).
1987	"*Glyptograptus*" *austrodentatus* Harris and Keble; Fortey and Owens, p. 284, figs. 135f, 137.
1992	*Hustedograptus* n. sp. Mitchell, fig. 3E, G (*non*-fig. 3F = ?*Oelandograptus* sp.).
1995	*Hustedograptus* n. sp. Mitchell and Maletz, fig. 3T–U.
1997	*Hustedograptus* sp. nov. Maletz, text-figs. 16E, 19A–H; pl. 1, figs. D, E, J; pl. 2, fig. K.
2011	*Hustedograptus bulmani* Mitchell, Brussa and Maletz; Maletz, 2011, p. 852, text-fig. 1E.

产地及层位: 本种产自内蒙古乌海大石门克里摩利组上段*P. elegans*带的黑色页岩中。本种最早产自斯堪的纳维亚半岛的*Holmograptus lentus*带和*Nicholsonograptus fasciculatus*带 (Maletz, 1997) 以及英国的*Didymograptus artus*带 (Fortey and Owens, 1987)。

描述: 笔石体长18mm, 横过第1对胞管的宽度为1.0mm, 此宽度向上渐增至第11对胞管处, 达到最大宽度1.6mm。第1枝的第1个胞管 (th1^1) 至胎管刺基部转向水平方向伸出, 第2枝的第1个胞管 (th1^2) 在胎管近基部转曲向外然后向上, 因此笔石体的始端是不对称的。第1对胞管具腹刺, 第1枝的第2个胞管 (th2^1) 和第2枝的第2个胞管 (th2^2) 连接成弧形, 后者为双芽胞管。本种的始端发育型式虽未完全展示, 但应属于A型 (Mitchell, 1987)。中隔壁完整并微曲。

胞管细长, 腹缘作"S"形弯曲, 口缘斜。标本(NIGP 157391)胞管排列密度的2TRD测量如表6-24所示。

表6-24　标本两胞管重复距离测量 (NIGP 157391)

标　本	2TRDs (mm)							
	th2^1	th3^1	th4^1	th5^1	th6^1	th7^1	th8^1	th9^1
	1.20	1.28	1.84	1.60	1.44	1.60	1.60	1.68
	th10^1	th11^1	th12^1	th13^1	th14^1	th15^1	th16^1	th17^1
NIGP 157391	1.76	1.76	1.84	1.92	1.68	1.52	1.60	1.60
	th18^1	th19^1	th20^1	th21^1	th22^1			
	1.68	1.68	1.60	1.84	1.60			

比较：本种在外形上与*H. teretiusculus* (Hisinger) 相似，但笔石体的大小与胞管排列密度不同。

圆滑赫斯特笔石 (*Hustedograptus teretiusculus* (Hisinger, 1840))

(图6-67A–F, H–I; 6-68A–I, K–L; 6-69A–B)

?1840　　　*Prionotus teretiusculus* (Nob.) Hisinger, pl. 38, fig. 4.

?1882　　　*Diplograptus teretiusculus* Hisinger; Tullberg, p. 18, pl. 2, figs. 1–7.

?1907　　　*Diplograptus (Glyptograptus) teretiusculus* (Hisinger); Elles and Wood, p. 250, pl. 31, fig. 1a–e; text-fig. 171a–d.

?pars 1937　*Glyptograptus teretiusculus* (Hisinger); Ekström, p. 37, pl. 7, figs. 12–15.

1960　　　*Glyptograptus* cf. *teretiusculus* (Hisinger); Jaanusson, p. 322, pl. 3, figs. 10–11.

1960　　　*Glyptograptus cernuus* Jaanusson, p. 324, pl. 3, fig. 9; text-fig. 6A.

1963　　　*Glyptograptus* cf. *teretiusculus* (Hisinger); Ge, p. 250, text-fig. 11.

?1964　　　*Orthograptus* sp. Berry, p. 153, pl. 15, figs. 7–8.

1978　　　*Glyptograptus teretiusculus* (Hisinger); Wang and Zhao, p. 635, pl. 205, fig. 13.

1987　　　*Hustedograptus teretiusculus* (sensu Jaanusson, 1960); Mitchell, p. 380, fig. 2L–M.

1997　　　*Hustedograptus teretiusculus* (sensu Jaanusson, 1960); Maletz, p. 39, pl. 2, fig. H; pl. 7, figs. F–G; text-figs. 16A–B, 17A–H.

1998　　　*Hustedograptus teretiusculus* (Hisinger, sensu Jaanusson, 1960); Maletz, p. 363, Abb. 8A–C.

2001　　　*Hustedograptus* sp. cf. *H. teretiusculus* (Hisinger); Ganis *et al.*, p. 119, figs. M–P.

2005　　　*Hustedograptus teretiusculus* (Hisinger)? sensu Jaanusson, 1960; Ganis, p. 806, fig. 7A–G.

2006　　　*Hustedograptus teretiusculus* (sensu Jaanusson, 1960); Chen *et al.*, fig. 5J–K.

产地及层位：大量标本，见于新疆柯坪大湾沟萨尔干组*Pterograptus elegans*带至*Nemagraptus gracilis*带的黑色页岩中。新疆柯坪苏巴什沟萨尔干组*N. gracilis*带中常见本种的立体标本。本种还见于甘肃平凉官庄平凉组*N. gracilis*带至*C. bicornis*带、陕西陇县龙门洞组*C. bicornis*带、内蒙古乌海大石门*P. elegans*带至*D. murchisoni*带。内蒙古乌海公乌素的公乌素组中产有本种的立体标本。在华南，本种也见于浙江常山黄泥塘胡乐祖 (Chen *et al.*，2006)。

本种在中国首现于大湾沟剖面的*P. elegans*带 (Bergström *et al.*，2000)，这一首现层位和波罗的海的一致 (Maletz，1997)。在波罗的海 (Maletz，1997) 和威尔士 (Hughes，1989)，*H. teretiusculus*产于*P. elegans*带至*N. gracilis*带。但在当前标本中，本种还可上延至*C. bicornis*带。因此，*H. teretiusculus*是一个延限长的种，不适于用作界定中奥陶统顶部的带化石。

描述：本种的笔石体始端明显不对称，具有3个底刺，包括胎管刺和第1对胞管的亚口刺，无反胎管刺。笔石体长达41mm；笔石体宽度增加迅速，当前材料中最大宽度为2.3~3.6mm。中隔壁完整。胎管长1.75mm，胎管口部具成对的背突以致胎管口缘凹入。胎管刺长0.3~2.2mm。第1

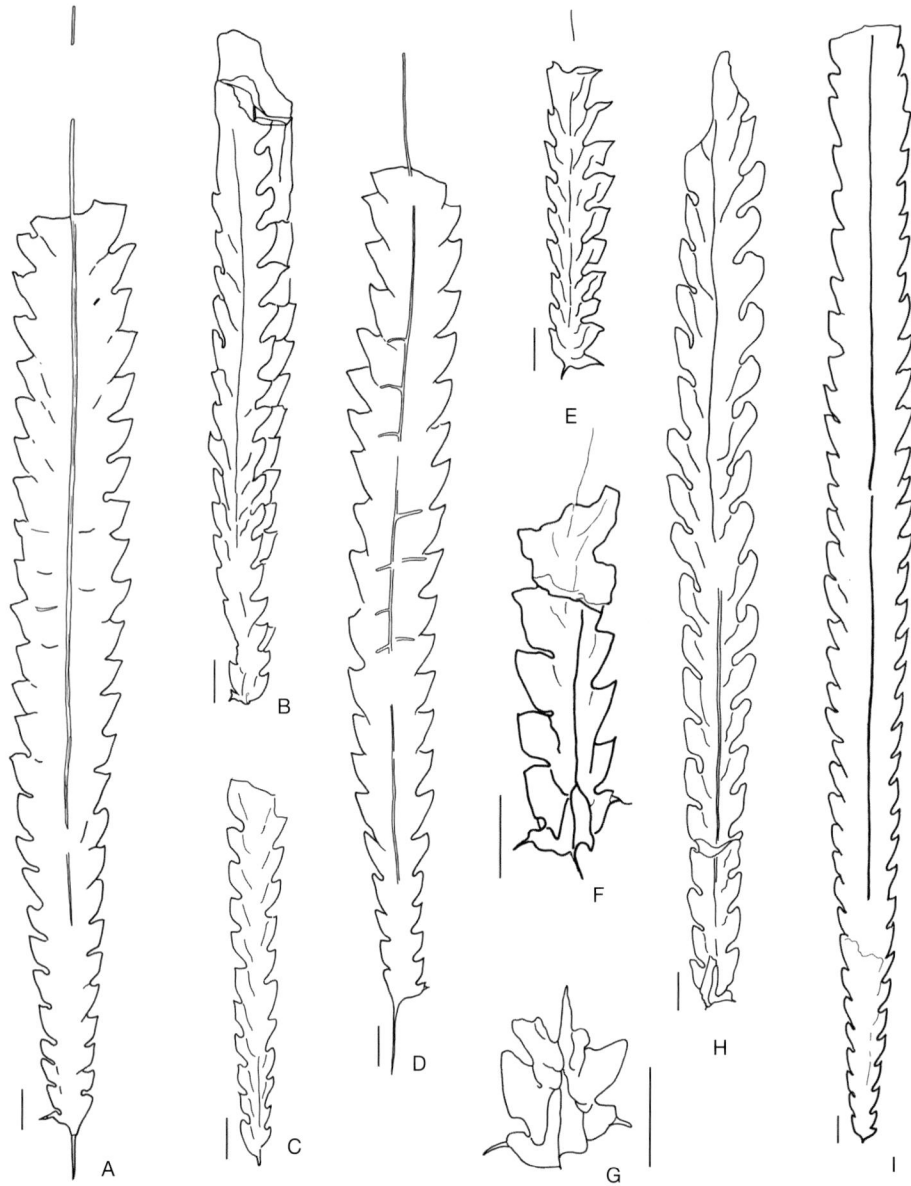

图6-67　两种赫斯特笔石

A–F, H–I. 圆滑赫斯特笔石(*Hustedograptus teretiusculus* (Hisinger, 1840))。A, D. 新疆柯坪大湾沟萨尔干组 *Didymograptus murchisoni*带。A. NIGP 157401 (NJ346)；D. NIGP 157400 (NJ336)。B, E–F, H. 新疆柯坪苏巴什沟萨尔干组*Nemagraptus gracilis*带。B. NIGP 157395 (AFF283)；E. NIGP 157398 (AFF283)；F. NIGP 157396 (AFF283)；H. NIGP 157394 (AFF281)。C. 新疆柯坪大湾沟萨尔干组*Jiangxigraptus vagus*带。NIGP 157672 (NJ363)。I. 同上产地*Pterograptus elegans*带。NIGP 157399 (NJ308)。

G. 维卡比赫斯特笔石(近似种) (*Hustedograptus* cf. *vikarbyensis* (Jaanusson, 1960))。新疆柯坪苏巴什沟萨尔干组 *Nemagraptus gracilis*带。NIGP 157415 (AFF283)。

线形比例尺：1mm。

个胞管 (th1¹) 自亚胎管中部生出，向下至胎管口部或胎管刺基部转曲向上，致使th1¹呈"J"形。第2个胞管 (th1²) 自左侧生出，向下横过胎管并迅速转曲向上，造成笔石体始端极度不对称。在本种的立体标本中，明显地看到th2¹是双芽胞管，始端发育型式是A型 (Mitchell, 1987)。

胞管为雕笔石式，至笔石体末部或变为直笔石式。由于保存状态不同，胞管可以从近于直笔石式至近于围笔石式，胞管的腹缘成"S"形，可以微向内转，并具有微弱的口尖。有的标本上可见线管与中隔壁连接加固 (Bulman, 1970)。

讨论：*H. teretiusculus*的模式标本 (Hisinger, 1840, 图版38, 图4) 是一个笔石体末部的断枝。Jaanusson (1960)、Mitchell (1987) 和Maletz (1997) 的部分立体标本澄清了本种的始端发育型式。本书同意Maletz (1997) 的意见，*H. teretiusculus* (Hisinger) 的标准形态当以Jaanusson的材料为准。

当前采自*Pterograptus elegans*带的一个标本，始端背侧保存不佳，但从总体形态来看应为*H. teretiusculus*。这是本书著者们所见最老的记录，鉴定为*H. teretiusculus*?。采自平凉官庄*N. gracilis*带的两个标本 (图6-69C-E) 具有窄而不对称的始端，具有长的胎管刺和明显的拟胎管 (parasicula)。它们也具有强烈向上伸出的th1²和很长的th2²。因此，在某种程度上，本种与始雕笔石属 (*Eoglgptograptus*) 相似。其产出的始端又较年轻，因此将之鉴定为*Hustedograptus*? sp. (NIGP 157410, 157411, 图6-69C-E)。

维卡比赫斯特笔石 (近似种) (*Hustedograptus* cf. *vikarbyensis* (Jaanusson, 1960))

(图6-67G; 6-70B)

?1907　*Diplograptus (Glyptograptus) dentatus* (Brongniart); Elles and Wood, p. 253, pl. 31, fig. 4a–d; text-fig. 174a–c.

?1907　*Diplograptus (Glyptograptus) dentatus* var. *appendiculatus* Törnquist ms. Elles and Wood, p. 255, pl. 31, fig. 5.

cf. 1960　*Glyptograptus vikarbyensis* n. sp. Jaanusson, pp. 323–324, pl. 3, figs. 6-8; text-fig. 6B.

1964　*Orthograptus calcaratus* var. *acutus* (Elles and Wood); Berry, p. 151, pl. 15, fig. 12.

cf. 1997　*Hustedograptus vikarbyensis* (Jaanusson); Maletz, pp. 41–43, pl. 2, figs. G, I, M; text-figs. 16D, 18A–I, ?J.

产地及层位：仅有一个标本，产自新疆柯坪苏巴什沟萨尔干组*N. gracilis*带。

描述：标本保存为立体状，可见笔石体始端的正面。胎管长1.5mm，口缘微凹，口部宽0.26mm。第1个胞管 (th1¹) 由胎管生出后向下略超过胎管口缘向外转曲，在th1¹口部之下生出一个腹刺。第2个胞管 (th1²) 由前一胞管左侧生出，向下横过胎管，然后在胎管口部之上向外向上伸出，其口部之下也生出腹刺。th2¹是双芽胞管。

胎管刺不清楚，但无反胎管刺。始端发育型式为A型 (Mitchell, 1987)，始端较*H. teretiusculus*更对称一些。

图6-68　圆滑赫斯特笔石

A–I, K–L. 圆滑赫斯特笔石(*Hustedograptus teretiusculus* (Hisinger, 1840))。A. 甘肃平凉官庄平凉组*Nemagraptus gracilis*带。NIGP 157409 (AFC 2j)。B, F–I, K. 新疆柯坪苏巴什沟萨尔干组*N. gracilis*带。B. NIGP 157394 (AFF 281)；F. NIGP 157398 (AFF 283)；G. NIGP 157396 (AFF 283)；H. NIGP 157397 (AFF 283)；I. NIGP 157406

图6-69　两种赫斯特笔石

A–B. 圆滑赫斯特笔石(*Hustedograptus teretiusculus* (Hisinger, 1840))。新疆柯坪苏巴什沟萨尔干组*Nemagraptus gracilis*带。A. NIGP 157405 (AFF281)；B. NIGP 157404 (AFF281)。

C–E. 一种赫斯特笔石 (*Hustedograptus* sp.)。甘肃平凉官庄平凉组同名带。C. NIGP 157410 (AFC6)；D. NIGP 157411 (AFC13)；E. 图C末端的放大。

线形比例尺：1mm。

(AFF 283)；K. NIGP 157395 (AFF 283)。C, E, L. 新疆柯坪大湾沟萨尔干组*Nemagraptus gracilis*带。C. NIGP 157408 (NJ367)；E. NIGP 157407 (NJ 365)；L. NIGP 157672 (NJ363)。D. 内蒙古乌海大石门克里摩利组上段*Didymograptus murchisoni*带。NIGP 157413 (FG28)。

J. 圆滑赫斯特笔石 (*Hustedograptus teretiusculus* (Hisinger, 1840)?)。内蒙古乌海大石门剖面克里摩利组上段*Pterograptus elegans*带。NIGP 157414 (FG8)。

线形比例尺：1mm。

图6-70　赫氏笔石、赫斯特笔石与罟笔石

A. 多刺赫氏笔石(新种) (*Hallograptus echinatus* Chen (sp. nov.))。 内蒙古乌海大石门克里摩利组上段*Didymograptus murchisoni*带。NIGP 157385 (holotype, FG24)。

B. 维卡比赫斯特笔石(近似种) (*Hustedograptus* cf. *vikarbyensis* (Jaanusson, 1960))。新疆柯坪苏巴什沟萨尔干组 *Nemagraptus gracilis*带。NIGP 157415 (AFF283)。

C. 精致罟笔石(*Reteograptus speciosus* Harris, 1924)。内蒙古鄂尔多斯拉什伸克里摩利组*Pterograptus elegans*带。NIGP 57905 (CD49, *R. ordosensis* Mu的正模标本)。

线形比例尺：1mm。

始雕笔石属 (Genus *Eoglyptograptus* Mitchell, 1987)

不对称始雕笔石 (新种) (*Eoglyptograptus asymmetros* Goldman and Zhang (sp. nov.))

(图6-71A–H)

1997   *Eoglyptograptus* sp. 2 Maletz; Maletz, pp. 47–48, pl. 2, fig. E; pl. 7, figs. D–E; text-figs. 16C, G, 20C, I.

1997   *Eoglyptograptus dentatus* (Brongniart) *sensu* Bulman; Maletz, p. 45, pl. 2, figs. A–D, F, J; pl. 6, fig. H; pl. 7, figs. H, K; text-figs. 16F, 20A–B, D–H.

2009   *Eoglyptograptus dentatus* (Brongniart) sensu Bulman; Zhang *et al.*, p. 324, figs. 5P, 7I, J.

2011   *Eoglyptograptus* sp. cf. *E. gerhardi* Maletz (=1997 *Eoglyptograptus dentatus* (Brongniart, sensu Bulman); Maletz, p. 862, text-figs. 2L, 4L, 6F–G, 7A–C, E–H.

正模标本：PMO138.763，挪威奥斯陆自然历史博物馆，由Maletz (1997，插图20H；图版2，图D) 图示。

产地及层位：见于新疆柯坪大湾沟萨尔干组，大多数标本采自*D. murchisoni*带，有一个标本采自*N. gracilis*带底部。

特征：笔石体始端窄而不对称，th1^{1}具短小口刺，th1^{2}强烈向上转曲，但无口刺；中隔壁完整并微作波状弯曲，始端发育型式为A或B型 (Mitchell，1987)。

描述：笔石体窄，宽仅0.6mm，始端很不对称，向上增宽至最大宽度2.5mm。中隔壁完整，微作波状弯曲；在笔石体始部5mm内有6个胞管，末部同长度内只有4.5个胞管。胞管为雕笔石式，向笔石体末部或变为直笔石式；胞管的口部水平或微向内卷，在保存良好的标本上有细小的口尖。

胎管在第2个胞管(th1^2)的口部位置处开始被覆盖。该部位距离底部0.8mm。th1^{1}呈"丁"字形并具短小的口刺，th1^{2}在水平方向上横过胎管然后转曲向上，二者构成明显不对称的笔石体始端。当前正面标本上难于辨认笔石体始端发育型式，但据Mitchell (1987) 的模式应属A型或B型。

比较：Maletz (1997) 描述了两种产自挪威奥斯陆的*Pterograptus elegans*带的始雕笔石，*E. dentatus* (sensu Bulman) 和*Eoglyptograptus* sp. 2。他认为，*Eoglyptograptus* sp. 2与*E. dentatus* (sensu Bulman) 的区别在于前者始端更不对称，并且其th2^{2}背缘与胎管接触更少。后来Maletz (2011) 把*E. dentatus* (sensu Bulman) 鉴定为*Eoglyptograptus* cf. *gerhardi*，同样也是因为其始端更为强烈的不对称。

图6-71　不对称始雕笔石 (新种) (*Eoglyptograptus asymmetros* Goldman and Zhang (sp. nov.))

A–G. 新疆柯坪大湾沟萨尔干组*Didymograptus murchisoni*带。A. NIGP 157421 (NJ336)；B. NIGP 157422 (NJ337)； C. NIGP 157420 (NJ336)；D. NIGP 157423 (NJ341)；E. NIGP 157419 (NJ334)；F. NIGP 157428 (NJ336)；G. NIGP 157417 (NJ338)。H. 同上产地*Nemagraptus gracilis*带。NIGP 157475 (NJ367)。

线形比例尺：1mm。

毛笔石科 (Family LASIOGRAPTIDAE Lapworth, 1880)

赫氏笔石属 (Genus *Hallograptus* Lapworth, 1876)

多刺赫氏笔石 (新种) (*Hallograptus echinatus* Chen (sp. nov.))

(图6-70A; 6-72A–E)

1963 *Orthograptus* sp. (cf. *O. whitfieldi* of Elles and Wood, not *O. whitfieldi* of J. Hall), Ross and Berry, pl. 12, fig. 22.

名称来源：*echinatus*，拉丁文，多刺的意思，形容笔石体两侧的口刺。

正模标本：NIGP 157385，图6-70A和6-72A。

产地及层位：标本产自内蒙古乌海大石门克里摩利组上段 *D. murchisoni* 带。

描述：笔石体中等大小，长约12mm。始端成楔状，在正模标本上横过第1对胞管宽0.8mm，此宽度向上迅速增大，至第5对胞管处即达到1.4mm；此后此宽度继续向末部增至最大宽度2mm。由于保存不良，因此始端发育型式不清楚，可能为A型。未见反胎管刺，胎管刺劲直向下，第1对胞管不对称，中隔壁直而完整。

胞管为直笔石式，具水平的口刺，长0.3~0.4mm；腹缘直而斜，倾角为20°。标本(NIGP 157385)胞管排列密度的2TRD测量如表6-25所示。

表6-25　标本两胞管重复距离测量 (NIGP 157385)

标　本	2TRDs (mm)							
	th2¹	th3¹	th4¹	th5¹	th6¹	th7¹	th8¹	th9¹
	1.0	1.12	1.40	1.48	1.52	1.52	1.52	1.60
	th10¹	th11¹	th12¹	th13¹	th14¹	th15¹	th16¹	th17¹
NIGP 157385	1.68	1.76	1.76	1.88	1.80	1.76	1.84	1.76
	th18¹	th19¹	th20¹	th21¹	th22¹	th23¹		
	1.76	1.76	1.76	1.76	1.84	1.76		

比较：当前标本与 *Hallograptus mucronatus* (Hall) 相似，但产自更老的地层中。*H. mucronatus* 是 *Climacograptus bicornis* 带的常见分子 (Ruedemann，1947；Elles，1940；Zalasiewicz *et al.*，2009)，而当前标本则产自 *D. murchisoni* 带。与 *H. micronatus* 比较，当前标本的笔石体则较窄。

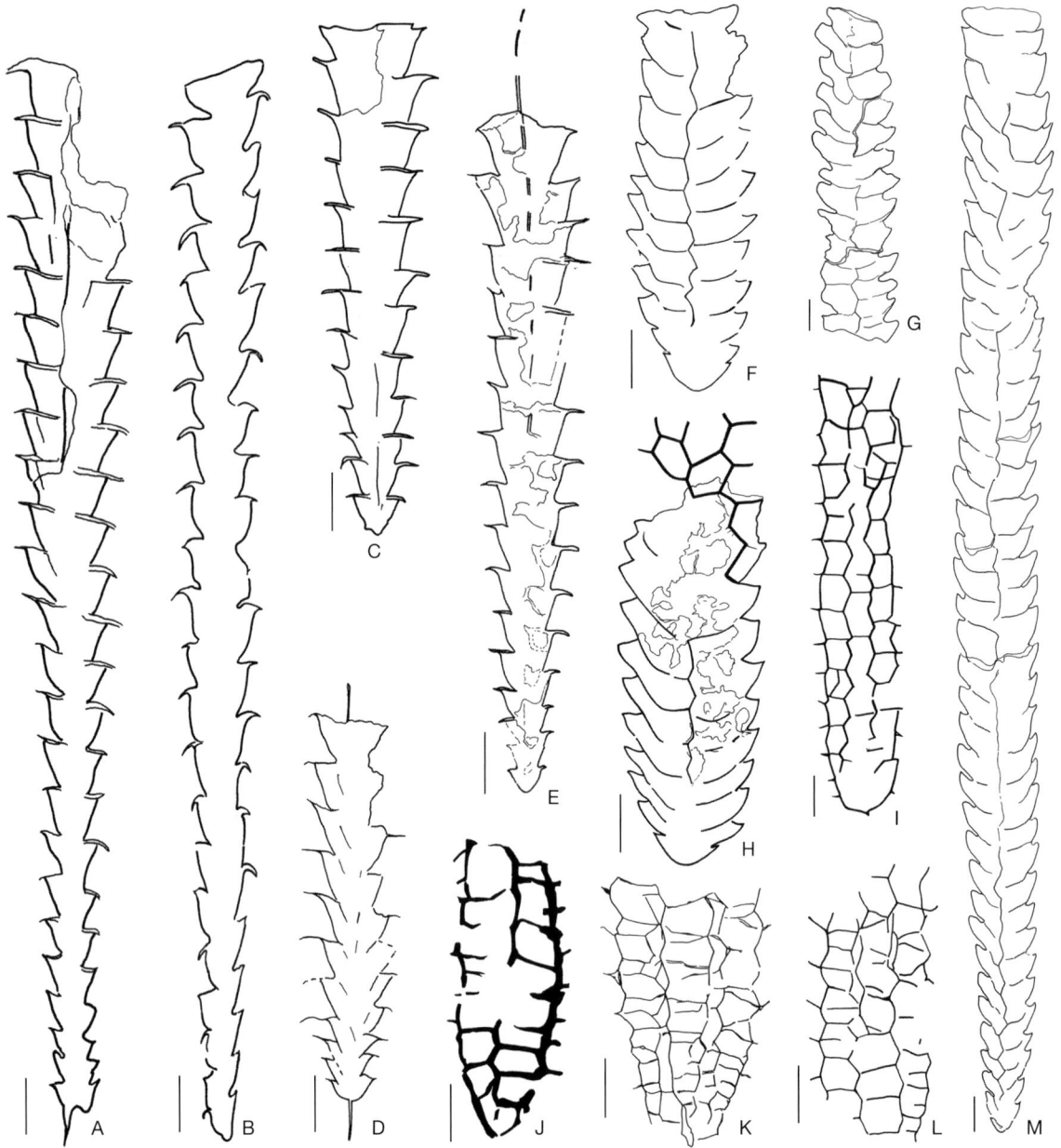

图6-72　赫氏笔石和罟笔石

A–E. 多刺赫氏笔石(新种)(*Hallograptus echinatus* Chen (sp. nov.))。A–D. 内蒙古乌海大石门克里摩利组上段 *Didymograptus murchisoni*带。A. NIGP 157385 (holotype, FG24)；B. NIGP 157386 (FG28)；C. NIGP 157383 (FG22)；D. NIGP 157384 (FG22)；E. 同上产地*Pterograptus elegans*带。NIGP 157382 (FG20)。

F, H. 精致罟笔石(*Reteograptus speciosus* Harris, 1924)。内蒙古鄂尔多斯拉什仲克里摩利组*Pterograptus elegans*带。F. NIGP 57906 (CD49)；H. NIGP 57905 (CD49)。

G, M. 等宽罟笔石(*Reteograptus uniformis* Mu and Zhang in Mu, 1963)。陕西陇县段家峡水库剖面桑比阶至凯迪阶下部龙门洞组。G. NIGP 157435 (AFC200)；M. NIGP 157433 (AFC200)。

罟笔石科 (Family RETEOGRAPTIDAE Mu, 1974)

讨论：罟笔石科由Lapworth于1873年建立，Bouček and Münch (1952) 将之分为罟笔石亚科 (Retiolitinae) 和辫笔石亚科 (Plectograptinae)。1955年，Bulman又增加了古网笔石亚科 (Archiretiolitinae)，包括了奥陶纪最老的细网笔石类。这3个亚科在Bulman (1970) 的国际笔石论丛专著中被引用。

Eisenack (1951) 以及Obut and Zalavskaya (1976) 都曾经研究过志留纪细网类笔石始端发育型式的孤立标本，这些孤立标本分别来自德国Leipzig钻孔和俄罗斯Stonishkav钻孔。Obut and Zaslavskaya (1976) 展示的细网笔石类始端的锚状构造 (ancora structure) 把细网笔石类与双笔石类的始端发育联系起来，锚状构造成了志留纪的细网笔石亚科和辫笔石亚科的共同特征。Lenz and Melchin (1997) 完成了对志留纪细网笔石科的系统分类，主张把细网笔石科分成细网笔石亚科 (Retiolitinae) 和辫笔石亚科 (Plectograptinae)。Melchin (1998) 也沿用此分类。这样，只剩下了奥陶纪"细网笔石类"的分类问题了。

Reteograptus speciosus (Harris) 是最古老的"细网笔石类"，时代为中奥陶世达瑞威尔期晚期 (Da4)。罟笔石 (*Reteograptus*) 被Bulman (1970) 包括在古网笔石亚科 (Archiretiolitinae) 之中。基于扬子区奥陶纪的"细网笔石类"，穆恩之 (1974) 提出一个新科——罟笔石科 (Rectograptidae)，与传统的细网笔石科分开，这样就把奥陶纪不具锚状构造的"细网笔石类"和志留纪具锚状构造的"细网笔石类"分开了。穆恩之 (1974) 将古网笔石亚科 (Archiretiolitinae Bulman, 1955) 上升到科，即古网笔石科 (Archiretiolitinae Bulman, 1955, emend. Mu, 1974)。这样，所有的细网笔石类便归入3个科：罟笔石科 (Rectograptidae Mu, 1974)、古网笔石科 (Archiretiolitinae Bulman, 1955, emend. Mu, 1974) 和细网笔石科 (Rectograptidae Lapworth, 1873)。罟笔石科 (Rectograptidae Mu) 和古网笔石科 (Archiretiolitinae Bulman, 1974) 的区别在于前者发育大网，而后者则发育良好的细网 (穆恩之，1974)。

过去30年内，许多骨骼化和非骨骼化的细网笔石类标本已在扬子区内发现 (穆恩之，1974；穆恩之等，1993；Chen *et al.*，2000a，2005)。穆恩之等 (1993) 研究了罟笔石科的大网结构，并与其他罟笔石科的标本进行对比 (穆恩之等1993，插图35)，它们的结构图与Finney (1980) 对 *Reteograptus geinitzianus* Hall的图解相似。

I–L. 千氏罟笔石(*Reteograptus geinitzianus* Hall, 1859)。新疆柯坪大湾沟萨尔干组*Didymograptus murchisoni*带。
    I. NIGP 157430 (NJ328)；L. NIGP 157432 (NJ358)。J–K. 同上产地*Pterograptus elegans*带。J. NIGP 157429 (NJ324)；K. NIGP 157431 (NJ321)。
线形比例尺：1mm。

罟笔石属 (Genus *Reteograptus* Hall, 1859)

模式种：*Reteograptus geinitzianus* Hall, 1859，原始图像。

基于对非骨骼化标本的研究，笔石体由两列笔石枝组成。隔壁索 (septal strands；Elles and Wood，1908) 呈"之"字形折曲。Finney (1980) 也称为隔壁索 (septal list)，穆恩之等称为中线或轴索 (median strands 或 virgular strands)。胞管由六边形的大网围限而成，包括隔壁索 (septal strands)、腹线 (ventral strands)(即Bouček and Münch (1952)所称的肋线 (pleural lists))，以及穆恩之等 (1993) 所称的横索 (connecting lists)。横索连接隔壁索和腹线。六边形的大网也与口线 (apertural lists) 相连，口线呈半圆环状，突出向外 (穆恩之等，1993)。

穆恩之等(1993) 把骨骼化的*Reteograptus ordosensis* Mu与非骨骼化的*R. geinitzianus*对比，建立了罟笔石式的胞管，其始部扩大向口部缩小，因此罟笔石式的胞管不是Elles and Wood (1908) 的直笔石式的胞管。罟笔石非骨骼化的大网结构可参见穆恩之等 (1993，插图33)。

干氏罟笔石 (*Reteograptus geinitzianus* Hall, 1859)

(图6-72I–L; 6-73D–G, I–J)

1859　*Retiograptus geinitzianus* Hall, p. 518.

1908　*Retiograptus geinitzianus* Hall; Ruedemann, p. 463, pl. 29, figs. 5–6; pl. 31, figs. 9–17.

1908　*Retiograptus geinitzianus* Hall; Elles and Wood, p. 316, pl. 34, fig. 7a–b; text-figs. 209a–b, *non*-fig. 209c.

1934　*Retiograptus geinitzianus* Hall; Hsü, p. 90, pl. 5, fig. 17.

1947　*Retiograptus geinitzianus* Hall; Ruedemann, p. 458, pl. 80, figs. 11–24.

1960　*Retiograptus geinitzianus* Hall; Berry, p. 96, pl. 15, fig. 3a.

1963　*Retiograptus geinitzianus* Hall; Ross and Berry, p. 158, figs. 20, 22–23, *non*-fig. 22.

1964　*Reteograptus geinitzianus* Hall; Obut and Sobolevskaya, p. 78, pl. 16, figs. 3–7.

1979　*Reteograptus geinitzianus* Hall; Cooper, p. 90, pl. 16i.

1980　*Reteograptus geinitzianus* Hall; Finney, p. 1202, pl. 2, figs. 1–4; text-figs. 11D, 12–16.

1983　*Reteograptus geinitzianus* Hall; Ni (in Yang *et al.*, 1983), p. 489, pl. 170, fig. 5.

1986　*Retiograptus geinitzianus* Hall; Cuerda *et al.*, p. 20, pl. 1, figs. 1–5, pl. 4, figs. 26–29.

1988　*Reteograptus geinitzianus* Hall; Huang *et al.*, p. 170, pl. 16, fig. 16; pl. 18, fig. 18; pl. 19, fig. 22.

1991　*Reteograptus geinitzianus* Hall; Ni, p. 97, pl. 35, figs. 9, 13, text-fig. 22E.

2001　*Reteograptus geinitzianus* Hall; Rushton, p. 50, fig. 3d.

产地及层位：本种产自新疆柯坪大湾沟及阿克苏四石场萨尔干组*Pterograptus elegans*带至*J. vagus*带；也见于甘肃平凉官庄平凉组*N. gracilis*带，与*O. apiculatus* Elles and Wood共生；还见于陕西陇县龙门洞*N. gracilis*带，以及内蒙古乌海大石门*D. murchisoni*带。

描述：笔石体长12mm；宽度均匀，为2.0~2.5mm。笔石枝或者完全非骨骼化，或者始部骨骼化，但胎管通常都已骨骼化。中国的标本大都侧压保存，因此笔石体中央为一列六边形的大网，实质上是胞管的腹侧的网线框架，而左侧一列六边形的网线是胞管口部的一列 (标本NIGP 157429，图6-72I)。在其他侧压标本上 (NIGP 157434，图6-72K)，左列大网更清楚，代表胞管的腹侧和口部。因此，中索和侧索都是"之"字形折曲 (穆恩之等，1993)。笔石体两侧刺状的口线明显，胞管排列紧密。在笔石体始部的5mm内有5个胞管。

比较：当前标本出现的层位较模式标本更低一些，在外形上与*Reteograptus speciosus* Harris相似，但本种始部胞管已骨骼化，而且笔石体也略窄一些。

精致罟笔石 (*Reteograptus speciosus* Harris, 1924)

(图6-70C; 6-72F, H)

1924　*Reteograptus speciosus* Harris, p. 99, pl. VIII, figs. 8–10.

1993　*Reteograptus ordosensis* Mu (in Mu *et al.*, 1993), p. 225, text-fig. 34a–b.

1997　*Reteograptus speciosus* Harris; Maletz, p. 77, pl. 6, figs. I–K; pl. 7, figs. L–N.

产地及层位：有两个骨骼化的笔石体标本，产自内蒙古鄂尔多斯拉什仲的克里摩利组上段*Pterograptus elegans*带。其他标本产自新疆柯坪大湾沟同名带上部。

描述：笔石体完全或近乎完全骨骼化，长8.0mm；宽度均匀，分别为2.6mm和2.4mm。中索折曲，胞管为罟笔石式 (穆恩之等，1993)。正模标本 (NIGP 57905，图6-70C和6-72H) 的末部具非骨骼化的大网结构。它与始端骨骼化部分的连接，清楚地显示了罟笔石式的胞管。在笔石体始端的5.0mm内有8个胞管。

比较：本书对鄂尔多斯标本的图示为本书著者 (陈) 重新研究了模式标本后的结果，对穆恩之等 (1993，插图34a–b) 的图有所修改。

等宽罟笔石 (*Reteograptus uniformis* Mu and Zhang, in Mu, 1963)

(图6-72G, M; 6-73A–C, H)

1963　*Retiograptus grandis* var. *uniformis* Mu and Zhang, in Mu, fig. 6b.

产地及层位：少量标本，产自陕西陇县段家峡桑比阶至凯迪阶上部龙门洞组的黑色粉砂质页岩和粉砂岩中。本种的模式标本产自甘肃天祝斜壕斜壕组*C. bicornis*带。

描述：笔石体大，长达34.0mm，始端宽0.8~1.0mm，向上迅速增宽至笔石体中部，达到最大宽度2.5~3.0mm。笔石体始端保存不清，但可见第2个胞管 (th1^2) 的腹刺。

两列胞管交错生长，中隔壁作"之"字形折曲，在笔石体始部尤为清楚。胞管为罟笔石式，

图6-73　两种罟笔石

由胞管壁、口部和中隔壁组成拉长的框架结构。其中的一个标本 (NIGP 157434，图6-73B) 笔石体始部拉长，胞管为围笔石式。在10mm长度内，笔石体始部有10个胞管，末部有8~9个胞管。

　　比较：本种与*Reteograptus grandis* Ruedemann, 1947的不同之处，在于本种笔石体两侧平行。

栅笔石超科 (Superfamily CLIMACOGRAPTACEA Frech, 1897, emend. Mitchell *et al.*, 2007)
栅笔石科 (Family CLIMACOGRAPTIDAE Frech, 1897)

有关栅笔石科的讨论，见Mitchell (2014)。

栅笔石属 (Genus *Climacograptus* Hall, 1865)

双刺栅笔石 (*Climacograptus bicornis* (Hall, 1847))
(图6-74G, L–O; 6-75A–L)

1847	*Graptolithus bicornis* Hall, p. 268, pl. 73, figs. 2c–d?, f–h, 4.
1865	*Climacograptus bicornis* (Hall); Hall, p. 111, pl. A, figs. 13–17.
1876	*Climacograptus bicornis* (Hall); Lapworth, p. 139, pl. 6, fig. 38a.
1876	*Climacograptus bicornis* var. *peltifer* Lapworth; Lapworth, p. 136, pl. 6, fig. 38b.
1906	*Climacograptus bicornis* (Hall); Elles and Wood, p. 193, pl. 26, fig. 8a–f.
1906	*Climacograptus bicornis* var. *peltifer* Lapworth; Elles and Wood, p. 196, pl. 26, fig. 10a–c.
1908	*Climacograptus bicornis* (Hall); Ruedemann, p. 433, pl. 28, figs. 24–25; text-fig. 404.
1933	*Climacograptus bicornis* (Hall); Sun, p. 17, pl. 3, fig. 2a–g.
1947	*Climacograptus bicornis* (Hall); Ruedemann, p. 425, pl. 72, figs. 45–46, 49–52.
1947	*Climacograptus bicornis* var. *peltifer* Lapworth; Ruedemann, p. 425, pl. 72, figs. 53–54.
1947	*Climacograptus bicornis* var. *signum* Ruedemann, p. 426, pl. 72, fig. 55.

A–C, H. 等宽罟笔石(*Reteograptus uniformis* Mu and Zhang, in Mu, 1963)。陕西陇县段家峡水库桑比阶至凯迪阶上部龙门洞组。A. NIGP 157433 (AFC200)；B. NIGP 157434 (AFC200)；C. NIGP 157436 (AFC200)；H. NIGP 157437 (AFC200a)。

D–G, I–J. 干氏罟笔石(*Reteograptus geinitzianus* Hall, 1859)。D. 内蒙古乌海大石门克里摩利组上段*Didymograptus murchisoni*带。NIGP 157477 (FG33)。E–F, J. 甘肃平凉官庄平凉组*Nemagraptus gracilis*带。E. NIGP 157478 (AFC35)；F. 图E始部的放大；J. NIGP 157507 (AFC4)。G. 新疆阿克苏四石场萨尔干组*Pterograptus elegans*带。NIGP 157499 (AFT-X-501)。I. 陕西陇县龙门洞龙门洞组*Nemagraptus gracilis*带。NIGP 157506 (AFC101)。

线形比例尺：1mm。

1947   *Climacograptus bicornis* (Hall); Bulman, p. 59, pl. 9, figs. 10–13.

1960   *Climacograptus bicornis* (Hall); Berry, p. 79, pl. 16, figs. 10–11; pl. 19, fig. 4.

1960   *Climacograptus bicornis* (Hall); Thomas, p. 41, pl. 8, fig. 101.

1960   *Climacograptus bicornis* var. *peltifer* Lapworth; Thomas, p. 41, pl. 8, figs. 102–104.

1963   *Climacograptus bicornis* (Hall); Ross and Berry, p. 117, pl. 8, figs. 4–6, 9.

1963   *Climacograptus papilio* Mu and Zhang (in Mu, 1963), p. 361–362, figs. 10g–i, 11d–f.

1964   *Climacograptus bicornis* (Hall); Obut and Sobolevskaya, p. 51, pl. 10, figs. 1–8.

1964   *Climacograptus membraniferus* Obut and Sobolevskaya, p. 54, pl. 11, figs. 2–3.

1964   *Climacograptus peltifer* (Lapworth); Obut and Sobolevskaya, p. 55, pl. 11, figs. 4–5.

1964   *Climacograptus praesupernus* Obut and Sobolevskaya, p. 56, pl. 11, fig. 1.

1974   *Climacograptus bicornis* (Hall); Riva, p. 6, pl. 1, figs. 1–3, 5–7; text-fig. 1a–b.

1976   *Climacograptus bicornis* (Hall); Tzaj, p. 32, pl. 4, figs. 1–8.

1976   *Climacograptus peltifer* Lapworth; Tzaj, p. 34, pl. 5, figs. 1–4.

1976   *Climacograptus bicornis bicornis* (Hall); Riva, p. 595, text-figs. 4–9.

1977   *Climacograptus bicornis* (Hall); Wang *et al.*, p. 328, pl. 101, fig. 2.

1982   *Climacograptus bicornis* (Hall); Mu *et al.*, p. 316, pl. 77, fig. 27.

1982   *Climacograptus bicornis* var. *crassispina* Mu and Zhang (in Mu *et al.*, 1982), p. 316, pl. 77, figs. 28–29.

1982   *Climacograptus bicornis rigida* Mu and Zhang (in Mu *et al.*, 1982), p. 316, pl. 78, fig. 1.

1982   *Climacograptus peltifer* Lapworth; Mu *et al.*, p. 317, pl. 78, fig. 4.

1983   *Climacograptus bicornis* (Hall); Yang *et al.*, p. 445, pl. 160, fig. 2.

1986   *Climacograptus peltifer* Lapworth; Strachan, p. 42, pl. 6, fig. 17.

1986   *Climacograptus bicornis* (Hall); Finney, fig. 3D.

1987   *Climacograptus bicornis* (Hall); Mitchell, text-fig. 6J–P.

1988   *Climacograptus bicornis* (Hall); Huang *et al.*, p. 128, pl. 20, figs. 8–9.

1989   *Climacograptus bicornis* (Hall); Riva and Ketner, p. 78, figs. 3–4, 6f–m.

1989   *Climacograptus bicornis bicornis* (Hall); Hughes, p. 60, text-fig. 27a–b.

1996   *Climacograptus bicornis* (Hall); Lin, p. 394, pl. 1, figs. 10–11; pl. 2, fig. 4.

1996   *Climacograptus bicornis bicornis* (Hall); Churkin and Carter, p. 49, fig. 35C, *non*-fig. 35E.

2001   *Climacograptus bicornis* (Hall); Rickards, Sherwin and Williamson, p. 71, figs. 5F–L, 8D.

2002   *Climacograptus bicornis* (Hall); Li (in Mu *et al.*, 2002), p. 629, pl. 176, figs. 11, 15.

产地及层位：产自甘肃平凉官庄平凉组*C. bicornis*带和内蒙古乌海公乌素公乌素组同名带。在穆恩之 (1963)、穆恩之和张有魁(1964) 的研究基础上，陈均远等 (1984) 建议公乌素组属于*Amplexograptus gansuensis*带。但著者等在公乌素组的标准剖面采获了*Climacograptus bicornis* (Hall)，Chen *et al.* (2000a) 又将*Amplexograptus gansuensis* Mu and Zhang 修订为*Amplexograptus maxwelli* (Decker, 1935) 的同义名，因此把公乌素组归入*Climacograptus bicornis*带是合适的。著者

等认为，*Climacograptus papilio* Mu and Zhang 也是*C. bicornis* (Hall) 的后同义名。这样，甘肃斜壕斜壕组的一部分也属于*C. bicornis*带。在陕西陇县龙门洞组，*C. bicornis* (Hall) 的部分标本 (NIGP 157449，图6-75D) 可上延至*D. caudatus*带。

比较：平凉官庄的*C. bicornis* (Hall) 标本最早由孙云铸 (Sun，1933) 所描述。当前标本中笔石的形态特征与孙云铸当时的描述一致，也与Riva (1974，1976) 描述本种的选模标本的特征一致。Riva and Ketner (1989) 怀疑Finney (1986，图3D) 以及Mitchell (1987，插图6J P) 的标本是否属于*C. bicornis*，但著者等认为这些标本的特征属于本种内群居形态特征变化的范畴。

著者等认为，一些根据不同特征的附连物而被鉴定为本种的亚种或其他的种，如*C. bicornis peltifer* Lapworth, 1876、*C. bicornis sugnum* Ruedemann, 1947、*C. membraniferus* Obut and Sobolevskaya, 1964、*C. praesupernus* Obut and Sobolevskaya, 1964以及*C. popilio* Mu and Zhang in Mu, 1963，都是本种的后同义名。

假栅笔石属 (Genus *Pseudoclimacograptus* Přibyl, 1947, emend. Mitchell, 1987)

讨论：本书对假栅笔石属的定义沿用Mitchell (1987) 对本属的修订意见。按 Elles and Wood (1906) 和Bulman (1953) 的描述，本属的模式种 *Pseudoclimacograptus scharenbergi* (Lapworth, 1876) 包括了两种类型，其中一种类型的笔石体始端无底刺，这一类型已被 Přibyl (1947) 分出，成立另一个种 *Pseudoclimacograptus oliveri* (Přibyl)。根据此种，Maletz (1997) 建立一个新属 *Haddingograptus*，此属也为本书所接受。

Bulman (1947) 认为假栅笔石属的模式种的始端只有两个底刺，即一个胎管刺和第1个胞管 (th1^1) 的腹刺。但是被他本人鉴定为*P. scharenbergi* (Lapworth) 的一个标本 (Bulman，1947，图版 8，图5)却在第1对胞管上都有腹刺。这些标本笔石体始端发育型式为C 型，与关系密切的属 *Archiclimacograptus* Mitchell 一致。而Mitchell (1987) 认为假栅笔石的始端发育型式属于D型。

假栅笔石属具有折曲的中隔壁、双"S"形的胞管和明显的胞管膝部，通常具有长的胎管刺和拟胎管。

尖假栅笔石 (*Pseudoclimacograptus acies* Qiao, 1981)

(图6-74I–J; 6-76A, E)

1981　　*Pseudoclimacograptus acies* Qiao, p. 245, pl. 87, fig. 8.

2002　　*Pseudoclimacograptus acies* Qiao; Li (in Mu *et al.*, 2002), p. 679, pl. 187, figs. 2–3.

产地及层位：两个立体标本，产自甘肃平凉官庄平凉组*N. gracilis*带的黄灰色页岩中，此外还

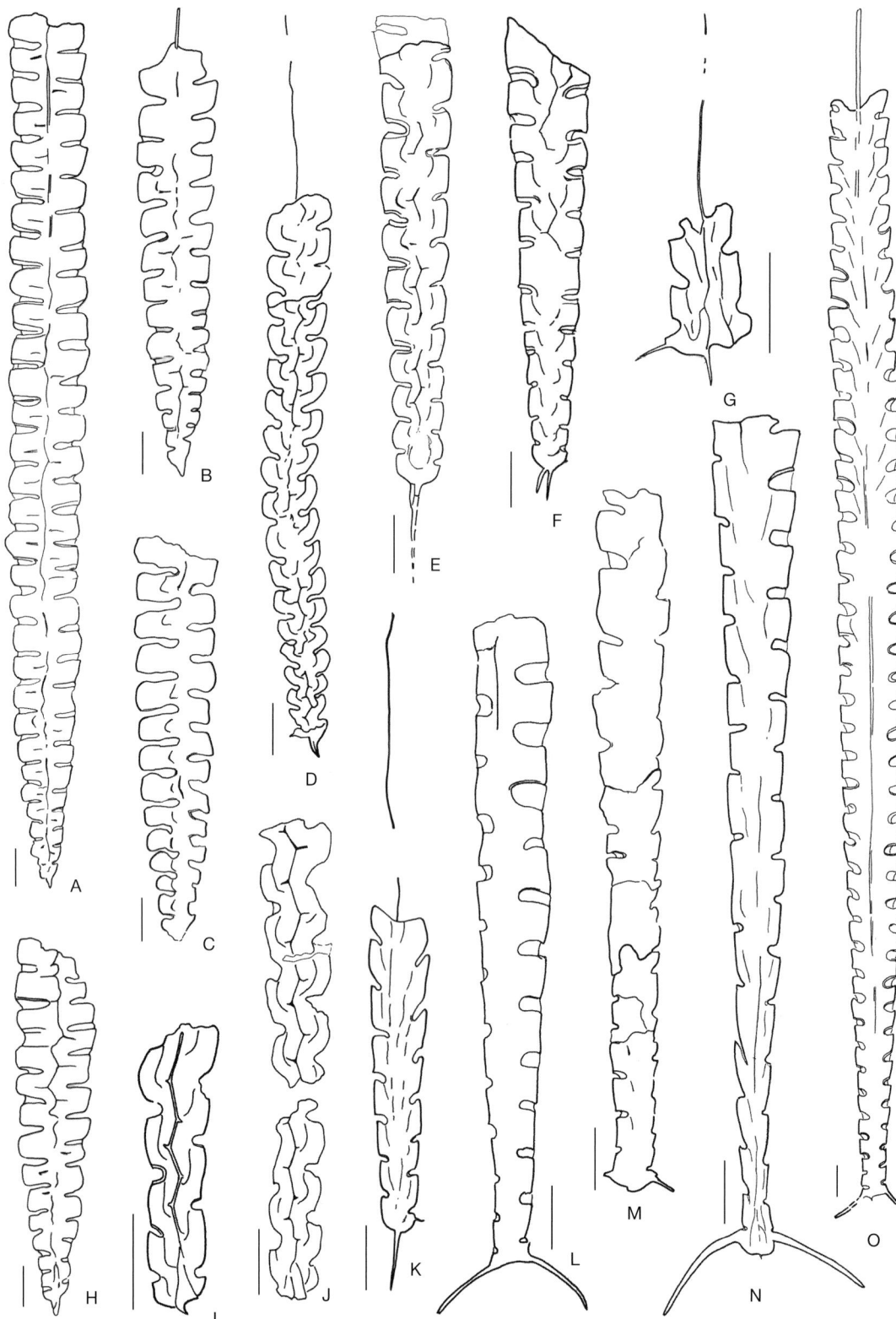

图6-74 哈定笔石、假栅笔石和栅笔石

有的标本产自陕西陇县龙门洞龙门洞组*C. bicornis*带。

描述：笔石体细小，长仅7mm；宽度均匀，为1.0mm。胎管长0.7mm，口部宽0.2~0.3mm，具一短小的胎管刺。根据当前标本难以说明始端发育型式。中隔壁呈波状或折曲状，与水平的原胞管褶隔壁连接。胞管间壁线的起点始于此水平原胞管褶隔壁之下，大多数假栅笔石均有此结构。

胞管长而窄，成双"S"形，膝上腹缘微凸，胞管口缘直，口穴大，5mm内有6~7个胞管。标本(NIGP 157452)胞管排列密度的2TRD测量如表6-26所示。

表6-26　标本两胞管重复距离测量 (NIGP 157452)

标　本	2TRDs (mm)					
	th2^1	th3^1	th4^1	th5^1	th6^1	th7^1
NIGP 157452	1.39	1.46	1.61	1.64	1.64	1.71

夏氏假栅笔石 (*Pseudoclimacograptus scharenbergi* (Lapworth, 1876))

(图6-74D–F; 6-76B, F–G)

1876　*Climacograptus scharenbergi* Lapworth, pl. 2, fig. 55.

1906　*Climacograptus scharenbergi* Lapworth; Elles and Wood, p. 206, pl. 27, fig. 14a–e; text-fig. 139a–c.

1947　*Climacograptus scharenbergi* Lapworth; Bulman, p. 65, pl. 7, figs. 1–10; pl. 8, figs. 1, 5–7; pl. 10, figs. 1–9; text-figs. 34–38.

1963　*Pseudoclimcograptus scharenbergi* (Lapworth); Geh, p. 242, pl. 6. figs. 17–20.

1977　*Pseudoclimacograptus scharenbergi* (Lapworth); Wang *et al.*, p. 327, pl. 100, fig. 4.

1989　*Pseudoclimacograptus scharenbergi* (Lapworth); Hughes, p. 72, pl. 5, fig. 1; text-fig. 22h.

1991　*Pseudoclimcograptus scharenbergi* (Lapworth); Ni, p. 89, pl. 28, fig. 1; pl. 31, figs. 1–4.

1994　*Pseudoclimcograptus scharenbergi* (Lapworth); Williams, p. 154, figs. 7g, k–m, 9f–h.

A–C, H. 楔形哈定笔石(新种) (*Haddingograptus cuneatus* Chen (sp. nov.))。内蒙古乌海大石门克里摩利组上段*Pterograptus elegans*带。A. NIGP 157469 (FG10)；B. NIGP 157471 (FG10)；C. NIGP 157472 (FG12)；H. NIGP 157470 (FG10)。

D–F. 夏氏假栅笔石(*Pseudoclimacograptus scharenbergi* (Lapworth, 1876))。D. 新疆柯坪苏巴什沟萨尔干组*Nemagraptus gracilis*带。NIGP 157455 (AFF284)。E. 甘肃平凉官庄平凉组*Climacograptus bicornis*带。NIGP 157456 (AFC72)。F. 陕西陇县龙门洞龙门洞组同名带。NIGP 157457 (AFC134)。

G, L–O. 双棘栅笔石(*Climacograptus bicornis* (Hall, 1847))。G, M, O.甘肃平凉官庄平凉组*Climacograptus bicornis*带。G. NIGP 157439 (AFC45)；M. NIGP 157438 (AFC44)；O. NIGP 157440 (AFC45)。L. 内蒙古乌海公乌素公乌素组同名带。NIGP 157442 (AFC252)。N. 陕西陇县龙门洞龙门组同名带。NIGP 157441 (AFC128)。

I–J. 尖假栅笔石(*Pseudoclimacograptus acies* Qiao, 1981)。I. 陕西陇县龙门洞龙门洞组同名带。NIGP 157453 (AFC128)。J. 甘肃平凉官庄平凉组*Nemagraptus gracilis*带。NIGP 157452 (AFC2c)。

K. 一种假栅笔石(*Pseudoclimacograptus* sp.)。内蒙古乌海大石门克里摩利组上段*Pterograptus elegans*带。NIGP 157637 (FG6)。

线形比例尺：1mm。

图6-75　双刺栅笔石(*Climacograptus bicornis* (Hall, 1847))

A–B, E, J, L. 甘肃平凉官庄平凉组*Climacograptus bicornis*带。A. NIGP 157439 (AFC45)；B. NIGP 157443 (AFC47)；
E. NIGP 157444 (AFC59)；J. NIGP 157446 (AFC59)；L. 图B始端放大。C, I, K. 陕西陇县龙门洞龙门洞组同名

1995　*Pseudoclimcograptus scharenbergi* (Lapworth); Williams, p. pl. 4, figs. 1–2; text-fig. 12D.

产地及层位： 见于新疆柯坪苏巴什沟阿克苏四石场萨尔干组*N. gracilis*带，在四石场与*P. stenostoma* (Bulman) 和*Cryptograptus tricornis* (Carruthers) 共生；还见于甘肃平凉官庄平凉组*N. gracilis*带至 *C. bicornis*带。有一个半侧面保存的标本鉴定为*Pseudoclimacograptus* ex gr. *scharenbergi* (Lapworth) (NIGP 157462，图6-76H)，产于陕西陇县龙门洞组*D. caudatus*带，代表本种的最高层位。在内蒙古乌海公乌素公乌素组*C. bicornis*带中产出了本种的立体标本。本种在华南见于浙江常山黄泥塘 (Chen et al.，2006)、湖北宜昌 (葛梅钰，1963) 和江西武宁 (倪寓南，1991) 的*N. gracilis*带中。

讨论： *Pseudoclimacograptus scharenbergi* (Lapworth, 1876) 是一个全球广布种，但其模式标本并未指定 (Strachan，1997)。Elles and Wood (1906) 建议将他们的标本 (图版27，图14a) 作为模式标本，但在这个标本的第1个胞管 (th1¹) 没有腹刺，而在Bulman (1947)、Williams (1995) 和当前材料中，th1¹却有腹刺。*P. scharenbergi* (Lapworth) 还具有拟胎管。本种因具有D型始端发育型式而有别于 *Haddingograptus oliver* (Bouček)，同时本种的th1¹具腹刺，而且膝上腹缘也微向外凸。

在龙门洞还有一个特殊的本种标本，其上见有两个下垂的胎管刺，可能是胎管刺分叉的原因 (NIGP 157457，图6-74F)。

一种假栅笔石 (Pseudoclimacograptus sp.)

(图6-74K; 6-76C–D)

产地及层位： 产自内蒙古乌海大石门*P. elegans*带及甘肃平凉官庄*C. bicornis*带。

比较： 当前假栅笔石的标本可能是一个新种，具有细长而平行的笔石体和窄狭的胞管口穴，始端有胎管刺和th1¹的底刺，而th1²无刺。Th1²向上生长横过胎管，而与其他的假栅笔石及古栅笔石不同。由于是压扁的标本，不能区分始端发育型式；又由于只有一个标本，因此暂定为一种假栅笔石 (*Pseudoclimacograptus* sp.)较为合适。

哈定笔石属 (Genus *Haddingograptus* Maletz, 1997)

Maletz (1997) 将原属假栅笔石属 (*Pseudoclimacograptus*) 和古栅笔石属 (*Archiclimacograptus*)

带。C. NIGP 157447 (AFC129)；I. NIGP 157448 (AFC131)；K. 图I始端放大。D. 同上产地 *Diplacanthograptus caudatus*带。NIGP 157449 (AFC150)。F–G. 内蒙古乌海公乌素公乌素组*Climacograptus bicornis*带。F. NIGP 157450 (AFC251)；G. NIGP 157442 (AFC252)。H. 甘肃平凉官庄附近孤立露头上的同名带。NIGP 157445 (AFC80)。

线形比例尺：1mm。

图6-76　四种假栅笔石

A, E. 尖假栅笔石(*Pseudoclimacograptus acies* Qiao, 1981)。A. 陕西陇县龙门洞龙门洞组*Climacograptus bicornis*带。
NIGP 157453 (AFC128)。E. 甘肃平凉官庄平凉组*Nemagraptus gracilis*带。NIGP 157452 (AFC2c)。

B, F–G. 夏氏假栅笔石(*Pseudoclimacograptus scharenbergi* (Lapworth, 1876))。B. 新疆阿克苏四石场萨尔干组

两属中第1对胞管不具腹刺的种另立新属，即哈定笔石属 (*Haddingograptus*)。本书沿用哈定笔石属。此属的胞管不同于假栅笔石，胞管更宽圆，笔石体始端也不对称，但具C型始端发育型式。中隔壁强烈波状弯曲或折曲，原胞管褶隔壁水平，与中隔壁相连，第1对胞管无腹刺。

楔形哈定笔石 (新种) (*Haddingograptus cuneatus* Chen (sp. nov.))

(图6-74A–C, H; 6-77A–E)

名称来源：*cuneatus*，拉丁文，楔形，形容笔石体始部的形态。

正模标本：NIGP 157471，图6-74B和6-77A–B。

产地及层位：内蒙古乌海大石门克里摩利组上段*P. elegans*带。

描述：笔石体大，长24.0mm。笔石体从始部的楔形向其前7对胞管迅速变宽。从笔石体中部至末端宽度均匀，约2.2mm。中隔壁完整，呈波曲或折曲状。原胞管褶隔壁平而短，与中隔壁相连。

胞管为双"S"形，膝上腹缘微凸，口缘平，口穴小，胞管的领环 (collars) 发育。标本(NIGP 157471)胞管排列密度的2TRD测定如表6-27所示。

表6-27　标本两胞管重复距离测量 (NIGP 157471)

标　本	2TRDs (mm)							
NIGP 157471	th2²	th3²	th4²	th5²	th6²	th7²	th8²	th9²
	1.0	1.0	1.05	1.28	1.28	1.28	1.57	1.43
	th10²	th11²	th12²	th13²	th14²	th15²	th16²	th17²
	1.57	1.57	1.57	1.28	1.57	1.57	1.71	1.71
	th18²	th19²	th20²	th21²	th22²	th23²	th24²	th25²
	1.57	1.57	1.71	1.85	1.57	1.57	1.71	1.71
	th26²	th27²	th28²	th29²				
	1.64	1.57	1.57	1.57				

比较：本种与*H. oliveri* (Bouček, 1973) 在一般特征上相似，但前者膝上腹缘外凸不明显，始端呈楔形，向末端迅速增宽。

---

*Nemagraptus gracilis*带。NIGP 157463 (AFT-X-509)。F. 甘肃平凉官庄平凉组*Climacograptus bicornis*带。NIGP 157456 (AFC72)。G. 内蒙古乌海公乌素公乌素组同名带。NIGP 157464 (AFC251)。

C–D. 一种假栅笔石(*Pseudoclimacograptus* sp.)。甘肃平凉官庄同名带。C. 图D始端的放大；D. NIGP 157461 (AFC53)。

H. 夏氏假栅笔石类 (*Pseudoclimacograptus* ex gr. *scharenbergi* (Lapworth, 1876))。陕西陇县龙门洞龙门洞组*Diplacanthograptus caudatus*带。NIGP 157462 (AFC50)。

线形比例尺：1mm。

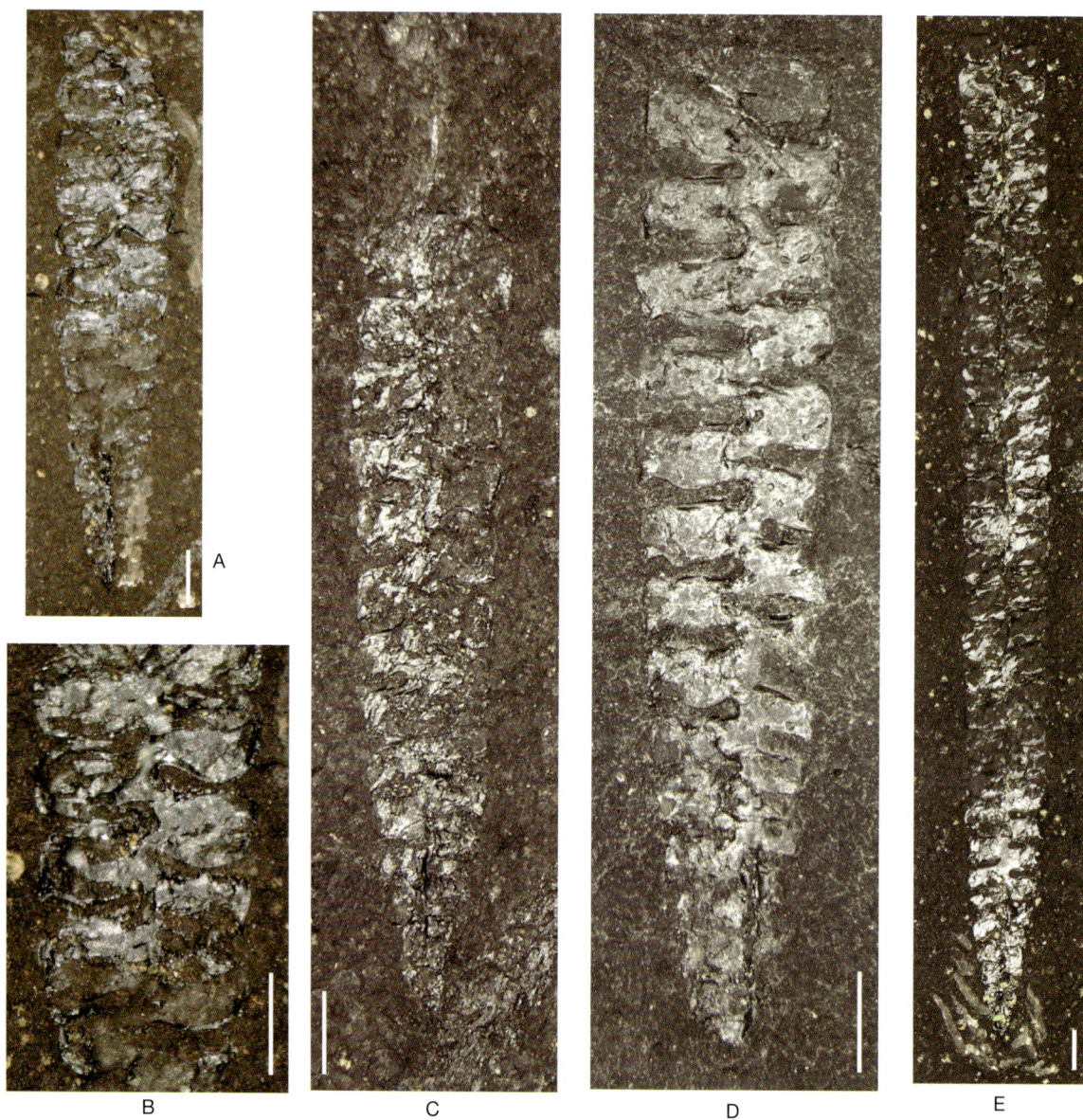

图6-77　楔形哈定笔石 (新种) (*Haddingograptus cuneatus* Chen (sp. nov.))

产自内蒙古乌海大石门克里摩利组上段*Pterograptus elegans*带。A. NIGP 157470 (FG10)；B.图A的放大；C. NIGP 157471 (FG10)；D. NIGP 157472 (FG12)；E. NIGP 157469 (正模标本, FG10)。
线形比例尺：1mm。

宽口哈定笔石 (*Haddingograptus eurystoma* (Jaanusson, 1960))

(图6-78A–D; 6-79A, F–G)

1932 *Climacograptus scharenbergi* Lapworth; Bulman, p. 6, pl. 1, figs. 1–22, 27–35; text-figs. 1-3.

1960 *Pseudoclimacograptus eurystoma* Jaanusson, p. 327, pl. 4, fig. 10; text-fig. 7A.

1981 *Pseudoclimacograptus demittolabiosus* var. *tangyensis* Geh; Qiao, p. 240, pl. 87, fig. 6a–b.

1987 *Pseudoclimacograptus* (*Archiclimacograptus*) *eurystoma* Jaanusson; Mitchell, fig. 4A–F.

1997 *Haddingograptus eurystoma* (Jaanusson); Maletz, p. 66, text-fig. 29A; *non*-pl. 5, figs. B, D–L; text-figs. 29B, 31C–L, 32 C–G.

1998 *Haddingograptus eurystoma* (Jaanusson); Maletz, p. 366, text-fig. 8O, Q, R, U.

2006 *Haddingograptus eurystoma* (Jaanusson); Chen *et al.*, fig. 5E–I.

产地及层位： 常见于新疆柯坪大湾沟萨尔干组*D. murchisoni*带到*N. gracilis*带，以及苏巴什沟*N. gracilis*带。在*D. murchisoni*带中常与*Archiclimacograptus angulatus* (Bulman) 和*A. caelatus* (Lapworth) 共生，在*J. vagus*带中常与*Xiphograptus robustus* (Ekström) 和*Reteograptus geinitzianus* (Hall) 共生，在*N. gracilis*带中常与*Pseudazygograptus incurvus* (Ekström)、*Jiangxigraptus gurleyi* Lapworth、*J. sextans* (Hall) 和*Proclimacograptus angustatus* (Ekström) 共生。在华南，本种见于浙江常山黄泥塘*A. ellesae*带至*P. elegans*带 (Chen *et al.*, 2006)。

描述： 笔石体小，长度不超过10mm，平均宽度约为1mm；在压扁的标本上笔石体宽度可达1.2mm，而在立体标本上则不到1mm。

在正面标本上可见胎管的长度为0.6mm，其口部宽0.1mm，胎管刺长而粗壮。第1个胞管 (th1¹) 从亚胎管中上部生出，沿胎管向下，然后转曲向外向上；第2个胞管 (th1²) 从th1¹原胞管的左侧生出，向下斜过近胎管口部处，然后转曲向上，因此第1对胞管在笔石体始端呈"U"形。和其他哈定笔石的种一样，本种的始端只有胎管刺。在立体标本上，th2¹的横管为一弧形，位于th2²和th3¹原胞管的反面，因此th2¹是双芽胞管。在笔石体始端可见钻石形突起 (diamond-shaped patch)，指示了哈定笔石属共有的C型始端发育型式。Mitchell (1987) 指出，这种C型始端发育型式中th2¹的横管必须离开胎管一段距离，以便成为th1²后面的衬垫，这致使th1²突出成为钻石形突起。

中隔壁强烈作波状弯曲或作"之"字形折曲，常推迟到th2¹口部之上才开始。原胞管褶隔壁短而平，与中隔壁弯曲处相连。膝下腹缘呈"S"形，膝上腹缘短而相互平行，在强烈压扁的标本上微向内凹。胞管的领环 (collars) 发育。标本 (NIGP 157480) 胞管排列密度的2TRD测量如表6-28所示。

241

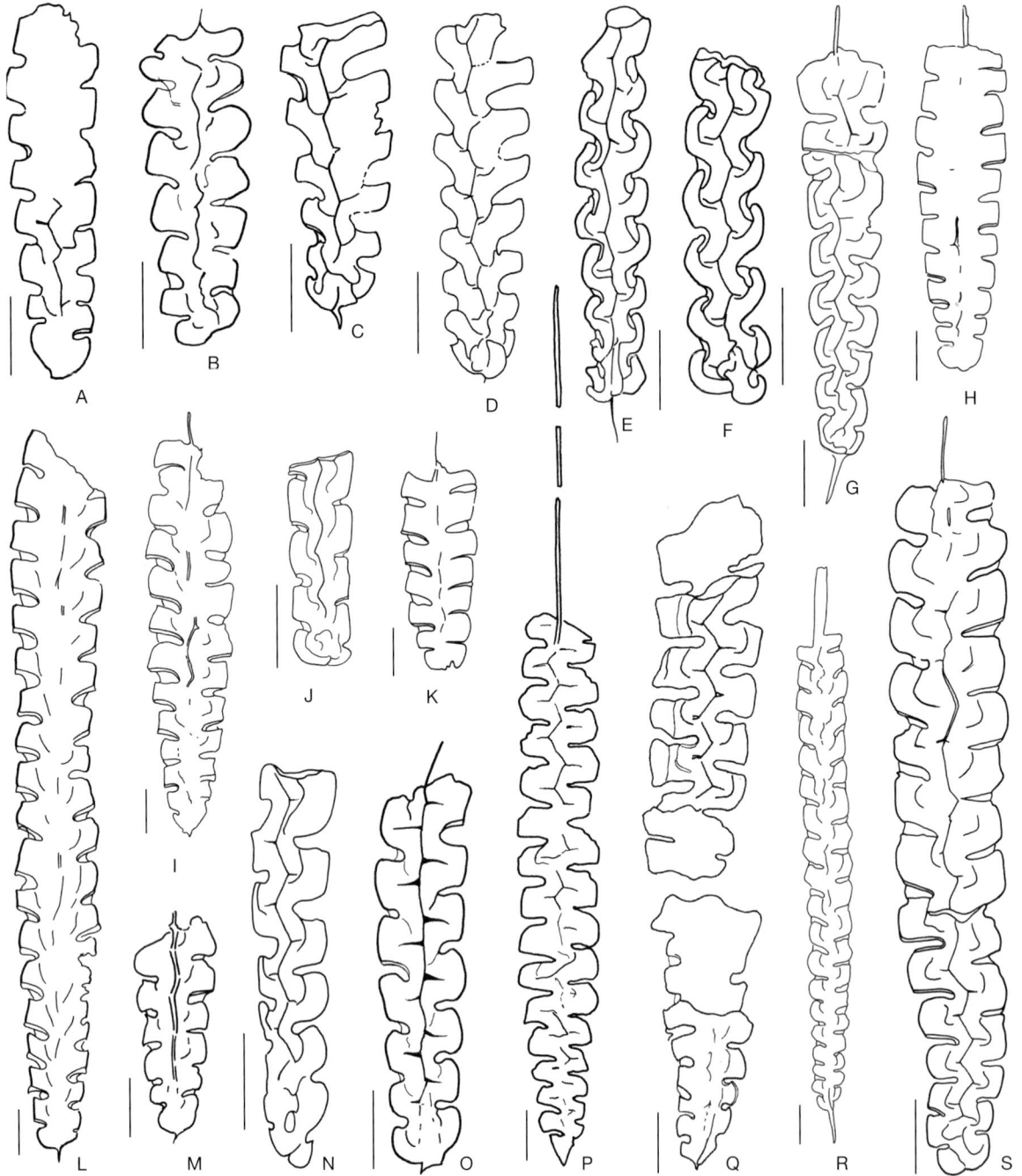

图6-78　三种哈定笔石

A–D. 宽口哈定笔石(*Haddingograptus eurystoma* (Jaanusson, 1960))。A–B. 新疆柯坪大湾沟萨尔干组*Didymograptus murchisoni*带。A. NIGP 157473 (NJ334)；B. NIGP 157474 (NJ336)。C–D. 同上产地*Nemagraptus gracilis*带。C. NIGP 157476 (NJ365)；D. NIGP 157480 (NJ365)。

E–F. 弯曲哈定笔石(新种) (*Haddingograptus flexibilis* Chen (sp. nov.))。同上产地*Jiangxigraptus vagus*带。E. NIGP 157485 (NJ363)；F. NIGP 157486 (NJ372)。

G–H, K, P–S. 奥氏哈定笔石(*Haddingograptus oliveri* (Boučke, 1973))。G. 湖北宜昌分乡庙坡组*Nemagraptus gracilis*

表6-28　标本两胞管重复距离测量 (NIGP 157480)

标　本	2TRDs (mm)					
	th2^1	th3^1	th4^1	th5^1	th6^1	th7^1
NIGP 157480	1.00	1.03	1.15	1.25	1.32	1.38

比较：本种在一般特征上与*Archiclimacograptus angulatus* (Bulman) 相似，但本种始端胞管无腹刺，口穴呈相对宽大的半环状。

<h3 style="text-align:center">弯曲哈定笔石 (新种) (*Haddingograptus flexibilis* Chen (sp. nov.))</h3>

(图6-78E–F; 6-79E, J)

名称来源：*flexibilis*，拉丁文，弯曲的意思，形容胞管强烈的"S"形弯曲。

正模标本：NIGP 157486，图6-78F和6-79E。

产地及层位：两个立体标本，产自新疆柯坪大湾沟萨尔干组*J. vagus*带顶部至*N. gracilis*带下部。

描述：本种的正模标本为反面标本，因此保存了略微突起的横管。在正面标本上，胎管长达0.5mm，口部宽0.2mm；胎管刺直，长0.4mm。第2枝第1个胞管 (th1^2) 从胎管的始部生出，沿胎管腹侧向下，至胎管口部之下才向上转曲，其口部向上开口。第2枝第2个胞管 (th2^2) 在反胎管刺一侧斜过胎管口缘，向上伸出。th1^{1}和th2^{1}在笔石体始端构成了圆滑的"U"形。因此本种的始端发育型式为C型，而th2^{1}是双芽胞管。

笔石体窄而两侧平行，从第1个至第5个胞管，笔石体宽度变化很小，为0.75~0.80mm。胞管长，强烈弯曲呈双"S"形，原胞管褶紧闭叠合，原胞管褶隔壁与折曲的中隔壁相连。胞管膝角较浑圆，膝上腹缘圆滑而微凸；胞管的口部半孤立，并向内转，口穴窄而深，胞管的口部向口穴内开口。胞管口部还侧向扩张，口缘微有折叠，这种口部的装饰在其他哈定笔石种内并未发现。

带。NIGP 13090 (WM23)。H, Q, S. 新疆柯坪大湾沟萨尔干组*Pterograptus elegans*带。H. NIGP 157489 (NJ320)；Q. NIGP 157488 (NJ302)；S. NIGP 157487 (NJ301)。K. 同上产地*Didymograptus murchisoni*带。NIGP 157490 (NJ346)。P. 内蒙古乌海大石门克里摩利组上段*Pterograptus elegans*带。NIGP 157495 (FG20)。R. 内蒙古乌海大石门乌拉力克组*Nemagraptus gracilis*带。NIGP 157496 (FG43)。

O. 塔里木哈定笔石 (近似种) (*Haddingograptus* cf. *tarimensis* Chen (sp. nov.))。新疆柯坪大湾沟萨尔干组*Didymograptus murchisoni*带。NIGP 157501 (NJ355)。

I, L–M. 中间哈定笔石(近似种) (*Haddingograptus* cf. *intermedius* (Berry, 1964))。I, L. 同上产地*Didymograptus murchisoni*带。I. NIGP 157491 (NJ351)；L. NIGP 157492 (NJ352)。M. 同上产地*Pterograptus elegans*带。NIGP 157500 (NJ327)。

J, N. 塔里木哈定笔石 (新种) (*Haddingograptus tarimensis* Chen (sp. nov.))。J. 同上产地*Jiangxigraptus vagus*带。NIGP 157481 (Holotype, NJ363)。N. 同上产地*Pterograptus elegans*带。NIGP 157479 (NJ319)。

线形比例尺：1mm。

图6-79　四种哈定笔石

A, F–G. 宽口哈定笔石(*Haddingograptus eurystoma* (Jaanusson, 1960))。A. 新疆阿克苏四石场萨尔干组*Nemagraptus gracilis*
　　带。NIGP 157468 (AFT–X 509)。F–G. 新疆柯坪大湾沟萨尔干组同名带。F. NIGP 157476 (NJ365)；　G. NIGP
　　157480 (NJ365)。

胞管排列紧密，在正模标本上，在前2.5mm内就有5个胞管。th1^{2}的2TRD为1.15~1.30mm，th3^{2}的2TRD为1.35~1.40mm。

奥氏哈定笔石 (*Haddingograptus oliveri* (Bouček, 1973))

(图6-78G–H, K, P–S; 6-79C, H–I)

1913　*Climacograptus scharenbergi* Lapworth; Hadding, p. 50, pl. 3, fig. 20 (*non*-pl. 3, figs. 21–27).

1953　*Climacograptus scharenbergi* Lapworth; Bulman, p. 510, pl. 1, figs. 1–7; text-fig. 1A–C (*non*-text-fig. 1D).

1960　*Pseudoclimacograptus scharenbergi* var. *minor* Mu, Lee and Geh, p. 32, pl. 3, figs. 1–4.

1960　*Pseudoclimacograptus* cf. *scharenbergi* (Lapworth); Jaanusson, p. 331, pl. 2, figs. 4–7.

1963　*Pseudoclimacograptus scharenbergi* (Lapworth); Geh, p. 242, pl. 4, figs. 17–20.

1963　*Pseudoclimacograptus demittolabiosus* var. *tangyensis* Geh, p. 244, pl. 3, fig. 14 (*non*-pl. 3, figs. 9–13, 15–16).

1964　*Climacograptus* cf. *scharenbergi* Lapworth; Berry, p. 138, pl. 12, figs. 7–8.

1973　*Pseudoclimacograptus* (*Pseudoclimacograptus*) *oliveri* Bouček, p. 121 (no figure).

1997　*Haddingograptus oliveri* (Bouček); Maletz, p. 64, pl. 4, figs. A–S; pl. 7, figs. I–J; text-figs. 29C–D, 30A–S, 32A–B.

1998　*Haddingograptus oliveri* (Bouček); Maletz, p. 366, Abb. 8S.

2001　*Haddingograptus oliveri* (Bouček); Ganis *et al.*, p. 119, figs. Q–T.

2005　*Haddingograptus oliveri* (Bouček); Ganis, p. 809, fig. 7N–T.

2006　*Haddingograptus oliveri* (Bouček); Chen *et al.*, fig. 5R.

产地及层位： 常见于新疆柯坪大湾沟*P. elegans*带至*D. murchisoni*带，特别是*D. murchisoni*带近顶部。本种还产自宜昌分乡庙坡组*N. gracilis*带。在内蒙古乌海大石门，本种产自*P. elegans*带、*D. murchisoni*带和*N. gracilis*带。在华南，本种还见于浙江常山黄泥塘达瑞威尔阶层型剖面的*P. elegans*带 (Chen *et al.*, 2006)。

描述： 笔石体长12.0mm，最大宽度为1.7~2.0mm (标本NIGP 157498，图6-79H)。笔石体始端浑圆，第1对胞管呈"U"形。胎管刺短小，劲直向下伸出。笔石体反面始端的钻突构造指示了C型始端发育型式。在一个立体标本上 (NIGP 13090，图6-78G)，可以判别th2^{1}是双芽胞管。

B, D. 塔里木哈定笔石(新种) (*Haddingograptus tarimensis* Chen (sp. nov.))。B. 同上产地*Jiangxigraptus vagus*带。NIGP 157481 (正模标本，NJ363)。D. 同上产地*Pterograptus elegans*带。NIGP 157479 (NJ319)。

C, H–I. 奥氏哈定笔石(*Haddingograptus oliveri* (Bouček, 1973))。C. 产地及层位同上。NIGP 157487 (NJ301)。H–I. 内蒙古乌海大石门克里摩利组上段*Didymograptus murchisoni*带。H. NIGP 157498 (FG28)；I. NIGP 157497 (FG23)。

E, J. 弯曲哈定笔石(新种) (*Haddingograptus flexibilis* Chen (sp. nov.))。E. 新疆柯坪大湾沟萨尔干组*Nemagraptus gracilis*带。NIGP 157486 (正模标本，NJ372)。J. 同上产地*Jiangxigraptus vagus*带。NIGP 157485 (NJ363)。

线形比例尺：1mm。

胞管为古栅笔石式，具明显外凸的膝上腹缘；原胞管强烈褶皱，原胞管褶隔壁与折曲的中隔壁连接；中隔壁完整；胞管长，作双"S"形弯曲；胞管口上的领环（collars）发育，使它看起来是一种胞管的次生构造。标本(NIGP 157487)胞管排列密度的2TRD 测量如表6-29所示。

表6-29　标本两胞管重复距离测量（NIGP 157487）

标　本	2TRDs (mm)							
	th2^1	th3^1	th4^1	th5^1	th6^1	th7^1	th8^1	th9^1
NIGP 157487	0.90	0.95	1.19	1.29	1.48	1.57	1.67	1.48
	th10^1	th11^1	th12^1					
	1.43	1.62	1.62					

比较：当前的标本与 *Haddingograptus oliveri* (Bouček) 的模式标本（Maletz，1997）一致，它比 *H. eurystoma* 笔石体更宽，膝上腹缘更为外凸，口穴更窄，并具完整的中隔壁。

中间哈定笔石 (近似种) (*Haddingograptus* cf. *intermedius* (Berry, 1964))

(图6-78I, L–M)

cf. 1964　*Climacograptus scharenbergi intermedius* Berry, p. 139, pl. 12, figs. 1–2.

cf. 1997　*Haddingograptus intermedius* Berry; Maletz, p. 65, pl. 5A–C; text-figs. 31A–B.

产地及层位：少量标本，产自新疆柯坪大湾沟萨尔干组 *P. elegans* 带至 *D. murchisoni* 带。

比较：当前标本的一般特征与本种的模式标本一致，但当前标本保存差，作为近似种较为合适。标本(NIGP 157492)胞管排列密度的2TRD测量如表6-30所示。

表6-30　标本两胞管重复距离测量（NIGP 157492）

标　本	2TRDs (mm)							
	th2^2	th3^2	th4^2	th5^2	th6^2	th7^2	th8^2	th9^2
NIGP 157492	1.33	1.46	1.53	1.67	1.73	1.73	1.86	1.93
	th10^2	th11^2	th12^2	th13^2	th14^2	th15^2	th16^2	th17^2
	1.80	1.73	1.73	1.73	1.87	2.00	1.86	2.06

塔里木哈定笔石 (新种) (*Haddingograptus tarimensis* Chen (sp. nov.))

(图6-78J, N; 6-79B, D)

1997　*Haddingograptus eurystoma* (Jaanusson); Maletz, p. 66, pl. 5B, D–L; text-figs. 29B, 31C–L, 32C–G.

名称来源：Tarim，中国新疆塔里木。

正模标本：NIGP 157481，图6-78和6-79B。

产地及层位：常见于新疆柯坪大湾沟萨尔干组*D. murchisoni*带至*N. gracilis*带。

特征：笔石体纤细，胞管膝上腹缘微凸，口穴窄而平，微向内转，为C型始端发育型式 (Mitchell，1987)。

描述：笔石体始端窄，宽仅0.7mm，向上增至平均宽度1.4mm。第1对胞管无腹刺，中隔壁完整，强烈波状弯曲或"之"字形折曲。胞管的膝上腹缘微凸，狭窄的口部微向内转。当前的资料说明本种的始端发育型式为C型 (Mitchell，1987)。

讨论：Maletz (1997) 描述的*H. eurystoma* 包括了变化范围较大的许多标本，我们认为其中的一些应该分出作为一个新种，即当前建立的新种。*H. tarimensis* Chen (sp. nov.) 笔石体窄小，膝上腹缘直，口穴小。这些标本和Maletz (1997) 描述的一些挪威标本一致，其中有一个标本具有水平的原胞管褶隔壁，我们将之鉴定为*Haddingograptus* cf. *tarimensis* Chen (sp. nov.) (NIGP 157491，图6-78O)。

原栅笔石属 (Genus *Proclimacograptus* Maletz, 1997)

特征：Maletz (1997) 对原栅笔石属的定义特征为本书所沿用。细小的栅笔石式笔石体，第1对胞管强烈向上弯曲呈紧闭的"U"形并具底刺。中隔壁直或微曲，无原胞管褶隔壁，胞管相对较短而直，口穴平，始端发育型式为B型 (Mitchell，1987)。本属为狭义的栅笔石 (Maletz，1997)。Maletz *et al.* (2007) 的系统发育研究表明本属是正常笔石 (*Normalograptus*) 的姐妹群。

模式种：*Proclimacograptus bulmani* Maletz, 1997。

变狭原栅笔石 (*Proclimacograptus angustatus* (Ekström, 1937))

(图6-80A–B, D–F; 6-81A–B, F, J)

1937   *Climacograptus angustatus* Ekström, p. 36, pl. 7, figs. 1–6.

1944   *Climacogaptus paradoxus* Bouček, p. 2, pl. 1, figs. 1–11; pl. 2, figs. 1–9.

1953   *Climacogaptus pauperatus* Bulman, p. 412, pl. 1, figs. 10–12; pl. 2, figs. 13–16; text-fig. 3.

1956   *Pseudoclimacogaptus paradoxus* (Bouček); Keller, p. 94, pl. 2, figs. 7–8.

1960   *Climacogaptus pauperatus* Bulman; Jaanusson, p. 332, pl. 3, figs. 12–14.

1964   *Climacogaptus pauperatus* Bulman; Berry, p. 134, pl. 13, figs. 1, 11.

1964   *Climacograptus angustatus* Ekström; Berry, p. 132, pl. 13, figs. 12–13.

1987   *Undulogaptus paradoxus* (Bouček); Mitchell, p. 397, fig. 3A–E.

1997   *Proclimacograptus angustatus* (Ekström); Maletz, p. 69, pl. 5, figs. M–R; text-fig. 33A–T.

1998   *Proclimacograptus angustatus* (Ekström); Maletz, p. 367, text-fig. 8J, M, P.

2006   *Proclimacograptus angustatus* (Ekström); Chen *et al.*, fig. 5Q, T.

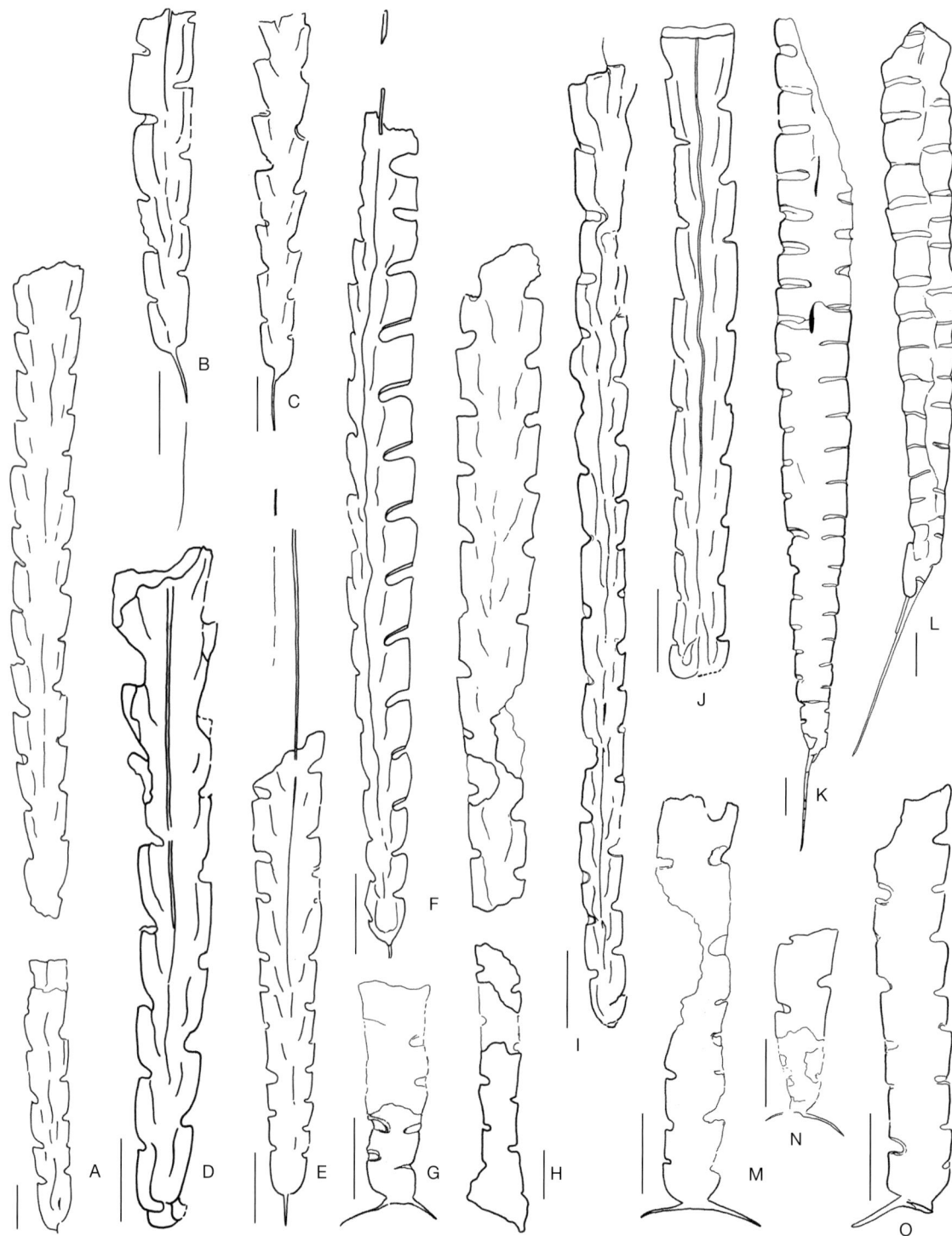

图6-80 原栅笔石和双刺笔石

A–B, D–F. 变狭原栅笔石(*Proclimacograptus angustatus* (Ekström, 1937))。A. 内蒙古乌海大石门克里摩利组上段
*Pterograptus elegans*带。NIGP 157513 (FG10)。B, D–E. 新疆柯坪大湾沟萨尔干组*Didymograptus murchisoni*带。
B. NIGP 157504 (NJ341)；D. NIGP 157502 (NJ334)；E. NIGP 157503 (NJ336)。F. 同上产地*Jiangxigraptus vagus*

产地及层位：常见于新疆柯坪大湾沟和苏巴什沟 *P. elegans* 带至 *N. gracilis* 带，在内蒙古乌海大石门见于克里摩利组上段 *P. elegans* 带。

描述：笔石体窄，宽度均匀，为0.8mm。笔石体长度不超过10.0mm(不计胎管刺)。在立体标本中笔石体更窄。第1对胞管强烈转曲向上，构成紧闭的"U"形始端。th1^{1}从亚胎管中部生出，该胞管短小，向下生长部分很多。th1^{2}从th1^{1}的左侧生出，斜过胎管然后直转向上。th1^{2}和th2^{2}的连接较为特别 (Maletz，1997)。th2^{2}为双芽胞管。在正面标本上，胎管出露长度为0.60mm；口部极小，仅为0.09mm，并具有一细小的胎管刺。第1对胞管无腹刺。

胎管为典型的栅笔石式，细而长，口缘平，膝上腹缘直而平行，胞管间壁线斜而直或始端略向内弯。中隔壁直而完整，或略成波状。标本(NIGP 157513)胞管紧密排列，其2TRD测定如表6-31所示。

表6-31　标本两胞管重复距离测量 (NIGP 157513)

标　本	2TRDs (mm)								
NIGP 157513	th2^2	th3^2	th4^2	th5^2	……	th8^2	th9^2	th10^2	th11^2
	1.18	1.45	1.72	2.0	……	2.18	2.09	2.18	2.36
	th12^2	th13^2	th14^2	th15^2	th16^2	th17^2	th18^2	th19^2	
	2.27	2.18	2.27	2.09	1.91	1.91	2.27	2.36	

变狭原栅笔石终极亚种 (新亚种) (*Proclimacograptus angustatus ultimus* Chen (subsp. nov.))

(图6-80I–J; 6-81H)

名称来源：*ultimus*，拉丁文，最远的或最后的，指新亚种是这一种群系列中最后一个 (最年轻的一个)。

带。NIGP 157505 (NJ361)。

C. 布氏原栅笔石 (近似种) (*Proclimacograptus* cf. *bulmani* Maletz, 1997)。陕西陇县龙门洞龙门洞组 *Nemagraptus gracilis* 带。NIGP 157532 (AFC110)。

G, M–O. 具刺双刺笔石(*Diplacanthograptus spiniferus* (Ruedemann, 1912))。同上产地 *Diplacanthograptus spiniferus* 带。G. NIGP 157523 (AFC152)；M. NIGP 157524 (AFC152)；N. NIGP 157522 (AFC152)；O. NIGP 157521 (AFC152)。

H. 鱼叉双刺笔石(*Diplacanthograptus lanceolatus* VandenBerg, 1990)。产地层位同上。NIGP 157525 (AFC152)。

I–J. 变狭原栅笔石终极亚种(新亚种) (*Proclimacograptus angustatus ultimus* Chen (subsp. nov))。I. 陕西陇县龙门洞龙门洞组 *Nemagraptus gracilis* 带。NIGP 157517 (AFC99a)。J. 同上产地 *Climacograptus bicornis* 带。NIGP 157516 (AFC126)。

K–L. 具尾双刺笔石(*Diplacanthograptus caudatus* (Lapworth, 1876))。同上产地 *Diplacanthograptus caudatus* 带。K. NIGP 157519 (AFC151a)；L. NIGP 157518 (AFC151a)。

线形比例尺：1mm。

图6-81 原栅笔石和双刺笔石

A–B, F, J. 变狭原栅笔石(*Proclimacograptus angustatus* (Ekström, 1937))。A. 新疆柯坪大湾沟萨尔干组*Jiangxigraptus vagus*带。NIGP 157505 (NJ361)。B, J. 同上产地*Didymograptus murchisoni*带。B. NIGP 157502 (NJ334)；J. 图B

正模标本：NIGP 157516，图6-80J和6-81H。

产地及层位：有两个半立体标本，产自陕西陇县龙门洞龙门洞组*N. gracilis*带至*C. bicornis*带。

描述：笔石体长8.0mm，宽度均匀，为0.8mm。胎管的保存部分长0.8mm，但口部已断去。第1对胞管向外向上对称伸出，构成笔石体浑圆而微宽的始端。中隔壁微作波形弯曲，与微弯的胞管间壁线平行。

胞管长而窄，长1.3~1.6mm，宽仅0.16mm。胞管口缘平，口穴平而窄，膝上腹缘平行或微曲，膝部浑圆。标本(NIGP 157517)胞管排列密度的2TRD测量如表6-32所示。

表6-32　标本两胞管重复距离测量 (NIGP 157517)

标　本	2TRDs (mm)							
	$th2^2$	$th3^2$	$th4^2$	$th5^2$	$th6^2$	$th7^2$	$th8^2$	$th9^2$
NIGP 157517	1.25	1.30	1.40	1.70	1.65	1.65	1.80	1.65
	$th10^2$	$th11^2$	$th12^2$	$th13^2$	$th14^2$			
	1.65	1.65	1.50	1.70	1.80			

比较：本新亚种的一般特征与*P. angustatus* (Ekström) 相似，但本新亚种始端更浑圆，而且比*P. angustatus* 更为年轻。

布氏原栅笔石 (近似种) (*Proclimacograptus* cf. *bulmani* Maletz, 1997)

(图6-80C; 6-81K)

cf. 1997　*Proclimacograptus bulmani* Maletz, p. 70, text-figs. 34A, C; pl. 5, figs. S–T.

产地及层位：仅有一个标本，产自陕西陇县龙门洞龙门洞组*Nemagraptus gracilis*带。

比较：当前标本与本种的模式标本相似，但当前标本胞管的倾角较高，笔石体始端胞管排列更紧密。本种模式标本产自奥斯陆地区*Pterograptus elegans*带，较当前标本的产出层位更低。

始端的放大。F. 新疆柯坪苏巴什沟萨尔干组*Nemagraptus gracilis*带。NIGP 157515 (AFF285)。

C–E, G. 具尾双刺笔石(*Diplacanthograptus caudatus* (Lapworth, 1876))。C–E. 陕西陇县龙门洞龙门洞组*Diplacanthograptus caudatus*带。C. NIGP 157518 (AFC151a)；D. NIGP 157519 (AFC151a)；E. NIGP 157520 (AFC150)；G. 图C始端的放大。

H. 变狭原栅笔石终极亚种(新亚种) (*Proclimacograptus angustatus ultimus* Chen (subsp. nov.))。同上产地*Climacograptus bicornis*带。NIGP 157516 (正模标本, AFC126)。

I. 鱼叉双刺笔石(*Diplacanthograptus lanceolatus* VandenBerg, 1990)。同上产地*Diplacanthograptus caudatus*带。NIGP 157525 (AFC152)。

K. 布氏原栅笔石 (近似种) (*Proclimacograptus* cf. *bulmani* Maletz, 1997)。同上产地*Nemagraptus gracilis*带。NIGP157532 (AFC110)。

线形比例尺：1mm。

双刺笔石属 (Genus *Diplacanthograptus* Mitchell, 1987)

模式种：*Climacograptus spiniferus* Ruedemann, 1908。

讨论：*Diplacanthograptus*是Mitchell (1987) 作为栅笔石 (*Climacograptus*) 的亚属而建立的，但它的始端发育型式与*Climacograptus*(模式种为*Climacograptus bicornis* (Hall)) 十分不同，故将之独立成属。

具尾双刺笔石 (*Diplacanthograptus caudatus* (Lapworth, 1876))

(图6-80K–L; 6-81C–E, G)

1876	*Climacograptus caudatus* Lapworth, pl. 2, fig. 49.
1906	*Climacograptus caudatus* Lapworth; Elles and Wood, p. 203, pl. 27, fig. 8a–d; text-fig. 234a–b.
1908	*Climacograptus caudatus* Lapworth; Ruedemann, pp. 438–439, pl. 28, fig. 17; text-fig. 406.
1947	*Climacograptus caudatus* Lapworth; Ruedemann (*pars*), p. 424, pl. 72, figs. 57–65.
1955	*Climacograptus caudatus* Lapworth; Harris and Thomas, p. 38, pl. 1, figs. 4–6.
1960	*Climacograptus caudatus* Lapworth; Thomas, pl. 9, fig. 124.
cf. 1977	*Climacograptus* cf. *caudatus* Lapworth; Wang *et al.*, p. 329, pl. 100, fig. 16.
1981	*Climacograptus caudatus* Lapworth; Qiao, p. 244, pl. 85, figs. 16, 23.
1981	*Climacograptus flabellatus* Qiao, p. 248, pl. 89, figs. 10, 16, 20.
1981	*Climacograptus flabellatus flatus* Qiao, p. 244, pl. 89, figs. 13, 19.
1982	*Climacograptus caudatus globosus* Fu, p. 451, pl. 289, figs. 16–17.
1986	*Climacograptus caudatus* Lapworth; Finney, p. 444, fig. 9h.
1989	*Climacograptus* (*Climacograptus*) *caudatus* Lapworth; Bjerreskov, fig. 65.
1989	*Ensigraptus caudatus* Riva and Ketner, p. 89.
1992	*Ensigraptus caudatus* Riva and Ketner; VandenBerg and Cooper, p. 47, fig. 9a.
1995	*Climacograptus caudatus* Lapworth; Williams, p. 48, pl. 3, figs. 1–4; text-fig. 11A–M.
2000a	*Climacograptus* (*Climacograptus*) *caudatus* Lapworth; Chen *et al.*, p. 294, figs. 5.10, 7.24, 8.6, 8.8, 8.11.
2003	*Diplacanthograptus caudatus* (Lapworth); Goldman and Wright, p. 33, pl. 1, figs. 1–7; text-figs. 1, 1–5.

产地及层位：常见于陕西陇县龙门洞龙门洞组上部*D. caudatus*带、新疆柯坪大湾沟印干组同名带，以及湖南祁东双家口组 (傅汉英，1982) 和湖南桃江磨刀溪组的同名带中。

描述：笔石体长30.00mm，始端宽0.75mm，向上至第9~10对胞管处，渐增至1.70mm。Goldman and Wright (2003) 研究过本种的立体标本，发现本种的长胎管刺实际上是th1^{1}的刺，而胎管刺本身细小，藏在拟胎管之下。当前标本笔石体始端构造保存不良，但仍可见到th1^{1}的刺 (延长5.00mm) 和拟胎管。

胞管为典型的栅笔石式，膝上腹缘平行，膝下腹缘直，口穴深，呈半环状，口缘平，具膝

部凸缘 (genicular flanges)。中隔壁直而完整。标本 (NIGP 157519) 胞管排列密度的2TRD测量如表6-33所示。

表6-33　标本两胞管重复距离测量 (NIGP 157519)

标　本	2TRDs (mm)							
	$th2^2$	$th3^2$	$th4^2$	$th5^2$	$th6^2$	$th7^2$	$th8^2$	$th9^2$
	1.27	1.45	1.36	1.55	1.64	1.73	2.09	1.91
	$th10^2$	$th11^2$	$th12^2$	$th13^2$	$th14^2$	$th15^2$	$th16^2$	$th17^2$
NIGP 157519	1.91	1.91	1.91	2.09	2.05	1.86	1.91	2.0
	$th18^2$	$th19^2$	$th20^2$	$th21^2$				
	2.36	2.55	2.27	2.0				

具刺双刺笔石 (*Diplacanthograptus spiniferus* (Ruedemann, 1912))

(图6-80G, M–O)

1908　*Climacograptus typicalis* mut. *spinifer* Ruedemann, p. 411, pl. 28, figs. 8–9; text-fig. 236.

1912　*Climacograptus spiniferus* Ruedemann, p. 84.

1934　*Climacograptus spinifer* Ruedemann; Ruedemann and Decker, p. 322, pl. 43, figs. 5, 5a.

1947　*Climacograptus spiniferus* Ruedemann; Ruedemann, p. 439, pl. 75, figs. 1–7.

1955　*Climacograptus spiniferus* Ruedemann; Clark and Strachan, p. 692, text-fig. 3d, f.

1963　*Climacograptus spiniferus* Ruedemann; Ross and Berry, p. 130, pl. 9, fig. 12.

1969　*Climacograptus spiniferus* Ruedemann; Riva, p. 521, text-fig. 3k–p.

1971　*Climacograptus spiniferus* Ruedemann; Berry, p. 637, pl. 73, fig. 5.

1974　*Climacograptus spiniferus* Ruedemann; Riva, p. 11, pl. 1, figs. 4, 8; text-figs. 2–4.

1982　*Climacograptus diplacanthus minus* Fu, p. 451, pl. 288, fig. 6.

1982　*Climacograptus spiniferus* Ruedemann; Fu, p. 453, pl. 288, fig. 2.

1986　*Climacograptus spiniferus* Ruedemann; Bergström and Mitchell, fig. 7E, P.

1986　*Climacograptus spiniferus* Ruedemann; Finney, figs. 3B, 8H.

1987　*Climacograptus (Diplacanthograptus) spiniferus* (Ruedemann); Mitchell, text-fig. 7D–L.

1988　*Climacograptus rabdius* Huang, Xiao and Xia, p. 137, pl. 22, figs. 7–8; text-fig. 29.

1988　*Climacograptus spiniferus* Ruedemann; Huang *et al.*, p. 140, pl. 22, fig. 14; text-fig. 22A.

1988　*Climacograptus spiniferus brevisextans* Huang, Xiao and Xia, p. 140, pl. 22, figs. 15–16; text-fig. 32b.

1988　*Climacograptus spiniferus minus* Fu; Huang *et al.*, p. 141, pl. 22, figs. 18–19.

1988　*Climacograptus spiniferus parallelus* Huang, Xiao and Xia, p. 142, pl. 22, fig. 17.

2000a　*Climacograptus (Diplacanthograptus) spiniferus* (Ruedemann); Chen *et al.*, p. 295, figs. 5.28, 5.29, 5.35, 7.27, 8.12, 9.4.

产地及层位：少量保存不良的标本，产自陕西陇县龙门洞龙门洞组上部*D. spiniferus*带的黑色页岩中。本种在北美和华南同名带中广为分布。

比较：本种在各地已广为标识和描述。在新疆柯坪大湾沟印干组中的标本也已由著者之一 (Chen *et al.*，2000a) 描述。当前标本与上述描述一致。

鱼叉双刺笔石 (*Diplacanthograptus lanceolatus* VandenBerg, 1990)

(图6-80H; 6-81I)

1960 *Climaocgraptus bicornis* var. *inequispinosus* Thomas, pl. 9, fig. 121.

1976 *Climacograptus spiniferus* Ruedemann; Erdtmann, p. 100, pl. 7, figs. B3a, B6a, B6c.

1981 *Climacograptus spiniferus* subsp. nov. VandenBerg, p. 6, fig. 2.

1983 *Climacograptus spiniferus* subsp. nov. VandenBerg and Stewart, fig. 22.

1988 *Climacograptus* (*Diplacanthograptus*) sp. nov. Cas and VandenBerg, fig. 3.6a.

1990 *Diplacanthograptus lanceolatus* VandenBerg, p. 44, figs. 7A–P, 8A–C.

2000a *Climacograptus* (*Diplacanthograptus*) *lanceolatus* VandenBerg; Chen *et al.*, p. 295, figs. 5.38, 8.17.

产地及层位：仅有一个标本，产自陕西陇县龙门洞龙门洞组上部*D. spiniferous*带中。本种也曾被笔者之一描述，标本产自新疆柯坪大湾沟印干组*D. lanceolatus*带 (=*D. caudatus*带)。本种也可上延至*D. spiniferous*带的下部。

描述：笔石体长度超过20.0mm，始端宽0.8mm，向上渐增至最大宽度1.8mm。胎管和第1对胞管的局部被膜状物包裹，也将底刺覆盖。尽管如此，仍能判断笔石体始端对称，由胎管刺和第1对胞管的腹刺组成笔石体的底刺。

胞管为典型的栅笔石式，膝上腹缘平行，膝下腹缘微斜，胞管口部小，口缘平。标本(NIGP 157525)胞管排列密度的2TRD测量如表6-34所示。

表6-34 标本两胞管重复距离测量 (NIGP 157525)

标　本	2TRDs (mm)							
NIGP 157525	th2^2	th3^2	……	th6^2	……	th8^2	th9^2	th10^2
	2.00	2.33	……	2.67	……	2.67	2.78	2.78
	th11^2	th12^2	th13^2					
	2.67	2.67	2.67					

古栅笔石属 (Genus *Archiclimacograptus* Mitchell, 1987)

Maletz (1997) 把古栅笔石属由栅笔石亚科移入双笔石亚科，因为其始端发育型式为C型，而且具有强烈的胞管褶。但是Mitchell *et al.* (2007，2009) 的系统发育研究表明，双笔石

(*Diplograptus*)，特别是*D. pristis*，是直笔石科 (Orthograptidae) 的姊妹分支。Mitchell 的上述研究同样也表明，古栅笔石 (*Archiclimacograptus*) 是一个包括假栅笔石 (*Pseudoclimacograptus*)、哈定笔石 (*Haddingograptus*) 和其他C型、D型始端发育型式栅笔石类的类群的一部分。这个类群属于栅笔石超科 (Superfamily Climacograptoidea)。

窄直古栅笔石 (*Archiclimacograptus arctus* (Elles and Wood, 1907))

(图6-82B–F, K–L; 6-83E)

1907　*Diplograptus* (*Amplexograptus*) *arctus* Elles and Wood, p. 271, pl. 31, fig. 16a–d.

1947　*Diplograptus* (*Amplexograptus*) *macer* Ruedemann, p. 413, pl. 70, figs. 27–32.

1962　*Amplexograptus qilianshanensis* Mu, Li, Geh and Yin, p. 114, pl. 26, figs. 9–12; text-fig. 23c.

1991　*Amplexograptus arctus* (Elles and Wood); Ni, p. 94, pl. 29, figs. 6, 16.

产地及层位：常见于新疆柯坪大湾沟萨尔干组*D. murchisoni*带，与*Didymograptus jiangxiensis* Ni和*Archiclimacograptus riddellensis* (Harris) 共生；少量标本产自内蒙古乌海大石门*Cryptograptus gracilicornis* 层。本种曾被穆恩之等 (1962) 描述为*Amplexograptus qilianshanensis*，产自青海柴达木石灰沟达瑞威尔阶石灰沟组。在甘肃平凉官庄平凉组内，少数标本采自*Nemagraptus gracilis*带。本种是一个延限长的种。倪寓南 (1991) 将下扬子区的本种描述为*Amplexograptus acusiformis*，产自江西武宁胡乐组*Nicholsonograptus*带至*N. gracilis*带。

描述：笔石体长度一般不超过20.0mm，宽度均匀，为1.0~1.5mm。第1对胞管不对称但具有腹刺，胎管刺粗壮，直或微斜。始端发育型式为C型 (Mitchell，1987)。有的标本上可见标志$th2^1$横管部位的钻突。

胞管为古栅笔石式，口穴微向内转，膝下腹缘斜，膝上腹缘直，胞管口部具领环构造 (apertural collars)。中隔壁直，标本 (NIGP 157576) 胞管排列密度的2TRD测量如表6-35所示。

表6-35　标本两胞管重复距离测量 (NIGP 157576)

标　本	2TRDs (mm)								
NIGP 157576	$th2^1$	$th3^1$	$th4^1$	$th5^1$	$th6^1$	$th7^1$	$th8^1$	$th9^1$	$th10^1$
	0.80	0.85	0.95	1.05	1.05	1.10	1.10	1.18	1.30
	$th11^1$	$th12^1$	$th13^1$	$th14^1$	$th15^1$	$th16^1$	$th17^1$		
	1.25	1.35	1.35	1.40	1.20	1.25	1.25		

比较：本种与*A. caelatus* (Lapworth) 相似，但后者笔石体更长更大，并具有长的胎管刺和拟胎管。

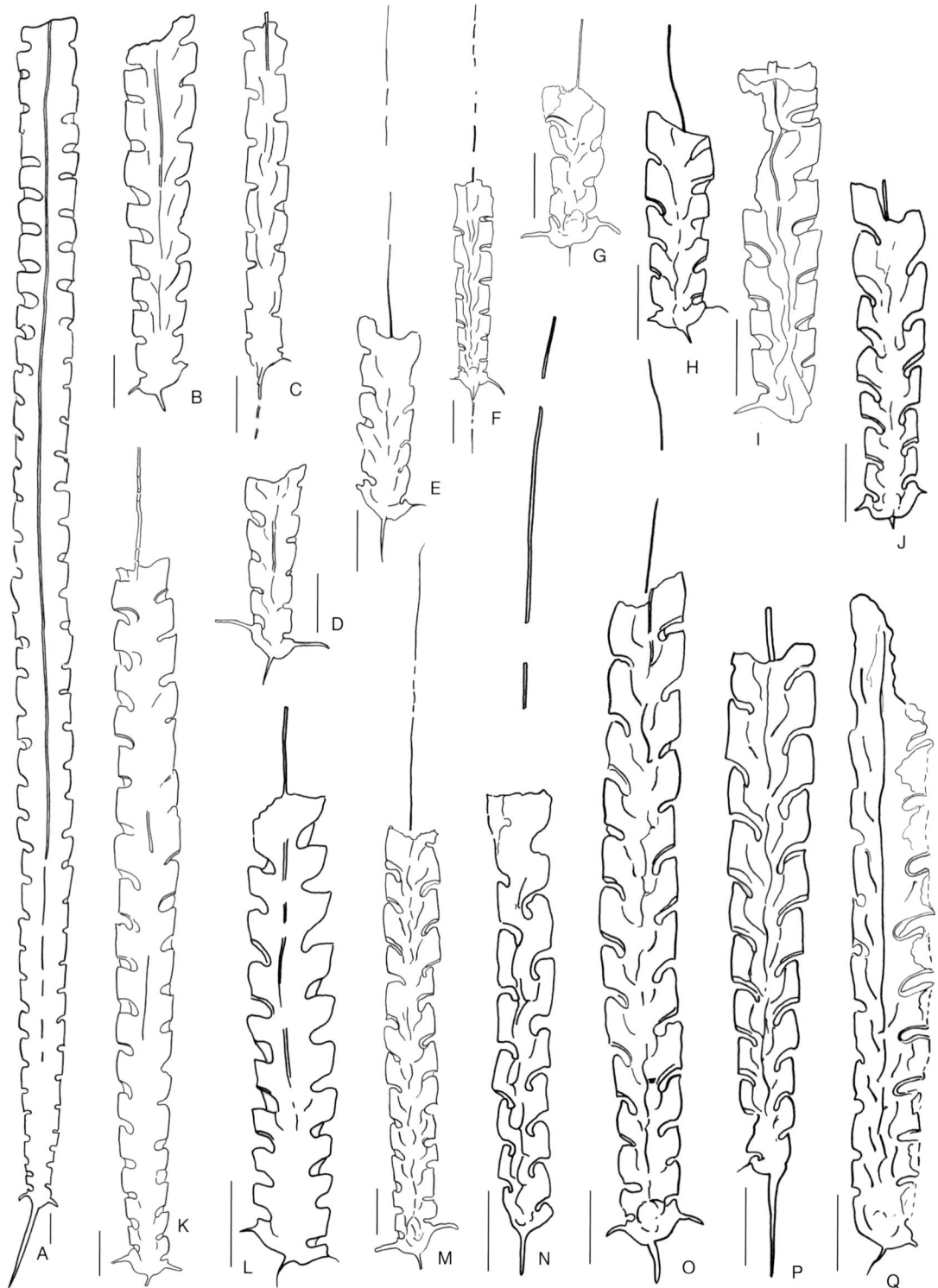

图6-82　三种古栅笔石

A. 古老古栅笔石(近似种) (*Archiclimacograptus* cf. *antiquus* (Lapworth, 1873))。新疆柯坪大湾沟萨尔干组底部
(*Pterograptus elegans*带之下)。NIGP 157554 (NJ301)。

角状古栅笔石 (*Archiclimacograptus angulatus* (Bulman, 1953))

(图6-82G–J, M–Q; 6-83A–D, F–H)

1953 *Pseudoclimacograptus scharenbergi* var. *angulatus* Bulman, p. 511, pl. 1, figs. 8–9; text-fig. 2.

1990 *Pseudoclimacograptus angulatus* (Bulman); Ge *et al.*, p. 131, pl. 52, figs. 6–9, 15–16.

1997 *Archiclimacograptus angulatus agulatus* (Bulman); Maletz, p. 53, pl. 3, figs. A–C, E, G, L; text-fig. 25R, T–X.

2006 *Archiclimacograptus angulatus* (Bulman); Chen *et al.*, fig. 7S.

2009 *Archiclimacograptus angulatus* (Bulman); Zhang *et al.*, fig. 2C–D.

产地及层位： Bulman (1953) 建立本种时的标本产自奥斯陆，但无产出层位，后来Maletz (1997) 重新研究本种时才做了补充。当前标本产自新疆柯坪大湾沟萨尔干组*P. elegans*带至*N. gracilis*带的底部。在新疆阿克苏四石场，本种产自*P. elegans*带，并与带化石共生。在内蒙古乌海大石门，本种产自克里摩利组*P. elegans*带至*D. murchisoni*带。在滇缅马块体的云南施甸，本种产自*D. murchisoni*带 (Zhang *et al.*, 2009)。本种还产自浙江常山黄泥塘达瑞威尔阶全球层型剖面的*N. gracilis*带 (Chen *et al.*, 2006)。

描述： 笔石体短小，大多数标本长度都不超过10.0mm。笔石体宽度均匀，在1.2mm左右。胎管长0.9mm，胎管刺强壮，长1mm但不具拟胎管。第1个胞管 (th1^1) 从胎管刺基部位置向外伸出。th1^{2}从th1^{1}左侧出芽，在胎管近口部位置横过胎管，然后向外向上伸出，第1对胞管构成笔石体圆滑但略不对称的始端。在立体标本 (NIGP 157575，图6-83C) 上可见笔石体始端的钻突构造，标志着th1^{2}和th2^{1}的横管位置，并显示始端发育型式为C型 (Mitchell，1987)。th2^{1}是双芽胞管。第1对胞管近口部位置生出腹刺，长而直。

胞管表面上呈围笔石式，具有深而内转的口穴以及侧唇片。本文的围笔石式胞管是沿袭Maletz (1997) 的描述。中隔壁完整，作"之"字形折曲，与原胞管褶隔壁相连接；胞管膝下腹缘呈"L"形，原胞管褶紧闭。胞管膝部明显具膝部凸缘，Maletz (1997)称之为领环(collars)，围绕胞管口缘并使之增厚。标本 (NIGP 157535) 胞管排列密度的2TRD测量如表6-36所示。

B–F, K–L. 窄直古栅笔石(*Archiclimacograptus arctus* (Elles and Wood, 1907))。B, D–E, K. 同上产地*Didymograptus murcisoni*带。B. NIGP 157533 (NJ359)；D. NIGP 157531 (NJ342)；E. NIGP 157529 (NJ331)；K. NIGP 157530 (NJ334)。C, F. 甘肃平凉官庄平凉组*Nemagraptus gracilis*带。C. NIGP 157577 (AFC4)；F. NIGP 157576 (AFC4)。L. 内蒙古乌海大石门克里摩利组下段*Cryptograptus graclilicornis*层。NIGP 157543 (FG2)。

G–J, M–Q. 角状古栅笔石(*Archiclimacograptus angulatus* (Bulman, 1953))。G, M–O. 新疆柯坪大湾沟萨尔干组*Didymograptus murchisoni*带。G. NIGP 157534 (NJ337)；M. NIGP 157575 (NJ338)；N. NIGP 157542 (FG34)；O. NIGP 157535 (NJ341)。H. 同上产地*Pterograptus elegans*带。NIGP 157536 (NJ320)。I. 同上产地 *Jiangxigraptus vagus*带。NIGP 157537 (NJ363)。J, P. 内蒙古乌海大石门克里摩利组下段*Pterograptus elegans*带。J. NIGP 157541 (FG18)；P. NIGP 157544 (FG6)。Q. 新疆柯坪大湾沟萨尔干组*Nemagraptus gracilis*带。NIGP 157546 (NJ365)。

线形比例尺：1mm。

图6-83 三种古栅笔石

A–D, F–H. 角状古栅笔石(*Archiclimacograptus angulatus* (Bulman, 1953))。A, C, F. 新疆柯坪大湾沟萨尔干组
*Didymograptus murchisoni*带。A. NIGP 157535 (NJ341)；C. NIGP 157575 (NJ338)；F. NIGP 157534 (NJ337)。

表6-36　标本两胞管重复距离测量 (NIGP 157535)

标　本	2TRDs (mm)			
	th2^2	th3^2	th4^2–th10^2	th11^2
NIGP 157535				
	0.95	1.10	1.45	1.55

古老古栅笔石 (近似种) (*Archiclimacograptus* cf. *antiquus* (Lapworth, 1873))

(图6-82A; 6-83I)

cf. 1873　*Climacograptus antiquus* Lapworth, p. 134.

cf. 1876　*Climacograptus antiquus* Lapworth, pl. 2, fig. 56.

cf. 1906　*Climacograptus antiquus* Lapworth; Elles and Wood, p. 199, pl. 27, fig. 4a–e; text-fig. 130a–d.

cf. 1947　*Climacograptus antiquus* Lapworth; Ruedemann, p. 422, pl. 71, fig. 44, *non*-figs. 45–48.

cf. 1990　*Climacograptus antiquus* Lapworth; Ge *et al.*, p. 142, pl. 50, figs. 9–10, 13, 15; pl. 51, figs. 8, 15.

产地及层位：仅有一个标本 (NIGP 157554，图6-83I)，见于新疆柯坪大湾沟紧接萨尔干组*P. elegans*带底界之下的层位，较*A. antiquus* (Lapworth) 模式标本的层位更低一些，比威尔士*Climacograptus bicornis*带的层位低得更多，因此暂定为*Archiclimacograptus* cf. *antiquus* (Lapworth, 1873)。

比较：当前标本与Lapworth的模式标本以及葛梅钰等 (1990) 描述的标本均相似，但当前标本笔石体更窄，其最大宽度为1.5~2.0mm，而且胞管排列更为紧密。

雕刻古栅笔石 (*Archiclimacograptus caelatus* (Lapworth, 1875))

(图6-84A–C; 6-85B–D, F–H)

1875　*Climacograptus caelatus* Lapworth (in Hopkinson and Lapworth), p. 655, pl. 35, fig. 8a–c.

1907　*Diplograptus (Amplexograptus) caelatus* (Lapworth); Elles and Wood, p. 270, pl. 31, fig. 17a–c; text-fig. 186.

1989　*Amplexograptus confertus* (Lapworth); Riva and Ketner, fig. 5f–g.

1997　*Archiclimacograptus caelatus* (Lapworth); Maletz, p. 56, pl. 3N, P, S, V, W; text-figs. 23F, G, 26A–P.

B. 同上产地*Jiangxigraptus vagus*带。NIGP 157545 (NJ361)。D. 同上产地*Nemagraptus gracilis*带。NIGP 157546 (NJ365)。G. 内蒙古乌海大石门克里摩利组上段*Amplexograptus confertus*带。NIGP 157544 (FG6)。H. 新疆阿克苏四石场萨尔干组*Pterograptus elegans*带。NIGP 157548 (AFT-X-501)。

E. 窄直古栅笔石(*Archiclimacograptus arctus* (Elles and Wood, 1908))。新疆柯坪大湾沟萨尔干组*Didymograptus murchisoni*带。NIGP 157533 (NJ359)。

I. 古老古栅笔石(近似种) (*Archiclimacograptus* cf. *antiquus* (Lapworth, 1873))。同上产地*Pterograptus elegans*带之下。NIGP 157554 (NJ301)。

线形比例尺：1mm。

1998　*Archiclimacograptus caelatus* (Lapworth); Maletz, p. 365, text-fig. 8E, K, L.

2002　*Pseudoclimacograptus kalpingensis* Li (in Mu *et al.*, 2002), p. 686, pl. 188, fig. 11.

2006　*Archiclimacograptus caelatus* (Lapworth); Chen *et al.*, fig. 5S.

产地及层位：产自新疆柯坪大湾沟萨尔干组*D. murchisoni*带至*N. gracilis*带下部，尤其在*D. murchisoni*带中更为常见。此外还见于新疆柯坪苏巴什沟*N. gracilis*带下部、内蒙古乌海大石门*D. murchisoni*带和*N. gracilis*带 (与*Pseudazygograptus incurvus* (Ekström) 共生)。

描述：笔石体长40.0mm，最大宽度为3.1mm。胎管刺粗壮，长达5.0mm，并与拟胎管相伴。笔石体始端保存不良，但第1对胞管具有腹刺。中隔壁完整，呈波曲状。

胞管为古栅笔石式，口穴斜而浅；胞管膝上腹缘直或微向内斜。笔石体始部的胞管间壁线倾向中隔壁。标本 (NIGP 157558) 胞管排列密度的2TRD测量如表6-37所示。

表6-37　标本两胞管重复距离测量 (NIGP 157558)

标　本	2TRDs (mm)							
NIGP 157558	th2^1	th4^1	th6^1	th8^1	th10^1	th12^1	th14^1	th16^1
	0.93	0.93	1.07	1.20	1.20	1.53	1.33	1.47
	th18^1	th20^1	th22^1	th24^1	th26^1	th28^1	th30^1	th32^1
	1.30	1.47	1.47	1.27	1.53	1.60	1.40	1.80

比较：本种当前标本的胞管排列密度与Elles and Wood (1907) 描述的一致，但与Maletz (1997)描述的斯堪的纳维亚的材料有异。后者胞管排列更密，在5mm内，笔石体始部有8个胞管，末部有6个胞管。

柱状古栅笔石 (新种) (*Archiclimacograptus columnus* Chen (sp. nov.))

(图6-84D–F; 6-85A, E)

名称来源：*columnus*，拉丁文，形容笔石体似柱状。

正模标本：NIGP 157567，图6-84D和6-85A，E。

产地及层位：产自陕西陇县龙门洞龙门洞组*C. bicornis*带。

描述：笔石窄而长，始端宽0.6~0.7mm，向上渐增至第13对胞管处达到最大宽度1.7~2.0mm，此后笔石体两侧平行，保持此宽度到最后。笔石体始端不对称，原胞管褶隔壁发育，与折曲的中隔壁连接。线管可延伸至笔石体末端之外。

胞管近假栅笔石式，膝上腹缘平行，膝下腹缘作"S"形弯曲，胞管口部窄而平，或微向内转。胞管排列的2TRD测量如表6-38所示。

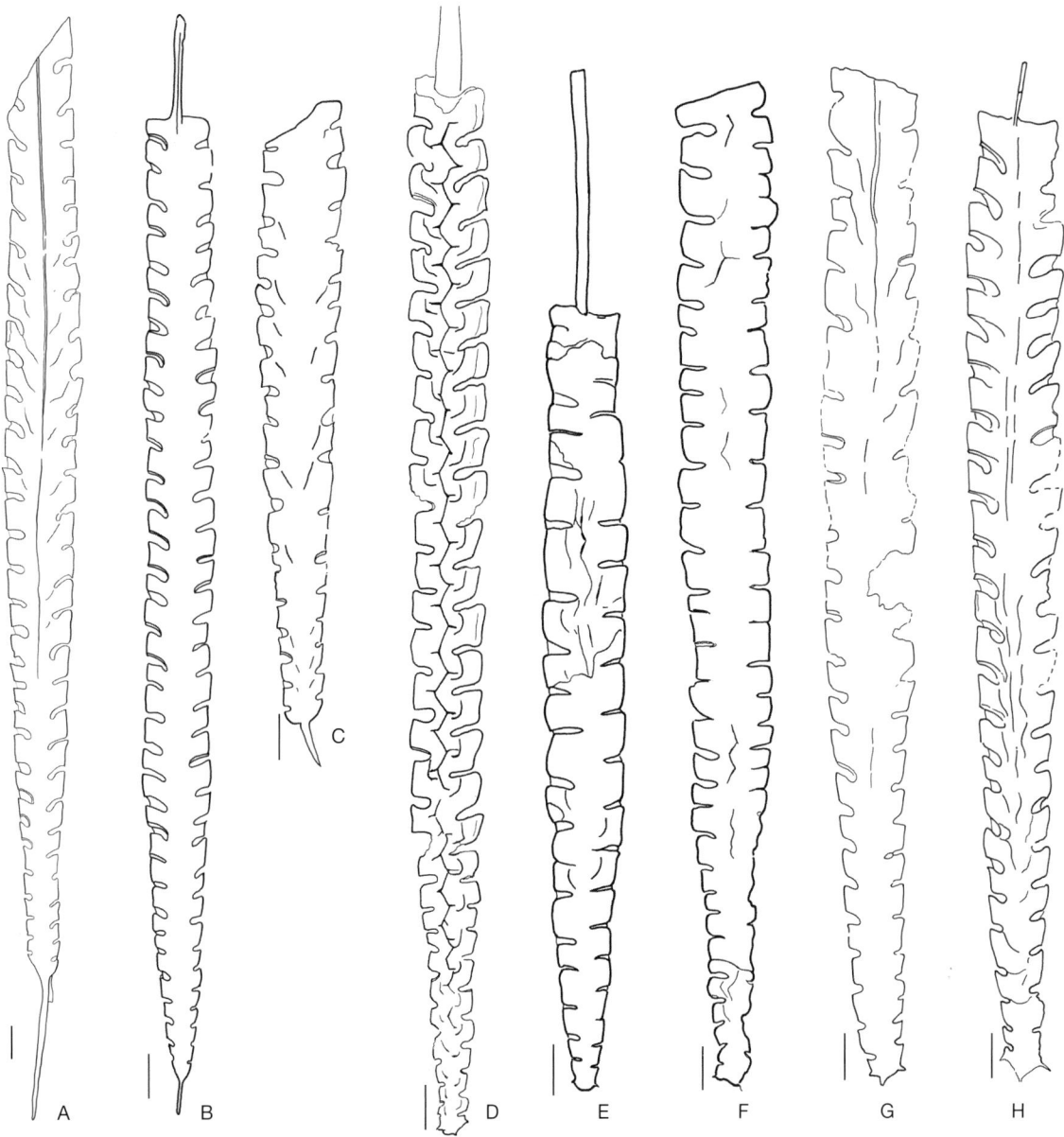

图6-84 三种古栅笔石

A–C. 雕刻古栅笔石(*Archiclimacograptus caelatus* (Lapworth, 1875))。新疆柯坪大湾沟萨尔干组*Didymograptus murchisoni*带。A. NIGP 157555 (NJ335)；B. NIGP 157558 (NJ352)；C. NIGP 157556 (NJ359)。

D–F. 柱状古栅笔石 (新种) (*Archiclimacograptus columnus* Chen (sp. nov.))。陕西陇县龙门洞龙门洞组*Climacograptus bicornis*带。D. NIGP 157567 (正模标本, AFC127)；E. NIGP 157569 (AFC127)；F. NIGP 157568 (AFC127)。

G–H. 马拉松古栅笔石(*Archiclimacograptus marathonensis* (Clarkson, 1963))。新疆柯坪大湾沟萨尔干组*Pterograptus elelgans*带。G. NIGP 157571 (NJ324)；H. NIGP 157570 (NJ324)。

线形比例尺：1mm。

图6-85　三种古栅笔石

表6-38　标本两胞管重复距离测量 (NIGP 157567)

标本	2TRDs (mm)					
NIGP 157567	th2^2	th3^2–th4^2	th5^2–th6^2	th7^2	th8^2	th9^2
	1.00	1.22	1.44	1.50	1.33	1.22
	th10^2	th11^2	th12^2	th13^2	th14^2	th15^2	th16^2–th18^2
	1.39	1.67	2.00	2.11	2.05	2.00	2.11
	th19^2	th20^2–th25^2	th26^2	th27^2	th28^2		
	2.33	2.11	2.06	2.11	2.22		

叶状古栅笔石 (*Archiclimacograptus foliaceus* (Murchison, 1839))

(图6-85I; 6-94C)

1839　*Graptolithus foliaceus* Murchison, p. 694, pl. 26, fig. 3.

1907　*Diplograptus* (*Mesograptus*) *foliaceus* (Murchison); Elles and Wood, p. 259, pl. 31, fig. 8a–f.

1986　*Diplograptus foliaceus* (Murchison); Strachan, p. 34, pl. 3, figs. 4, 17; pl. 6, figs. 10–11.

1986　*Diplograptus multidens* Elles and Wood; Strachan, p. 36.

1988　*Diplograptus foliaceus* (Murchison); Huang *et al.*, p. 149, pl. 23, fig. 13.

1988　*Diplograptus impensus* Huang, Xiao and Xia, p. 149, pl. 24, figs. 8, 12.

1988　*Diplograptus opiparus* Huang, Xiao and Xia, p. 151, pl. 24, fig. 15.

产地及层位：仅有一个标本，产自陕西陇县龙门洞龙门洞组*C. bicornis*带。此外，本种还见于江西崇义的陇溪组 (黄枝高等，1988)。

描述：笔石体长15.0mm，始端宽0.9mm，向上迅速增宽，至第13对胞管处达到最大宽度3.0mm，此后笔石体两侧平行，保持此宽度至末端。胎管的口部已断去，但第1对胞管的腹刺仍然可见。笔石体始部胞管近栅笔石式，末部胞管近直笔石式。在笔石体始部10.0mm长度内有12个胞管，在末部仅有10个胞管。

A, E. 柱状古栅笔石 (新种) (*Archiclimacograptus columnus* Chen (sp. nov.))。陕西陇县龙门洞龙门洞组*Climacograptus bicornis*带。A. NIGP 157567 (正模标本，AFC127)；E. 图A始端的放大。

B–D, F–H. 雕刻古栅笔石 (*Archiclimacograptus caelatus* (Lapworth, 1875))。B, F, H. 新疆柯坪苏巴什沟萨尔干组*Nemagraptus gracilis*带。B. NIGP 157564 (AFF282)；F. 图B始端的放大；H. NIGP 157563 (AFF282)。C. 内蒙古乌海大石门乌拉力克组*Nemagraptus gracilis*带。NIGP 157566 (FG46)。D, G. 新疆柯坪大湾沟萨尔干组*Nemagraptus gracilis*带。D. NIGP 157565 (NJ365)；G. 图D中部的放大。

I. 叶状古栅笔石 (*Archiclimacograptus foliaceus* (Murchison, 1839))。陕西陇县龙门洞龙门洞组*Climacograptus biconis*带。NIGP 157528 (AFC129)。

线形比例尺：1mm。

本种具有两种不同形态的胞管，与*Archiclimacograptus foliaceus*可能有亲缘关系。根据当前材料，还不能肯定本种是否如同古栅笔石属模式种*Archiclimacograptus sebyensis* (Jaanusson) 那样，始端发育型式为C型。

马拉松古栅笔石 (*Archiclimacograptus marathonensis* (Clarkson, 1963))

(图6-84G–H)

1960　*Amplexograptus confertus* (Lapworth); Berry, p. 85, pl. 14, figs. 1–2.

1960　*Glyptograptus teretiusculus* (Hisinger); Berry, p. 87, pl. 14, figs. 3–5.

1963　*Pseudoclimacograptus marathonensis* Clarkson, p. 352, text-figs. 1a–d, 2–4.

1997　*Archiclimacograptus marathonensis* (Clarkson); Maletz, p. 52, text-figs. 23H–I, 24A–E.

产地及层位：仅有一个压扁的标本，产自新疆柯坪大湾沟萨尔干组*P. elegans*带和*D. murchisoni*带。

描述：笔石体长23.0mm，始端宽1.0mm，向上渐增至最大宽度2.4mm。笔石体始端具底刺，包括胎管刺和第1对胞管的两个腹刺。中隔壁从第4对胞管才开始。

胞管为古栅笔石式，口部窄而深，并略向内转。胞管的膝上腹缘直，与笔石体轴向平行。胞管略有拉长，膝下腹缘呈"S"形。笔石体末部胞管的膝角不明显，胞管的形态转而接近雕笔石式。标本(NIGP 157570)胞管排列密度的2TRD测量如表6-39所示。

表6-39　标本两胞管重复距离测量 (NIGP 157570)

标 本	2TRDs (mm)						
NIGP 157570	$th2^2$	$th3^2$	$th4^2$–$th5^2$		$th6^2$–$th7^2$		$th8^2$	$th9^2$
	1.10	1.40	1.80		1.60		1.90	1.80
	$th10^2$	$th11^2$	$th12^2$	$th13^2$	$th14^2$	$th15^2$	$th16^2$	$th17^2$
	1.70	2.10	2.20	2.60	1.90	2.15	2.00	1.80
	$th18^2$–$th19^2$		$th20^2$	$th21^2$	$th22^2$	$th23^2$		
	2.00		2.10	2.15	2.05	2.10		

南方古栅笔石 (*Archiclimacograptus meridionalis* (Ruedemann, 1947))

(图6-86A–I; 6-87A–I)

1947　*Climacograptus meridionalis* Ruedemann, p. 433, pl. 73, figs. 47–48.

1977　*Climacograptus meridionalis* Ruedemann; Finney, p. 444, text-figs. 64–67.

产地及层位：常见于甘肃平凉官庄平凉组*N. gracilis*带至*C. bicornis*带，与*A. modestus*

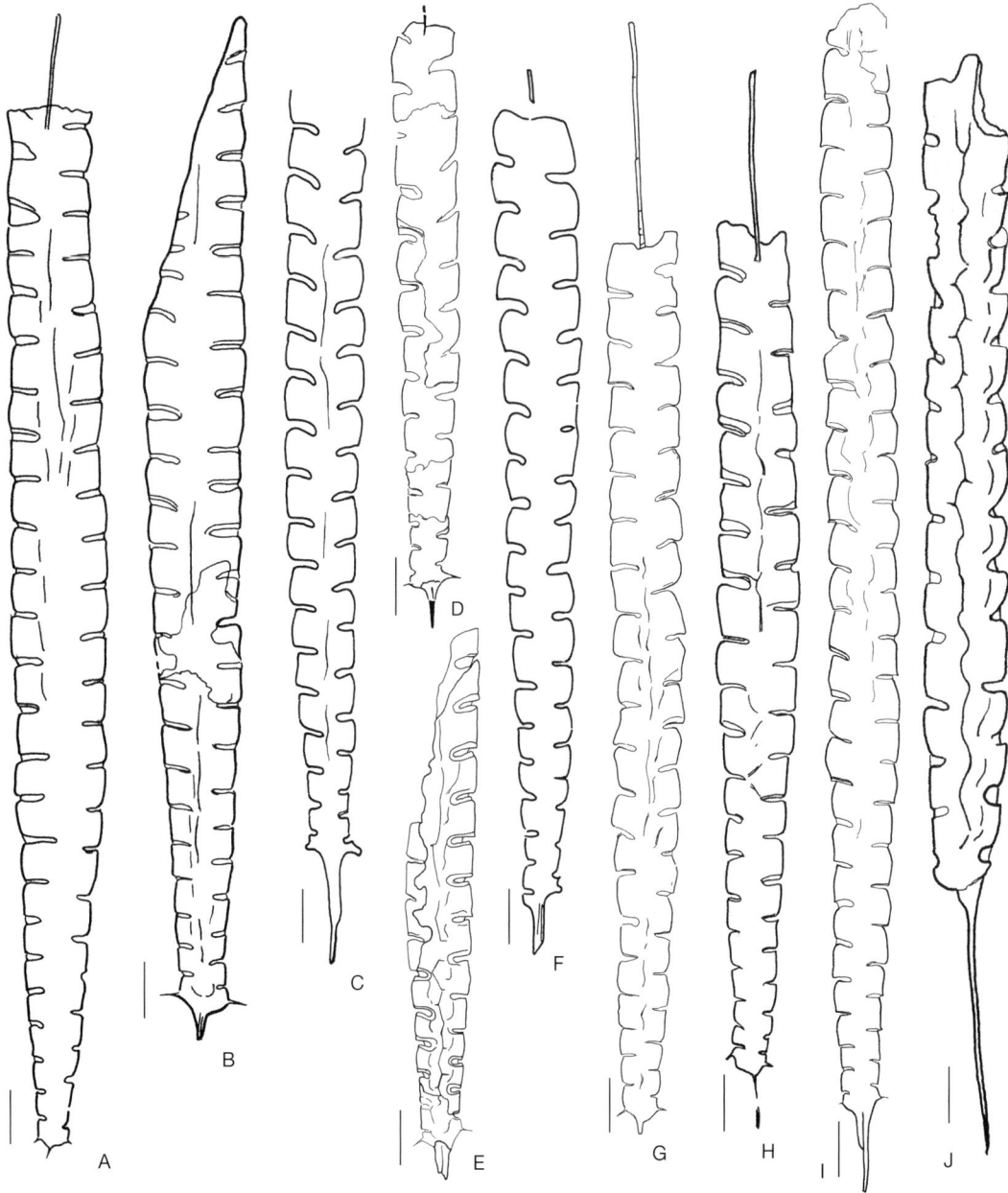

图6-86　南方古栅笔石

A–I. 南方古栅笔石(*Archiclimacograptus meridionalis* (Ruedemann, 1947))。A–B. 陕西陇县龙门洞龙门洞组 *Nemagraptus gracilis*带。A. NIGP 157553 (AFC103)；B. NIGP 157552 (AFC103)。C–F, H–I. 甘肃平凉官庄平凉 组同名带。C. NIGP 157550 (AFC2k)；D. NIGP 157574 (AFC13a)；E. NIGP 157559 (AFC35)；F. NIGP 157551 (AFC2k)；H. NIGP 157590 (AFC2)；I. NIGP 157572 (AFC2i)。G. 同上产地*Climacograptus bicornis*带。NIGP 157573 (AFC49)。

J. 南方古栅笔石 (近似种) (*Archiclimacograptus* cf. *meridionalis* (Ruedemann, 1947))。陕西陇县段家峡水库龙门洞组， NIGP 157579 (AFC200a)。

线形比例尺：1mm。

(Ruedemann)、*Jiangxigraptus exilis* (Elles and Wood)和*C. bicornis* (Hall) 共生。绝大部分标本都保存为压扁标本。在陕西陇县龙门洞，本种产自*N. gracilis*带至*D. caudatus*带。少数标本被鉴定为南方古栅笔石 (近似种) (*Archiclimacograptus* cf. *meridionalis* (Ruedemann))，产自陕西陇县段家峡水库龙门洞组*D. caudatus*带。

描述：笔石体窄，而长度可达220mm；宽度均匀，为1.2~1.4mm。当前材料保存状态一般较差，少数标本在th1^{2}和th2^{1}横管部位可见钻突构造，指示了C型始端发育型式 (Mitchell，1987)。本种具有长的胎管刺和保存良好的拟胎管。在不少标本中均可见长的线管。中隔壁波状弯曲，与水平的原胞管褶隔壁相连。

胞管为古栅笔石式，膝上腹缘平行，膝下腹缘弯曲，并倾向中隔壁方向。标本(NIGP 157572)胞管排列密度的2TRD测量如表6-40所示。

表6-40　标本两胞管重复距离测量 (NIGP 157572)

标　本	2TRDs (mm)							
	th2^1	th3^1	th4^1	th5^1	th6^1	th7^1	th8^1	th9^1–th10^1
	0.81	1.00	1.27	1.32	1.36	1.45	1.50	1.63
NIGP 157572	th11^1	th12^1	th13^1–th14^1		th15^1	th16^1–th19^1		th20^1–th21^1
	1.50	1.59	1.68		1.63	1.73		1.82
	th22^1	th23^1–th25^1						
	1.77	1.78						

比较：本种最早由Ruedemann (1947) 描述为"*Climacograptus*" *modestus*的一个变种，因为和*C. modestus* 相似，但具有发育良好的拟胎管而与之相异。本种与*Pseudoclimacograptus scharenbergi* (Lapworth) 相似，但本种具有C型始端发育型式而非D型，第1对胞管均具腹刺，中隔壁仅为波状弯曲，而与*P. scharenbergi* 具"之"字形折曲的中隔壁不同。当前材料中有少数标本因发育良好的底刺以及狭窄的笔石体，而被鉴定为*Archiclimacograptus* cf. *meridionalis* (Rudedmann) (NIGP 157579，图6-86J)。Finney (1977) 曾研究过Ruedemann (1947，图版73，图47-48) 的模式标本，但未发表重新研究后的图像。

适度古栅笔石 (*Archiclimacograptus modestus* (Ruedemann, 1908))
(图6-88A–J; 6-89A–N; 6-90C)

1908　*Climacograptus modestus* Ruedemann, p. 432–433, text-figs. 400–403, pl. 28, fig. 30.

1931　*Climacograptus* cf. *modestus* Ruedemann; Bulman, p. 51, text-fig. 22, pl. 5, figs. 12–13.

1947　*Climacograptus modestus* Ruedemann; Ruedemann, p. 432, pl. 73, figs. 32–39.

1948　*Climacograptus modestus* Ruedemann; Bulman, p. 222, text-fig. 1a–b.

1974　*Pseudoclimacograptus modestus* (Ruedemann); Riva, p. 24, text-fig. 8a–b.

1977　*Pseudoclimacograptus modestus* (Ruedemann); Finney, p. 475, text-figs. 69–71.

1982　*Pseudoclimacograptus modestus* (Ruedemann); Mu *et al.*, p. 314, pl. 77, fig. 19.

1988　*Pseudoclimacograptus modestus* (Ruedemann); Huang *et al.*, p. 122, pl. 4, fig. 6b; pl. 19, figs. 6–7.

1990　*Pseudoclimacograptus modestus* (Ruedemann); Ge *et al.*, p. 136, pl. 53, fig. 5, *non*-figs. 19, 21–23.

2001　*Pseudoclimacograptus modestus* (Ruedemann); Rushton, p. 50, fig. 4d–e.

产地及层位：有几个标本，产自新疆柯坪苏巴什沟萨尔干组*N. gracilis*带中上部。甘肃平凉官庄平凉组*N. gracilis*带至*C. bicornis*带有大量立体标本。本种还产自陕西陇县龙门洞龙门洞组上部*N. gracilis*带至*C. bicornis*带。*Archiclimacograptus* cf. *modestus* (Ruedemann) 产自新疆柯坪苏巴什沟萨尔干组*N. gracilis*带 (图6-90F-G)、甘肃平凉官庄*C. bicornis*带 (图6-90D-E)，以及陕西陇县龙门洞*C. bicornis*带和*D. caudatus*带 (图6-90A-B, H)。在华南，*A. modestus*还见于赣南崇义陇溪组。

描述：笔石体细长，胞管膝上腹缘外凸，笔石体宽度增加缓慢，胞管口部微向内转。在修长的笔石体中，末端的宽度又有所收缩。笔石体一般长度大于13.0mm，始端宽0.7~1.0mm，此宽度渐增至第15对胞管处达到最大宽度1.5mm，但大多数个体的最大宽度在1.0mm左右。胎管的口缘微凹，宽0.23mm，胎管刺长，常具拟胎管。第1对胞管在笔石体始端略成对称形状，并具有腹刺。笔石体始端具钻突构造，标志了C型始端发育型式 (Mitchell，1987)。

胞管膝上腹缘和膝下腹缘呈双"S"形，并与中隔壁相连。胞管口缘增厚并发育膝部凸缘 (genicular flanges)，此构造被Maletz (1997) 称为领环 (genicular collars)。中隔壁完整，呈波曲状或"之"字形折曲。标本(NIGP 157588)胞管排列密度的2TRD测量如表6-41所示。

表6-41　标本两胞管重复距离测量 (NIGP 157588)

标　本	2TRDs (mm)						
	th2²	th3²	th4²	th5²	th6²–th7²	th8²	th9²–th10²
NIGP 157588	1.41	1.54	1.56	1.73	1.81	2.11	2.08
	th11²	th12²					
	2.11	2.08					

讨论：*Archiclimacograptus modestus* (Ruedemann) 和*P. scharenbergi* (Lapworth) 是两个相似而又广布的种。它们在笔石体大小、胞管特征和折曲中隔壁等方面都很相似，但二者在始端发育型式上有所区别，*A. modestus*为C型，而*P. scharenbergi* 为D型；在压扁的标本上，*A. modestus* 的th1²具腹刺，而*P. scharenbergi* 没有。

图6-87　南方古栅笔石(*Archiclimacograptus meridionalis* (Ruedemann, 1947))

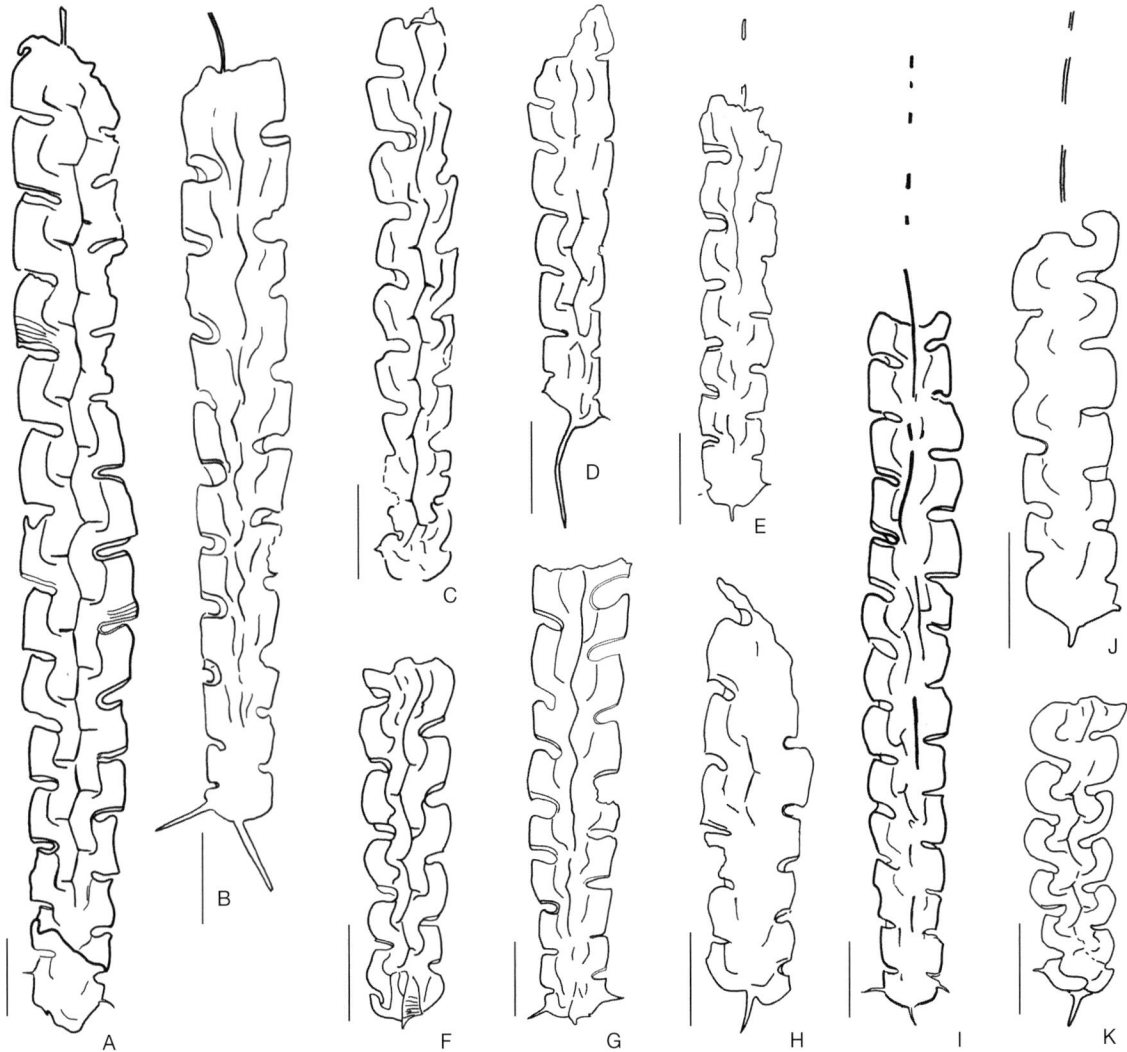

图6-88 两种古栅笔石

A–J. 适度古栅笔石(*Archiclimacograptus modestus* (Ruedemann, 1908))。A. 甘肃平凉官庄平凉组*Climacograptus bicornis*带。NIGP 157588 (AFC52)。B. 新疆柯坪大湾沟萨尔干组*Jiangxigraptus vagus*带。NIGP 157545 (NJ361)。C. 同上产地*Nemagraptus gracilis*带。NIGP 157538 (NJ371)。D. 陕西陇县龙门洞龙门洞组同名带。NIGP 157540 (AFC99a)。E, G–J. 甘肃平凉官庄平凉组*Nemagraptus gracilis*带。E. NIGP 157585 (AFC2i)；G. NIGP 157586 (AFC2c)；H. NIGP 157466 (AFC26)；I. NIGP 157587 (AFC26)；J. NIGP 157467 (AFC4)。F. 新疆柯坪苏巴什沟萨尔干组同名带。NIGP 157465 (AFF281)。

K. 奥斯陆古栅笔石 (*Archiclimacograptus osloensis* Goldman *et al.*, 2015)。产地及层位同上。NIGP 157459 (AFF281)。

线形比例尺：1mm。

产自甘肃平凉官庄平凉组*Nemagraptus gracilis*带。A. NIGP 157580 (AFC12)；B. NIGP 157582 (AFC13a)；C. NIGP 157572 (AFC2i)；D. NIGP 157573 (AFC49)；E. NIGP 157574 (AFC13a)；F. NIGP 157581 (AFC26)；G. 图B始部的放大；H. 图C始端的放大；I. NIGP 157559 (AFC35)。

线形比例尺：1mm。

图6-89　适度古栅笔石(*Archiclimacograptus modestus* (Ruedemann, 1908))

A, G, I, N. 甘肃平凉官庄平凉组*Nemagraptus gracilis*带。A. NIGP 157586 (AFC2c)；G. NIGP 157539 (AFC2)；I. NIGP 157466 (AFC26)；N. NIGP 157467 (AFC4)。B, F. 陕西陇县龙门洞龙门洞组*Diplacanthograptus caudatus*带。B. NIGP 157584 (AFC149a)；F. NIGP 157591 (AFC149a)。C, J. 同上产地*Nemagraptus gracilis*带。C. NIGP 157578 (AFC110)；J. NIGP 157596 (AFC99a)。D, K. 内蒙古乌海公乌素公乌素组*Climacograptus bicornis*

本种被Ruedemann (1908，1947)、Riva (1974) 和Finney (1977) 多次描述。Finney 的图示中展示了立体标本中胞管间壁线与横耙 (原胞管褶隔壁) 相连接，而当前的标本则展示了胞管间壁始端弯曲部分位于"横耙"之下 (NIGP 157465，图6-88F)。因此，有关这一构造的解释尚待进一步研究。

本种与更早的一些古栅笔石的种也可区别，比如以水平而半环状的口穴与*A. angulatus* (Bulman) 相区别，因为后者的口穴常向内作较深的内凹。

奥斯陆古栅笔石 (*Archiclimacograptus osloensis* Goldman *et al.*, 2015)

(图6-88K; 6-91A–D)

2007　*Archiclimacograptus* sp. Maletz *et al.*, 2007, fig. 4A, C.

2011　*Archiclimacograptus* sp. Maletz *et al.*, 2011, fig. 8K.

2015　*Archiclimacograptus osloensis* n. sp., Goldman *et al.*, p. 208, figs. 4A, 5F.

产地及层位：新疆柯坪大湾沟萨尔干组*Jiangxigraptus vagus*带及柯坪苏巴什沟*Nemagraptus gracilis*带。

特征：笔石体始端不对称，宽0.8~0.9mm，呈"U"形，向上逐渐增宽，至笔石体末端达到1.3~1.4mm。胎管刺短小，第1对胞管近口部具腹刺。笔石体末部胞管无腹刺。笔石体始端发育型式为C型。th2^{1}为双芽胞管。在反面标本上，可见向下生长的th2^{1}被th2^{2}及th3^{1}的原胞管所包裹。中隔壁完整，呈"之"字形折曲，与"横耙"相连。

胞管作强烈的"S"形弯曲，包括强烈外凸的膝上腹缘和弯曲的膝下腹缘。在胞管的膝部见有膝部凸缘。胞管口部内转。胞管排列的2TRD测定在th2^{1}为0.85~0.95mm，至th5^{1}为1.50~1.75mm。

瑞德古栅笔石 (*Archiclimacograptus riddellensis* (Harris, 1924))

(图6-92A–L; 6-93A–F, H–I, K)

1924　*Climacograptus riddellensis* Harris, p. 100, pl. 8, figs. 11–12.

1964　*Climacograptus angulatus* Bulman; Berry, p. 125, pl. 13, fig. 4.

1964　*Climacograptus angulatus magnus* Berry, p. 128, pl. 11, figs. 5–6, 9–11; pl. 12, figs. 3–6.

1966　*Climacograptus riddellensis* Harris; Berry, p. 439, pl. 50, figs. 1–5.

带。D. NIGP 157549 (AFC250)；K. NIGP 157595 (AFC250)。E, H, M. 甘肃平凉官庄*Climacograptus bicornis*带。E. NIGP 157594 (AFC64)；H. NIGP 157588 (AFC52)；M. NIGP 157589 (AFC53)。L. 新疆阿克苏四石场萨尔干组*Pterograptus elgans*带。NIGP 157547 (AFT-X-501)。

线形比例尺：1mm。

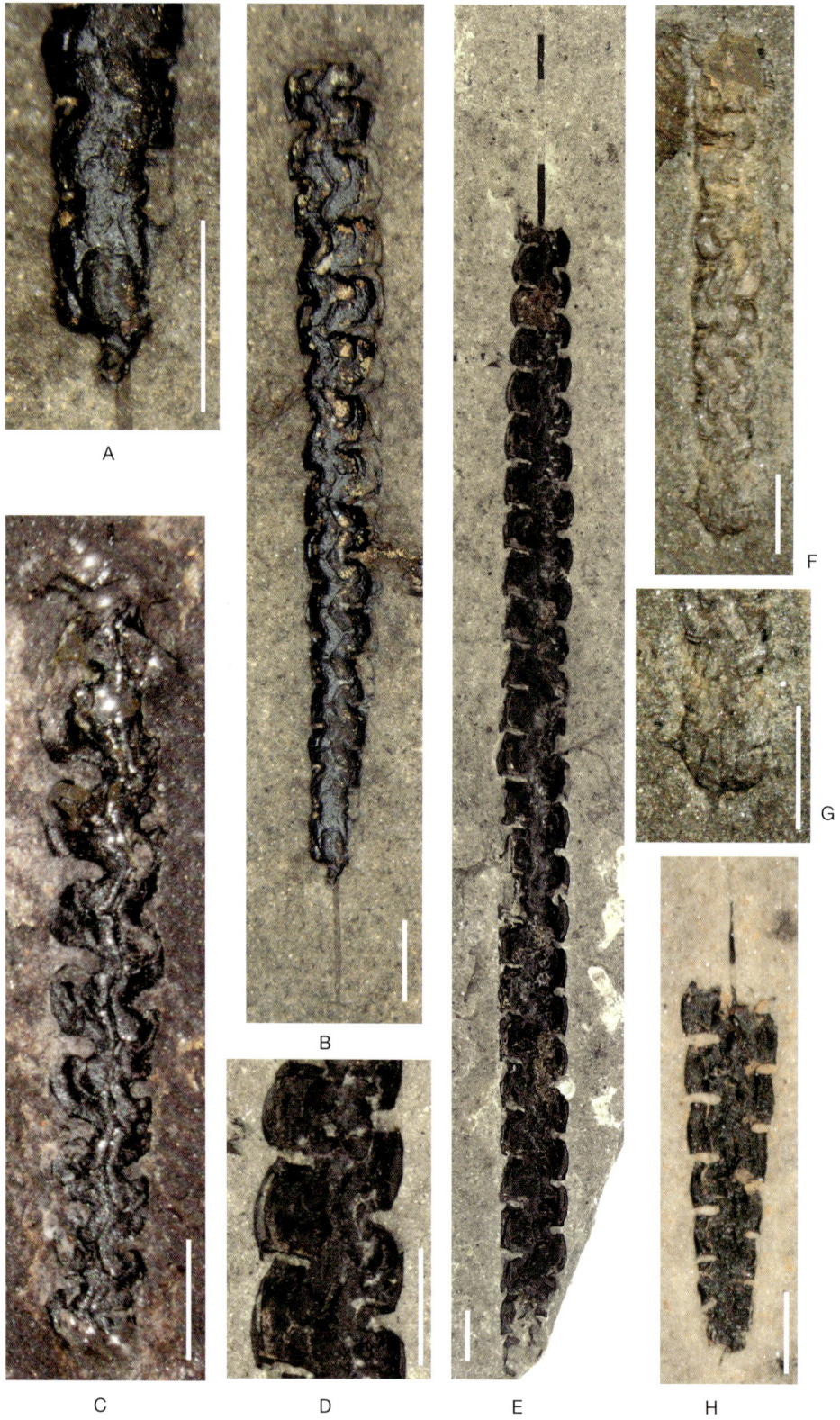

图6-90　适度古栅笔石

图6-91　奥斯陆古栅笔石 (*Archiclimacograptus osloensis* Goldman *et al.*, 2015)

A, C–D. 新疆柯坪苏巴什沟萨尔干组*Nemagraptus gracilis*带。A. NIGP 157460 (AFF283)；C. NIGP 157459 (AFF281)；
　　D. NIGP 157599 (AFF283)。B. 新疆柯坪大湾沟萨尔干组*Jiangxigraptus vagus*带。NIGP 157598 (NJ361)。
线形比例尺：1mm。

A–B, D–H. 适度古栅笔石(近似种) (*Archiclimacograptus* cf. *modestus* (Ruedemann, 1908))。B. 陕西陇县龙门洞
　　龙门洞组*Climacograptus bicornis*带。NIGP 157583 (AFC129)。A. 图B始端的放大。E. 甘肃平凉官庄平
　　凉组*Climacograptus bicornis*带。NIGP 157597 (AFC44)。D. 图E始端的放大。F. 新疆柯坪苏巴什沟萨尔
　　干组*Nemagraptus gracilis*带。NIGP 157454 (AFF281)。G. 图F始端的放大。H. 陕西陇县龙门洞龙门洞组
　　*Diplacanthograptus caudatus*带。NIGP 157592 (AFC151a)。
C. 适度古栅笔石 (*Archiclimacograptus modestus* (Ruedemann, 1908))。新疆柯坪大湾沟萨尔干组*Nemagraptus gracilis*
　　带。NIGP 157538 (NJ371)。
线形比例尺：1mm。

图6-92　瑞德古栅笔石(*Archiclimacograptus riddellensis* (Harris, 1924))

A–B, H, J. 内蒙古乌海大石门克里摩利组上段*Didymograptus murchisoni*带。A. NIGP 157561 (FG33)；B. NIGP 157560 (FG26)；H. NIGP 157607 (NJ358)；J. NIGP 157606 (NJ331)。C, L. 同上产地*Pterograptus elegans*带。C. NIGP 157633 (FG18)；L. NIGP 157609 (FG18)。D. 新疆柯坪苏巴什沟萨尔干组。NIGP 157458 (AFF284)。E, K. 新疆柯坪大湾沟萨尔干组*Nemagraptus gracilis*带。E. NIGP 157494 (NJ367)；K. NIGP 157608 (NJ367)。F, I. 同上产地

1981　*Pseudoclimacograptus parvus* (Hall); Qiao, p. 239, pl. 86, fig. 6.

1989　*Pseudoclimacograptus angulatus sebyensis* Jaanussion; Hughes, p. 70, pl. 3, figs. j–k; text-figs. 23i–j, 28k–l.

1990　*Pseudoclimacograptus longus* Geh; Ge *et al.*, p. 135, pl. 53, figs. 1–2, 6–8, 12–14; *non*-pl. 52, figs. 1, 2, 10.

1991　*Pseudoclimacograptus angustus sebyensis* Jaanusson; Ni, p. 87, pl. 30, fig. 10.

1992　*Pseudoclimacograptus* (*Archiclimacograptus*) *riddellensis* (Harris); VandenBerg and Cooper, fig. 7y–z.

1997　*Archiclimacograptus riddellensis* (Harris); Maletz, pp. 55–56, pl. 3, figs. D, F, H–K, M, O, Q, R, T; text-figs. 21A, 25A–Q, S.

2001　*Archiclimacograptus riddellensis* (Harris); Ganis *et al.*, p. 119, figs. E–I.

2006　*Archiclimacograptus riddellensis* (Harris); Chen *et al.*, fig. 6I.

2009　*Archiclimacograptus riddellensis* (Harris); Zhang *et al.*, fig. 2A–B.

产地及层位：本种在新疆柯坪大湾沟萨尔干组中始现于*Pterograptus elegans*带，富产于*Didymograptus murchisoni*带，上延并在数量上减少于*Jiangxigraptus vagus*带和*Nemagraptus gracilis*带。本种在新疆柯坪苏巴什沟见于*N. gracilis*带，在内蒙古乌海大石门见于克里摩利组*P. elegans*带及 *D. murchisoni*带。此外，本种还见于甘肃环县*N. gracilis*带，但被葛梅钰等 (1990) 鉴定为*Pseudoclimacograptus longus* Geh。在华南，本种还见于浙江常山黄泥塘*P. elegans*带。

本种在澳大利亚被作为Da4的*A. riddellensis*带的带化石，在奥斯陆常见于*P. elegans*带中，在威尔士则见于*D. murchisoni*带中；在滇西施甸也见于*D. murchisoni*带 (Zhang *et al.*，2009)。本种在中国出现于*N. gracilis*带，可能是本种的最高出现层位。

描述：笔石体细长，最长的个体长37.0mm，宽2.1mm，在第15对胞管处达到最大宽度，此后一直保持到笔石体末端。但是在大多数的个体中，笔石体的最大宽度只有1.5mm。胎管长1.3mm，具有一个劲直的、向胎管背侧倾斜的胎管刺。第1对胞管开始时向下生长，然后转曲向外向上，在近口部生出腹刺。在笔石体始端可见钻突构造，标志着C型始端发育型式 (Mitchell，1987)。th2^{1}是双芽胞管。

胞管为古栅笔石式，口部强烈内转，具有口穴，膝上腹缘平行或微凸。领环构造 (Maletz，1987) 发育。中隔壁呈波曲状或"之"字形折曲，始端弯曲处有"横耙"。

在新疆大湾沟*N. gracilis*带中的一个标本 (NIGP157608，图6-92K)，保存了笔石体不同部位的不同形态。在笔石体中部立体部分，中隔壁近于平直，笔石体也较窄；笔石体的始端压扁部分，中隔壁呈折曲状，此时胞管也强烈弯曲；在笔石体末部，则部分压扁，膝上腹缘直，并见宽的中轴。

标本(NIGP 157483和157560)胞管排列密度的2TRD测量如表6-42所示。

---

*Pterograptus elegans*带。F. NIGP 157604 (NJ311)；I. NIGP 157605 (NJ320)。G. 产地及层位同上。NIGP 157603 (NJ301)。

线形比例尺：1mm。

图6-93　三种古栅笔石

A–F, H–I, K. 瑞德古栅笔石(*Archiclimacograptus riddellensis* (Harris, 1924))。A. 新疆柯坪大湾沟萨尔干组*Pterograptus elegans*带。NIGP 157604 (NJ311)。B, H–I. 新疆柯坪苏巴什沟萨尔干组*Nemagraptus gracilis*带。B. NIGP

表6-42　标本两胞管重复距离测量 (NIGP 157483 和 157560)

标　本	2TRDs (mm)								
NIGP 157483	th2^1	th3^1	th4^1	th5^1	th6^1	th7^1	th8^1	th9^1	th10^1
	1.07	1.14	1.25	1.46	1.60	1.60	1.71	1.89	1.82
	th11^1	th12^1	th13^1	th14^1	th15^1	th16^1	th17^1	th18^1	
	1.82	1.93	2.07	2.28	2.14	2.14	2.32	2.32	
NIGP 157560	th2^2	th3^2	th4^2-th6^2		th7^2	th8^2	th9^2	th10^2-th11^2	
	1.14	1.21	1.43		1.64	1.79	1.86	1.93	
	th12^2-th14^2		th15^2	th16^2	th17^2-th19^2		th20^2	th21^2	th22^2
	1.86		1.71	2.00	2.14		1.93	2.14	2.21
	th23^2	th24^2	th25^2-th26^2		th27^2-th29^2		th30^2	th31^2	th32^2
	2.14	1.86	1.93		2.00		1.93	1.86	2.00

此外，还有少数标本 (NIGP157482，157483，157484) 和模式种有些相似，本书将其鉴定为 *A. aff. riddellensis* (图6-93G, J, L)。

塞比古栅笔石 (*Archiclimacograptus sebyensis* (Jaanusson, 1960))

(图6-93M–N; 6-94A–B, E–G)

1960　*Pseudoclimacograptus angulatus sebyensis* Jaanusson, p. 330, pl. 4, figs. 5–9; text-fig. 7d.

产地及层位：产自新疆柯坪大湾沟萨尔干组*D. murchisoni*带至*J. vagus*带，以及柯坪苏巴什沟 *N. gracilis*带。

描述：笔石体小而均宽，长仅10.0mm，宽1.2~1.5mm。有的笔石体是纺锤体，至笔石体末端变窄。笔石体始端有3个底刺，即胎管刺和第1对胞管的腹刺。胎管刺向下生长并斜过胎管口部。笔石体始端具钻突构造，表示属C型始端发育型式 (Mitchell，1987)。

胞管为古栅笔石式，膝上腹缘强烈外凸，口穴深而向内转。笔石体末部胞管膝上腹缘倾向笔

157458 (AFF284)；H. NIGP 157612 (AFF285)；I. 图H始端的放大。C–D, K. 产地层位同上。C. NIGP 157610 (AFF283)；D. NIGP 157611 (AFF283)；K. NIGP 157562 (AFF283)。E. 内蒙古乌海大石门*Pterograptus elegans* 带。NIGP 157638 (FG21)。F. 新疆柯坪大湾沟萨尔干组*Nemagraptus gracilis*带。NIGP 157494 (NJ367)。
G, J, L. 瑞德古栅笔石 (亲缘种) (*Archiclimacograptus* aff. *riddellensis* (Harris, 1924))。新疆柯坪苏巴什沟萨尔干组 *Nemagraptus gracilis*带。G. NIGP 157483 (AFF285)；J. NIGP 157484 (AFF285)；L. NIGP 157482 (AFF285)。
M–N. 塞比古栅笔石(*Archiclimacograptus sebyensis* (Jaanusson, 1960))。N. 新疆柯坪大湾沟萨尔干组*Nemagraptus gracilis*带。NIGP 157620 (NJ365)。M. 图N 始端的放大。
线形比例尺：1mm。

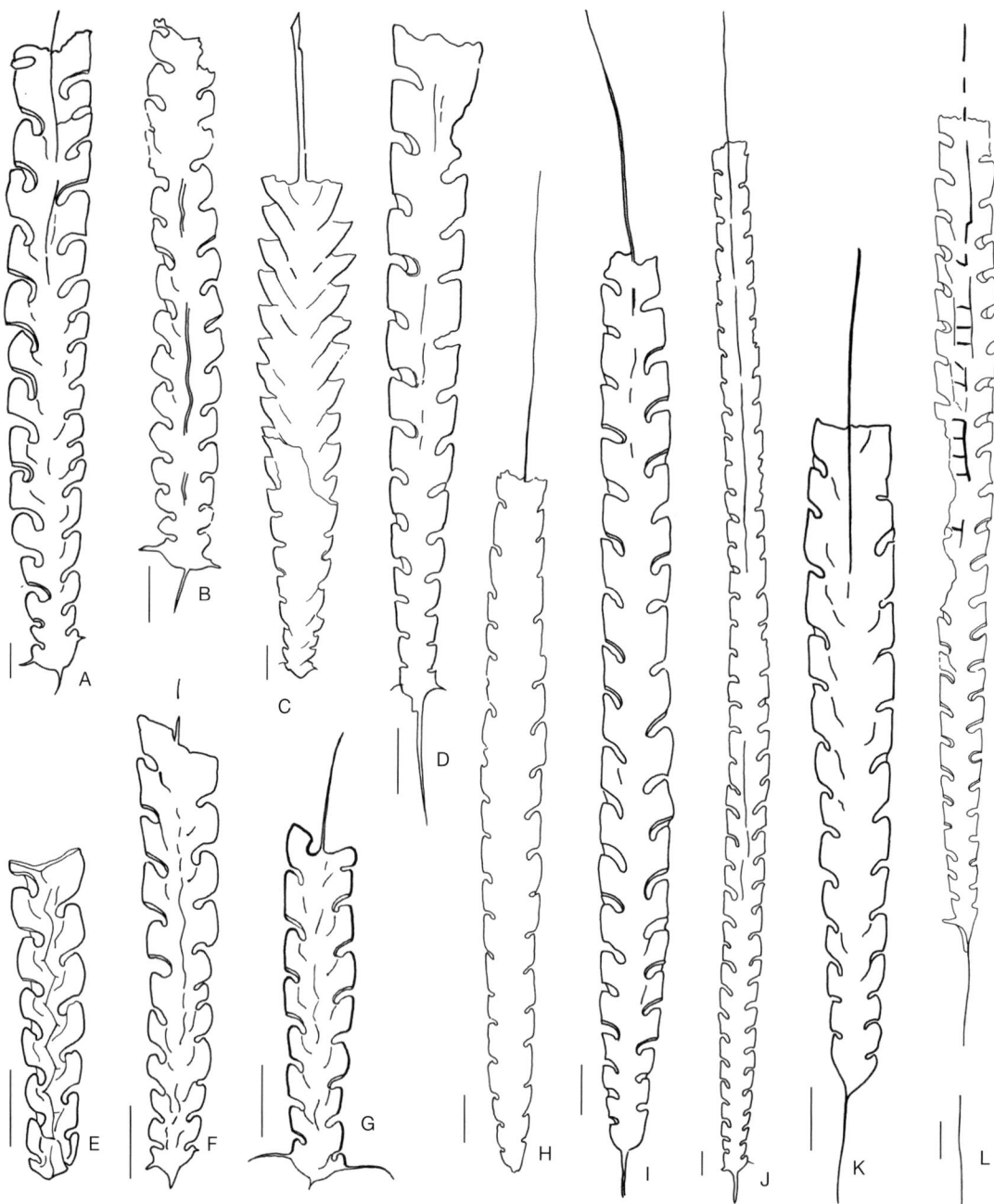

图6-94 三种古栅笔石

A–B, E–G. 塞比古栅笔石(*Archiclimacograptus sebyensis* (Jaanusson, 1960))。A, F–G. 新疆柯坪苏巴什沟萨尔干组 *Didymograptus murchisoni*带。A. NIGP 157619 (NJ334); F. NIGP 157622 (NJ335); G. NIGP 157623 (NJ342)。B. 新疆柯坪大湾沟萨尔干组*Nemagraptus gracilis*带。NIGP 157621 (AFF281)。E. 新疆柯坪大湾沟萨尔干组 *Nemagraptus gracilis*带。NIGP 157620 (NJ365)。

C. 叶状古栅笔石(*Archiclimacograptus foliaceus* (Murchison, 1839))。陕西陇县龙门洞龙门洞组*Climacograptus bicornis* 带。NIGP 157528 (AFC129)。

D, H–L. 石灰沟古栅笔石(*Archiclimacograptus shihuigouensis* (Mu, Geh and Yin, 1962))。D, I–K. 新疆柯坪大湾沟萨尔干

石体轴向，中隔壁完整并呈"之"字形折曲，因此，笔石体的胞管等特征与Jaanusson (1960) 的描述一致。胞管排列的2TRD测量如表6-43所示。

表6-43　标本两胞管重复距离测量 (NIGP 157619)

标　本	2TRDs (mm)					
NIGP 157619	th2¹	th3¹	th4¹	th5¹–th6¹	th7¹–th8¹	th9¹
	0.95	1.15	1.28	1.45	1.55	1.65
	th10¹	th11¹	th12¹–th13¹			
	1.75	1.83	1.75			

石灰沟古栅笔石 (*Archiclimacograptus shihuigouensis* (Mu, Geh and Yin, 1962))

(图6-94D, H–L; 6-95A–G)

1962　*Climacograptus shihuigouensis* Mu, Geh and Yin (in Mu *et al.*, 1962), p. 107, pl. 24, figs. 1–4; text-fig. 21a.

1962　*Climacograptus shihuigouensis* var. *tricornis* Mu, Geh and Yin (in Mu *et al.*, 1962), p. 109, pl. 24, fig. 10; text-fig. 21c.

1962　*Climacograptus shihuigouensis* var. *major* Mu, Geh and Yin (in Mu *et al.*, 1962), p. 109, pl. 24, figs. 7–9; text-fig. 21d.

1991　*Amplexograptus acusiformis* Ni, p. 94, pl. 28, figs. 6–7, 14–15; pl. 29, figs. 1, 10–11.

产地及层位：常见于新疆柯坪大湾沟萨尔干组*P. elegans*带至*J. vagus*带，特别是*D. murchisoni*带。本种最早见于南祁连山石灰沟组*Amplexograptus confertus*带 (穆恩之等，1962；Chen *et al.*, 2001)。倪寓南 (1991) 描述的*Amplexograptus acusiformis* Ni 是本种的后同义名，产自江西武宁*Nicholsonograptus*带至*N. gracilis*带，因此，本种是一个延限很长的种，即由达瑞威尔期中期延至桑比期早期。

描述：笔石体较大，长度可达45.0mm，最大宽度为1.9mm。始端保存不良，但胎管刺长达7.6mm，并具有一个短小的拟胎管 (NIGP 157630，图6-94L和6-95D)，前2个胞管具腹刺 (NIGP 157629，图6-94J和6-95F)。中隔壁直而完整。

胞管为古栅笔石式，具明显的膝角；膝上腹缘直而平行，膝下腹缘斜；口穴窄而内转，形成舌状体。标本(NIGP 157629)胞管排列密度的2TRD测量如表6-44所示。

组*Didymograptus murchisoni*带。D. NIGP 157632 (NJ356)；I. NIGP 157628 (NJ328)；J. NIGP 157629 (NJ330)；K. NIGP 157631 (NJ336)。H. 同上产地 *Pterograptus elegans*带。NIGP 157627 (NJ308)。L. 同上产地 *Jiangxigraptus vagus*带。NIGP 157630 (NJ361)。

线形比例尺：1mm。

图6-95　石灰沟古栅笔石(*Archiclimacograptus shihuigouensis* (Mu, Geh and Yin, 1962))

A. 新疆柯坪大湾沟萨尔干组*Pterograptus elegans*带。NIGP 157627 (NJ308)。B. 图A笔石体始端的放大。D. 新疆柯坪大湾沟萨尔干组*Jiangxigraptus vagus*带。NIGP 157630 (NJ361)。C. 图D始端的放大。E–G. 同上产地*Didymograptus murchisoni*带。E. NIGP 157628 (NJ328)；F. NIGP 157629 (NJ330)；G. NIGP 157631 (NJ336)。线形比例尺：1mm。

表6-44 标本两胞管重复距离测量 (NIGP 157629)

标　本	2TRDs (mm)		
	th2^1–th8^1	th9^1–th12^1	th13^1–end
NIGP 157629			
	1.80	1.80	2.20

比较：本种模式标本 (穆恩之等, 1962) 中胞管的排列，要比本种当前标本和江西武宁的标本 (倪寓南，1991) 更紧密一些。

独刺笔石属 (新属) (Genus *Unicornigraptus* Chen and Goldman (gen. nov.))

名称来源：*Uni-* 独个，*corni-* 角、刺，表示只有第1个胞管有近口刺。

特征：笔石体始端略不对称，第1个胞管短，第2个胞管 (th1^2) 较第1个胞管长很多。第1个胞管近口部具刺，其余胞管无刺。胎管短小，具短小胎管刺。胞管为栅笔石式，中隔壁完整，微作波状弯曲，始端发育型式C型。

模式种：*Unicornigraptus xinjiangensis* Chen and Goldman (gen. and sp. nov.)。

新疆独刺笔石 (新属、新种) (*Unicornigraptus xinjiangensis* Chen and Goldman (gen. and sp. nov.))
(图6-96A–D, J–K; 6-97A–I, K–N, S; 6-98A–D)

名称来源：来自新疆维吾尔自治区。

正模标本：NIGP 157509，图6-96J和6-97H，N。

产地及层位：普遍发育于新疆柯坪大湾沟萨尔干组*Jiangxigraptus vagus*带至*Nemagraptus gracilis*带，以及新疆阿克苏四石场萨尔干组*Nemagraptus gracilis*带。

描述：笔石体细小，始端宽0.5~0.6mm，向上至第4对胞管处渐增至最大宽度0.8mm。此宽度保持至笔石体末端，因此笔石体宽度较均匀。

笔石体始端略不对称，第1个胞管 (th1^1) 很短，其胞管口部仅略高于胎管的口部位置。胎管小，具短小的胎管刺。胎管的顶端达到th1^{2}口部位置。第2个胞管 (th1^2) 比th1^{1}显著加长。第1个胞管近口部具刺，而第2个胞管则无刺。始端发育型式为C型 (Mitchell，1987)，th2^{1}为双芽胞管。笔石体始端具钻突构造。

胞管为栅笔石式，膝上腹缘直而平行，膝角尖锐，膝下腹缘斜，中隔壁完整，微作波状弯曲。标本(NIGP 157509)胞管排列密度的2TRD测量如表6-45所示。

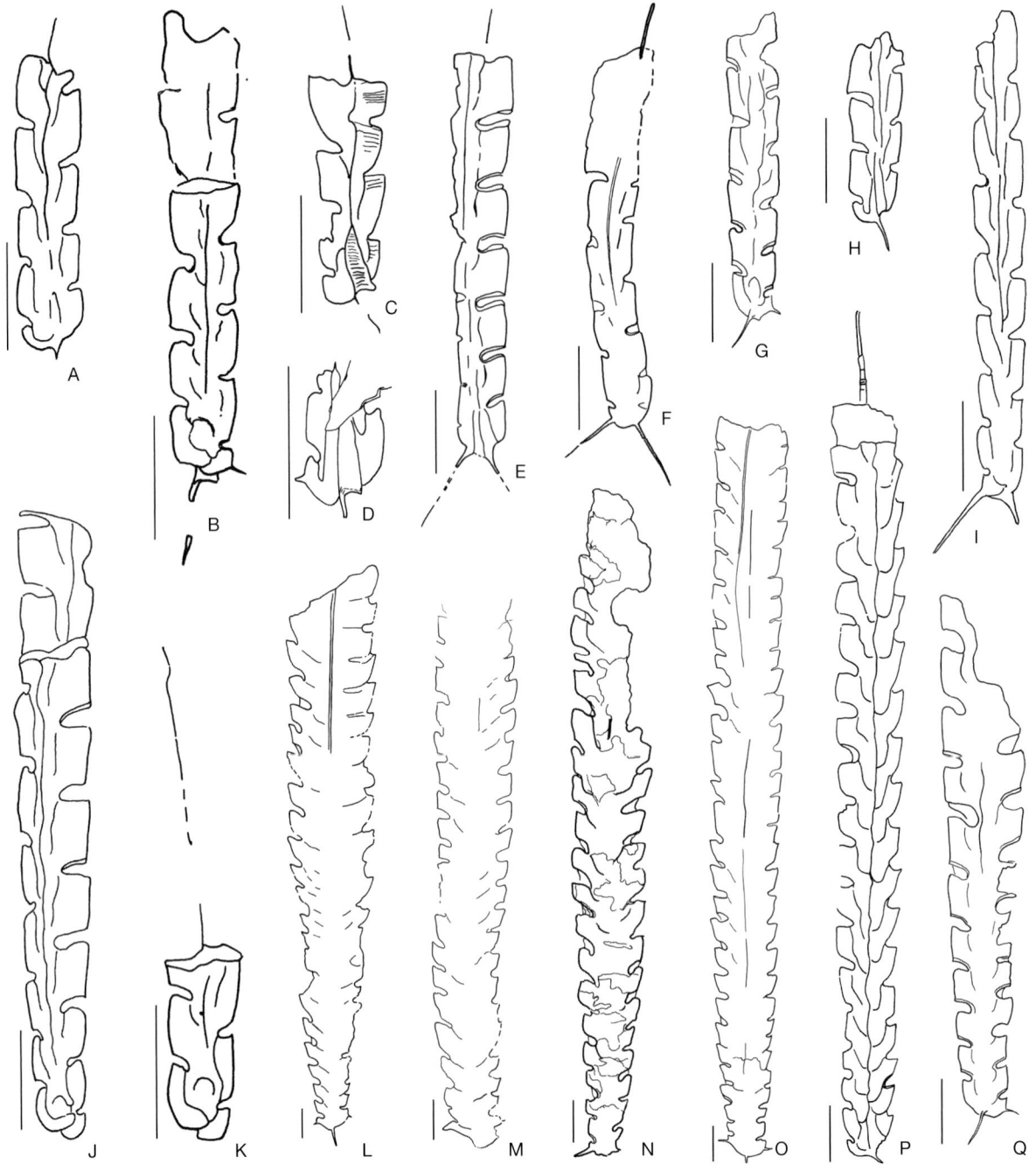

图6-96 独刺笔石及假围笔石

A–D, J–K. 新疆独刺笔石 (新属、新种) (*Unicornigraptus xinjiangensis* Chen and Goldman (gen. and sp. nov.))。A, J. 新疆柯坪大湾沟萨尔干组*Nemagraptus gracilis*带。A. NIGP 157508 (NJ365)；J. NIGP 157509 (NJ365)。B, D. 新疆阿克苏四石场同名带。B. NIGP 157639 (AFT-X-509)；D. NIGP 157640 (AFT-X-509)。C, K. 新疆柯坪苏巴什沟同名带。C. NIGP 157668 (AFF283)；K. NIGP 157511 (AFF283)。

E–I. 微小独刺笔石 (新属、新种) (*Unicornigraptus minimus* Chen (gen. and sp. nov.))。E–F, H. 产地及层位同上。E. NIGP 157625 (AFF282)；F. NIGP 157624 (AFF282)；H. NIGP 157510 (AFF283)。G. 内蒙古乌海大石门乌拉力克组同名带。NIGP 157526 (FG50)。I. 新疆柯坪大湾沟萨尔干组同名带。NIGP 157626 (NJ371)。

表6-45　标本两胞管重复距离测量s

标　本	2TRDs (mm)						
	th2^2	th3^2	th4^2	th5^2	th6^2	th7^2	th8^2
NIGP 157509	1.02	1.26	1.38	1.50	1.55	1.79	1.70
NIGP 157507	1.08	1.23	1.38	1.38	1.38		
NIGP 157508	1.17	1.32					
NIGP 157639	1.13	1.28	1.44				

微小独刺笔石 (新属、新种) (*Unicornigraptus minimus* Chen (gen. and sp. nov.))

(图6-96E–I; 6-97J, P–R)

名称来源： *minimus*，拉丁文，微小，形容笔石体大小。

正模标本： NIGP 157626，图6-97P。

产地及层位： 新疆柯坪苏巴什沟和大湾沟*N. gracilis*带，内蒙古乌海大石门同名带。

描述： 笔石体小，长6mm；宽度均匀，为0.8mm。胎管长仅1mm，口部宽仅0.1mm，亚胎管弯曲向th1^{2}一侧，胎管刺则斜过胎管口部。第1枝的第1个胞管 (th1^1) 从胎管近顶部生出，沿胎管腹缘向下至胎管口部转曲向上，th1^{1}具膝刺，它和胎管刺构成略显不对称的笔石体始端。中隔壁直而完整。线管可延伸至笔石体末端之外。在笔石体反面标本，始端可见钻突构造。

胞管为栅笔石式，膝上腹缘平行，膝下腹缘斜而直，口穴平，膝部具凸缘。胞管排列密度的2TRD测量如表6-46所示。

表6-46　标本两胞管重复距离测量

标　本	2TRDs (mm)				
	th2^2	th3^2	th4^2	th5^2	th6^2
NIGP 157626	1.20	1.26	1.40	1.50	1.53
NIGP 157625	1.06	1.36	1.46	1.56	1.40
NIGP 157526	1.20	1.33	1.46		

L–O. 双列假围笔石(*Pseudamplexograptus distichus* (Eichwald, 1840))。L, M, O. 同上产地*Didymograptus murchisoni*带。L. NIGP 157641 (NJ331)；M. NIGP 157643 (NJ352)；O. NIGP 157642 (NJ351)。N. 内蒙古乌海大石门克里摩利组上段*Didymograptus murchisoni*带。NIGP 157644 (FG24)。

P. 一种假围笔石(?) (*Pseudamplexograptus*? sp.)。新疆柯坪大湾沟萨尔干组*Nemagraptus gracilis*带。NIGP 157645 (NJ365)。

Q. 微小独刺笔石(近似种) (*Unicornigraptus* cf. *minimus* Chen)。内蒙古乌海大石门乌拉力克组*Nemagraptus gracilis*带。NIGP 157527 (FG50)。

线形比例尺：1mm。

图6-97　三种独刺笔石

讨论：本种笔石体的外形和底刺等特征与*Diplacanthograptus spiniferus* (Ruedemann) 相似，但始端发育型式不同，后者为E型。因此，*Uniconigraptus* 有可能是*Diplacanthograptus* 的祖先属。Maletz (1997，p.69) 曾述论*Proclimacograptus* 可能是*Climacograptus* 的祖先属，因为两者胞管均为栅笔石式，中隔壁直或微曲，不具原胞管褶隔壁，而这些特征都只限于狭义的栅笔石属。此外，这两个属口缘皆直，而且膝部显著、浑圆，不具凸缘。著者等认为，*Diplacanthograptus* 则可能由*Archiclimacograptus* 演化而来，因为它们的始端和胞管的特征相似。栅笔石可能有两个彼此独立的演化途径。具有E型始端发育型式的*Diplacanthograptus* (*D. caudatus*、*D. lanceolatus* 和*D. spiniferus*) 从C 型的祖先如 *Uniconigraptus minimus* 演化而来，而具有D型始端发育型式的*Climacograptus*，则可能由假栅笔石类 (*Pseudoclimacograptus*) 演化而来。

当前标本中，有一个标本产自内蒙古乌海大石门 (NIGP 157527，图6-96Q和6-97O)，其具有较大的笔石体 (最大宽度达1.33mm)，被鉴定为*Unicornigraptus* cf. *minimus* Chen。

斯堪的纳维亚独刺笔石 (新属、新种) (*Unicornigraptus scandinavicus* Goldman (gen. and sp. nov.)) (图6-98E–F)

1913　*Climacograptus caudatus* (Lapworth); Hadding, pp. 49–50, pl. 3, figs. 18–19; text-fig. 19.

名称来源：来自北欧斯堪的纳维亚半岛。

正模标本：NIGP 157616，图6-98E–F。

产地及层位：常见于新疆柯坪大湾沟萨尔干组*J. vagus*带至 *N. gracilis*带下部。部分标本为立体标本。

描述：笔石体细小，但具有长而弯曲的胎管刺，拟胎管发育。第1个胞管 (th1^1) 具刺，但第2个胞管 (th1^2) 一般都无刺，仅只一个标本上th1^{2}有一腹刺。笔石体的始端仅0.6mm，向上渐增至

A–I, K–N, S. 新疆独刺笔石(新属、新种) (*Unicornigraptus xinjiangensis* Chen and Goldman (gen. and sp. nov.))。A–D. 新疆阿克苏四石场萨尔干组*Nemagraptus gracilis*带。A. NIGP 157639 (AFT-X-509)；B. NIGP 157614 (AFT-X-509)；C. NIGP 157618 (AFT-X-509)；D. NIGP 157640 (AFT-X-509)。E, H. N. 新疆柯坪大湾沟萨尔干组同名带。E. NIGP 157508 (NJ365)；H. 图N 始部的放大；N. NIGP 157509 (正模标本, NJ365)。F–G, I. 新疆柯坪大湾沟苏巴什沟萨尔干组同名带。F. NIGP 157668 (AFF283)；G. NIGP 157652 (AFF283)；I. NIGP 157511 (AFF283)。K–M, S. 新疆柯坪大湾沟萨尔干组*Jiangxigraptus vagus*带。K. NIGP 157514 (NJ363)；L. 图M中部的放大；M. NIGP 157557 (NJ363)；S. NIGP 157507 (NJ363)。
J, P–R. 微小独刺笔石(新属、新种) (*Unicornigraptus minimus* Chen (gen. and sp. nov.))。J, R. 新疆柯坪苏巴什沟萨尔干组*Nemagraptus gracilis*带。J. NIGP 157510 (AFF 283)；R. NIGP 157625 (AFF282)。P. 新疆柯坪大湾沟萨尔干组同名带。NIGP 157626 (正模标本, NJ371)。Q. 内蒙古乌海大石门乌拉力克组同名带。NIGP 157526 (FG50)。
O. 微小独刺笔石 (近似种) (*Unicornigraptus* cf. *minimus* Chen)。产地及层位同上。NIGP 157527 (FG50)。
线形比例尺：1mm。

图6-98　两种独刺笔石

A–D. 新疆独刺笔石(新属、新种) (*Unicornigraptus xinjiangensis* Chen and Goldman (gen. and sp. nov.))。A–B. 新疆柯坪大湾沟萨尔干组*Jiangxigraptus vagus*带。A. NIGP157613 (NJ363)；B. NIGP157613 (NJ363)。C–D. 同上产地*Nemagraptus gracilis*带。C. NIGP157616 (NJ367)；D. NIGP 157617 (NJ367)。

E–F. 斯堪的纳维亚独刺笔石(新属、新种) (*Unicornigraptus scandinavicus* Goldman (gen. and sp. nov.))。F. 产地及层位同上。NIGP 157615 (NJ365)。E. 图F始端的放大。

线形比例尺：1mm。

最大宽度1.3mm。中隔壁折曲、完整。与原胞管褶隔壁 (横耙) 相连，或者胞管间壁线的始端向背侧弯曲后位于横耙之下。

胞管为栅笔石式，"领环"构造清楚，膝上腹缘微凸，因而不是典型的古栅笔石式胞管。始端发育型式为C型，th2^{1}是双芽胞管。

正模标本胞管的2TRD测量为：th2^2，1.41mm；th3^2，1.61mm；th4^2，1.88mm；th5^2，1.63mm。

讨论：Hadding (1913) 曾将产自瑞典南部 Fågelsång 上对笔石页岩 *H. teretiusculus*带的本种标本描述为*"Climacograptus" caudatus* Lapworth。后来Hede (1951) 沿用Hadding 的鉴定，认为斯堪的纳维亚的种远比*D. caudatus* 要老，因此称之为 *C. caudatus* Hadding (Non. Lapworth)。因为具拟胎管，致使笔石体始部更显尖削的*Archiclimacograptus scandinavicus* sp. nov.与*Diplacanthograptus caudatus* (Lapworht) 十分相似。但是，当前新种*A. scandinavicus* 具有C 型始端发育型式，th1^{1}刺长，向下伸出，而胎管刺却很细小并斜过胎管口部 (Goldman and Wright，2003)。*A. scandinavicus* sp. nov. 产自*J. vagus*带至*N. gracilis*带，而*D. caudatus* 则产于其上的 *D. caudatus*带和*D. spiniferus*带，二者的产出层位并不重叠。

假围笔石属 (Genus *Pseudamplexograptus* Mitchell, 1987)

双列假围笔石 (*Pseudamplexograptus distichus* (Eichwald, 1840))

(图6-96L–O; 6-99A–D)

1840　*Lomatoceras distichus* Eichwald, p. 101.

1860　*Diplograptus distichus* (Eichwald); Eichwald, p. 425, pl. 26, fig. 7a–b.

1907　*Diplograptus (Orthograptus) calcaratus* var. *priscus* Elles and Wood, p. 244, pl. 30, fig. 6a–c; text-fig. 164.

1932　*Climacograptus orthoceratophilus* Bulman (Holm, MS), p. 17, pl. 4, figs. 1–28, pl. 5, figs. 1–6; text-figs. 9–10.

1960　*Climacograptus distichus* (Eichwald); Jaanusson, p. 334, pl. 5, fig. 5.

1964　*Amplexograptus munimentus* Berry, p. 141, pl. 14, figs. 1–4.

1964　*Amplexograptus tubulus* Berry, p. 144, pl. 14, fig. 6.

1964　*Amplexograptus* cf. *tubulus* Berry, pl. 14, fig. 5.

1997　*Pseudamplexograptus distichus* (Eichwald); Maletz, p. 59, pl. 6, figs. F–G; text-figs. 21D–E, 27A–F.

1998　*Pseudamplexograptus distichus* (Eichwald); Maletz, p. 366, text-fig. 8N.

产地及层位：有4个保存不佳的标本，产自新疆柯坪大湾沟萨尔干组*D. murchisoni*带。在内蒙古乌海大石门同名带中也有少数标本。

描述：笔石体长，始端宽1.2mm，向上逐渐增宽至笔石体末部达到最大宽度3mm。笔石体底

图6-99　双刺假围笔石属和一种假围笔石

A–D. 双列假围笔石(*Pseudamplexograptus distichus* (Eichwald, 1840))。A–C. 新疆柯坪大湾沟萨尔干组*Didymograptus murchisoni*带。A. NIGP 157641 (NJ331)；B. NIGP 157643 (NJ352)；C. NIGP 157642 (NJ351)。D. 内蒙古乌海大石门克里摩利组上段同名带。NIGP 157644 (FG24)。

E. 一种假围笔石(?) (*Pseudamplexograptus*? sp.)。 新疆柯坪大湾沟萨尔干组*Nemagraptus gracilis*带。NIGP 157645 (NJ365)。

线形比例尺：1mm。

端有3个底刺，即胎管刺和两个第1对胞管的腹刺。第1对胞管呈"丁"字形，因而笔石体始端呈宽缓的弧形。当前标本笔石体始端保存不良。在北欧的标本上，可见本种为C型始端发育型式。

胞管为围笔石式，膝上腹缘直或微斜，膝下腹缘斜，胞管排列紧密，并具大而浅的口穴。标本(NIGP 157641)胞管排列密度的2TRD测量如表6-48所示。

表6-48　标本两胞管重复距离测量 (NIGP 157641)

标　本	2TRDs (mm)								
NIGP 157641	th2^1	th3^1	th4^1	th5^1	th6^1	……	th12^1	th13^1	th14^1
	0.70	0.80	1.90	1.00	1.05	……	1.00	1.18	1.25
	th15^1	th16^1	th17^1	th18^1	th19^1	th20^1			
	1.15	1.20	1.25	0.95	1.05	1.30			

讨论：*Pseudamplexograptus distichus* 在波罗的海地区十分常见，而且被作为带化石，但在中国还是首次报道。在大湾沟剖面见于*Didymograptus murchisoni*带，显示了与波罗的海地区生物地理上的相似性。内蒙古乌海大石门的此类标本和奥斯陆的*Amplexograptus tubulus* Berry, 1964相近，它们具有较为狭窄的笔石体。

一种假围笔石 (?) (*Pseudamplexograptus*? sp.)

(图6-96P; 6-99E)

产地及层位：仅有一个立体标本，产自新疆柯坪大湾沟萨尔干组*N. gracilis*带。

描述：笔石体短小，长仅14.0mm；宽度均匀，为1.3mm。第1个胞管 (th1^1) 自亚胎管上部生出，沿胎管壁向下至胎管口部平伸转曲向外，此后再转曲向上，因此th1^{1}的口部向上开口。第2个胞管 (th1^2) 向上伸出，达到第3个胞管 (th2^1) 近口部的位置，因此笔石体始端不对称。当前标本的始端发育型式不详，但看来与*P. distichus* (Eichwald) 相似。

胞管为栅笔石—围笔石式，口缘平，膝上腹缘微斜，膝角浑圆，膝下腹缘为双"S"形弯曲；原胞管微凸，与波状的中隔壁相连。标本(NIGP 157645)胞管排列密度的2TRD测量如表6-49所示。

表6-49　标本两胞管重复距离测量 (NIGP 157645)

标　本	2TRDs (mm)						
NIGP 157645	th2^1	th3^1	th4^1	th5^1	th6^1–th7^1	th8^1	th9^1–th10^1
	1.11	1.06	1.18	1.47	1.41	1.35	1.41
	th11^1–th12^1	th13^1	th14^1	th15^1	th16^1	th17^1	
	1.47	1.53	1.47	1.41	1.59	1.65	

新笔石次目 (Infraorder NEOGRAPTINA Štorch *et al.*, 2011)

正常笔石科 (Paraphyletic Family NORMALOGRAPTIDAE Štorch and Serpagli, 1993, emend. Melchin *et al.*, 2011)

Storch and Serpagli (1993) 建立正常笔石科 (Normalograptidae) 时，包括3个属：*Normalograptus* Legrand, 1987, emend. Štorch and Serpagli, 1993、*Neodiplograptus* Legrand, 1987和*Cystograptus* Hundt, 1942, emend. Rickards, 1970。在正常笔石科内，正常笔石 (*Normalograptus*) 和新双笔石 (*Neodiplograptus*) 两属的始端发育型式均为H型。Melchin (1998) 此后又在正常笔石科内增加了一些属，包括斜栅笔石属 (*Clinoclimacograptus* Bulman and Rickards, 1968)、蓬松笔石属 (*Hirsutograptus* Koren and Rickards, 1996)、次栅笔石属 (*Metaclimacograptus* Bulman and Rickards, 1968)、假雕笔石属 (*Pseudoglyptograptus* Bulman and Rickards, 1968)、针笔石属 (*Rhaphidograptus* Bulman, 1936)、塔拉卡斯脱笔石属 (*Talacastograptus* Cuerda, Rickards and Cingolani, 1988)和拟栅笔石属 (*Paraclimacograptus* Přibyl, 1947)。正常笔石属仍为正常笔石科的标准属。

正常笔石属 (Genus *Normalograptus* Legrand, 1987, emend. Melchin and Mitchell, 1991)

模式种：*Climacograptus scalaris normalis* Lapworth, 1877 (原始指定)。

短缩正常笔石 (*Normalograptus brevis* (Elles and Wood, 1906))

(图6-100A–B, G–H; 6-101B–C, G–H)

1906	*Climacograptus brevis* Elles and Wood, p. 192, pl. 27, fig. 2a–d; *non*-pl. 27, fig. 2e–f; text-fig. 125a–b.
1912	*Climacograptus brevis* Elles and Wood; Hadding, p.21, pl. 2, figs. 16–18.
1982	*Climacograptus mohawkensis* (Ruedemann); Williams, p. 246, fig. 10e–j.
1989	*Climacograptus brevis brevis* Elles and Wood; Hughes, p. 62, pl. 4, figs. a–b, g–h; text-figs. 22e, 23e–f.
2006	*Normalograptus brevis* (Elles and Wood); Chen *et al.*, fig. 7Q.

产地及层位：常见于甘肃平凉官庄平凉组*C. bicornis*带深灰色页岩与薄层灰岩中，与*C. bicornis* (Hall) 共生。在陕西陇县龙门洞龙门洞组中产于*C. bicornis*带至*D. caudatus*带。在华南，本种产于浙江常山黄泥塘胡乐组*N. gracilis*带 (Chen *et al.*，2006)。

描述：笔石体小，长仅5.0mm；宽度均匀，为0.7~0.8mm。胞管为栅笔石式。胞管细而长，口部窄，宽仅0.1mm。在压扁标本中，有时保存为近雕笔石式胞管的外形。第1个胞管 (th1^1) 从胎管刺的基部转曲向上，第2个胞管 (th1^2) 从th1^{1}直接向上生出，横过胎管下部。笔石体始端发育型式为H型 (Mitchell，1987)。标本(NIGP 157649)胞管排列密度的2TRD测量如表6-50所示。

表6-50　标本两胞管重复距离测量 (NIGP 157649)

标本	2TRDs (mm)													
NIGP	$th2^1$	$th3^1$	$th4^1$	$th5^1$	$th6^1$	$th7^1$	$th8^1$	$th9^1$	$th10^1$	$th11^1$	$th12^1$	$th13^1$	$th14^1$	$th15^1$
157649	1.45	1.73	1.82	1.91	2.69	2.18	2.18	2.14	2.18	2.27	2.36	2.36	2.36	2.09

比较：桑比期早期有几种个体小的正常笔石类与*N. brevis*相似。但当前标本与*N. brevis* (Elles and Wood) 的选模标本一致 (Hughes，1989，插图22e)，只是当前标本的胞管排列较选模标本略松一些。

圆钝正常笔石 (*Normalograptus rotundatus* (Jaanusson and Skoglund, 1963))

(图6-100C, E, I; 6-101E–F)

1963　*Climacograptus rotundatus* Jaanusson and Skoglund, p. 353, figs. 2D, 5A–B.

产地及层位：常见于甘肃平凉官庄平凉组*Nemagraptus gracilis*带、陕西陇县龙门洞龙门洞组*Climacograptus bicornis*带至*Diplacanthograptus caudatus*带。

描述：笔石体短小，宽度均匀，为0.6mm。胎管短小，其顶端达到第1对胞管的口部位置。胎管刺短小。第1个胞管 ($th1^1$) 从胎管刺的基部转曲向上，第2个胞管 ($th1^2$) 斜过胎管的背侧，并在其下留下一段短小的裸露部分。始端发育型式为H型。

胞管为栅笔石式，膝上腹缘直而平行，口缘平，口穴浅。在一个保存最完整的标本上 (NIGP 157647，图6-100I和6-101F) 进行2TRD测量，结果如表6-51所示。

表6-51　标本两胞管重复距离测量 (NIGP 157647)

标　本	2TRDs (mm)					
NIGP 157647	$th\,2^2$	$th\,3^2$	$th\,4^2$	$th\,5^2$	$th\,6^2$	$th\,7^2$
	1.73	1.82	1.91	1.95	2.04	2.09

等宽正常笔石 (*Normalograptus uniformis* (Hsü, 1934))

(图6-100D, F; 6-101A)

1934　*Climacograptus uniformis* Hsü, p. 70, pl. 5, fig. 10a–i.

1937　*Climacograptus* cf. *uniformis* Hsü; Bulman, p. 2, text-fig. 3.

产地及层位：少量标本，产自新疆阿克苏四石场萨尔干组*P. elegans*带。

描述：笔石体短小，长度在6.0mm左右；宽度均匀，为0.6~0.8mm。第1个胞管 ($th1^1$) 从胎管

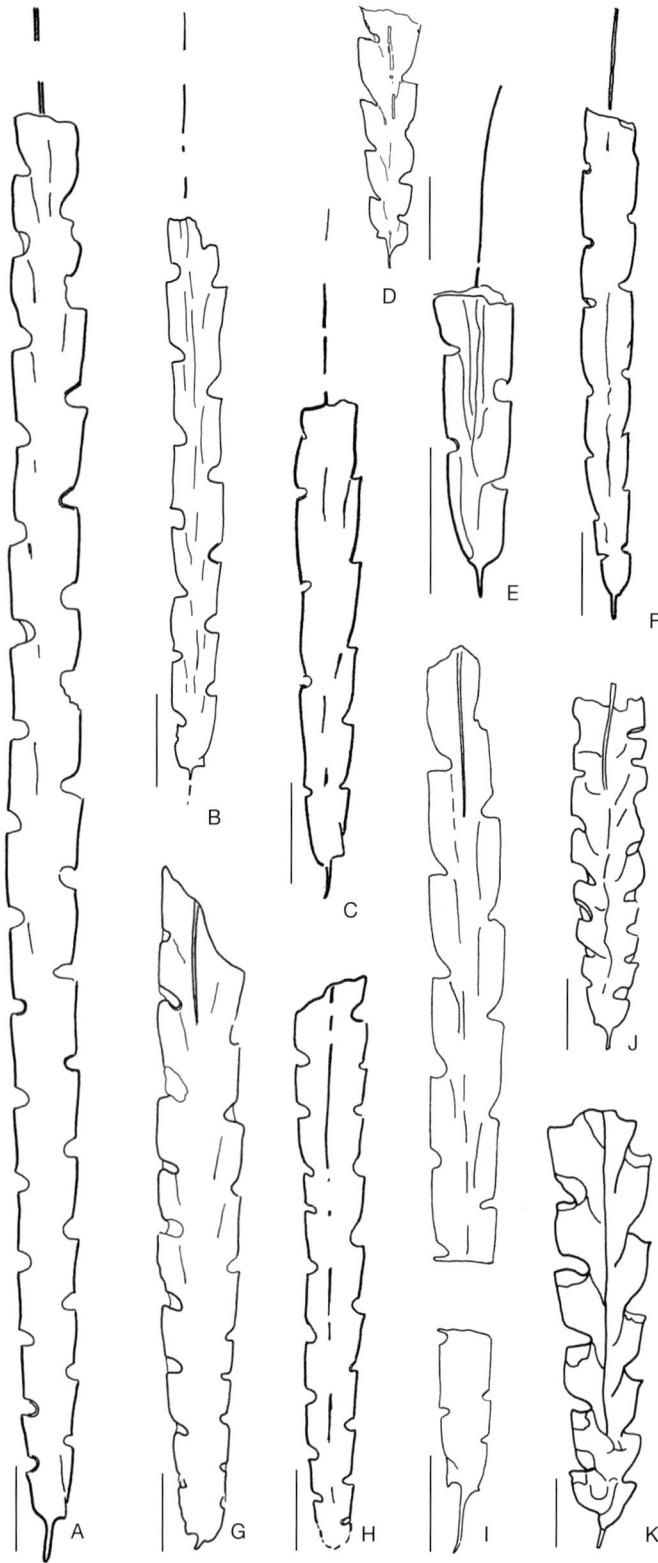

图6-100　四种正常笔石

口部转曲向上。第2个胞管 (th1²) 从th1¹向上生出，横过胎管口部向上伸出。笔石体始端发育型式为H型 (Mitchell，1987)。胞管为栅笔石式，在笔石体始部5mm内有7个胞管。

讨论：*Normalograptus uniformis*是最早出现的正常笔石类之一，增加了达瑞威尔期中期正常笔石类出现的分异度。

一种正常笔石 (*Normalograptus* sp.)

(图6-100J–K; 6-101D)

产地及层位：新疆柯坪大湾沟萨尔干组*D. murchisoni*带和*N. gracilis*带。

描述：笔石体小，长5.0mm，宽1.2mm，中隔壁直而完整。笔石体始端有3个初始胞管，双芽胞管为th2¹。

原正常笔石属 (新属) (Genus *Pronormalograptus* Chen (gen. nov.))

模式种：*Pronormalograptus acicularis* Chen (gen. and sp. nov.)。

特征讨论：最早出现的正常笔石是产自澳大利亚达瑞威尔阶 (Da3) 的*Normalograptus spiculatus* (Keble and Harris) (Mitchell，1990；Goldman *et al.*，2011) 以及*Normalograptus euglyphus* (Lapworth) (Da4a)。它们都具有H型始端发育型式，且有如下共同之处：

① H型始端发育型式，笔石体始端相对较细，不对称，胎管小。

② 在th1²之下，胎管壁有一段自由裸露。

③ th1²原胞管由th1¹生出，几乎直接向上，没有最始端先向下生长的一段。

④ 有中隔壁，完整或不完整。

⑤ th2¹通常是双芽胞管。

⑥ 胞管类型为栅笔石式或雕笔石式，在志留纪的属内胞管强烈弯曲。

A–B, G–H. 短缩正常笔石(*Normalograptus brevis* (Elles and Wood, 1906))。A, B. 甘肃平凉官庄平凉组*Climacograptus bicornis*带。A. NIGP 157649 (AFC65)；B. NIGP 157648 (AFC57)。G–H. 陕西陇县龙门洞龙门洞组*Diplacanthograptus caudatus*带。G. NIGP 157651 (AFC149a)；H. NIGP 157650 (AFC151)。

C, E, I. 圆钝正常笔石(*Normalograptus rotundatus* (Jaanusson and Skoglund, 1963))。C. 甘肃平凉官庄平凉组*Climacograptus bicornis*带。NIGP 157646 (AFC45)。E. 陕西陇县龙门洞龙门洞组*Nemagraptus gracilis*带。NIGP 157512 (AFC99a)。I. 甘肃平凉官庄平凉组*N. gracilis*带。NIGP 157647 (AFC33)。

D, F. 等宽正常笔石(*Normalograptus uniformis* (Hsü, 1934))。新疆阿克苏四石场萨尔干组*Pterograptus elegans*带。D. NIGP 157656 (AFT-X-501)；F. NIGP 157657 (AFT-X-501)。

J–K. 一种正常笔石(*Normalograptus* sp.)。J. 新疆柯坪大湾沟萨尔干组*Didymograptus murchisoni*带。NIGP 157681 (NJ335)。K. 同上产地*Nemagraptus gracilis*带。NIGP 157451 (NJ369)。

线形比例尺：1mm。

图6-101　四种正常笔石

⑦ 笔石体始端除胎管刺之外，几乎没有其他附连物。

从以上几条正常笔石类的基本特征来衡量，在正常笔石的模式种*Normalograptus normalis*与早期的一些种(如*N. euglyphus*等)之间确实存在一些重要的差别。*N. euglyphus*等一些早期的正常笔石类一般都是雕笔石式胞管，而不是像*N. normalis*那样的栅笔石式胞管。早期种的th1^{2}通常从胎管口部位置向上伸出，而不是从更高的位置，因此不在胎管口部之上留出一段自由裸露的胎管壁。早期的"正常笔石类"分子，如*euglyphus*种群和它们的祖先属*Undulograptus*有明显的相似性，而*normalis*种群则明显缺乏这种祖裔的联系。因此本书建立一个新属——原正常笔石属 (*Pronormalograptus*)，以*P. acicularis*为模式种，代表最早期的*euglyphus*种群，它与正常笔石属 (*Normalograptus*) 构成姊妹群。层位上，原正常笔石属从达瑞威尔阶中部延至桑比阶。

Mitchell *et al.* (2007) 指出，栅笔石 (*Climacograptus*) 很可能是从它的祖先属古栅笔石 (*Archiclimacograptus*) 演化而来。在他们得出的初始的系统演化中，正常笔石 (*Normalograptus*) 是一个高度进化的亚支系 (sub-clade)，而它的系统分支顺序与栅笔石类和正常笔石类的地层记录顺序是不一致的。进一步的对照分支分析显示，正常笔石类和栅笔石类的派生顺序与它们的地层记录顺序基本一致，但得出的系统树则不那么简约 (Mitchell *et al.*，2007，插图1B)。

在Mitchell *et al.* (2007) 的分支系统中，*Undulograptus*是派生出正常笔石超科 (Normalograptacea)、栅笔石超科 (Climacograptacea) 和双头笔石超科 (Dicranograptacea)的干群，而正常笔石属 (*Normalograptus*) 的特征比栅笔石超科更原始。因此，正常笔石属乃至正常笔石超科可能保留了来自波曲笔石类 (Undulograptids)的一些原始特征。原正常笔石属的胞管形态，以及th2^{1}很低的出芽位置，也都像是波曲笔石类遗留下来的祖征 (plesiomorphic character)。

从形态上来看，原正常笔石属与正常笔石属的差别在于前者具有更为弯曲或波曲状的胞管，特别是在笔石体的末部，而不具有正常笔石那样典型的栅笔石式胞管。原正常笔石属包括下列种：*Pronormalograptus euglyphus* (Lapworth)、*P. siccatus* (Elles and Wood)、*P. acicularis* Chen (sp. nov.) 和*P. regularis* Chen (sp. nov)。

A. 等宽正常笔石(*Normalograptus uniformis* (Hsü, 1934))。新疆阿克苏四石场萨尔干组*Pterograptus elegans*带。NIGP 157656 (AFT-X-501)。

B–C, G–H. 短缩正常笔石(*Normalograptus brevis* (Elles and Wood))。B. 陕西陇县龙门洞龙门洞组*Climacograptus bicornis*带。NIGP 157653 (AFC131)。C, G. 同上产地*Diplacanthograptus caudatus*带。C. NIGP 157655 (AFC151a)；G. NIGP 157654 (AFC150)。H. 甘肃平凉官庄平凉组*Climacograptus bicornis*带。NIGP 157649 (AFC65)。

D. 一种正常笔石(*Normalograptus* sp.)。新疆柯坪大湾沟萨尔干组*Nemagraptus gracilis*带。NIGP 157451 (NJ369)。

E–F. 圆钝正常笔石(*Normalograptus rotundatus* (Jaanusson and Skoglund, 1963))。陕西陇县龙门洞龙门洞组同名带。E. NIGP 157512 (AFC99a)；F. NIGP 157647 (AFC33)。

线形比例尺：1mm。

针状原正常笔石 (新种) (*Pronormalograptus acicularis* Chen (gen. and sp. nov.))

(图6-102A–I; 6-103A–B)

名称来源：*acicula*，拉丁文，针尖，指笔石体细如针状。

正模标本：NIGP 157666，图6-102H，产自内蒙古乌海大石门克里摩利组上段*P. elegans*带及*D. murchisoni*带至乌拉力克组*Nemagraptus gracilis*带底部，与*Cryptograptus tricornis* (Carruthers)、*Hustedograptus teretiusculus* (Hisinger) 和*Archiclimacograptus angulatus* (Bulman) 等共生。

描述：笔石体细长，始端宽度为0.6~0.8mm，向末端增宽至1.1~1.2mm。笔石体的最大保存长度为27.0mm，正模标本上可见H型始端发育型式。胎管刺明显，中隔壁直而完整。

胞管为栅笔石式，末端变为雕笔石式。标本(NIGP 157665)胞管排列密度的2TRD测定如表6-52所示。

表6-52　标本两胞管重复距离测量 (NIGP 157665)

标　本	2TRDs (mm)						
NIGP 157665	$th2^2$	$th3^2$	$th4^2$–$th5^2$		$th6^2$	$th7^2$	$th8^2$–$th10^2$
	1.44	1.56	1.67		1.83	2.00	2.06
	$th11^2$	$th12^2$	$th13^2$	$th14^2$	$th15^2$–$th16^2$	$th17^2$	$th18^2$
	2.28	2.33	2.11	1.89	1.33	1.56	1.78
	$th19^2$–$th20^2$		$th21^2$–$th22^2$		$th23^2$	$th24^2$	$th25^2$	$th26^2$
	2.20		2.00		1.78	1.89	2.00	2.22
	$th27^2$	$th28^2$					
	2.00	1.89					

比较：本种与*N. euglyphus* (Lapworth) 相似，但本种的笔石体更为狭窄。

精刻原正常笔石 (*Pronormalograptus euglyphus* (Lapworth, 1880))

(图6-103D–E; 6-104A–D)

1880　*Diplograptus* (*Glyptograptus*) *euglyphus* Lapworth, p. 166, pl. 4, fig. 14a–e.

1907　*Diplograptus* (*Glyptograptus*) *teretiusculus* var. *euglyphus* Lapworth (in Elles and Wood, 1907), p. 252, pl. 31, fig. 2a–d.

cf. 1937　*Glyptograptus teretiusculus* var. *euglyphus* (Lapworth); Bulman, p. 3, text-fig. 4; *non*-text-fig. 5.

cf. 1960　*Glyptograptus teretiusculus* var. *euglyphus* (Lapworth); Berry, p. 88, pl. 15, fig. 8.

cf. 1963　*Glyptograptus euglyphus* (Lapworth); Lee, p. 559, text-fig. 2c.

1963　*Glyptograptus guizhouensis* Lee, p. 560, pl. 1, fig. 5; text-fig. 3.

1990　*Glyptograptus euglyphus* (Lapworth); Ge *et al.*, p. 123, pl. 57, figs. 3, 11–12; pl. 58, fig. 15; pl. 60, fig. 12.

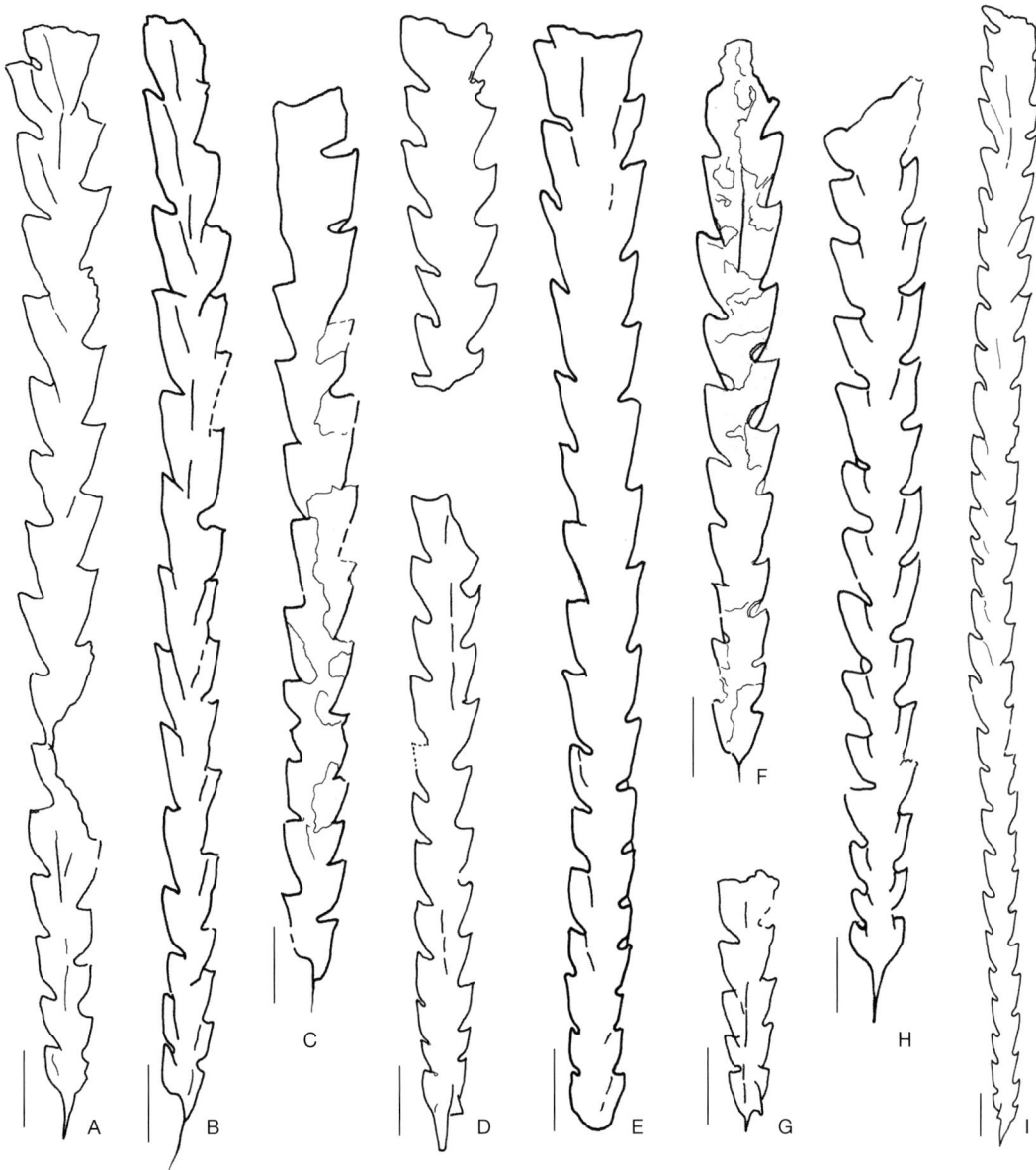

图6-102　针状原正常笔石(新种) (*Pronormalograptus acicularis* Chen (sp. nov))

A–C, G. 内蒙古乌海大石门*Pterograptus elegans*带。A. NIGP 157658 (FG18)；B. NIGP 157659 (FG14)；C. NIGP
157660 (FG18)；G. NIGP 157661 (FG20)。D–F, H–I. 同上产地*Didymograptus murchisoni*带。D. NIGP 157663
(FG22)；E. NIGP 157662 (FG22)；F. NIGP 157664 (FG25)；H. NIGP 157666 (正模标本, FG23)；I. NIGP 157665
(FG28)。
线形比例尺：1mm。

图6-103 四种原正常笔石

1996　*Glyptograptus euglyphus* (Lapworth); Churkin and Carter, p. 52, figs. 36G–I, 37C, G–H.

2006　*Normalograptus euglyphus* (Lapworth); Chen *et al.*, fig. 7M, O, U.

产地及层位：产自新疆柯坪大湾沟和苏巴什沟萨尔干组*D. murchisoni*带至*N. gracilis*带，以及新疆阿克苏四石厂萨尔干组*P. elegans*带。在华南，产于浙江常山黄泥塘"*H. teretiusculus*"带至*N. gracilis*带 (Chen *et al.*, 2006)。

描述：笔石体长约15.0mm，始端宽0.7~0.8mm，向上至笔石体末部达到最大宽度1.9~2.2mm。最大的一个产自大湾沟*J. vagus*带的个体，始端宽1.3mm，末端可达2.6mm，被鉴定为*Pronormalograptus* cf. *euglyphus* (Lapworth)。在大湾沟*N. gracilis*带底部采获的一个立体标本显示了H型的始端发育型式。th1^{2}从胎管口部位置转曲向上，并把整个胎管都覆盖了。另一个产自阿克苏四石场*P. elegans*带的立体标本 (NIGP 157674，图6-104D)，显示了雕笔石式的胞管。由此可见，正常笔石科栅笔石胞管的分子要出现在更晚的时期。胞管的间壁线弯曲，与波曲笔石类 (undulograptid) 的胞管相似，这一相似性也显示了原正常笔石属 (*Pronormalograptus*) 和波曲笔石属 (*Undulograptus*) 之间的密切关系。标本(NIGP 157673)胞管排列密度的2TRD测量如表6-53所示。

表6-53　标本两胞管重复距离测量 (NIGP 157673)

标　本	2TRDs (mm)						
	th2^1	th3^1	th4^1	th5^1	th6^1	th7^1	th8^1
NIGP 157673	1.53	1.65	1.71	1.77	1.82	1.82	1.82

比较：*P. euglyphus*最早系*Hustedograptus teretiusculus* (Hisinger) 的一个亚种 (Elles and Wood，1907)，但是这两种之间的始端发育型式完全不同，因此没有系统演化的关系 (Mitchell，1987)。

A–B. 针状原正常笔石(新种) (*Pronormalograptus acicularis* Chen (sp. nov.))。A. 内蒙古乌海大石门克里摩利组上段*Didymograptus murchisoni*带。NIGP 157666 (FG23)。B. 同上产地乌拉力克组*Nemagraptus gracilis*带。NIGP 157667 (FG41)。

C, F. 规则原正常笔石(*Pronormalograptus regularis* Chen (sp. nov.))。C. 新疆柯坪大湾沟萨尔干组*Didymograptus murchisoni*带。NIGP 157676 (正模标本，NJ336)。F. 甘肃平凉官庄平凉组*Nemagraptus gracilis*带。NIGP 157403 (AFC21)。

D–E. 精刻原正常笔石(*Pronormalograptus euglyphus* (Lapworth, 1880))。D. 新疆柯坪大湾沟萨尔干组*Nemagraptus gracilis*带。NIGP 157673 (NJ367)。E. 新疆阿克苏四石场萨尔干组*Pterograptus elegans*带。NIGP 157677 (AFF283)。

G–I. 枯燥原正常笔石(*Pronormalograptus siccatus* (Elles and Wood, 1907))。G. 新疆柯坪大湾沟萨尔干组*Nemagraptus gracilis*带。NIGP 157678 (NJ370)。I. 新疆柯坪苏巴什沟萨尔干组*Nemagraptus gracilis*带。NIGP 157677 (AFF283)。H. 图I始端的放大。

线形比例尺：1mm。

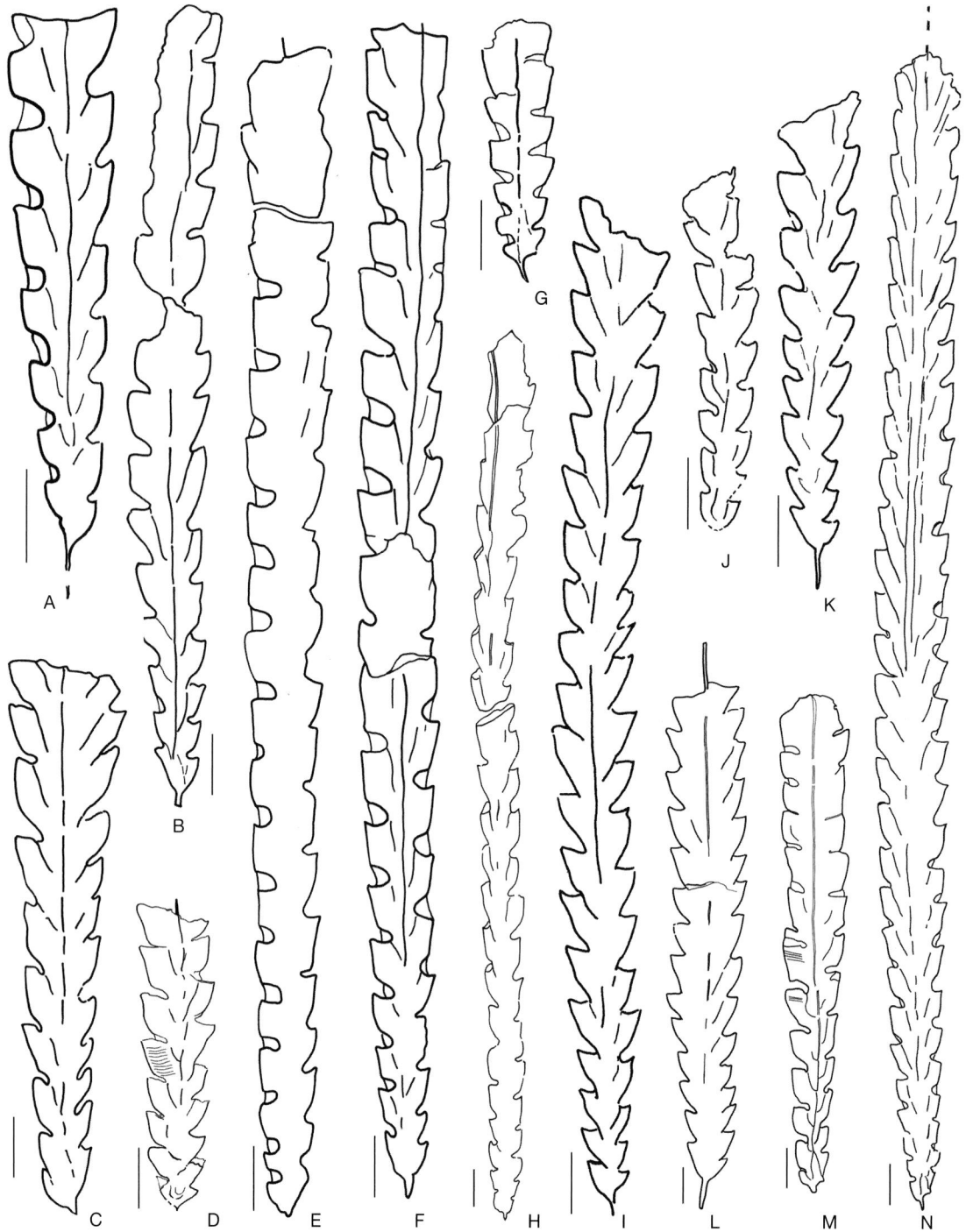

图6-104　五种原正常笔石

A–D. 精刻原正常笔石(*Pronormalograptus euglyphus* (Lapworth, 1880))。A. 新疆柯坪大湾沟萨尔干组*Nemagraptus gracilis*带。NIGP 157673 (NJ367)。B. 新疆柯坪苏巴什沟萨尔干组同名带。NIGP 157669 (AFF285)。C. 新疆柯坪大湾沟萨尔干组*Pterograptus elegans*带。NIGP 157670 (NJ327)。D. 新疆阿克苏四石场萨尔干组同名带。NIGP 157674 (AFT-X-501)。

规则原正常笔石 (*Pronormalograptus regularis* Chen (gen. and sp. nov.))

(图6-103C, F; 6-104M–N)

1997　*Normalograptus* sp. Maletz, p. 73, pl. 6, fig. B, text-fig. 34E–H.

名称来源： *regula*，拉丁文，规则，形容胞管规则的排列。

正模标本： NIGP 157676，图6-103C和6-104M。

产地及层位： 有4个标本，产自新疆柯坪大湾沟萨尔干组*D. murchisoni*带。正模标本为立体标本，与*Archiclimacograptus riddellensis* (Harris) 共生。还有标本产自*N. gracilis*带，为半侧压立体标本。

描述： 笔石体中等大小，长约15.0mm，始端宽0.9mm，向上至第7对胞管处增宽至最大宽度1.8mm。但是Maletz (1997) 描述的挪威标本的笔石体始端宽0.6mm，向上至第9对胞管处才达到1.65mm。当前标本的第1个胞管(th1¹)从亚胎管上部生出，沿胎管向下至胎管口部转曲向上。胎管刺短而劲直，第2个胞管 (th1²) 转曲向上斜过胎管近口部，笔石体始端强烈的不对称。

胞管为栅笔石—雕笔石式，具有浑圆的或尖锐的膝部，胞管口穴大而水平，正模标本上有少量胞管口部呈杯状。标本(NIGP 157676)胞管排列密度的2TRD测量如表6-54所示。

表6-54　标本两胞管重复距离测量 (NIGP 157676)

标　本	2TRDs (mm)		
NIGP 157676	th2²–th4²	th5²–th6²	th7²–th8²
	2.05	2.27	2.50

比较： Maletz (1997) 认为，VandenBerg and Cooper (1992) 鉴定的*Glyptograptus* n. sp.是本种的前同义名，但与当前的标本特征不同。我们认为*Normalograptus* sp. (Maletz, 1997) 是本种的前同义名，也说明了波罗的海地区与塔里木在生物地理上的相似性。

E–H. 枯燥原正常笔石(*Pronormalograptus siccatus* (Elles and Wood, 1907))。E–F. 新疆柯坪大湾沟萨尔干组*Nemagraptus gracilis*带。E. NIGP 157679 (NJ370)；F. NIGP 157678 (NJ370)。G. 同上产地*Pterograptus elegans*带。NIGP 157680 (NJ320)。H. 新疆柯坪苏巴什沟萨尔干组*Nemagraptus gracilis*带。NIGP 157677 (AFF283)。

I. 一种原正常笔石 (*Pronormalograptus* sp.)。内蒙古乌海大石门克里摩利组上段*Pterograptus elegans*带。NIGP 157675 (FG18)。

J–K. 枯燥原正常笔石 (近似种) (*Pronormalograptus* cf. *siccatus* (Elles and Wood, 1907))。内蒙古乌海大石门克里摩利组上段*Pterograptus elegans*带。J. NIGP 157683 (FG18)；K. NIGP 157682 (FG18)。

L. 精刻原正常笔石 (近似种) (*Pronormalograptus* cf. *euglyphus* (Lapworth, 1880))。新疆柯坪大湾沟萨尔干组*Didymograptus murchisoni*带。NIGP 157671 (NJ358)。

M–N. 规则原正常笔石(*Pronormalograptus regularis* Chen (sp. nov))。M. 产地及层位同上。NIGP 157676 (正模标本，NJ336)。N. 甘肃平凉官庄平凉组*Nemagraptus gracilis*带。NIGP 157403 (AFC21)。

线形比例尺：1mm。

枯燥原正常笔石 (*Pronormalograptus siccatus* (Elles and Wood, 1907))

(图6-103G–I; 6-104E–H)

1907   *Diplograptus* (*Glyptograptus*) *teretiusculus* var. *siccatus* Elles and Wood, p. 253, pl. 31, fig. 3a–d.

1976   *Glyptograptus eosiccatus* Tzaj, p. 45, pl. 6, fig. 9.

1990   *Glyptograptus eosiccatus* Tzaj; Ge *et al.*, p. 122, pl. 57, figs. 1–2, 13–14, 15a–b; pl. 58, figs. 4, 7; pl. 60, figs. 3, 7.

1991   *Glyptograptus teretiusculus siccatus* Elles and Wood; Ni, p. 84, pl. 27, figs. 9, 12; *non*-figs. 6–8, 13.

产地及层位：产自新疆柯坪大湾沟萨尔干组*P. elegans*带、*D. murchisoni*带和*N. gracilis*带，以及柯坪苏巴什沟*N. gracilis*带。*P.* cf. *siccatus* (Elles and Wood) 产自内蒙古乌海大石门*P. elegans*带。

描述：笔石体中等大小，长30mm，始端宽0.75mm，最大宽度为1.5mm。笔石体始端发育型式为H型，具有短而壮的胎管刺，标本 (NIGP 157677，图6-102H) 长28mm，宽1.3mm，被鉴定为*Pronormalograptus* cf. *siccatus* (Elles and Wood)。

胞管为雕笔石式，膝角浑圆，膝上腹缘斜，膝下腹缘略微弯曲，*P.* cf. *siccatus* (Elles and Wood) 的胞管拉长，排列松散。本种(NIGP 157678)胞管排列密度的2TRD测量如表6-55所示。

表6-55　标本两胞管重复距离测量 (NIGP 157678)

标　本	2TRDs (mm)					
NIGP 157678	$th2^2$	$th3^2$	$th4^2-th5^2$	$th6^2$	$th7^2$	$th8^2-th10^2$
	1.33	1.37	1.64	1.78	2.00	1.78
	$th11^2-th12^2$		$th13^2$	$th14^2-th16^2$		
	2.00		1.78	2.00		

比较：标本 (NIGP 157683，图6-104J；NIGP 157682，图6-104K) 在本书中被鉴定为*P.* cf. *siccatus* (Elles and Wood)。

参考文献

BECK, D. 1839. In: Murchison, R.I.(ed.), *The Silurian System*. London: John Murray, 786.

BENSON, W.N., KEBLE, R.A., KING, L.C., MCKEE, J.T. 1936. The Ordovician graptolites of North-West Nelson, N. Z., second paper; with notes on other Ordovician fossils. *Transactions of the Royal Society of New Zealand* 65, 357–382.

BERGSTRÖM, S.M., MITCHELL, C.E. 1986. The graptolite correlation of the North American Upper Ordovician standard. *Lethaia 19,* 247–266.

BERGSTRÖM, S.M., FINNEY, S.C., CHEN, X., PÅLSSON, C., WANG, Z.H., GRAHN, Y. 2000. A proposed global boundary stratotype for the base of the upper series of the Ordovician System: The Fågelsång section, Scania, southern Sweden. *Episodes 23(2), 102–109.*

BERRY, W.B.N. 1960. Graptolite faunas of the Marathon region, West Texas. *The University of Texas Publications 6005, 1–179.*

BERRY, W.B.N. 1964. The Middle Ordovician of the Oslo region, Norway. 16. Graptolites of the Ogygiocaris series. *Norsk Geologisk Tidsskrift 44, 61–170.*

BERRY, W.B.N. 1966. A discussion of some Victorian Ordovician graptolites. *Proceedings of the Royal Society of Victoria 79(2), 415–448.*

BERRY, W.B.N. 1971. Late Ordovician graptolites from southeastern New York. *Journal of Paleontology 45(4), 633–640.*

BJERRESKOV, M. 1989. Ordovician graptolite biostratigraphy in North Greenland. *Report Greenlands Geologiske Undersøkelse 144, 17–33.*

BOUČEK, B. 1944. O nových nálezech graptolitů včeském ordoviku. *Věda přírodní 22(8), 226–233.*

BOUČEK, B. 1973. Lower Ordovician graptolites of Bohemia. *Academia Praha, Prague, 1–185.*

BOUČEK, B., MÜNCH, A. 1952. Retioliti středoevropského svrchního Wenlocku a Ludlowu. The central European *Retiolites* of the Upper Wenlock and Ludlow. *Sborník Ústředního ústavu geologického, oddil paleontologický 19, 1–151.*

BRONN, H. 1846. *Index Palaeontologicus.* Stuttgart: B. Enumerator.

BULMAN, O.M.B. 1931. South American graptolites (with special reference to the Nordenskjöd collection). *Arkiv för Zoologi 22 A(3), 1–111.*

BULMAN, O.M.B. 1932. On the graptolites prepared by Holm. 2–5. *Arkiv för Zoologi 24 A(9), 1–29.*

BULMAN, O.M.B. 1933. On the graptolites prepared by Holm. 6. *Dictyonema* and *Desmograptus. Arkiv för Zoologi 26 A (5), 1–52.*

BULMAN, O.M.B. 1936. On the graptolites prepared by Holm. 7. The graptolite fauna of the Lower *Orthoceras* Limestone of Hälluden, Öland, and its bearing on the evolution of the Lower Ordovician graptolites. *Arkiv för Zoologi 28 A(17), 1–107.*

BULMAN, O.M.B. 1937. Report on a collection of graptolites from the Charchaq Series of Chinese Turkistan. *Palaeontologia Sinica B (2), 1–6.*

BULMAN, O.M.B. 1938. Graptolithina. In: SCHINDEWOLF, O.H. (ed.), *Handbuch der Palaeozoologie, 1–92.*

BULMAN, O.M.B. 1944–1947. A Monograph of the Caradoc (Balclatchie) graptolites from limestones in Laggan Burn, Ayrshire. *Palaeontographical Society Monograph, Parts I, II, III, 1–78.*

BULMAN, O.M.B. 1948. Some Shropshire Ordovician graptolites. *Geological Magazine 85, 222–228.*

BULMAN, O.M.B. 1950. Graptolites from the *Dictyonema* Shales of Quebec. *Quarterly Journal of the Geological Society of London 106, 63–99.*

BULMAN, O.M.B. 1953. Some graptolites from the Ogygiocaris series (4a) of the Oslo district. *Arkiv för Mineralogi och Geologi 1(17), 509–518.*

BULMAN, O.M.B. 1955. Graptolithina with sections on Enteropneusta and Pterobranchia. In: MOORE, R.C. (ed.), *Treatise on Invertebrate Paleontology V, i–xvii, 1–101.*

BULMAN, O.M.B. 1962. On the genus *Amplexograptus* Lapworth, Elles and Wood. *Geological Magazine 99, 459–467.*

BULMAN, O.M.B. 1970. Graptolithina with sections on Enteropneusta and Pterobranchia. In: TEICHERT, C. (ed.), *Treatise on Invertebrate Paleontology V (2nd edition)*, xxxii, 1–149, 158–163.

BULMAN, O.M.B., RICKARDS, R.B. 1968. Some new diplograptids from the Llandovery of Britain and Scandinavia. *Palaeontology 11*, 1–15.

CARRUTHERS, W. 1859. On the graptolites from the Silurian shales of Dumfriesshire with descriptions of three new species. *Annals and Magazine of Natural History 33*, 23–26.

CARRUTHERS, W. 1867. Note on the systematic position of graptolites, and their supposed ovarian vesicles. *Geological Magazine 4*, 70–72.

CARTER, C. 1989. Ordovician–Silurian graptolites from the Ledbetter Slate, northeastern Washington State. *U.S. Geological Survey Bulletin 1860*, B1–B29.

CAS, R.A.F., VANDENBERG, A.H.M. 1988. Ordovician: Geological Society of Australia. In: DOUGLAS, J.D., FERGUSON, J.A. (eds.), *Geology of Victoria*, 65–102.

CHEN, X., NI, Y.N., MITCHELL, C.E., QIAO, X.D., ZHAN, S.G. 2000a. Graptolites from the Qilang and Yingan Formations (Caradoc, Ordovician) of Kalpin, western Tarim, Xinjiang, China. *Journal of Paleontology 74*, 282–300.

CHEN, X., RONG, J.Y., MITCHELL, C.E., HARPER, D.A.T., FAN, J.X., ZHAN, R.B., ZHANG, Y.D., LI, R.Y., WANG, Y. 2000b. Latest Ordovician to earliest Silurian graptolite and brachiopod biozonation from the Yangtze region, South China with a global correlation. *Geological Magazine 137(6)*, 623–650.

CHEN, X., ZHANG, Y.D., MITCHELL, C.E., 2001. Early Darriwilian graptolites from central and western China. *Alchringa 25*, 191–210.

CHEN, X., FAN, J.X., MELCHIN, M.J., MITCHELL, C.E. 2005. Hirnantian (latest Ordovician) graptolites from the upper Yangtze region, China. *Palaeontology 48*, 1–47.

CHEN, X., ZHANG, Y.D., BERGSTRÖM, S.M., XU, H.G. 2006. Upper Darriwilian graptolite and conodont zonation in the global stratotype section of the Darriwilian Stage (Ordovician) at Huangnitang, Changshan, Zhejiang, China. *Palaeoworld 15*, 150–170.

CHURKIN, M.J., CARTER, C. 1996. Stratigraphy, structure and graptolites of an Ordovician and Silurian sequence in the Terra Cotta Mountains, Alaska Range, Alaska. *U.S. Geological Survey Professional Paper 1555*, 1–84.

CLARK, T.H., STRACHAN, I. 1955. Log of the Senigon Well, southern Quebec. *Geological Society of America Bulletin 66*, 685–698.

CLARKSON, C.M. 1963. A new species of *Pseudoclimacograptus* from the Ordovician of Marathon, Texas. *Geological Magazine 100(4)*, 352–356.

COOPER, R.A. 1979. Ordovician geology and graptolite faunas of the Aorangi Mine area, North-west Nelson, New Zealand. *New Zealand Geological Survey Paleontological Bulletin 47*, 1–127.

COOPER, R.A., FORTEY, R.A. 1982. The Ordovician Graptolites of Spitsbergen. *Bulletin of the British Museum (Natural History) – Geology 36(3)*, 158–302.

COOPER, R.A., FORTEY, R.A. 1983. Development of the graptoloid rhabdosome. *Alcheringa 7*, 201–221.

COOPER, R.A., NI, Y.N. 1986. Taxonomy, phylogeny and variability of *Pseudisograptus* Beavis. *Palaeontology 29*, 313–363.

CUERDA, A.J., CINGOLANI, C.A., SCHAUER, O.C., VARELA, R. 1986. Bioestratigrafía del Ordovícico (Llanvirniano–Llandeiliano) de la sierra del Tontal, Precordillera de San Juan. Descripción de su fauna graptolítica. *Ameghiniana 23*, 3–33.

CUERDA, A.J., RICKARDS, R.B., CINGOLANI, C. 1988. A new Ordovician–Silurian boundary section in San Juan Province, Argentina, and its definitive graptolite fauna. *Quarterly Journal of the Geological Society of London 145(5)*, 749–757.

DECKER, C.E. 1935. The graptolites of the Simpson Group of Oklahoma. *Proceedings of the National Academy of Science 21(5)*, 239–243.

DECKER, C.E. 1952. Stratigraphic significance of graptolites of Athens Shale. *Bulletin of the American Association of Petroleum Geologists 36*, 1–145.

DECKER, C.E., FREDERICKSON, E.A. 1941. A new graptolite horizon in Wisconsin. *Journal of Paleontology 15*, 157–159.

EICHWALD, E.J. 1840. Über das silurische Schichtensystem in Estland. *Zeitschrift für Natur–und Heilkunde der Medizinischen Abteilung zu St. Petersburg 1–2*, 1–210.

EICHWALD, E.J. 1855. Beitrag zur geographischen Verbreitung der fossilen Thiere Russlands: Alte Periode. *Bull. Soc. Impér. Naturalistes Moscou 28*, 433–466.

EICHWALD, E.J. 1860. *Lethaea Rossica ou paléontologie de la Russie.* 1. Ancienne Période. Stuttgart: E. Schweizerbart, 1–681.

EISENACK, A. 1951. Retioliten aus dem Graptolithengestein. *Palaeontographica A 100(5–6)*, 129–163.

EKSTRÖM, G. 1937. Upper *Didymograptus* Shale in Scania. *Sveriges Geologiska Undersökning Serie C, Afhandlingar och Uppsatser 403*, 1–53.

ELLES, G.L. 1898. The graptolite fauna of the Skiddaw Slates. *Quarterly Journal of the Geological Society of London 54*, 463–539.

ELLES, G.L. 1922. The graptolite faunas of the British Isles. *Proceedings of the Geologists' Association 33*, 158–200.

ELLES, G.L. 1940. The stratigraphy and faunal succession in the Ordovician rocks of the Builth–Llandrindrod Inlier, Radnorshire. *Quarterly Journal of the Geological Society of London 95*, 383–395.

ELLES, G.L., WOOD, E.M.R. 1901. A monograph of British graptolites. *Monograph of the Palaeontographical Society, Part 1*, 1–54.

ELLES, G.L., Wood, E.M.R. 1903. A monograph of British graptolites. *Monograph of the Palaeontographical Society, Part 3*, 26–32.

ELLES, G.L., WOOD, E.M.R. 1904. A monograph of British graptolites. *Monograph of the Palaeontographical Society, Part 4*, 135–180.

ELLES, G.L., WOOD, E.M.R. 1906. A monograph of British graptolites. *Monograph of the Palaeontographical Society, Part 5*, 181–216.

ELLES, G.L., WOOD, E.M.R. 1907. A monograph of British graptolites. *Monograph of the Palaeontographical Society, Part 6*, 217–272.

ELLES, G.L., WOOD, E.M.R. 1908. A monograph of British graptolites. *Monograph of the Palaeontographical Society, Part 7*, 273–358.

ELLES, G.L., WOOD, E.M.R. 1914. A monograph of British graptolites. *Monograph of the Palaeontographical Society, Part 10*, 487–526.

EMMONS, E. 1855. *American Geology, containing a statement of the principle of the science, with full illustrations of the characteristic American fossils, Part 2.* Albany: Sprague & Co., 1–251.

ERDTMANN, B.D. 1976. Ecostratigraphy of Ordovician Graptoloids. In: BASSETT, M.G. (ed.), *The Ordovician System. Proceedings of a Palaeontological Association Symposium, Birmingham, September 1974.* Cardiff: University of Wales Press and National Museum of Wales, 621–643.

FINNEY, S.C. 1977. *Graptolites of the Middle Ordovician Athens Shale, Alabama.* Ph.D Thesis. Columbus: The Ohio State University, 1–585.

FINNEY, S.C. 1978. The affinities of *Isograptus, Glossograptus, Cryptograptus, Corynoides,* and allied graptolites. *Acta Palaeontologica Polonica 23(4),* 481–495.

FINNEY, S.C. 1980. Thamnograptid, dichograptid and abrograptid graptolites from the Middle Ordovician Athens Shale of Alabama. *Journal of Paleontology 54(6),* 1184–1208.

FINNEY, S.C. 1985. Nemagraptid graptolites from the Middle Ordovician Athens Shale, Alabama. *Journal of Paleontology 59,* 1100–1137.

FINNEY, S.C. 1986. Graptolite biofacies and correlation of eustatic, subsidence, and tectonic events in the Middle to Upper Ordovician of North America. *Palaios 1,* 435–461.

FORTEY, R.A., COOPER, R.A. 1986. A phylogenetic classification of the graptoloids. *Palaeontology 29,* 631–654.

FORTEY, R.A., OWENS, R.M. 1987. The Arenig Series in South Wales. *Bulletin of the British Museum (Natural History) – Geology 41,* 69–307.

FRECH, F. 1897. Lethaea Geognostica. In: THEIL, I. (ed.), *Lethaea Palaeontologica. Leipzig,* 54–684.

GANIS, G.R. 2005. Darriwilian graptolites of the Hamburg succession (Dauphin Formation), Pennsylvania, and their geologic significance. *Canadian Journal of Earth Sciences 42,* 791–813.

GANIS, G.R., WILLIAMS, S.H., REPETSKI, J.E. 2001. New biostratigraphic information from the western part of the Hamburg klippe, Pennsylvania, and its significance for interpreting the depositional and tectonic history of the klippe. *Geological Society of America Bulletin 113(1),* 109–128.

GOLDMAN, D., WRIGHT, S.J. 2003. A revision of *"Climacograptus" caudatus* (Lapworth) based on isolated three-dimensional material from the Viola Springs Formation of Central Oklahoma, USA. *Serie Correlación Geológica 18,* 33–37.

GOLDMAN, D., CAMPBELL, S.M., RAHL, J.M. 2002. Three-dimensionally preserved specimens of *Amplexograptus* (Ordovician, Graptolithina) from the North American mid-continent: Taxonomic and biostratigraphic significance. *Journal of Paleontology 76,* 921–927.

GOLDMAN, D., NÕLVAK, J., MALETZ, J., 2015. Middle to Late Ordovician graptolite and chitinozoan biostratigraphy of the Kandava–25 drill core in western Latvia. *GFF 137,* 197–211.

GURLEY, R.R. 1896. North America graptolites. *Journal of Geology 4,* 63–102, 291–311.

HADDING, A. 1911. Om de Svenska arterna af släktet *Pterograptus* Holm. *Geologiska Föreningen i Stockholm Förhandlingar 33(6),* 487–495.

HADDING, A. 1912. Mittlere Dicellograptus-schiefer auf Bornholm. *Lunds Universitets Årsskrift, N.F. Afd. 2, 11(4),* 1–39.

HADDING, A. 1913. Undre Dicellograptusskiffern i Skåne. *Lunds Universitets Årsskrift, N.F., Afd.2, Bd. 9(15),* 1–91.

HADDING, A. 1915. Om *Glossograptus, Cryptograptus* och tvenne dem närstaende graptolitsläkten. *Geologiska Föreningen i*

Stockholm Förhandlingar 37, 303–336.

Hall, J. 1847. Paleontology of New York. Volume 1. Containing Descriptions of the Organic Remains of the Lower Divisions of the New York System (Equivalent of the Lower Silurian Rocks of Europe). Albany: Geological Survey of New York, xxiv, 338.

Hall, J. 1859. Notes upon the genus *Graptolithus. Palaeontology of New York, Supplement to Vol.1.* Albany: Geological Survey of New York, 495–522.

Hall, J. 1862. *New Species of Fossils from the Investigation of the Survey. Report for 1861.* Madison: Wisconsin Geological Survey.

Hall, J. 1865. Figures and descriptions of Canadian organic remains. *Graptolites of the Quebec Group, Decade II, Geological Survey of Canada,* 1–151.

Hall, J. 1868. Introduction to the study of the Graptolitidae. *New York State Cabinet of Natural History, 20th Report,* 169–240. Albany, New York.

Harris, W.J. 1924. Victorian graptolites, new series, part I. *Proceedings of the Royal Society of Victoria 36(2),* 92–106.

Harris, W.J., Thomas, D.E. 1935. Victorian Graptolites, new series, part III. *Proceedings of the Royal Society of Victoria (2),* 288–313.

Harris, W.J., Thomas, D.E. 1940. Victorian graptolites, new series, part VIII. *Mining and Geology Journal, Victorian Department of Mines 2(3),* 197–198.

Harris, W.J., Thomas, D.E. 1955. Victorian graptolites, new series, part XIII. *Mining and Geology Journal, Victorian Department of Mines 5(6),* 35–44.

Hede, J.E. 1951. Boring through Middle Ordovician–Upper Cambrian strata in the Fågelsång district, Scania (Sweden). *Lunds Universitets Årsskrift, N.F. 2, 46(7),* 1–85.

Hisinger, W. 1840. *Lethaea Suecica seu Petrificata Suecica, supplementum 2.* Holmiae, Stockholm, 11.

Holm, G. 1881. Bidrag till kännedomen om Skandinaviens graptoliter I. *Pterograptus,* ett nytt graptolitslägte. *Öfversigt af Kongliga Vetenskaps–Akademiens Förhandlingar 1881(4),* 71–84.

Hopkinson, J. 1871. On *Dicellograptus,* a new genus of Graptolite. *Geological Magazine 8,* 20–26.

Hopkinson, J. 1872. On some new species of graptolites from the south of Scotland. *Geological Magazine 9,* 501–509.

Hopkinson, J., Lapworth, C. 1875. Description of the graptolites of the Arenig and Llandeilo rocks of St. David's. *Quarterly Journal of the Geological Society of London 31,* 631–672.

Hsü, S.C. 1934. The graptolites of the Lower Yangtze Valley. *Bulletin of the National Research Institute of Geology, Academia Sinica, ser. A4,* 1–106.

Hughes, R.A. 1989. Llandeilo and Caradoc graptolites of the Builth and Shelve inliers. *Monograph of the Palaeontographical Society 141(577),* 1–89.

Hundt, R. 1942. Der Schwebeapparat der diprionitischen Graptolithen. *Beiträge zur Geologie von Thüringens 7,* 71–74.

Jaanusson, V. 1960. Graptolites from the Ontikan and Viruan (Ordovician) limestones of Estonia and Sweden. *Bulletin of the Geological Institutions of the University of Uppsala 38,* 289–366.

Jaanusson, V., Skoglund, R. 1963. Graptoloids from the Viruan (Ordovician) Dalby and Skagen Limestones of

Västergötland. *Geologiska Föreningens Förhandlingar 85*, 341–357.

JAMES, J. 1965. The development of a dicellograptid from the Balclatchie Shales of Laggan Burn. *Palaeontology 8(1)*, 41–53.

JENKINS, C.J. 1987. The Ordovician graptoloid *Didymograptus murchisoni* in South Wales and its use in three-dimensional absolute strain analysis. *Transactions of the Royal Society of Edinburgh, Earth Sciences 78*, 105–114.

KELLER, B.M. 1956. Graptolity Ordovika v Chi–Illiskykh Gor Ordovik Kazakhstana. *Trudy Geologicheskogo Instituta Akademiya Nauk SSSR 1*, 50–102.

KOREN, T.N., RICKARDS, R.B. 1996. Taxonomy and evolution of graptoloids from the southern Urals, western Kazakhstan. *Special Papers in Palaeontology 54*, 1–103.

KOZŁOWSKI, R. 1956. Nouvelles observations sur les Corynoididae (Graptolithina). *Acta Palaeontologica Polonica 1(4)*, 259–269.

LAPWORTH, C. 1873. Notes on the British graptolites and their allies. An improved classification of the Rhabdopora, Part II. *Geological Magazine 10*, 555–560.

LAPWORTH, C. 1876. The Silurian System in the south of Scotland. In: ARMSTRONG, J., YOUNG, J., ROBERTSON, D. (eds.), *Catalogue of the Western Scottish Fossils*. Glasgow: Blackie & Son, 1–28.

LAPWORTH, C. 1877. On the graptolites from County Down. *Proceedings of the Belfast's Naturalists Field Club (Appendix) 1876(77)*, 125–144.

LAPWORTH, C. 1880. On new British graptolites. *Annals and Magazine of Natural History 5(5)*, 149–177.

LEGRAND, P. 1987. Modo de desarrollo del suborden Diplograptina (Graptolithina) en el Ordovícico superior y en el Silúrico. *Revista Española de Paleontologia 2*, 59–64.

LENZ, A.C. 1977. Some Pacific faunal province graptolites from the Ordovician of northern Yukon, Canada. *Canadian Journal of Earth Sciences 14*, 1946–1952.

LENZ, A.C., CHEN, X. 1985. Middle to Upper Ordovician biostratigraphy of Peel River and other areas of the northern Canadian Cordillera. *Canadian Journal of Earth Sciences 22*, 227–239.

LENZ, A.C., MELCHIN, M.J. 1997. Phylogenetic analysis of the Silurian Retiolitidae. *Lethaia 29*, 301–309.

MALETZ, J. 1994. The rhabdosome architecture of *Pterograptus* (Graptoloidea, Dichograptidae). *Neues Jahrbuch für Geologie und Paläontologie, Abhandlungen 19(3)*, 345–356.

MALETZ, J. 1997. Graptolites from the *Nicholsonograptus fasciculatus* and *Pterograptus elegans* Zones (Abereiddian, Ordovician) of the Oslo region, Norway. *Greifswalder Geowissenschaftliche Beiträge 4*, 5–98.

MALETZ, J. 1998. Graptolites from the Ordovician of Rügen (northern Germany, western Pomerania). *Paläontologische Zeitschrift, 72(3/4)*, 351–372.

MALETZ, J. 2011. The identity of the Ordovician (Darriwilian) graptolite *Fucoides dentatus* Brongniart, 1828. *Palaeontology 54(4)*, 851–865.

MALETZ, J. 2014. The classification of the Pterobranchia (Cephalodiscida and Graptolithina). *Bulletin of Geosciences 89(3)*, 477–540.

MALETZ, J., MITCHELL, C.E. 1996. Evolution and phylogenetic classification of the Glossograptidae and Arienigraptidae (Graptoloidea): New data and remaining questions. *Journal of Paleontology 70(4)*, 641–655.

MALETZ, J., EGENHOFF, S., BÖHME, M., ASCH, R., BOROWSKI, K., HÖNTZSCH, S., KIRSCH, M. 2007. The Elnes Formation of southern Norway: A key to late Middle Ordovician biostratigraphy and biogeography. *Acta Palaeontologica Sinica 46(2)*, 298–304.

MALETZ, J., CARLUCCI, J., MITCHELL, C.E. 2009. Graptoloid cladistics, taxonomy and phylogeny. *Bulletin of Geosciences 84*, 7–19.

MALETZ, J., EGENHOFF, S., BÖHME, M., ASCH, R., BOROWSKI, K., HÖNTZSCH, S., KIRSCH, M., WERNER, M. 2011. A tale of both sides of Iapetus—Upper Darriwilian (Ordovician) graptolite faunal dynamics on the edges of two continents. *Canadian Journal of Earth Sciences 48*, 841–859.

M'COY, F. 1851. On some new Cambro–Silurian fossils. *Annals and Magazine of Natural History 8*, 387–443.

MELCHIN, M.J. 1998. Morphology and phylogeny of some early Silurian "Diplograptid" genera from Cornwallis Island, Arctic Canada. *Palaeontology 41(2)*, 263–315.

MELCHIN, M.J., MITCHELL, C.E. 1991. Late Ordovician extinction in the Graptoloidea. In: BARNES, C.R., WILLIAMS, S.H. (eds.), *Advances in Ordovician Geology. Geological Survey of Canada*, 143–156.

MILLER, S.A. 1889. *North American Geology and Paleontology*. Cincinnati: Western Methodist Book Concern Press, 1–664.

MITCHELL, C.E. 1987. Evolution and phylogenetic classification of the Diplograptacea. *Palaeontology 30(2)*, 353–405.

MITCHELL, C.E. 1990. Directional macroevolution of the diplograptacean graptolites: A product of astogenetic heterochrony and directed speciation. In: TAYLOR, P.D., ARWOOD, G.P. (eds.), *Major Evolutionary Radiations*. Oxford: Clarendon Press, 235–264.

MITCHELL, C.E. 1992. Evolution of the Diplograptacea and the international correlation of the Arenig–Llanvirn boundary. In: WEBBY, B.D., LAURIE, J.R. (eds.), *Global Perspectives on Ordovician Geology*. Rotterdam: Balkema, 171–184.

MITCHELL, C.E., MALETZ, J. 1995. Proposal for adoption of the base of the *Undulograptus austrodentatus* Biozone as a Global Ordovician Stage and Series Boundary Level. *Lethaia 28*, 317–331.

MITCHELL, C.E., GOLDMAN, D., KLOSTERMAN, S.L., MALETZ, J., SHEETS, H.D., MELCHIN, M.J. 2007. Phylogeny of the Ordovician Diplograptoidea. *Acta Palaeontolgica Sinica 46(Suppl.)*, 332–339.

MITCHELL, C.E., BRUSSA, E.D., MALETZ, J. 2008. A mixed isograptid–didymograptid graptolite assemblage from the Middle Ordovician of West Gondwana (NW Bolivia): Implications for graptolite paleoecology. *Journal of Paleontology 82(6)*, 1114–1126.

MITCHELL, C.E., MALETZ, J., GOLDMAN, D. 2009. What is *Diplograptus*? *Bulletin of Geosciences 84(1)*, 27–34.

MOBERG, J.C. 1901. *Pterograptus scanicus* n. sp. *Geologiska Föreninger in Stockholm Förhandlingar 22*, 335–341.

MONSEN, A. 1937. Die graptolithenfauna im unteren Didymograptusschiefer (Phyllograptusschiefer) Norwegens. *Norsk Geologisk Tidsskrift 16*, 57–263.

MU, E.Z. 1963. Research in graptolite faunas of Chilianshan. *Scientia Sinica 12(3)*, 347–371.

MURCHISON, R.I. 1839. *The Silurian System, Founded on Geological Researches in the Counties of Salop, Hereford, Radnor, Montgomery, Camermarthen, Brecon, Pembroke, Monmouth, Gloucester, Worcester and Stafford; with Descriptions of the Coal-fields and Overlying Formation*. London: John Murray, 1–768.

NI, Y.N. 1981. Two new graptolite genera from the Ningkuo Formation (Lower Ordovician) of Wuning. *Geological Society of America Special Paper 187*, 203–206.

NICHOLSON, H.A. 1867. On some fossils from the Lower Silurian rocks of the south of Scotland. *Geological Magazine 4*, 107–113.

NICHOLSON, H.A. 1868a. The Graptolites of the Skiddaw Series. *Quarterly Journal of the Geological Society of London 24*, 125–145.

NICHOLSON, H.A. 1868b. Notes on *Helicograpsus*, a new genus of graptolite. *Annals and Magazine of Natural History 4(2)*, 23–26.

NICHOLSON, H.A. 1869. On some new species of graptolites. *Annals and Magazine of Natural History 4(4)*, 231–242.

NICHOLSON, H.A. 1870. On the British species of *Didymograptus*. *Annals and Magazine of Natural History 4(5)*, 337–357.

NICHOLSON, H.A. 1872. *A Monograph of the British Graptolitidae. i–x*. London: Blackwood & Sons, 1–133.

NÕLVAK, J., GOLDMAN, D. 2007. Biostratigraphy and taxonomy of three-dimensionally preserved nemagraptids from the Middle and Upper Ordovician of Baltoscandia. *Journal of Paleontology 81*, 254–260.

OBUT, A.M., SENNIKOV, N.V. 1984. Graptolites and zonal subdivisions of Lower Ordovician of the Gorny Altai. *Academy of Sciences of the USSR, Siberian branch, Institute of Geology and Geophysics, Transactions 565*, 53–106.

OBUT, A.M., SOBOLEVSKAYA, R.F. 1964. *Graptolites of the Ordovician of Taimyr*. Moscow: Akademia Nauk, 1–92.

OBUT, A.M., ZASLAVSKAYA, N.M. 1976. New data on the early stages of Retiolitidae development. In: KALJO, D., KOREN, T.N. (eds.), *Graptolites and Stratigraphy*. Tallinn: Academy of Sciences of Estonian SSR, Institute of Geology, 119–127.

ÖPIK, A.A. 1927. Beiträge zur Kenntnis der Kukruse–(C_2–) Stufe in Eesti (II). *Publications of the Geological Institution of the University of Tartu 10*, 1–35.

PŘIBYL, A. 1947. Classification of the genus *Climacograptus* Hall, 1865. *Bulletin Internationale de l'Académie Tchèque des Sciences 48(2)*, 17–29.

PROUT, H.G. 1851. Description of a new graptolite fauna in the Lower Silurian rocks near the falls of the St. Croix River. *American Journal of Science 2(2)*, 187–191.

RICKARDS, R.B. 1970. The Llandovery (Silurian) graptolites of the Howgill Fell, Northern England. *Monograph of the Palaeontographical Society*, 1–108.

RICKARDS, R. B., SHERWIN, L., WILLIAMSON, P. 2001. Gisbornian (Caradoc) graptolites from New South Wales, Australia: Systematics, biostratigraphy and evolution. *Geological Journal 36*, 59–86.

RIVA, J. 1969. Middle and Upper Ordovician graptolite faunas of St. Lawrence lowlands of Quebec and Anticosti Island. In: KAY, M. (ed.), *North Atlantic Geology and Continental Drift. American Association of Petroleum Geologists Memoir 12*, 513–556.

RIVA, J. 1974. Late Ordovician spinose climacograptids from the Pacific and Atlantic faunal provinces. In: RICKARDS, R.B., JACKSON, D.E., HUGHES, C.P. (eds.), *Graptolite Studies in Honour of BULMAN. O.M.B. Special Papers in Palaeontology 13*, 107–126.

RIVA, J. 1976. *Climacograptus bicornis bicornis* (Hall), its ancestor and likely descendants. In: BASSETT, M.G. (ed.), *The Ordovician System. Proceedings of a Palaeontological Association Symposium, Birmingham, September 1974*. Cardiff: University of Wales Press and National Museum of Wales, 589–619.

RIVA, J. 1987. The graptolite *Amplexograptus praetypicalis* n. sp. and the origin of the *typicalis* group. *Canadian Journal of Earth Sciences 24(5)*, 924–933.

Riva, J., Ketner, K.B. 1989. Ordovician graptolites from the northern Sierra de Cobachi, Soorba, Mexico. *Transactions of the Royal Society of Edinburgh, Earth Science 80*, 71–90.

Ross, R.B., Berry, W.B.N. 1963. Ordovician graptolites of the basin banges in California, Nevada, Utah and Idaho. *U.S. Geological Survey Bulletin 1134*, 1–177.

Ruedemann, R. 1908. Graptolites of New York, part 2. *New York State Museum Memoir 11*, 1–481.

Ruedemann, R. 1912. The Lower Siluric shales of the Mohawk Valley. *Bulletin of the New York State Museum 162*, 1–145.

Ruedemann, R. 1947. Graptolites of North America. *Geological Society of America Memoir 19*, 1–652.

Ruedemann, R., Decker, C.E. 1934. The graptolites of the Viola Limestone. *Journal of Paleontology 8*, 303–327.

Rushton, A.W.A. 2001. The graptolite fauna of the Superstes Mudstone Formation in the Ordovician of the Girvan Cover Sequence. *Scottish Journal of Geology 37*, 45–52.

Skoglund, R. 1961. *Kinnegraptus*, a new graptolite genus from the Lower *Didymograptus* Shale of Västergötland, central Sweden. *Bulletin of the Geological Institutions of the University of Uppsala 40*, 389–400.

Spencer, J.W. 1878. Graptolites of the Niagara Formation. *Canadian Naturalist 8*, 457–463.

Štorch, P., Serpagli, E. 1993. Lower Silurian graptolites from southwestern Sardinia. *Bollettino della Societa Paleontologica Italina 32(1)*, 3–57.

Štorch, P., Mitchell, C.E., Finney, S.C., Melchin, M.J. 2011. Uppermost Ordovician (upper Katian–Hirnantian) graptolites of north–central Nevada, U.S.A. *Bulletin of Geosciences 86(2)*, 301– 386.

Strachan, I. 1985. The significance of the proximal end of *Cryptograptus tricornis* (Carruthers) (Graptolithina). *Geological Magazine 122*, 151–155.

Strachan, I. 1986. The Ordovician graptolites of the Shelve District, Shropshire. *Bulletin of British Museum (Natural History) – Geology 40(1)*, 1–58.

Strachan, I. 1997. A bibliographic index of British graptolites (Graptoloidea). Part 2. *Monograph of the Palaeontographical Society 151*, 41–155.

Strachan, I., Khashogji, M.S. 1984. The type specimen of *Didymograptus murchisoni*. *Lethaia 17*, 223–231.

Sun, Y.C. 1933. Ordovician and Silurian graptolites from China. *Palaeontologia Sinica B (14)*, 1–52.

Thomas, D.E. 1960. The zonal distribution of Australian graptolites. *Journal and Proceedings of the Royal Society of New South Wales 94*, 1–58.

Tullberg, S.A. 1880. Några Didymograptus–arter i undre graptolitskiffer vid Kiviks–Esperöd. *Geologiska Föreningens i Stockholm Förhandlingar 5*, 39–43.

Tullberg, S.A. 1882. On the graptolites described by Hisinger and the older Swedish authors. *Bihang till k. Svenska vet. Akad. Handl. 6(13)*, 1–23.

Tzaj, D.T. 1969. Novje ordoviksky rod *Acrograptus*. *Paleontogiceskij Zhurnal 1969*, 142–143.

Tzaj, D.T. 1976. Middle Ordovician graptolites from Kazahkstan. *Graptolity srednego Ordovika Kazakhstana*. Alma Ata: Isdat. Nauka Kazakhskoy SSR, 1–76.

Urbanek, A. 1963. On generation and regenerids of cladia in some Upper Silurian monograptids. *Acta Palaeontologica*

Polonica 8: 135–254.

VANDENBERG, A.H.M. 1981. A complete Late Ordovician graptolitis sequence at Mountain Creek, near Deddick, eastern Victoria. Department of Minerals and Energy. *Geological Survey of Victoria Unpublished report 1981/81.*

VANDENBERG, A.H.M. 1990. The ancestry of *Climacograptus spiniferus* Ruedemann. *Alcheringa 14,* 39–51.

VANDENBERG, A.H.M., COOPER, R.A. 1992. The Ordovician graptolite sequence of Australasia. *Alcheringa 16,* 33–85.

VANDENBERG, A.H.M., STEWART, I.R. 1983. Excursion to Devilbend Quarry and Enoch's Point. *Nomem Nudum 12,* 35–52.

WALKER, M. 1953. The development of a diplograptid from the Platteville Limestone. *Geological Magazine 90,* 1–16.

WHITTINGTON, H.B. 1955. Additional new graptolites and a Chitinizoa from Oklahoma. *Journal of Paleontology 29,* 837–851.

WILLIAMS, S.H. 1981. Form and mode of life of *Dicellograptus* (Graptolithina). *Geological Magazine 118(4),* 401–408.

WILLIAMS, S.H. 1982. Upper Ordovician graptolites from the top Lower Hartfell Shale Formation (*D. clingani* and *P. linearis* zone) near Moffat, southern Scotland. *Transactions of the Royal Society of Edinburgh, Earth Sciences 72,* 229–255.

WILLIAMS, S.H. 1994. Revision and definition of the *C. wilsoni* graptolite Zone (middle Ordovician) of southern Scotland. *Transactions of the Royal Society of Edinburgh, Earth Sciences 85,* 143–157.

WILLIAMS, S.H. 1995. Middle Ordovician graptolites from the Lawrence Harbour Formation, central Newfoundland, Canada. *Palaeontographica, Pal. A, Bd. 235,* 1–77.

WILLIAMS, S.H., BRUTON, D.L. 1983. The Caradoc–Ashgill boundary in the central Oslo region and associated graptolite faunas. *Norsk Geologisk Tidsskrift 63,* 147–191.

WILLIAMS, S.H., STEVENS, R.K. 1988. Early Ordovician (Arenig) graptolites from the Cow Head Group, western Newfoundland. *Palaeontographica Canadiana 5,* 1–167.

ZALASIEWICZ, J.A., RUSHTON, A.W.A., OWEN, A.W. 1995. Late Caradoc graptolitic faunal gradients across the Iapetus Ocean. *Geological Magazine 132(5),* 611–617.

ZALASIEWICZ, J.A., TAYLOR, L.S., RUSHTON, A.W.A., LOYDELL, D.K., RICKARDS, R.B., WILLIAMS, M. 2009. Graptolites in British Stratigraphy. *Geological Magazine 146(6),* 785–850.

ZHANG, Y.D., FAN, J.X., LIU, X. 2009. Darriwilian graptolites of the Shihtien Formation (Ordovician) in west Yunnan, China. *Alcheringa 33(4),* 303–329.

陈均远, 周志毅, 林尧坤, 杨学长, 邹西平, 王志浩, 罗坤泉, 姚宝琦, 沈后. 1984. 鄂尔多斯地台西缘奥陶纪生物地层研究的进展. 中国科学院南京地质古生物研究所集刊, 第20号, 1–30.

陈旭, 韩乃仁. 1988. 利用扫描电镜对*Pseudoclimacograptus* (*Undulograptus*) *formosus* Mu et Lee的再研究. 古生物学报, 第27卷第2期, 141–150.

方一亭, 冯洪真, 俞剑华. 1989. 安徽省宁国县胡乐司中奥陶世胡乐组的笔石. 古生物学报, 第28卷第6期, 730–743.

傅汉英. 1982. 笔石纲. 湖南省古生物图册: 地层古生物第1号, 410–479.

葛梅钰. 1963a. 鄂西中奥陶统庙坡组中的笔石(I). 古生物学报, 第11卷第1期, 71–87.

葛梅钰. 1963b. 鄂西中奥陶统庙坡组中的笔石(II). 古生物学报, 第11卷第2期, 240–268.

葛梅钰, 郑昭昌, 李玉珍. 1990. 宁夏及其邻近地区奥陶纪、志留纪笔石地层及笔石群. 南京: 南京大学出版社, 1–190.

洪友崇. 1957. 三峡区上奥陶纪初期笔石群的发现及其地层意义. 地质学报, 第37卷第4期, 475–507.

黄枝高, 肖承协, 夏天亮. 1988. 江西崇义—永新地区中上奥陶统重要笔石动物群. 北京: 地质科学出版社, 1–299.

金玉琴, 汪啸风. 1977. 湘中早奥陶世白水溪组笔石群的发现及桥亭子组多枝笔石. 地层古生物论文集, 第3卷, 74–85.

李积金. 1963. 贵州中奥陶统的笔石. 古生物学报, 第11卷第4期, 554–578.

李积金, 肖承协, 陈洪冶. 2000. 江西崇义早奥陶世宁国期典型太平洋笔石动物群. 中国古生物志第189册, 新乙种第33号, 北京: 科学出版社, 1–188.

黎作聪. 1984. 半索动物门. 见: 湖北省区域地质测量队 (编). 湖北省古生物图册. 武汉: 湖北科学技术出版社, 439–503.

林尧坤. 1980. 新属鄂尔多斯笔石*Ordosograptus*及其亲缘关系. 古生物学报, 第19卷, 475–481.

林尧坤. 1981. 正笔石树形笔石的新材料并论其分类. 中国科学院南京地质古生物研究所丛刊, 第3号, 241–262.

林尧坤. 1996. 鄂尔多斯地台南缘中奥陶统双笔石类笔石的研究. 古生物学报, 第35卷第4期, 389–407.

刘义仁, 傅汉英. 1985. 湖南祁东中奥陶世笔石地层. 地质论评, 第31卷第6期, 502–511.

马譞, 陈旭. 2015. 宁夏笔石 (*Ningxiagraptus*) 的再研究. 古生物学报, 第34卷, 第4期, 465–471.

穆恩之. 1950. 关于笔石的演化和分类. 地质论评, 第15卷第4–6期, 171–183.

穆恩之. 1953. 介绍两种侧分枝的笔石. 古生物学报, 第1卷第4期, 192–200.

穆恩之. 1955. 论螺旋笔石. 古生物学报, 第3卷第1期, 6–10.

穆恩之. 1957. 浙西常山宁国页岩中的一些新笔石. 古生物学报, 第5卷第3期, 369–437.

穆恩之. 1958. "娇笔石"——浙西江山胡乐页岩中的一个新笔石属. 古生物学报, 259–265.

穆恩之. 1959. 中国含笔石地层. 中国地质学基本资料专题总结论文集, 第3号. 北京: 中国地质出版社, 1–74.

穆恩之. 1963. 笔石体的复杂化. 古生物学报, 第11卷第3期, 346–377.

穆恩之. 1974. 正笔石及正笔石式树形笔石的演化、分类和分布. 中国科学, 第17卷第2期, 227–238.

穆恩之, 陈旭. 1962. 中国的笔石. 北京: 科学出版社, 1–171.

穆恩之, 李积金. 1958. 浙江江山、常山一带宁国页岩中的攀合笔石. 古生物学报, 第6卷第4期, 391–427.

穆恩之, 倪寓南. 1982. O-S界线工作组第46号报告.

穆恩之, 詹士高. 1966. 舌笔石的发育型式和系统分类位置. 古生物学报, 第14卷第2期, 92–98.

穆恩之, 张有魁. 1964. 祁连山东部奥陶纪及志留纪笔石地层. 中国科学院地质古生物研究所集刊, 地层文集第1号, 1–20.

穆恩之, 李积金, 葛梅钰. 1960. 新疆奥陶世笔石. 古生物学报, 第8卷第1期, 28–39.

穆恩之, 李积金, 葛梅钰, 尹集祥. 1962. 祁连山的笔石. 祁连山地质志, 第四卷, 第二分册. 北京: 科学出版社, 1–127.

穆恩之, 葛梅钰, 陈旭, 倪寓南, 林尧坤. 1979. 西南地区下奥陶统的笔石. 中国古生物志, 新乙种第13号, 北京: 科学出版社, 1–192.

穆恩之, 宋礼生, 李晋僧, 徐宝政, 张有魁. 1982. 笔石纲. 见: 地质矿产部西安地质矿产研究所 (编). 西北地区古生物图册, 陕甘宁分册 (一) 前寒武纪—早古生代部分. 北京: 地质出版社, 294–347, 460–475.

穆恩之, 李积金, 葛梅钰, 陈旭, 林尧坤, 倪寓南. 1993. 华中区上奥陶统笔石. 中国古生物志, 新乙种第29号. 北京: 科学出版社, 1–393.

穆恩之, 李积金, 葛梅钰, 林尧坤, 倪寓南. 2002. 中国笔石. 北京: 科学出版社, 1–1205.

南颐, 吴兆同. 1959. 粤北曲江始兴奥陶纪地层及笔石群. 广东地质通讯, 第1卷, 5–22.

中国科学院南京地质古生物研究所 (编). 1974. 西南地区地层古生物手册. 北京: 科学出版社, 1–454.

倪寓南. 1988. 中国的剑笔石(*Xiphograptus*). 古生物学报, 第27卷第1期, 179–187.

倪寓南. 1991. 江西武宁下奥陶统顶部和中奥陶统的笔石. 中国古生物志, 新乙种第28号, 1–147.

乔新东. 1977. 柯坪笔石——新疆柯坪萨尔干组中的一个新笔石新属. 古生物学报, 16, 287–292.

乔新东. 1981. 笔石. 见: 新疆地质局区域地质调查大队等 (编). 西北地区古生物图册新疆维吾尔自治区分册 (一) (晚元古代—早古生代部分). 北京: 地质出版社，215–262.

王钢, 赵裕亭. 1978. 笔石纲. 见: 贵州地层古生物工作队 (编). 西南地区古生物图册贵州分册 (一)寒武纪—泥盆纪. 北京: 地质出版社, 595–660.

王举德. 1974. 笔石类. 见: 云南省地质局 (编). 云南化石图册. 昆明: 云南地质局, 731–761.

汪啸风 (湖北省地质局三峡地层研究组编). 1978. 峡东地区震旦纪至二迭纪地层古生物. 北京: 地质出版社.

汪啸风, 金玉琴, 吴兆同, 傅汉英, 黎作聪, 马国干. 1977. 笔石纲. 见: 湖北地质科学研究所等 (编). 中南地区古生物图册. 北京: 地质出版社, 266–371.

夏广胜 (安徽省地质局区域地质调查队). 1982. 安徽笔石化石. 合肥: 安徽科学技术出版社, 1–166.

肖承协. 1987. 浙赣地区奥陶纪的一些多枝笔石. 古生物学报, 第26卷第5期, 629–635.

肖承协, 陈洪冶. 1990. 玉山古城一带早中奥陶世笔石动物群. 江西地质, 4, 1–244.

许杰. 1959. 柴达木下奥陶系一个新的笔石群. 古生物学报, 第7卷第3期, 161–192.

许杰, 马振图. 1948. 宜昌建造及宜昌期动物群. 前中央研究所地质, 第8册, 1–51.

杨达铨, 倪寓南, 李积金, 陈旭, 林尧坤, 俞剑华, 夏广胜, 焦世鼎, 方一亭, 葛梅钰, 穆恩之. 1983. 笔石纲. 见: 地质矿产部南京地质矿产研究所 (编). 华东地区古生物图册 (一)早古生代分册. 北京: 地质出版社, 353–496.

俞剑华, 方一亭. 1966. 江西修水流域胡乐组内褶曲胞管笔石的发现. 古生物学报, 第14卷第1期, 92–97.

周志毅, 陈旭, 王志浩, 王宗哲, 李军, 耿良玉, 方宗杰, 乔新东, 张太荣. 1992. 奥陶系. 见:周志毅, 陈丕基 (编). 塔里木生物地层和地质演化. 北京: 科学出版社, 56–139.

汉-拉属种索引